高等学校工程管理专业系列教材

工程招投标与合同管理实务问答及案例解析

王艳艳　刘华军　主　编
杨治勇　王　超　张春玲　副主编

U0223893

中国建筑工业出版社

图书在版编目（CIP）数据

工程招投标与合同管理实务问答及案例解析／王艳艳，刘华军主编；杨治勇，王超，张春玲副主编. — 北京：中国建筑工业出版社，2023.10
高等学校工程管理专业系列教材
ISBN 978-7-112-29062-8

Ⅰ. ①工… Ⅱ. ①王… ②刘… ③杨… ④王… ⑤张… Ⅲ. ①建筑工程－招标－高等学校－教材②建筑工程－投标－高等学校－教材③建筑工程－经济合同－管理－高等学校－教材 Ⅳ. ①TU723

中国国家版本馆 CIP 数据核字(2023)第 155714 号

本书紧扣目前工程招投标与合同管理领域的热点、难点问题，以一问一答的方式和综合大案例的形式讲解重要知识点。结合最新的工程招投标政策、《民法典》中对合同的规定、建设施工合同纠纷司法解释的内容对工程招投标与合同管理全流程的关键知识点、实务问题进行分析，内容涵盖工程招标方式的选择、招标范围的界定、招投标原则的应用、招投标全流程、资格预审文件的编制、资格预审方法、招标公告或资格预审公告的发布、招标文件的编制、投标人的资格条件、项目招标的条件、投标流程、开标、投标人异议、评标方法、定标依据、合同效力、违约责任、施工合同订立、施工合同履行、工程索赔等。本书立足于实际问题的解决，通过提出针对性的问题，找出解决问题的依据和方法，并用案例的方式进行详细的应用和解析。本书力求框架结构清晰、知识点系统完整、案例类型多样丰富、内容承接循序渐进，以利于读者更好地学习使用。

本书通俗易懂，案例丰富，注重实务，可操作性强。既可作为高等院校工程造价、工程管理、土木工程专业的配套案例教材，也可作为专业学位研究生教育案例库教材使用，还可作为自学考试、成人高等教育和在职工程技术人员的培训教材和自学用书，亦可作为各类造价工程师、建造师、监理师等职业资格考试人员的参考用书。

为便于教学，本书作者制作了免费课件，索取方式：1. 邮箱：jckj@cabp.com.cn；2. 电话：(010)58337285；3. 建工书院：http://edu.cabplink.com。

责任编辑：刘平平　李　阳
责任校对：芦欣甜
校对整理：张惠雯

高等学校工程管理专业系列教材
工程招投标与合同管理实务问答及案例解析
王艳艳　刘华军　主　编
杨治勇　王　超　张春玲　副主编
*
中国建筑工业出版社出版、发行（北京海淀三里河路 9 号）
各地新华书店、建筑书店经销
北京红光制版公司制版
北京同文印刷有限责任公司印刷
*
开本：787 毫米×1092 毫米　1/16　印张：16　字数：398 千字
2023 年 9 月第一版　　2023 年 9 月第一次印刷
定价：**49.00** 元（赠教师课件）
ISBN 978-7-112-29062-8
（41640）

前　　言

　　国家法律、法规、政策随着时代发展不断地更新变化，相关的招投标与合同管理知识、学习者应掌握的技能方法也需与时俱进，工程招投标与合同管理作为工程造价、工程管理专业的核心专业课，需要训练学生应对实际问题的实务技能，同样对于招投标与合同管理领域的从业者而言更需要夯实基础进而提升综合实战的业务能力。

　　本教材在立足于工程招投标与合同管理课程教学的基础上，契合目前线上线下教学模式改革的需要，致力于提升学习者的实务技能。本教材以一问一答结合小案例和综合大案例解析的形式作为整体的架构，侧重点是结合最新的招投标政策，以问答的形式让读者快速检索到所需知识点内容，并力求采用短小精悍的案例精准地对接需要说明的问题，提升读者对知识点的深度理解和阅读兴趣。教材内容涵盖工程招标范围、招标方式、招标流程、资格审查、招标文件、投标文件、投标流程、投标策略、开标、评标方法、定标依据、合同法律基础、施工合同订立、施工合同履行、施工合同索赔等，结合全流程过程中常见的重要知识点、疑难问题、实务中的热点问题采用问答并结合案例解析的方式进行答疑解惑，并对招投标与合同管理中经常出现的造价难题采用综合大案例的方式进行解析。

　　本教材是由校企合作编写而成，参与的企业方包括山东筑峰建筑工程有限公司、山东振鲁建筑加固工程有限公司和山东建固特种专业工程有限公司等。综合案例部分是山东省专业学位研究生案例库建设的省级教研课题《工程估价与投资控制教学案例库》的研究成果。本教材同时是王艳艳、黄伟典主编的《工程招投标与合同管理》（第四版）教材的案例配套用书。

　　本教材由山东建筑大学王艳艳、刘华军主编，副主编分别是山东筑峰建筑工程有限公司杨治勇、王超和山东振鲁建筑加固工程有限公司的张春玲。具体编写分工如下：王艳艳、杨治勇、王超编写第一章，刘华军、宋红玉、王大磊编写第二章，张晓丽、王超、崔文静编写第三章，王艳艳、万克淑、张春玲、刘华军编写第四章，杨治勇、王超、宋红玉、山东建固特种专业工程有限公司王妍、朱春雨编写综合案例一、二和四，刘华军、张春玲、交通银行股份有限公司青岛分行的刘景艳、山东城市建设职业学院陈杰、山东立信工程造价咨询事务所有限公司王洋洋编写综合案例三、五和六，王艳艳、山东建固特种专业工程有限公司刘灿、赵庆安、田笑光、杜阳、杜羡羡编写综合案例七~十，山东建筑大学研究生齐丽君、赵文洁参与了部分书稿编写整理工作。全书由王艳艳、刘华军统稿，山东建筑大学解本政教授担任主审。

　　本教材在写作的过程中，经过反复讨论和多次修改，特别感谢校企合作企业方给予的大力支持和帮助，另外编写过程中参考了大量的文献资料，并把一些优秀的案例引入该教材中，在此一并表示衷心的感谢。

　　限于编写的水平有限，书中难免会存在不当之处，敬请广大读者、同行批评指正。

目　　录

上篇　招投标与合同管理问答及案例

第一章　建设工程招标……………………………………………………… 2

问题 1-1：如何判断一个项目是否属于依法必须招标的范围？ ………… 2

案例 1-1：项目属于依法必须招标范围的判定 ………………………… 3

问题 1-2：邀请招标适用什么项目？ …………………………………… 4

案例 1-2：邀请招标时邀请人数量不能少于 3 家 ……………………… 4

问题 1-3：依法必须招标的项目在何种情况下可以不进行招标？ …… 4

案例 1-3：母公司未经招标直接将项目发包给子公司导致合同无效 … 6

问题 1-4：非依法必须招标的项目进行招标时是否需要遵守招标投标法
　　　　　的规定？ ……………………………………………………… 6

案例 1-4：非依法必须招标项目自愿进行招标投标的应当受招标投标法
　　　　　的规制与调整 ………………………………………………… 7

问题 1-5：《政府采购法》与《招标投标法》应分别适用何种项目？ … 7

案例 1-5：限额标准以下政府采购工程公开招标被认定中标结果无效 … 8

问题 1-6：政府采购工程应采用何种招标方式？ ……………………… 8

案例 1-6：根据政府采购工程的特点选择采购方式 …………………… 11

问题 1-7：如何理解政府采购中的竞争性谈判？ ……………………… 11

案例 1-7：应公开招标而采用竞争性谈判方式选择施工单位的中标合同无效 … 12

问题 1-8：政府采购中的竞争性磋商方式如何适用？ ………………… 13

案例 1-8：某修缮工程项目竞争性磋商采购方式未按规定设置评标基准价 … 14

问题 1-9：如何在招投标活动中体现公开原则？ ……………………… 14

案例 1-9：提高资格审查的条件应重新发布资格预审公告 …………… 15

问题 1-10：如何在招投标活动中体现公平原则？ …………………… 15

案例 1-10：不合理设置风险分担条款导致招标失败 ………………… 16

问题 1-11：如何在招投标活动中体现公正原则？ …………………… 16

案例 1-11：评标委员会应严格按照招标文件规定的评审标准进行评标 …… 17

问题 1-12：如何在招投标活动中体现诚实信用原则？ ……………… 18

案例 1-12：失信被执行人的中标合同无效 …………………………… 18

问题 1-13：招标人能否组织部分潜在投标人踏勘项目现场？ ……… 19

案例 1-13：招标文件不能设定单独组织外省投标人现场踏勘 ……… 20

问题 1-14：编制资格预审文件和招标文件时必须采用标准文本吗？ …… 20

案例 1-14： 标准招标文件的通用条款不能改动 ················· 21

问题 1-15： 资格预审的主体和依据如何确定? ················· 21

案例 1-15： 评标委员会成员不能擅自改动资格预审文件中规定的评审因素 ······· 22

问题 1-16： 资格预审办法如何确定? ·················· 22

案例 1-16： 有限数量制资格预审办法的具体设置 ·············· 22

问题 1-17： 资格预审时应审查投标人哪些内容? ·············· 26

案例 1-17： 资格预审对投标人设定的资格条件应合理 ··········· 26

问题 1-18： 资格预审阶段异议如何处理? ················ 27

案例 1-18： 对资格预审异议处理结果不满时可再提出投诉 ········· 27

问题 1-19： 招标文件中投标人的资格条件如何设定? ··········· 28

案例 1-19： 不能将已取消的资质许可作为投标人的资格条件 ········ 29

问题 1-20： 招标文件的编制应注意哪些问题? ·············· 30

案例 1-20： 编制不规范的招标文件引起多项异议 ············· 30

问题 1-21： 非依法必须招标项目能否透露参加投标人的数量信息? ····· 31

案例 1-21： 招标代理机构不能透露投标人的信息 ············· 32

问题 1-22： 投标人或者其他利害关系人对招标文件有异议时应如何提出? ··· 32

案例 1-22： 超过法定时间提出的异议无效 ················ 33

问题 1-23： 针对资格预审文件和招标文件，投标人提疑问和提异议的区别
          是什么? ··························· 33

案例 1-23： 潜在投标人对不同的事项分别提出疑问与异议 ········· 33

问题 1-24： 招标人的哪些行为属于以不合理的条件限制、排斥潜在投标人或
          者投标人? ·························· 34

案例 1-24： 招标文件中限制、排斥潜在投标人行为的典型事例 ······· 36

问题 1-25： 招标人对招标文件的澄清或者修改距离投标截止时间不足 15 日
          的，是否必须顺延投标文件的截止时间? ·············· 37

案例 1-25： 影响投标文件编制的招标文件澄清需满足投标截止时间 15 日前 ···· 38

问题 1-26： 施工招标文件中如何合理设定价格风险责任分担? ········ 38

案例 1-26： 施工期间人工费应按合同约定调整 ·············· 39

问题 1-27： 如何设定投标有效期与投标保证金的有效期? ········· 40

案例 1-27： 招标人对不同意延长投标保证金有效期的投标人应退还其投标
          保证金 ··························· 40

问题 1-28： 投标保证保险如何适用? ·················· 41

案例 1-28： 约定的付款条件成就时，保险公司具有付款义务 ········ 41

问题 1-29： 投标保证金必须从投标人的基本账户转出吗? ········· 42

案例 1-29： 以法定代表人名义提交投标保证金的投标文件被否决 ······ 42

问题 1-30： 被认定串标后，投标保证金是否一定会不予退还吗? ······ 43

案例 1-30： 招标文件中规定认定串标后，投标保证金不予退还 ······· 43

问题 1-31：标底与最高投标限价的区别是什么？ ·················· 44

案例 1-31：招标控制价应在招标文件中公布 ·················· 44

问题 1-32：招标工程量清单中存在的问题应如何处理？ ·················· 45

案例 1-32：固定总价合同中的招标工程量清单不完善引起造价调整纠纷 ·················· 45

问题 1-33：终止招标后应当退还哪些费用？ ·················· 47

案例 1-33：招标人终止招标时应当退还招标资料费、投标保证金及同期银行利息 ·················· 48

问题 1-34：资格预审文件和招标文件内容不合法应如何处理？ ·················· 48

案例 1-34：招标文件中违反法律法规的规定无效 ·················· 49

第二章　建设工程投标 ·················· 50

问题 2-1：资格预审后，投标人发生变化应如何处理？ ·················· 50

案例 2-1：投标人通过资格预审后发生公司分立应重新审查其投标资格 ·················· 50

问题 2-2：投标文件的撤回与撤销应如何界定？ ·················· 51

案例 2-2：投标人出具弃标函后未能继续参与投标 ·················· 51

问题 2-3：投标人联合体资质如何确定？ ·················· 51

案例 2-3：联合体一方被列入失信名单，导致投标无效 ·················· 52

问题 2-4：投标文件的编制应如何响应招标文件？ ·················· 53

案例 2-4：投标文件因未响应招标文件中投标文件格式要求被否决 ·················· 53

问题 2-5：项目经理在建项目如何认定？ ·················· 54

案例 2-5：项目经理不得同时在两个及以上的项目中担任 ·················· 55

问题 2-6：投标文件编制注意哪些问题？ ·················· 55

案例 2-6：投标报价失误导致投标文件无效 ·················· 56

问题 2-7：如何编制电子投标文件？ ·················· 57

案例 2-7：电子招标签章应符合招标文件的规定 ·················· 58

问题 2-8：投标人之间串通投标的表现形式有哪些？ ·················· 58

案例 2-8：串通投标的认定 ·················· 59

问题 2-9：招标人与投标人之间串通投标的表现形式有哪些？ ·················· 59

案例 2-9：招标代理公司与投标人串通的项目中标无效 ·················· 60

问题 2-10：投标人弄虚作假投标表现形式有哪些？ ·················· 60

案例 2-10：投标业绩作假导致投标无效 ·················· 61

第三章　建设工程开评定标 ·················· 62

问题 3-1：何种情况下招标人可拒收投标文件？ ·················· 62

案例 3-1：未按照招标文件的要求密封的投标文件应当拒收 ·················· 62

问题 3-2：投标人如果对开标有异议，应如何提出？ ·················· 63

案例 3-2：其他投标人同意接收迟到的投标文件后仍可以提出异议 ·················· 63

问题 3-3：评标委员会评标依据是什么？ ·················· 64

案例 3-3：未按招标文件中的评分因素进行评标被取消评标专家资格 ·················· 64

问题 3-4： 如何理解投标报价不能低于成本，该成本是社会平均成本还是企业
个别成本？ ……………………………………………………………… 64

案例 3-4： 不能以低于定额价随意认定投标价低于成本价 ………………………… 65

问题 3-5： 评标委员会成员与投标人有利害关系应当回避的情形如何理解？ ……… 66

案例 3-5： 评标委员会成员组成应符合法律规定 ……………………………… 66

问题 3-6： 评标委员会在何种情况下应当否决投标？ ……………………………… 67

案例 3-6： 评标专家不能随意否决投标文件的合法性 ………………………… 67

问题 3-7： 评标过程中如何要求投标人进行澄清？ ……………………………… 68

案例 3-7： 评标委员会不接受投标人的主动澄清 ………………………… 68

问题 3-8： 招标人如何确定中标人？ ……………………………………………… 68

案例 3-8： 选择中标人的权利归招标人 …………………………………… 69

问题 3-9： 中标候选人公示与中标结果公示的区别是什么？ ……………………… 70

案例 3-9： 中标候选人公示期间可以改变中标结果 …………………………… 70

问题 3-10： 中标人未提交履约保证金其中标资格一定会被取消吗？ …………… 71

案例 3-10： 不交履约保证金取消中标资格 ………………………………… 71

问题 3-11： 投标人和中标人超过中标通知书发出之日起三十日签订的合同
是否还有效？ …………………………………………………………… 72

案例 3-11： 签订合同的时间超过法定期限不能直接认定合同无效 ……………… 72

问题 3-12： 投标人对依法必须招标的项目的评标结果有异议时应如何提出？ …… 72

案例 3-12： 对评标结果的异议应在中标候选人公示期间提出 …………………… 73

问题 3-13： 投标人或者其他利害关系人对异议答复不满意，应如何进行
投诉？ ……………………………………………………………………… 73

案例 3-13： 投标人对异议答复不满意后可进行投诉 …………………………… 74

问题 3-14： 行政处分、行政处罚、行政复议、行政诉讼的区别是什么？ ………… 75

案例 3-14： 串通投标的行政处罚 ……………………………………………… 76

问题 3-15： 投标人提出异议、投诉、行政复议、行政诉讼的流程是什么？ ……… 76

案例 3-15： 投标人对行政复议结果不服，提出行政诉讼 ……………………… 77

第四章　建设工程施工合同管理 ……………………………………………………… 79

问题 4-1： 如何理解施工合同的实质性内容？ …………………………………… 79

案例 4-1： 固定总价合同能否调整要根据具体情况判定 …………………… 80

问题 4-2： 改变工程价款支付方式是否属于背离中标合同实质性内容？ ………… 81

案例 4-2： 改变工程价款支付方式并不必然导致合同实质性内容的变更 ……… 81

问题 4-3： 固定总价合同是否完全不能调整？ …………………………………… 83

案例 4-3： 设计变更原因可以调整固定总价合同 …………………………… 83

问题 4-4： 施工合同当事人对建设工程开工日期有争议的，应如何认定？ ……… 83

案例 4-4： 开工日期的争议应根据具体情况认定 …………………………… 84

问题 4-5： 如何认定工期延误责任？ …………………………………………… 84

案例 4-5： 发承包双方均负有责任的工期延误的认定 ·············· 85

问题 4-6： 施工合同当事人对建设工程竣工日期有争议的，应如何认定？ ········ 85

案例 4-6： 未约定设计变更引起工期变化的竣工日期认定 ·············· 86

问题 4-7： 建筑施工企业母公司承接工程后交由其子公司实施是否属于转包？ ··· 86

案例 4-7： 母公司承接工程后转包给子公司后发生安全事故的处罚 ·········· 87

问题 4-8： 违法分包的由谁来承担工伤保险责任？ ·············· 87

案例 4-8： 违法分包带来的工伤保险责任由具备用工主体资格的企业承担 ····· 88

问题 4-9： 建设工程分包合同"背靠背"条款如何规范适用？ ·········· 88

案例 4-9： 总包方怠于向业主主张权利的，不得以"背常背"条款对抗实际
　　　　　施工人的付款主张 ·············· 88

问题 4-10： 在建工程因承包人原因出现质量问题时应如何处理？ ·········· 89

案例 4-10： 施工中发包人擅自修缮工程质量问题导致无法鉴定 ·········· 90

问题 4-11： 验收合格后施工质量不合格，是否全部由承包人承担责任？ ····· 91

案例 4-11： 验收合格后施工质量不合格，责任不一定全由施工方承担 ····· 91

问题 4-12： 如何在合同中约定质量保修期与缺陷责任期？ ·········· 91

案例 4-12： 未约定质量保修期时不影响承包人承担保修责任 ·········· 92

问题 4-13： 工程质量保证金的预留比例如何设定？ ·············· 92

案例 4-13： 约定超过结算金额 3% 部分工程质量保证金也应有效 ·········· 93

问题 4-14： 发包人能否以工程存在质量缺陷为由拒绝返还工程质量保证金？ ··· 93

案例 4-14： 发包人不能直接以自行维修为由拒绝返还工程质量保证金 ····· 94

问题 4-15： 施工合同中工程质量责任应当如何界定？ ·············· 94

案例 4-15： 工程质量出现问题的责任应具体认定后由责任方承担 ·········· 95

问题 4-16： 建安工程费用中一般计税法与简易计税法的区别是什么？ ····· 95

案例 4-16： 同一项目分别应用一般计税法与简易计税法计算建安费用 ····· 96

问题 4-17： 如何采用"价格指数差额调整法"调整合同价款？ ·········· 98

案例 4-17： 采用价格指数法调整合同价款 ·············· 98

问题 4-18： 如何采用"造价信息差额调整法"调整合同价款？ ·········· 99

案例 4-18： 采用造价信息差额调整法调整合同价款 ·············· 100

问题 4-19： 实际工程量与招标清单工程量偏差较大时能否调整综合单价？ ····· 100

案例 4-19： 工程量变化超过合同约定幅度后需对综合单价进行调整 ····· 101

问题 4-20： 发包人收到结算报告逾期未答复视为认可承包人的竣工结算吗？ ··· 102

案例 4-20： 发包人收到结算报告逾期未答复并不必然"视为认可"承包人
　　　　　的竣工结算 ·············· 103

问题 4-21： 施工合同与招标文件的约定不一致，工程价款应如何结算？ ····· 104

案例 4-21： 合同对实质性条款的约定与招标文件不一致应以招标文件的
　　　　　约定为准 ·············· 104

问题 4-22： 施工合同无效，工程价款应如何结算？ ·············· 105

案例 4-22：多份施工合同无效，应按实际履行的合同执行 ·············· 105

问题 4-23：能否以财政评审的结论作为工程竣工结算的依据？ ·············· 106

案例 4-23：发包人以资金来源为"财政拨款"为由不能主张以财政评审
作为结算依据 ·············· 106

问题 4-24：约定了包干价的合同能否申请工程造价鉴定？ ·············· 106

案例 4-24：约定了包干价格后又以报价低于成本价为由申请合同无效的
理由不成立 ·············· 107

问题 4-25：承包人的优先受偿权范围是否包括利润、利息、违约金和损害
赔偿金？ ·············· 107

案例 4-25：承包人优先受偿的范围应依据司法解释的规定 ·············· 108

问题 4-26：实际施工人以发包人为被告主张权利的，发包人应如何承担付款
责任？ ·············· 109

案例 4-26：实际施工人以发包人为被告主张权利的，发包人在欠付工程款的
范围内承担直接付款责任 ·············· 110

问题 4-27：实际施工人能否突破合同的相对性主张权利？ ·············· 110

案例 4-27：非实际施工人不能突破合同相对性原则主张权利 ·············· 110

问题 4-28：未能提供签证的工程量争议应如何处理？ ·············· 111

案例 4-28：工程量争议的证据应保存完整并记载清晰 ·············· 111

问题 4-29：施工合同无效时垫资利息能否被支持？ ·············· 112

案例 4-29：垫资利息应遵从合同约定执行 ·············· 112

问题 4-30：被挂靠公司是否有义务向挂靠的实际施工人支付工程款？ ·············· 113

案例 4-30：被挂靠公司不承担向实际施工人支付工程款的责任 ·············· 113

问题 4-31：如何认定工程价款优先受偿权的行使期限？ ·············· 114

案例 4-31：优先受偿权的行使需要满足规定期限的要求 ·············· 114

问题 4-32：工程勘察和设计单位如何承担质量责任？ ·············· 114

案例 4-32：工程勘察及设计单位依法承担相应的质量责任 ·············· 115

问题 4-33：如何约定违约金才能获得法院支持？ ·············· 116

案例 4-33：违约金的调整应以尊重当事人的约定为原则 ·············· 116

问题 4-34：招标人能否直接向分包人就分包项目追究连带责任？ ·············· 117

案例 4-34：分包人应与中标人共同向招标人承担连带责任 ·············· 117

下篇　招投标与合同管理、造价控制的综合案例

案例一：招投标阶段造价文件编制案例 ·············· 120

问题与案例解析 1：案例项目中块料楼面招标清单工程量与报价工程量有何
不同？ ·············· 121

问题与案例解析 2：案例项目中瓷砖的材料单价与材料原价有何不同？ ·············· 122

问题与案例解析 3：案例项目中吊顶天棚的综合单价应如何确定？ ·············· 124

　　　　问题与案例解析 4：案例项目中外墙涂料暂估材料单价的子目应如何报价？　······ 126

　　　　问题与案例解析 5：案例项目中因工程变更带来新增子目的合同价款应如何
　　　　　　　　　　　　调整？ ··· 127

　　　　问题与案例解析 6：案例项目中型钢价格波动时的综合单价应如何调整？ ········ 128

案例二：全过程工程造价文件编制案例··· 131

　　　　问题与案例解析 1：案例项目投资估算的编制依据、内容及应如何编制？ ········ 131

　　　　问题与案例解析 2：案例项目设计概算的编制依据、内容及应如何编制？ ········ 133

　　　　问题与案例解析 3：案例项目最高投标限价的编制依据、内容及应如何
　　　　　　　　　　　　编制？ ··· 135

　　　　问题与案例解析 4：案例项目投标报价的编制依据、内容及应如何编制？ ········ 140

　　　　问题与案例解析 5：案例项目竣工结算的编制依据、内容及应如何编制？ ········ 142

案例三：全过程工程造价的风险管控案例··· 145

　　　　问题与案例解析 1：案例项目投资决策阶段的造价风险及管控措施有哪些？ ······ 145

　　　　问题与案例解析 2：案例项目设计阶段的造价风险及管控措施有哪些？ ·········· 147

　　　　问题与案例分析 3：案例项目招投标阶段造价风险及管控措施有哪些？ ·········· 148

　　　　问题与案例解析 4：案例项目施工阶段的造价风险及管控措施有哪些？ ·········· 149

　　　　问题与案例解析 5：案例项目竣工阶段的造价风险及管控措施有哪些？ ·········· 151

案例四：全过程工程咨询服务模式案例··· 155

　　　　问题与案例解析 1：全过程工程咨询服务模式有哪些？ ·································· 155

　　　　问题与案例解析 2：项目管理公司牵头模式的全过程工程咨询服务如何
　　　　　　　　　　　　实施？ ··· 157

　　　　问题与案例解析 3：造价咨询公司牵头模式的全过程工程咨询服务如何
　　　　　　　　　　　　实施？ ··· 159

　　　　问题与案例解析 4：监理公司牵头模式的全过程工程咨询服务如何实施？ ········ 161

　　　　问题与案例解析 5：全过程工程咨询的收费方式是什么？ ······························ 162

案例五：EPC 项目合同及造价控制案例··· 165

　　　　问题与案例解析 1：EPC 承发包模式及合同性质如何理解？ ·························· 165

　　　　问题与案例解析 2：EPC 招标文件中的"发包人要求"应如何理解？ ·········· 168

　　　　问题与案例解析 3：EPC 项目全过程成本控制的重点是什么？ ····················· 170

　　　　问题与案例解析 4：EPC 合同中承发包人的风险应如何合理分担？ ·············· 172

　　　　问题与案例解析 5：EPC 合同中的设计变更是否可以调整合同价款？ ·········· 174

　　　　问题与案例解析 6：EPC 项目合同解除后的价款如何认定？ ························· 177

案例六：装配式建筑工程造价控制案例··· 180

　　　　问题与案例解析 1：案例项目中装配式建筑相比传统建筑的建安造价有何
　　　　　　　　　　　　不同？ ··· 180

　　　　问题与案例解析 2：案例项目中装配式建筑全生命周期成本组成有哪些？ ········ 182

　　　　问题与案例解析 3：案例项目如何进行装配式建筑增量成本效益分析？ ·········· 183

问题与案例解析 4：案例项目中装配式建筑的工程造价影响因素有哪些? ········ 186

问题与案例解析 5：案例项目 BIM 技术是如何应用的? ················ 188

案例七：PPP 项目投融资管理及招投标案例 ·················· 190

问题与案例解析 1：PPP 项目的投融资模式和影响因素有哪些? ··········· 190

问题与案例解析 2：PPP 项目投融资决策方法如何应用? ············· 193

问题与案例解析 3：PPP 项目应采用何种采购方式? ··············· 194

问题与案例解析 4：PPP 项目施工能否由竞争性磋商采购中选的社会资本
直接承包? ································ 196

问题与案例解析 5：PPP 项目的投融资风险管理应如何进行? ··········· 198

案例八：建筑加固改造工程造价编制案例 ·················· 201

问题与案例解析 1：建筑物加固改造的原因有哪些? ··············· 201

问题与案例解析 2：设计阶段建筑加固改造工程造价的影响因素有哪些? ······ 204

问题与案例解析 3：招投标阶段建筑加固改造工程造价的影响因素有哪些? ····· 205

问题与案例解析 4：施工阶段建筑加固改造工程造价的影响因素有哪些? ······ 208

问题与案例解析 5：加固设计方案应如何进行造价比选? ············· 210

问题与案例解析 6：混凝土构件加大截面项目应如何计量与计价? ········· 211

问题与案例解析 7：钢筋网水泥砂浆面层加固砖墙应如何计量与计价? ······· 214

案例九：建设工程施工合同纠纷典型案例 ·················· 219

问题与案例解析 1：多份施工合同均无效且无法确定实际履行的合同时，
应如何确定工程价款的结算方式? ··············· 219

问题与案例解析 2：未能如约履行致使合同解除的，能否改变合同中约定
的价款结算方式? ···················· 221

问题与案例解析 3：实际施工人在何种情况下能够突破合同相对性向发包人
主张权利? ························ 222

问题与案例解析 4：超出诉讼时效的地基基础质量问题由谁来承担责任? ····· 223

问题与案例解析 5：因发包人原因引起的停工损失，是否全部由发包人
承担责任? ························ 224

问题与案例解析 6：建筑施工企业为职工办理的意外伤害保险的受益人
是劳动者本人或近亲属还是施工企业? ··········· 224

问题与案例解析 7：如何在合同中未明确约定采用仲裁方式解决合同纠纷，
但一方当事人提出仲裁申请，另一方未提出异议并实际
参加的，还能否就同一合同争议向法院起诉? ········ 226

问题与案例解析 8：承包人建设工程价款优先受偿权的范围如何确定? ······· 228

案例十：建设工程造价司法鉴定案例 ···················· 230

问题与案例解析 1：案例项目中对于委托范围的变更，法院的做法是否
正确? ·························· 233

问题与案例解析 2：案例项目中应该按合同约定还是政府文件规定调整材料

　　　　　　　　单价？ ·· 234

问题与案例解析 3：案例项目中的报价错误在结算中应该如何调整？ ············ 234

问题与案例解析 4：案例项目中造价鉴定人员对于争议内容应如何出具鉴定

　　　　　　　　意见？ ·· 235

问题与案例解析 5：应如何厘清司法审判权与造价鉴定权的关系？ ············ 236

问题与案例解析 6：工程造价鉴定应注意哪些问题？ ····························· 237

参考文献 ·· 240

上篇
招投标与合同管理问答及案例

第 一 章 建 设 工 程 招 标

问题 1-1：如何判断一个项目是否属于依法必须招标的范围？

《中华人民共和国招标投标法》（以下简称《招标投标法》）第三条规定："在中华人民共和国境内进行下列工程建设项目包括项目的勘察、设计、施工、监理以及与工程建设有关的重要设备、材料等的采购，必须进行招标：（一）大型基础设施、公用事业等关系社会公共利益、公众安全的项目；（二）全部或者部分使用国有资金投资或者国家融资的项目；（三）使用国际组织或者外国政府贷款、援助资金的项目。上述所列项目的具体范围和规模标准，由国务院发展计划部门会同国务院有关部门制订，报国务院批准。法律或者国务院对必须进行招标的其他项目的范围有规定的，依照其规定。"

国家发展和改革委员会发布的《必须招标的工程项目规定》自 2018 年 6 月 1 日起施行，其中第二条规定："全部或者部分使用国有资金投资或者国家融资的项目包括：（一）使用预算资金 200 万元人民币以上，并且该资金占投资额 10% 以上的项目；（二）使用国有企业事业单位资金，并且该资金占控股或者主导地位的项目。"

第三条规定："使用国际组织或者外国政府贷款、援助资金的项目包括：（一）使用世界银行、亚洲开发银行等国际组织贷款、援助资金的项目；（二）使用外国政府及其机构贷款、援助资金的项目。"

第四条规定："不属于上述第二条、第三条规定情形的大型基础设施、公用事业等关系社会公共利益、公众安全的项目，必须招标的具体范围由国务院发展改革部门会同国务院有关部门按照确有必要、严格限定的原则制订，报国务院批准。"

第五条规定："本规定第二条至第四条中规定范围内的项目，其勘察、设计、施工、监理以及与工程建设有关的重要设备、材料等的采购达到下列标准之一的，必须招标：（一）施工单项合同估算价在 400 万元人民币以上；（二）重要设备、材料等货物的采购，单项合同估算价在 200 万元人民币以上；（三）勘察、设计、监理等服务的采购，单项合同估算价在 100 万元人民币以上。同一项目中可以合并进行的勘察、设计、施工、监理以及与工程建设有关的重要设备、材料等的采购，合同估算价合计达到前款规定标准的，必须招标。"

国家发展和改革委员会发布的自 2018 年 6 月 6 日起施行的《必须招标的基础设施和公用事业项目范围规定》中明确了必须招标的大型基础设施和公用事业项目范围。

不属于《必须招标的工程项目规定》中"全部或者部分使用国有资金投资或者国家融资的项目"和"使用国际组织或者外国政府贷款、援助资金的项目"规定情形的大型基础设施、公用事业等关系社会公共利益、公众安全的项目，必须招标的具体范围包括：

（一）煤炭、石油、天然气、电力、新能源等能源基础设施项目；

（二）铁路、公路、管道、水运，以及公共航空和 A1 级通用机场等交通运输基础设施项目；

（三）电信枢纽、通信信息网络等通信基础设施项目；

（四）防洪、灌溉、排涝、引（供）水等水利基础设施项目；

（五）城市轨道交通等城建项目。

案例1-1：项目属于依法必须招标范围的判定

（1）某一改扩建项目总投资360万元，资金来源全部为预算资金，仅有一个施工合同，施工合同额310万元。如果按照《必须招标的工程项目规定》中第二条第一款规定，使用预算资金200万元人民币以上，并且该资金占投资额10%以上的项目属于必须招标范围。但依据第五条第一款的规定，施工单项合同估算价在400万元人民币以上的必须招标，该项目施工合同额未在必须招标限额以上，那么该项目施工是否在必须招标范围内？

解析：国家发展和改革委员会曾对此问题答复：根据《进一步做好〈必须招标的工程项目规定〉和〈必须招标的基础设施和公用事业项目范围规定〉实施工作的通知》（发改办法规〔2020〕770号）规定，《必须招标的工程项目规定》（2018年第16号令）第二条至第四条及《必须招标的基础设施和公用事业项目范围规定》（发改法规规〔2018〕843号）第二条规定范围的项目，其勘察、设计、施工、监理以及与工程建设有关的重要设备、材料等的单项采购分别达到16号令第五条规定的相应单项合同价估算标准的，该单项采购必须招标；该项目施工单项合同估算价为310万元人民币，在400万元人民币以下，不属于16号令规定的必须招标范畴，不属于必须招标的项目。

（2）按现行招标投标法律法规，招标项目一般分为服务（勘察、设计、监理等）、施工和物资材料三大类，其招标限额分别为100万元、400万元和200万元。工程总承包（即EPC，包括勘察设计、施工和物资材料）应属于哪一类，其限额怎么确定呢？

解析：国家发展和改革委员会曾对此问题答复：发包人依法对工程以及与工程建设有关的货物、服务全部或者部分实行总承包发包的，总承包中施工、货物、服务等各部分的估算价中，只要有一项达到16号令第五条规定相应标准，即施工部分估算价达到400万元以上，或者货物部分达到200万元以上，或者服务部分达到100万元以上，则整个总承包发包应当招标。

（3）社会资本投资该城市的轨道交通建设，投资额3.2亿元，是否属于依法必须招标的项目？

解析：判断社会资本投资的项目是否属于依法必须招标的项目，首先看是否超过《必须招标的工程项目规定》第五条规定的项目勘察、设计、施工、监理以及与工程建设有关的重要设备、材料等的采购达到相关标准。如果没有达到标准额，则不需要招标，如果超过了，下一步是看项目的性质。如果资金投资于《必须招标的基础设施和公用事业项目范围规定》（发改法规规〔2018〕843号）第二条规定范围的项目，那则必须招标。该项目3.2亿元超过标准额且投资于轨道交通建设的城建项目，则属于依法必须招标的工程。若该社会资本投资该城市的住宅小区建设，投资额3.2亿元，则不属于依法必须招标的项目。

（4）建设工程中的施工图审查、造价咨询、第三方监测、监测等服务，如果该工程属财政全额投资且上述服务费估算均超过100万元，业主单位是否可以选择不招标？

解析：国家发展和改革委员会曾对此问题答复：根据《关于进一步做好〈必须招标的工程项目规定〉和〈必须招标的基础设施和公用事业项目范围规定〉实施工作的通知》（发改办法规〔2020〕770号）规定，没有法律、行政法规或国务院规定依据的，对16号令第五条第一款第（三）项没有明确列举规定的服务事项，不得强制要求招标。施工图审查、造价咨询、第三方检测服务不在列举规定之列，不属于必须招标的项目，但涉及政府采购的，按照政府采购法律法规的规定执行。

问题 1-2：邀请招标适用什么项目？

《中华人民共和国招标投标法实施条例》（以下简称《招标投标法实施条例》）第八条规定："国有资金占控股或者主导地位的依法必须进行招标的项目，应当公开招标；但有下列情形之一的，可以邀请招标：（一）技术复杂、有特殊要求或者受自然环境限制，只有少量潜在投标人可供选择；（二）采用公开招标方式的费用占项目合同金额的比例过大。有前款第二项所列情形，属于本条例第七条规定的项目，由项目审批、核准部门在审批、核准项目时作出认定；其他项目由招标人申请有关行政监督部门作出认定。"

《招标投标法实施条例》第七条规定："按照国家有关规定需要履行项目审批、核准手续的依法必须进行招标的项目，其招标范围、招标方式、招标组织形式应当报项目审批、核准部门审批、核准。项目审批、核准部门应当及时将审批、核准确定的招标范围、招标方式、招标组织形式通报有关行政监督部门。"

这里应注意理解：除了项目技术复杂，或有特殊要求，或者受自然环境限制外，还应同时满足只有少量潜在投标人可供选择这一条件。如果有足够多的潜在投标人，对于应当公开招标的项目而言，仍不能邀请招标。项目的特殊要求，应从项目的功能、定位等实际需要出发，实事求是地提出。

当招标成本大于招标收益时，招标活动就失去了意义。根据国际上通常做法是把物有所值作为采购活动的基本原则或者价值目标之一。

案例 1-2：邀请招标时邀请人数量不能少于 3 家

某政府机关新建办公楼项目，资金来源为全额政府固定资产投资，保密行政主管部门将该项目列为保密工程，项目被地方发展改革部门核准后要求全部采用邀请招标方式。建设单位随机委托某招标代理机构针对该项目的勘察、设计、施工总承包及监理等开展邀请招标，但招标人却困惑于如何确定邀请人名单以及应确定多少数量规模的邀请人。

招标人提出选择三家投标邀请人，但招标代理机构认为，在只选择三家投标邀请人的条件下，若有一家投标人未参与投标，则势必会造成竞争性不足，从而致使重新招标情况发生。为了增加竞争性，招标代理机构向招标人建议至少须邀请 4～6 家投标人，并在招标文件中要求接到邀请的投标人需回执确定是否参加投标，确保在开标前满足开标人不少于三家的要求，并通过投标保证金是否退还来约束投标人的行为。

解析：对于如何确定邀请人，招标人应根据工程特点、项目规模制定招标条件，内容包括对投标人的资格、业绩、信誉、财务等方面。如果对拟邀请的投标人情况不了解，则应该邀请数量多一点的投标人，保证竞争的充分性并确保在开标前满足开标人不少于三家的要求。

问题 1-3：依法必须招标的项目在何种情况下可以不进行招标？

《招标投标法》第六十六条规定："涉及国家安全、国家秘密、抢险救灾或者属于利用扶贫资金实行以工代赈、需要使用农民工等特殊情况，不适宜进行招标的项目，按照国家有关规定可以不进行招标。"

《招标投标法实施条例》第九条规定："除招标投标法第六十六条规定的可以不进行

招标的特殊情况外，有下列情形之一的，可以不进行招标：（一）需要采用不可替代的专利或者专有技术；（二）采购人依法能够自行建设、生产或者提供；（三）已通过招标方式选定的特许经营项目投资人依法能够自行建设、生产或者提供；（四）需要向原中标人采购工程、货物或者服务，否则将影响施工或者功能配套要求；（五）国家规定的其他特殊情形。招标人为适用前款规定弄虚作假的，属于招标投标法第四条规定的规避招标。"

《招标投标法》第四条规定："任何单位和个人不得将依法必须进行招标的项目化整为零或者以其他任何方式规避招标。"

涉及国家安全、国家秘密的项目可不招标。例如有关国防科技、军事装备等项目的选址、规划、建设等事项均有严格的保密及管理规定。凡涉及国家安全和秘密确实不能公开披露信息的项目，除适宜招标的可以邀请符合保密要求的单位参加投标外，其他项目只能采取非招标的方式组织采购。

抢险救灾的项目可不招标。包括发生地震、风暴、洪涝、泥石流、火灾等异常紧急灾害情况，需要立即组织抢险救灾的项目。例如必须及时抢通因灾害损毁的道路、桥梁、隧道、水、电、气、通信以及紧急排除水利设施、堰塞湖等项目。无法按照规定的程序和时间组织招标。这类项目需同时满足以下两个条件：一是在紧急情况下实施，不能满足招标所需时间；二是不立即实施将会造成人民群众生命财产损失。

利用扶贫资金实行以工代赈、需要使用农民工的项目可不招标。按《国家扶贫资金管理办法》（国办发〔1997〕24号）规定，国家扶贫资金是指中央为解决农村贫困人口温饱问题、支持贫困地区社会经济发展而专项安排的资金。包括支援经济不发达地区发展资金、农业建设专项补助资金、新增财政扶贫资金、以工代赈资金和扶贫专项贷款等。"以工代赈"是现阶段的一项农村扶贫政策，是由国家安排以工代赈资金建设与农村贫困地区经济发展和农民脱贫致富相关的乡村公路、农田水利等小型基础设施工程，受赈济地区的农民通过参加以工代赈工程建设，获取劳务报酬，增加收入，以此取代直接救济的一种扶贫政策。

需要采用不可替代的专利或者专有技术的项目不适宜招标。专利与专有技术的区别是：（1）专利属于工业产权，专有技术不属于工业产权，是没有取得专利权的技术知识，是具有实用性的动态技术；（2）专利是经过审查批准的新颖性、创造性水平比较高的先进技术，专有技术不一定是发明创造，但必须是成熟的、行之有效的；（3）专利的内容是公开的，专有技术的内容是保密的，是一种以保密性为条件的事实上的独占权；（4）专利的有效性受时间和地域的限制，专有技术没有这种限制。

采购人依法能够自行建设、生产或者提供的项目可不招标。采购人是指符合民事主体资格的法人、其他组织，不包括与其相关的母公司、子公司，以及与其具有管理或利害关系的，具有独立民事主体资格的法人、其他组织。采购人自身具有工程建设、货物生产或者服务提供的资格和能力。即可能是采购人为了自己使用，也可能是提供给他人。除具备资格和能力外，还应符合法定要求。如：采购人自行提供了工程监理服务，则不能同时承包工程施工以及建筑材料、建筑构配件和设备的供应。本条规定中的采购人是指项目投资人本身，而不是投资人委托的其他项目业主，否则若任何项目通过委托有资质能力的项目业主即可不进行招标，将使招标制度流于形式。

已通过招标方式选定的特许经营项目投资人依法能够自行建设、生产或者提供的项目可不招标。适用本条规定需要满足两个条件：一是特许经营项目的投资人是通过招标选择确定的。二是特许经营项目的投资人可以是法人、联合体，也可以是其他经济组织和个人。联合体投资的某个成员只要具备相应资格能力，不论其投资比例大小，经联合体各成员同意，就可以由该成员自行承担建设、生产或提供。

需要向原中标人采购工程、货物或者服务，否则将影响施工或者功能配套要求的项目可不招标。应把握以下三个方面：一是追加采购的内容必须是原项目招标时不存在，或因技术经济客观原因不可能包括在原项目中一并招标采购，而是在原项目合同履行中产生的新增或变更需求，或者是原项目合同履行结束后产生的后续追加项目。二是如果不向原中标人追加采购，必将影响工程项目施工或者产品使用功能的配套要求。如原生产机电设备需要追加非通用的备品备件或消耗材料。三是原中标人必须具有依法继续履行新增项目合同的资格能力。

案例 1-3：母公司未经招标直接将项目发包给子公司导致合同无效

某国有集团公司投资建设某高速公路项目，但其未经招标投标程序即向其全资子公司采购项目所需的各类钢材、钢绞线、水泥等物资，并签署书面采购合同。后各方因履约产生争议而诉至法院，人民法院审理后认为，集团公司和其子公司均系独立法人，其子公司既不是《招标投标法实施条例》所规定的能够自行建设、生产或者提供产品的采购人，也不是已通过招标方式选定的特许经营项目投资人，故其提出的"系集团公司下属子公司，为高速公路项目共同投资人，能够自行提供建设材料，所以可不进行招标投标"主张，是对事实的伪辩、法规的误读和曲解，人民法院不予认可，并最终认定采购合同无效。

解析：在《全国人大法工委关于对建筑施工企业母公司承接工程后交由子公司实施是否属于转包以及行政处罚两年追溯期认定法律适用问题的意见》（法工办发〔2017〕223号）中已经明确，母公司承接工程后交由子公司属于转包行为。对于依法必须招标的项目，必须通过招标的方式确定施工人。

问题 1-4：非依法必须招标的项目进行招标时是否需要遵守招标投标法的规定？

不应将强制招标范围混同于《招标投标法》以及《招标投标法实施条例》的适用范围。

《招标投标法》第二条规定："在中华人民共和国境内进行招标投标活动，适用本法。"

非依法必须进行招标的项目，只要选择了招标方式，就应当遵守《招标投标法》和《招标投标法实施条例》的相关规定。

但应注意的是：《招标投标法》中有些条款是专门针对依法必须招标项目的，不适用于自愿招标的项目。如：应当在国家指定的媒介上发布招标公告；自招标文件发出之日起至投标人提交投标文件截止之日止不得少于二十日；评标委员会专家成员不得少于三分之二；所有投标被否决后应当重新招标；招标人应当自确定中标人之日起十五日内，向有关行政监督部门提交招标投标情况的书面报告；编制资格预审文件和招标文件应当使用标准文本；提交资格预审申请文件的时间，自资格预审文件停止发售之日起不得少于 5 日；非因法定事由不得更换评标委员会成员；招标人应当自收到评标报告之日起 3 日内公示中标候选人，公示期不得少于 3 日等规定。

除了列明的"必须进行招标"范围之外的工程项目，由建设方自主决定是否招标。国家仅对必须招标的工程项目的范围进行了规定。对于规定以外的工程项目，由投资建设方自主决定是否招标。这与目前我国行政领域推行的"市场准入负面清单"制度非常相似，即对于清单列明的项目禁止投资建设人随意决定选择承包商和供应商的方式，而必须采用招标的方式；对于清单以外的工程项目，则由投资建设人自主决定选择承包商和供应商的方式，即可以自愿采用招标方式，也可以采用非招标方式。

案例 1-4：非依法必须招标项目自愿进行招标投标的应当受招标投标法的规制与调整

某建设项目发承包的双方当事人通过招投标程序签订《建设工程施工合同》，并在当地建设行政主管部门备案。但双方在签订该合同之前，已就同一工程签订了《商业广场及酒店项目施工合同》，建筑公司已对该项目施工了近一年，双方在施工过程中进行招投标，签订施工合同，违反了《招标投标法》第四十三条及《招标投标法实施条例》第四十一条的相关规定，属于串标行为，中标无效，双方签订的《建设工程施工合同》不具有法律约束力。

解析：该案例来源于某高级人民法院民事判决书，案涉工程项目虽非法定招标工程，但当事人仍可自愿选择以招投标的方式订立合同，如选择采用招标方式，就必须遵守《招标投标法》及相关法规地要求，依法合规地开展招投标活动。

问题 1-5：《政府采购法》与《招标投标法》应分别适用何种项目？

《招标投标法实施条例》第二条规定："招标投标法第三条所称工程建设项目，是指工程以及与工程建设有关的货物、服务。前款所称工程，是指建设工程，包括建筑物和构筑物的新建、改建、扩建及其相关的装修、拆除、修缮等；所称与工程建设有关的货物，是指构成工程不可分割的组成部分，且为实现工程基本功能所必需的设备、材料等；所称与工程建设有关的服务，是指为完成工程所需的勘察、设计、监理等服务。"

《中华人民共和国政府采购法》（以下简称《政府采购法》）第二条规定："在中华人民共和国境内进行的政府采购适用本法。本法所称政府采购，是指各级国家机关、事业单位和团体组织，使用财政性资金采购依法制定的集中采购目录以内的或者采购限额标准以上的货物、工程和服务的行为。政府集中采购目录和采购限额标准依照本法规定的权限制定。本法所称采购，是指以合同方式有偿取得货物、工程和服务的行为，包括购买、租赁、委托、雇用等。本法所称货物，是指各种形态和种类的物品，包括原材料、燃料、设备、产品等。本法所称工程，是指建设工程，包括建筑物和构筑物的新建、改建、扩建、装修、拆除、修缮等。本法所称服务，是指除货物和工程以外的其他政府采购对象。"

《政府采购法》第四条规定："政府采购工程进行招标投标的，适用招标投标法。"

《中华人民共和国政府采购法实施条例》（以下简称《政府采购法实施条例》）第七条规定："政府采购工程以及与工程建设有关的货物、服务，采用招标方式采购的，适用《招标投标法》及其实施条例；采用其他方式采购的，适用政府采购法及本条例。"

（1）"工程"的概念

政府采购工程中的与建筑物、构筑物新建、改建、扩建无关、单独装修、拆除、修缮等，则不是《招标投标法》第三条所称的必须进行招标的工程建设项目，而属于《政府采购法》的调整范围。需要说明的是，建设工程并不限于构筑物和建筑物。建设工程是指土木工程、建筑工程、线路管道工程和设备安装工程及装修工程。工程是指所有通过设计、施工、制造等建设活动形成的有形固定资产，要避免对工程做扩大化理解，如"希望工程""系统工程""信息网络工程"等不属于《招标投标法》的调整范围。

（2）"建设"的概念

"建设"在这里起的是时间节点的作用，只有工程建设过程中与工程有关的货物和服务，才属于《招标投标法》的调整范围。工程竣工验收完成后，再采购与工程有关的货物和服务，均属于《政府采购法》的调整范围。

（3）界定"与工程建设有关的货物"

构成与工程建设有关的货物需要同时满足两个要件：一是与工程不可分割。"不可分割"是指离开了建筑物或构筑物主体就无法实现其使用价值的货物，如门窗属于不可分割，而家具就属于可分割。二是实现工程基本功能所必需。"基本功能"是指建筑物、构筑物达到能够投入使用的基础条件，不涉及建筑物、构筑物的附加功能。如学校教学楼建设，楼建成后基本功能即已达到，而不能以楼将用于教学，就把教学用的教学家具、仪器设备等为实现楼的附加功能的货物作为楼的基本功能对待，即实现附加功能的货物属于《政府采购法》的调整范围。同时满足以上两个条件的货物，属于与政府采购工程有关的货物，应当适用《招标投标法》。

如何判断"不可分割"和"基本功能"？实践难判定，可以从设计使用上进行判断。需要与工程同步整体设计、施工的货物属于与工程建设有关的货物，可以与工程分别设计、施工或者不需要设计、施工的货物属于与工程建设无关的货物。

（4）界定"与工程建设有关的服务"

如为完成工程所需的勘察、设计、监理等服务。"与工程建设有关的服务"也包括如"工程项目评估、融资、项目管理、工程造价、招标代理"等服务。

"与工程建设有关的服务"应是完成整个工程所必不可少的服务。政府采购的服务，即使与工程有关，但并不是完成该工程所必不可少的，也不能认定为是与工程建设有关的服务。比如工程立项前有关部门向社会采购的工程可行性研究报告等前期准备材料服务，再比如有关部门为了加强对政府采购工程使用财政资金的监管，从社会上采购的审计服务等。

案例 1-5：限额标准以下政府采购工程公开招标被认定中标结果无效

某弱电工程改造项目公开招标，预算金额为 110 万元。中标结果公告后，A 公司有所质疑，因对答复不满意，又向当地财政部门投诉，投诉事项为：该项目应适用《政府采购法》，而非《招标投标法》，法律适用错误，因此中标结果不合法。

解析：财政部门调查后认为：本项目预算金额 110 万元，未达到《必须招标的工程项目规定》第五条第一款施工单项合同估算价在 400 万元人民币以上必须招标的标准，根据《政府采购法实施条例》第七条第一款规定，政府采购工程与工程建设有关的货物、服务，采用招标方式采购的，适用《招标投标法》及其实施条例，采用其他方式采购的，适用政府采购法及本条例，故代理机构采用公开招标方式组织该项目采购活动的行为不符合上述规定，属于采购方式选择错误。财政部门最终认定，该项目中标结果无效，责令重新开展采购活动。

问题 1-6：政府采购工程应采用何种招标方式？

《政府采购法》第八条规定："政府采购限额标准，属于中央预算的政府采购项目，由国务院确定并公布；属于地方预算的政府采购项目，由省、自治区、直辖市人民政府或者其授权的机构确定并公布。"

依法必须进行招标的工程建设项目具体范围以内规模标准以上的政府采购工程。如，国务院办公厅每两年公布的"中央预算单位政府集中采购目录及标准"对中央预算单位政府采购工程以及与工程建设有关的货物和服务的依法必须招标的数额标准作出规定。

根据《政府采购法》第二条的相关规定，政府采购需要同时满足三个要件：

从采购主体上看，为各级国家机关、事业单位和团体组织，不包括企业和个人。

从资金来源上看，使用的是财政性资金，不包括国有企事业单位自有资金和私有资金。

从采购对象上看，是指纳入集中采购目录以内的或者采购限额标准以上的工程、货物和服务。

《招标投标法》第六十六条规定："涉及国家安全、国家秘密、抢险救灾或者属于利用扶贫资金实行以工代赈、需要使用农民工等特殊情况，不适宜进行招标的项目，按照国家有关规定可以不进行招标。"

《招标投标法实施条例》第九条规定："除招标投标法第六十六条规定的可以不进行招标的特殊情况外，有下列情形之一的，可以不进行招标：（一）需要采用不可替代的专利或者专有技术；（二）采购人依法能够自行建设、生产或者提供；（三）已通过招标方式选定的特许经营项目投资人依法能够自行建设、生产或者提供；（四）需要向原中标人采购工程、货物或者服务，否则将影响施工或者功能配套要求；（五）国家规定的其他特殊情形。"

即使政府采购工程项目属于必须招标的工程建设项目，但属于上述情形之一，依法可不进行招标的项目，应当适用《政府采购法》。

《政府采购法实施条例》第二十五条规定："政府采购工程依法不进行招标的，应当依照政府采购法和本条例规定的竞争性谈判或者单一来源采购方式采购。"

需要特别注意的是：财政部于2014年年底制定发布了《政府采购竞争性磋商采购方式管理暂行办法》（财库〔2014〕214号），认定了竞争性磋商采购方式，并明确该方式可以适用于依法不进行招标的政府采购工程。因此，目前，依法不进行招标的政府采购工程可以适用的采购方式应包括竞争性谈判、竞争性磋商和单一来源采购三种采购方式。

此条属于强制性规定，即依法不进行招标的政府采购工程，采购人亦不得采用招标方式进行采购。

应注意从以下几点理解：

（1）政府采购工程以及与工程建设有关的货物和服务的采购方式有：招标方式（含公开招标和邀请招标）、竞争性谈判、竞争性磋商、单一来源采购、询价、国务院政府采购监督管理部门认定的其他采购方式。

（2）必须招标的工程以及与工程建设有关的货物和服务，应采用招标方式进行采购。除此之外，应结合项目需求特点，采用竞争性谈判、竞争性磋商、单一来源采购。

（3）政府采购工程以及与工程建设有关的货物和服务，采用招标方式采购的，适用《招标投标法》及其实施条例。

（4）政府采购工程以及与工程建设有关的货物和服务，采用其他式采购的，适用《政府采购法》及其实施条例。

（5）政府无论采用何种方式采购工程以及与工程建设有关的货物和服务，应当执行政府采购政策。

《政府采购法实施条例》第六条规定："国务院财政部门应当根据国家的经济和社会发展政策，会同国务院有关部门制定政府采购政策，通过制定采购需求标准、预留采购份额、价格评审优惠、优先采购等措施，实现节约能源、保护环境、扶持不发达地区和少数民族地区、促进中小企业发展等目标。"

（1）制定采购需求标准

采购需求标准是采购政策实施中最常用，也是最直接的措施，就是通过对采购产品或服务的技术标准或质量标准的规定，实现政府采购的政策目标。

一般来说，政府采购政策在支持节能环保，鼓励技术创新、支持本国产品等方面对政府采购的产品服务都大量采用明确需求标准的方式实施，如一些国家在采购政府办公设备方面实行比一般社会使用产品更严格的绿色采购能耗及排放标准，在支持本国产品中规定明确的本国货物增加值比例，在采购政府印刷服务中规定综合排放标准等。

需要说明的是，采购需求标准对创新型产品的导向作用非常大，需求技术标准越高、供应商越可能采用新技术，但采购成本也可能越高。

（2）预留采购份额

预留采购份额，是指采购人在某一采购项目或者全部采购项目中预留出一定的份额，专门面向特定供应商如中小企业开展采购，以支持、促进该类型企业通过政府采购市场获得更好的发展。

《政府采购促进中小企业发展暂行办法》（财库〔2011〕181号）第四条规定，在满足机构自身运转和提供公共服务基本需求的前提下，应当预留本部门年度政府采购项目预算总额的30%以上，专门面向中小企业采购，其中，预留给小型和微型企业的比例不低于60%。采购人或者采购代理机构在组织采购活动时，应当在招标文件或谈判文件、询价文件中注明该项目专门面向中小企业或小型、微型企业采购。

（3）价格评审优惠

价格评审优惠是指在价格作为评审因素的政府采购评审过程中，对某类特定供应商的报价给予一定比例的价格扣除优惠，用扣除后的价格作为其参与评审的价格，使其报价在与其他供应商报价相比时获得评审优势，进而提高胜出概率。

《政府采购促进中小企业发展暂行办法》（财库〔2011〕181号）第五条规定，对于非专门面向中小企业的项目，采购人或采购代理机构应当在招标文件或者谈判文件、询价文件中作出规定，对小型和微型企业产品的价格给予6%～10%的扣除，用扣除后的价格参与评审，具体扣除比例由采购人或者采购代理机构确定。

（4）优先采购

优先采购是指在政府采购过程中，优先采购某类特定供应商的货物、工程或者服务（列明清单），使得该类供应商获得更多的政府采购市场份额，帮助其持续发展。

我国对列入优先采购清单内产品由采购人设定加分或同等条件优先采购。政府发布了"节能产品政府采购清单""环境标志产品政府采购清单"等。

案例 1-6：根据政府采购工程的特点选择采购方式

某纪念馆展览工程设计施工一体化项目从招标文件中规定的招标范围来看，该项目的设计及施工包括布展范围内建筑装修装饰工程以及展台、展板、模型、雕塑、综合布线等，系与纪念馆建筑物新建相关的装修，并且有关模型及雕塑具有构筑物的特征，因此该项目符合《政府采购法实施条例》第七条第二款中规定的建设工程的定义。根据《政府采购法》第四条及其实施条例第七条第一款之规定，政府采购工程以及与工程建设有关的货物、服务，采用招标方式采购的，应适用《招标投标法》及其实施条例对该项目的招投标活动进行监督管理，符合法律规定。

解析：政府采购工程，是指建设工程，包括建筑物和构筑物的新建、改建、扩建及其相关的装修、拆除、修缮等。政府采购工程达到规模限额以上，根据《政府采购法》第四条规定，政府采购工程进行招投标的，适用《招标投标法》的规定，应该通过招投标方式选择施工人。

问题 1-7：如何理解政府采购中的竞争性谈判？

自 2014 年 2 月 1 日起施行的《政府采购非招标采购方式管理办法》中规定：本办法所称非招标采购方式，是指竞争性谈判、单一来源采购和询价采购方式。

竞争性谈判是指谈判小组与符合资格条件的供应商就采购货物、工程和服务事宜进行谈判，供应商按照谈判文件的要求提交响应文件和最后报价，采购人从谈判小组提出的成交候选人中确定成交供应商的采购方式。

单一来源采购是指采购人从某一特定供应商处采购货物、工程和服务的采购方式。

询价是指询价小组向符合资格条件的供应商发出采购货物询价通知书，要求供应商一次报出不得更改的价格，采购人从询价小组提出的成交候选人中确定成交供应商的采购方式。

《政府采购法》第三十条规定：符合下列情形之一的货物或者服务，可以依照本法采用竞争性谈判方式采购：

（一）招标后没有供应商投标或者没有合格标的或者重新招标未能成立的；

（二）技术复杂或者性质特殊，不能确定详细规格或者具体要求的；

（三）采用招标所需时间不能满足用户紧急需要的；

（四）不能事先计算出价格总额的。

《政府采购法实施条例》第二十六条规定：政府采购法第三十条第三项规定的情形，应当是采购人不可预见的或者非因采购人拖延导致的；第四项规定的情形，是指因采购艺术品或者因专利、专有技术或者因服务的时间、数量事先不能确定等导致不能事先计算出价格总额。

《政府采购法》第三十八条规定采用竞争性谈判方式采购的，应当遵循下列程序：

（一）成立谈判小组。谈判小组由采购人的代表和有关专家共三人以上的单数组成，其中专家的人数不得少于成员总数的三分之二。

（二）制定谈判文件。谈判文件应当明确谈判程序、谈判内容、合同草案的条款以及评定成交的标准等事项。

（三）确定邀请参加谈判的供应商名单。谈判小组从符合相应资格条件的供应商名单中确定不少于三家的供应商参加谈判，并向其提供谈判文件。

（四）谈判。谈判小组所有成员集中与单一供应商分别进行谈判。在谈判中，谈判的任何一方不得透露与谈判有关的其他供应商的技术资料、价格和其他信息。谈判文件有实质性变动的，谈判小组应当以书面形式通知所有参加谈判的供应商。

（五）确定成交供应商。谈判结束后，谈判小组应当要求所有参加谈判的供应商在规定时间内进行最后报价，采购人从谈判小组提出的成交候选人中根据符合采购需求、质量和服务相等且报价最低的原则确定成交供应商，并将结果通知所有参加谈判的未成交的供应商。

案例 1-7：应公开招标而采用竞争性谈判方式选择施工单位的中标合同无效

某市政府办公厅对 2020 年开工并完成的政府投资 12 条主干道城市环境综合改造工程项目因工期紧、要求高、任务重，经研究特事特办、简化程序，同意各区根据实际情况通过招标或者竞争性谈判方式确定施工单位。2021 年 4 月，某区园林局将东部城区道路整治项目通过竞争性谈判方式选择施工单位。A 公司等单位按照公告规定的时间报名并购买了竞争性谈判文件后参加投标。经过两轮报价（谈判），评标专家最终认为 A 公司满足招标文件的要求，推荐其为中标候选人。中标后签订施工合同并施工，后因 A 公司认为该区园林局未能履行付款义务，提起诉讼。

解析：省高院审理后认为，该项目签订的施工合同属无效合同。主要事实和理由如下：

（1）根据《政府采购法》第二十六条规定，政府采购采用以下方式：（一）公开招标；（二）邀请招标；（三）竞争性谈判；（四）单一来源采购；（五）询价；（六）国务院政府采购监督管理部门认定的其他采购方式。竞争性谈判并非招标的一种形式，而是和招标同属于政府采购的一种方式。

（2）《招标投标法》第三条规定，在中华人民共和国境内进行下列工程建设项目包括项目的勘察、设计、施工、监理以及与工程建设有关的重要设备、材料等的采购，必须进行招标：（一）大型基础设施、公用事业等关系社会公共利益、公众安全的项目；（二）全部或者部分使用国有资金投资或者国家融资的项目。根据《必须招标的工程项目》规定：道路等城市设施项目关系社会公共利益，且使用各级财政预算资金的项目属于必须招投标的项目。2021 年的该东部城区道路整治项目属于采用国家财政资金投入、关系公共利益的基础设施建设，故依法必须采取招标方式确定施工单位。

（3）从本案项目发布的竞争性谈判公告及《竞争性谈判文件》中载明的谈判要求、《竞争性谈判情况报告》来看，本案项目竞标报价采用了二次报价的方式，即第一轮公开报价后，谈判小组将与单一竞标人就价格等进行谈判，谈判结束后，竞标人还需进行最后报价，此报价作为评分依据。该评选方式明显不符合《招标投标法》关于招投标程序的规定，而符合《政府采购法》中竞争性谈判方式的规定。

（4）根据《政府采购法》第二十七条规定，因特殊情况需要采用公开招标以外的采购方式的，应当在采购活动开始前获得设区的市、自治州以上人民政府采购监督管理部门的批准。该市政府办公厅仅是对 2020 年开工并完成的政府投资 12 条主干道城市环境综合改造工程项目批准可以采取招投标或者竞争性谈判方式确定实施单位，针对的是 2020 年开工并完成建设的项目，该项目是 2021 年 4 月才启动，其时间也与前述文件规定不符。综上，因该区园林局将本应采取招标方式的项目通过竞争性谈判方式选定 A 公司为施工单位，但并未举示已获得政府采购监督管理部门批准的相应证据，依照《最高人民法院关于审理建设工程施工合同纠纷案件适用法律问题的解释（一）》（以下简称《司法解释（一）》）第一条关于"建设工程施工合同具有下列情形之一的，应当认定无效……（三）建设工程必须进行招标而未招标或者中标无效的"之规定，故签订的施工合同无效。

问题 1-8：政府采购中的竞争性磋商方式如何适用？

竞争性磋商采购方式，是指采购人、政府采购代理机构通过组建竞争性磋商小组与符合条件的供应商就采购货物、工程和服务事宜进行磋商，供应商按照磋商文件的要求提交响应文件和报价，采购人从磋商小组评审后提出的候选供应商名单中确定成交供应商的采购方式。竞争性磋商采购方式是财政部首次依法创新的采购方式，核心内容是"先明确采购需求、后竞争报价"的两阶段采购模式，倡导"物有所值"的价值目标。

《政府采购竞争性磋商采购方式管理暂行办法》（财库〔2014〕214 号）第三条规定：符合下列情形的项目，可以采用竞争性磋商方式开展采购：

（一）政府购买服务项目；

（二）技术复杂或者性质特殊，不能确定详细规格或者具体要求的；

（三）因艺术品采购、专利、专有技术或者服务的时间、数量事先不能确定等原因不能事先计算出价格总额的；

（四）市场竞争不充分的科研项目，以及需要扶持的科技成果转化项目；

（五）按照招标投标法及其实施条例必须进行招标的工程建设项目以外的工程建设项目。

上述前三种情形主要适用于采购人难以事先确定采购需求或者合同条款，需要和供应商进行沟通协商的项目；第四种情形主要适用于科研项目采购中有效供应商不足三家，以及需要对科技创新进行扶持的项目；第五种情形主要适用于政府采购工程类项目，并与招标投标法律制度和《政府采购非招标采购方式管理办法》（财政部令第 74 号）做了衔接。综合来看，竞争性磋商采购方式在政府购买服务、PPP、科技创新扶持、技术复杂的专用设备等项目采购中将具有较高的可操作性和适用性。

采用竞争性磋商方式采购的，邀请供应商的方式有：

采购人、采购代理机构应当通过发布公告、从省级以上财政部门建立的供应商库中随机抽取或者采购人和评审专家分别书面推荐的方式邀请不少于 3 家符合相应资格条件的供应商参与竞争性磋商采购活动。符合《政府采购法》第二十二条第一款规定条件的供应商可以在采购活动开始前加入供应商库。财政部门不得对供应商申请入库收取任何费用，不得利用供应商库进行地区和行业封锁。采取采购人和评审专家书面推荐方式选择供应商的，采购人和评审专家应当各自出具书面推荐意见。采购人推荐供应商的比例不得高于推荐供应商总数的 50％。

磋商文件能够详细列明采购标的的技术、服务要求的，磋商结束后，磋商小组应当要求所有实质性响应的供应商在规定时间内提交最后报价，提交最后报价的供应商不得少于 3 家。磋商文件不能详细列明采购标的的技术、服务要求，需经磋商由供应商提供最终设计方案或解决方案的，磋商结束后，磋商小组应当按照少数服从多数的原则投票推荐 3 家以上供应商的设计方案或者解决方案，并要求其在规定时间内提交最后报价。最后报价是供应商响应文件的有效组成部分。符合本办法第三条第四项情形的，提交最后报价的供应商可以为 2 家。

如果是"市场竞争不充分的科研项目，以及需要扶持的科技成果转化项目"，提交最后报价的供应商可以为 2 家。

按照《财政部关于政府采购竞争性磋商采购方式管理暂行办法有关问题的补充通知》（财库〔2015〕124 号），采用竞争性磋商采购方式采购的政府购买服务项目（含政府和社会资本合作项目），在采购过程中符合要求的供应商（社会资本）只有 2 家的，竞争性磋商采购活动可以继续进行。采购过程中符合要求的供应商（社会资本）只有 1 家的，采购人（项目实施机构）或者采购代理机构应当终止竞争性磋商采购活动，发布项目终止公告并说明原因，重新开展采购活动。

经磋商确定最终采购需求和提交最后报价的供应商后，由磋商小组采用综合评分法对提交最后报价的供应商的响应文件和最后报价进行综合评分。综合评分法，是指响应文件满足磋商文件全部实质性要求且按评审因素的量化指标评审得分最高的供应商为成交候选供应商的评审方法。注意：不得采用最低价评标法定标。综合评分法货物项目的价格分值占总分值的比重为 30％～60％，服务项目的价格分值占总分值的比重为 10％～30％。综合评分法中的价格分统一采用低价优先法计算，即满足磋商文件要求且最后报价最低的供应商的价格为磋商基准价，其价格分为满分。其他供应商的价格分统一按照下列公式计算：磋商报价得分＝（磋商基准价/最后磋商报价）×价格权值×100。项目评审过程中，不得去掉最后报价中的最高报价和最低报价。

竞争性磋商和竞争性谈判两种采购方式在流程设计和具体规则上既有联系又有区别：在"明确采购需求"阶段，二者关于采购程序、供应商来源方式、磋商或谈判公告要求、响应文件要求、磋商或谈判小组组成等方面的要求基本一致；在"竞争报价"阶段，竞争性磋商采用了类似公开招标的"综合评分法"，区别于竞争性谈判的"最低价成交"。之所以这样设计，就是为了在需求完整、明确的基础上实现合理报价和公平交易，并避免竞争性谈判最低价成交可能导致的恶性竞争，将政府采购制度功能聚焦到"物有所值"的价值目标上来，达到"质量、价格、效率"的统一。

案例 1-8：某修缮工程项目竞争性磋商采购方式未按规定设置评标基准价

某政府办公楼修缮改造项目进行竞争性磋商采购。采购人在与采购代理机构讨论后，决定参照有形市场中公开招标的项目，将价格分设置为 50 分，并以各供应商报价的算术平均值为基准价，采用内插法计算价格分。在竞争性磋商文件发出后，潜在投标人 A 公司提出异议，认为该磋商文件设置的评标基准价不符合规定。

解析：根据财政部关于印发《政府采购竞争性磋商采购方式管理暂行办法》的规定，不能以各供应商报价的算术平均值为基准价，应设置满足磋商文件要求且最后报价最低的供应商的价格为磋商基准价，其价格分为满分，不能再设定其他形式的基准价。

问题 1-9：如何在招投标活动中体现公开原则？

《招标投标法》第五条规定："招标投标活动应当遵循公开、公平、公正和诚实信用的原则。"第三十四条规定："开标应当在招标文件确定的提交投标文件截止时间的同一时间公开进行；开标地点应当为招标文件中预先确定的地点。"

公开原则要求招标信息公开。依法必须进行招标的项目，招标公告应当通过国家指定的报刊、信息网络或者其他媒介发布。无论是招标公告、资格预审公告还是投标邀请书，都应当载明招标人的名称和地址、招标项目的性质、数量、实施地点和时间及获取招标文件的方法等事项。其次要求招投标过程公开。开标时招标人应当邀请所有投标人参加，招标人在招标文件要求提交截止时间前收到的所有投标文件，开标时都应当众予以拆封、宣读。中标候选人确定后，应公示。中标人确定后，招标人应当在向中标人发出中标通知书的同时，将中标结果通知所有未中标的投标人。

案例 1-9：提高资格审查的条件应重新发布资格预审公告

某大学实验楼施工招标，资格预审公告中载明：建设规模 5 万 m^2，合同估算价为 3 亿元，投标人需具备建筑工程施工总承包二级（含）以上资质。由于报名家数过多，招标人直接在资格预审文件中提高了对潜在投标人注册资本金要求及类似工程业绩的数量。资格预审后，投标申请人 A 公司向行政监督部门投诉：资格预审文件中内容与资格预审公告中不一致，招标人违反了《招标投标法实施条例》第二十三条："招标人编制的资格预审文件、招标文件的内容违反法律、行政法规的强制性规定，违反公开、公平、公正和诚实信用原则，影响资格预审结果或者潜在投标人投标的，依法必须进行招标的项目的招标人应当在修改资格预审文件或者招标文件后重新招标。"的相关规定，应当重新招标。行政监督部门受理该投诉后进行了调查、取证，最终责令招标人重新招标。招标人不仅耽误了项目的进展，也给自身和投标人带来了损失，浪费了社会资源。

解析：本案中，资格预审公告发布后，招标人因为已报名的潜在投标人数比预想得多而随意更改资格预审公告的内容，违反了"公开性"的原则。公开原则要求资格预审的标准和方法必须在资格预审文件中载明，以便申请人决定是否提出资格预审申请，是否满足资格预审中的条件，招标人在编制资格预审文件时设置的评审因素应当与资格预审公告一致。如果需要改变资格预审的条件，应该重新发布公告，让潜在投标人均能获得一致性的公开信息。

问题 1-10：如何在招投标活动中体现公平原则？

《民法典》第六条规定："民事主体从事民事活动，应当遵循公平原则，合理确定各方的权利和义务。"

《招标投标法》第五条规定："招标投标活动应当遵循公开、公平、公正和诚实信用的原则。"

《招标投标法》第二十二条规定："招标人不得向他人透露已获取招标文件的潜在投标人的名称、数量以及可能影响公平竞争的有关招标投标的其他情况。"第三十二条规定："投标人不得相互串通投标报价，不得排挤其他投标人的公平竞争，损害招标人或者其他投标人的合法权益。投标人不得与招标人串通投标，损害国家利益、社会公共利益或者他人的合法权益。禁止投标人以向招标人或者评标委员会成员行贿的手段谋取中标。"

《招标投标法实施条例》第二十三条规定："招标人编制的资格预审文件、招标文件的内容违反法律、行政法规的强制性规定，违反公开、公平、公正和诚实信用原则，影响资格预审结果或者潜在投标人投标的，依法必须进行招标的项目的招标人应当在修改资格预审文件或者招标文件后重新招标。"

公平原则要求给予所有投标人平等的机会，使其享有同等的权利，履行同等的义务。招标人不得以任何理由排斥或歧视任何投标人。依法必须进行招标的项目，其招标投标活动不受地区或部门的限制，任何单位和个人不得违法限制或排斥本地区、本系统以外的法人或其他组织参加投标，不得以任何方式非法干涉招投标活动。

招标文件中不公平的表现形式包括：

（1）指定品牌、服务等。在招标文件中直接指定某一品牌、专利、商标或供应商等；限定特定特殊的专利、商标、品牌或原产地；采购需求中的技术、服务等要求明确指向某一供应商和特定产品。

（2）设定不合理的资质业绩条件等。在招标文件中就某些资质、业绩或技术参数特意根据特定投标人的实际条件制订，或直接与投标人串通设置某些特定条件，而这些条件往往与招标项目的具体特点和实际需要不相适应或与履行合同无关。提高招标项目的资质要求，按规定低等级资质可以实施的项目，却设定更高资质的要求；设定不合理的入围业绩，按某些特定投标人的业绩情况，设定特定业绩类别和数量的要求等。

（3）设定不同的条件和要求。就同一个工程建设项目，招标人针对不同的投标人设定不同的条件和要求，向不同的投标人提供有差别的项目信息；对不同的投标人采取不同的资格审查条件和评标标准。

（4）评标办法设置不合理。针对特定投标人设定有针对性的权重，人为加大某些投标人优势等方面的权重、减少投标报价所占比重或者设置专门、专项等有针对性的加分项目。

（5）增加各种标准认证等。国家没有强制要求的，属于市场牟利行为滋生出来的认证，或者仅仅只是建议性标准。在招标文件中会把这些无依据、建议性的标准和认证作为强制性准入的条件，要求投标人必须通过某项或几项认证来排斥投标人。

（6）风险分担条款不合理。如政治经济环境变化、极端恶劣天气、第三者安全事故以及工期延误等，是有经验的承包人无法预见的，将所有风险转嫁给投标人等。

案例 1-10：不合理设置风险分担条款导致招标失败

某城乡污水处理一体化管道工程项目，工期为 18 个月，工程预算为 2100 万元，材料费占比达 75％以上。该项目招标文件规定，招标人不承担任何价格风险。招标文件发出后，主材某大口径球磨铸铁管价格非正常上涨。评标结果公示后，第一、第二、第三中标候选人均先后放弃中标，招标人从其余投标人中选择中标人未果，只能重新招标，造成工期拖延近 3 个月。招标人在该项目二次招标文件中规定：工程预算调整为 2700 万元，价格风险承担方式改为主材价格涨幅超过 10％时，业主承担 70％风险比例，中标人承担 30％风险比例。其后二次招标投标活动顺利实施，中标人如期签约进场施工。

解析：招标人在招标文件中应合理配置权利义务关系、保持交易双方利益相对均衡。项目第一次招标时，招标人想借助招标方式转嫁所有价格履约风险给承包人，导致了首次招标失败，在合理配置价格风险承担方式以后，重新招标进展顺利。不能将全部风险全部转嫁给投标人，招投标双方应公平合理设定风险分担方式。

问题 1-11：如何在招投标活动中体现公正原则？

《招标投标法》第五条规定："招标投标活动应当遵循公开、公平、公正和诚实信用的原则。"第四十四条第一款规定："评标委员会成员应当客观、公正地履行职务，遵守职业道德，对所提出的评审意见承担个人责任。评标委员会成员不得私下接触投标人，不得收受投标人的财物或者其他好处。评标委员会成员和参与评标的有关工作人员不得透露对投标文件的评审和比较、中标候选人的推荐情况以及与评标有关的其他情况。"

《招标投标法实施条例》第二十三条规定："招标人编制的资格预审文件、招标文件的内容违反法律、行政法规的强制性规定，违反公开、公平、公正和诚实信用原则，影响资格预审结果或者潜在投标人投标的，依法必须进行招标的项目的招标人应当在修改资格预审文件或者招标文件后重新招标。"第三十四条规定："与招标人存在利害关系可能影响招标公正性的法人、其他组织或者个人，不得参加投标。单位负责人为同一人或者存在控股、管理关系的不同单位，不得参加同一标段投标或者未划分标段的同一招标项目投标。违反前两款规定的，相关投标均无效。"第三十八条规定："投标人发生合并、分立、破产等重大变化的，应当及时书面告知招标人。投标人不再具备资格预审文件、招标文件规定的资格条件或者其投标影响招标公正性的，其投标无效。"第四十九条规定："评标委员会成员应当依照招标投标法和本条例的规定，按照招标文件规定的评标标准和方法，客观、公正地对投标文件提出评审意见。招标文件没有规定的评标标准和方法不得作为评标的依据。评标委员会成员不得私下接触投标人，不得收受投标人给予的财物或者其他好处，不得向招标人征询确定中标人的意向，不得接受任何单位或者个人明示或者暗示提出的倾向或者排斥特定投标人的要求，不得有其他不客观、不公正履行职务的行为。"

公正原则要求招标人在招标投标活动中应当按照统一的标准衡量每一个投标人的优劣。进行资格审查时，招标人应当按照资格预审文件或招标文件中载明的资格审查的条件、标准和方法对潜在投标人或投标人进行资格审查，不得改变载明的条件或以没有载明的资格条件进行资格审查。评标委员会应当按照招标文件确定的评标标准和方法，对投标文件进行评审和比较。

案例 1-11：评标委员会应严格按照招标文件规定的评审标准进行评标

某政府投资项目的电梯设备供货及安装供应商采购项目，共有 8 家投标单位递交了投标文件，开标后进行评标。经评审，评标委员会认定 4 家投标单位不能通过初步评审，否决其投标。评标结束后，招标人认为评标委员会评审时存在错误，向综合监督管理机构提起投诉。

投诉问题为：评标委员会因为该 4 家投标单位的投标文件中失信被执行人查询结果截图均未表明查询截图时间，无法确认失信被执行人查询结果是否在投标有效时间范围内。因此评标委员会以"资格评审标准信誉不符合要求（失信被执行人查询结果截图时间不符合要求）"否决其投标。但招标文件中"资格条件信誉评审标准"项和"失信被执行人查询结果"格式页均未要求投标人提供失信被执行人查询结果截图时间，故招标人认为评标委员会否决该 4 家投标单位的理由不充分。

综合监督管理机构受理投诉后，对所有投标单位的失信被执行人查询结果进行调查核实。经查，投诉反映情况属实。招标文件关于失信被执行人查询结果的要求为："投标人自行通过信用中国网站查询申请人是否为失信被执行人，并将查询结果截图附在本表中"，并未要求投标人应在截图时表明查询截图时间，并且所有投标单位均不存在失信被执行人记录。于是，综合监督管理机构下达投诉处理意见书，认定评标委员会违反《招标投标法实施条例》第四十九条规定，根据《招标投标法实施条例》第七十一条规定，责令评标委员会对上述问题进行纠正。

解析：招标文件的要求是"提供失信被执行人查询结果截图"，但是评标委员会认为4家投标单位提供的失信被执行人查询结果截图未显示截图时间不符合要求，否决其投标，实际是人为扩大了招标文件的规定。不论是"缩小"还是"扩大"招标文件的规定，实质上都是评标委员会没有按照招标文件规定的评标标准和方法，客观、公正地对投标文件提出评审意见。评标委员会没有启动投标文件澄清说明程序，而是直接作出判断，导致出现错误。在评标过程中，当投标文件中出现含义不明、明显文字或者计算错误等内容且评标委员会不能准确了解投标人真实意思表示时，评标委员会应当启动澄清、说明工作。这样的程序有利于评标委员会准确地理解投标文件的内容，把握投标人的真实意思表示，从而对投标文件做出更为公正客观的评价；也有助于消除评标委员会和投标人对招标文件和投标文件理解上的偏差，避免招标人和中标人在合同履行过程中出现不必要的争议。

问题 1-12：如何在招投标活动中体现诚实信用原则？

《民法典》第七条规定："民事主体从事民事活动，应当遵循诚信原则，秉持诚实，恪守承诺。"

《招标投标法》第五条规定："招标投标活动应当遵循公开、公平、公正和诚实信用的原则。"

诚信原则要求所有民事主体在从事任何民事活动，包括行使民事权利、履行民事义务、承担民事责任时，都应该秉持诚实、善意，信守自己的承诺。诚信原则作为民法最为重要的基本原则，被称为民法的"帝王条款"，是各国民法公认的基本原则。诚信原则具有高度的抽象性和概括性，使得诚信原则对于民事主体从事民事活动、司法机关进行民事裁判活动都具有重要作用，在当事人没有明确约定或法律没有具体规定时，司法机关可以根据诚信原则填补合同漏洞、弥补法律空白，平衡民事主体之间、民事主体与社会之间的利益，进而实现社会的公平正义。

诚实守信是中华民族的传统美德，也是市场活动应当遵循的基本原则。为加重失信被执行人的违法成本，挤压其逃债空间，对其产生有效威慑，法律对失信被执行人作出了包括限制其参与招投标活动等诸多限制。

案例 1-12：失信被执行人的中标合同无效

2022年9月，城发公司就某县城市更新项目房屋拆除工程发布招标文件。其中明确规定："在本项目投标截止时间前，被全国法院失信被执行人名单信息公布与查询平台录入为被执行人的潜在投标人不得参加本项目的投标。"A公司参与投标并中标，2022年11月12日双方签订《建设工程施工合同》，随即进场施工。

11月29日，多名投标人举报中标的A公司为失信被执行人。该县公共资源交易鉴定管理办公室在收到举报信后，经调查核实确认A公司在2021年被省内其他法院公布为失信被执行人。随后该县公共资源交易鉴定管理办公室向A公司发出监督建议书，认为按照《招标投标法》及其实施条例等有关法律法规，A公司在案涉工程项目招投标过程中存在弄虚作假、骗取中标的违法行为，建议城发公司依法将与A公司签订的施工合同作无效处理。收到监督建议书的当天，城发公司向A公司发函，函告双方签订的案涉工程项目施工合同于A公司收到该函之日起解除。多次协商后，A公司仍不同意解除合同。

2023 年 1 月 5 日，城发公司以建设工程施工合同纠纷为由，向该县人民法院提起诉讼，认为 A 公司明知其没有投标资格仍参与投标，明显存在隐瞒事实、弄虚作假的行为，违反了《招标投标法》的规定，请求确认中标合同无效，并由 A 公司赔偿预算审核费、预算编制、招标代理费等招标费用损失合计 35659 元。A 公司辩称，其在进行投标活动时，按照招标公告的要求提供了营业执照、建筑业企业资质证书、安全生产许可证等投标文件，并未提供虚假投标文件，在评标审查合格后被确定为中标人。《招标投标法》仅规定投标人应当具备承担招标项目的能力，并未对失信被执行人不得参与投标作出明确规定，且公司被列为失信被执行人与投标人承担投标项目的能力之间并无实质性联系。据此，A 公司主张中标有效，双方之间的施工合同应当继续履行。

解析：经过一审二审法院审理后认为：依据《招标投标法》第二十六条及《招标投标法实施条例》第三十八条、第八十一条规定，案涉招标文件明确规定"被全国法院失信被执行人名单信息公布与查询平台录入为被执行人的潜在投标人不得参加本项目的投标"，故 A 公司不具备参与投标的资格。本案中，A 公司作为失信被执行人投标，招标代理机构未能按照招标文件要求排除 A 公司的投标资格，均违反了《招标投标法》及其实施条例的规定，本案的投标、中标无效。2022 年 10 月 8 日，经城发公司申请执行，A 公司已将判决确定的需赔偿的招标费用损失 18000 元主动履行完毕。

该判决既打击了扰乱招投标活动管理秩序的失信投标人，保护了其他市场主体的合法权益，也有利于维护司法权威，提升司法公信力，在全社会形成尊重司法、诚实守信的良好氛围。

问题 1-13：招标人能否组织部分潜在投标人踏勘项目现场？

《招标投标法》第二十一条规定："招标人根据招标项目的具体情况，可以组织潜在投标人踏勘项目现场。"

《招标投标法实施条例》第二十八条规定："招标人不得组织单个或者部分潜在投标人踏勘项目现场。"

招标项目现场的环境条件对投标人的报价及其技术管理方案有影响的，潜在投标人需要通过踏勘现场了解情况。根据招标项目情况，招标人可以组织潜在投标人踏勘，也可以不组织踏勘。

为了防止招标人向潜在投标人有差别地提供信息，造成投标人之间的不公平竞争，招标人不得组织单个或者部分潜在投标人踏勘项目现场。

组织踏勘项目现场应当注意的问题：

（1）组织全部潜在投标人踏勘项目现场的时间，应尽可能安排在招标文件发出澄清文件的截止时间之前，以便在澄清文件中统一解答潜在投标人踏勘现场时提出的疑问。

（2）潜在投标人应全面踏勘项目现场。潜在投标人需要对可能影响投标报价及技术管理方案的现场条件进行全面踏勘，如建设项目的地理位置、地形、地貌、地质、水文和气候情况等。

（3）潜在投标人对踏勘现场后自行作出的判断负责。无论招标人组织还是潜在投标人自行踏勘项目现场，潜在投标人根据踏勘现场作出的投标分析、推论和判断，应当自行负责。

（4）招标人同意解答潜在投标人踏勘现场中的疑问。针对现场踏勘过程中，潜在投标人提出的问题或异议以及由此引起的招标文件的修改，招标人应当汇总之后，以书面形式通知包含未参与现场踏勘的所有潜在投标人，但不得泄露提出问题或异议的潜在投标人名称以及影响项目公平竞争的事项。

案例 1-13：招标文件不能设定单独组织外省投标人现场踏勘

某招标人根据项目实际情况，在招标文件中规定，潜在投标人可自行到现场踏勘，外省的投标人可以联系招标人单独进行现场踏勘。招标文件发出后，收到潜在投标人提出的异议，认为招标文件中关于招标人组织外地投标人单独现场踏勘的规定属于以不合理条件排斥潜在投标人。

解析：潜在投标人的异议成立，招标文件中单独组织外地投标人现场踏勘的规定不合理。根据《招标投标法实施条例》二十八条的规定，招标人不得组织单个或者部分潜在投标人踏勘项目现场。根据《招标投标法》第二十二条规定，招标人不得向他人透露已获取招标文件的潜在投标人的相关信息。招标人组织全部潜在投标人踏勘项目现场的，应采取相应的保密措施并对投标人提出相关保密要求，不得采用集中签到甚至点名等方式，防止潜在投标人在踏勘现场暴露身份，影响投标竞争，或相互沟通信息串通投标。需要注意的是：潜在投标人收到有关踏勘现场的通知后自愿放弃踏勘现场的，不属于招标人组织部分投标人踏勘现场。

问题 1-14：编制资格预审文件和招标文件时必须采用标准文本吗？

《招标投标法实施条例》第十五条第四款规定："编制依法必须进行招标的项目的资格预审文件和招标文件，应当使用国务院发展改革部门会同有关行政监督部门制定的标准文本。"

国家发展和改革委员会同国务院八个行政监督部门于 2007 年 11 月颁布了《标准施工招标资格预审文件》和《标准施工招标文件》，于 2011 年 12 月颁布了《简明标准施工招标文件》和《标准设计施工总承包招标文件》，于 2017 年 9 月颁布了《标准设备采购招标文件》《标准材料采购招标文件》《标准勘察招标文件》《标准设计招标文件》《标准监理招标文件》。标准招标文件的编制施行有利于进一步统一各个行业的招投标规则，促进形成统一开放和竞争有序的招投标市场，有利于提高资格预审文件和招标文件的编制质量和效率。

依法必须招标项目的资格预审文件和招标文件，应当使用标准资格预审文件和招标文件。必须需要说明：使用以上标准文本时应当按照标准文本的使用规定使用。所谓"使用规定"，是国务院发展改革部门会同国务院有关行政监督部门为标准文本的颁布实施而配套发布的使用说明、部门规章和规范性文件。具体包括：（1）申请人或投标人须知正文、审查或评标办法正文、通用合同条款均应不加修改地直接引用。（2）国务院有关行业主管部门可根据本行业招标特点和管理需要，对"专用条款""工程量清单""图纸""技术标准和要求"等作出具体规定。"专用条款"不得与通用条款抵触，否则无效。（3）招标人或者招标代理机构应结合招标项目具体特点和实际需要编制填写"投标人须知前附表"和"评标办法前附表"，并可在"专用合同条款"中对"通用合同条款"进行补充、细化和修改。但是前附表填写的内容不得与相关正文内容相抵触，否则抵触内容无效；专用合同条款不得违反法律、行政法规的强制性规定，以及平等、自愿、公平和诚实信用的原则，否则相关内容无效。

这里使用标准文本是限定在依法必须招标的项目而言的。对于非依法必须招标的项目，没有强制必须使用标准文本。

案例 1-14：标准招标文件的通用条款不能改动

某依法招标的项目进行施工招标，招标代理机构在编制招标文件时，使用了九部委联合发布的《标准施工招标文件》，并对招标人认为某些不适于本项目的通用条款进行了删减。招标代理机构的做法是否合适呢？

解析：招标代理机构针对依法招标的项目进行施工招标采用九部委联合发布的《标准施工招标文件》是符合相关规定的。但删减通用条款的做法不符合规定，应当不加修改的引用。如果通用条款的内容不适合该项目，可通过"专用合同条款"对"通用合同条款"进行补充、细化，但除"通用合同条款"明确规定可以作出不同约定外，"专用合同条款"补充和细化的内容不得与"通用合同条款"相抵触，否则抵触内容无效。

问题 1-15：资格预审的主体和依据如何确定？

《招标投标法实施条例》第十八条规定："资格预审应当按照资格预审文件载明的标准和方法进行。国有资金占控股或者主导地位的依法必须进行招标的项目，招标人应当组建资格审查委员会审查资格预审申请文件。资格审查委员会及其成员应当遵守招标投标法和招标投标法实施条例有关评标委员会及其成员的规定。"

资格预审应当按照资格预审文件载明的标准和方法进行。资格审查的标准和方法是资格审查主体进行资格审查的依据，也是指导申请人科学合理地准备资格预审申请文件的依据。资格预审的审查标准一般根据具体的审查因素设立，审查因素集中在申请人的投标资格条件（包括法定的和资格预审文件规定的）和履约能力两个方面，相应的审查标准则区别审查因素设立为定性或定量的评价标准。公平和公正原则要求必须按照资格预审文件中事先公开的标准和方法进行审查，同等地对待每一个资格预审申请人。

国有资金占控股或者主导地位的依法必须进行招标项目的资格预审，由资格审查委员会负责。资格审查一般会涉及技术、管理、经济、财务甚至法律等方面的专业问题，由技术、经济专家组成的资格审查委员会进行资格审查有利于公正、科学和客观地选择符合条件的投标人。由依法组建的资格审查委员会负责审查资格预审申请文件，仅限于国有资金占控股或者主导地位的依法必须招标的项目，这是《招标投标法实施条例》对招标项目实行差别化管理的具体体现。

资格审查委员会的组建应当符合《招标投标法》第三十七条的规定："评标由招标人依法组建的评标委员会负责。依法必须进行招标的项目，其评标委员会由招标人的代表和有关技术、经济等方面的专家组成，成员人数为五人以上单数，其中技术、经济等方面的专家不得少于成员总数的三分之二。前款专家应当从事相关领域工作满八年并具有高级职称或者具有同等专业水平，由招标人从国务院有关部门或者省、自治区、直辖市人民政府有关部门提供的专家名册或者招标代理机构的专家库内的相关专业的专家名单中确定；一般招标项目可以采取随机抽取方式，特殊招标项目可以由招标人直接确定。与投标人有利害关系的人不得进入相关项目的评标委员会；已经进入的应当更换。评标委员会成员的名单在中标结果确定前应当保密。"

资格审查委员会及其成员享有《招标投标法》和《招标投标法实施条例》规定的权利。资格审查委员会有向招标人推荐通过资格预审的申请人或者根据招标人授权直接确定通过资格预审的申请人的权利。资格审查委员会及其成员应当履行《招标投标法》和《招标投标法实施条例》规定的义务。资格审查委员会成员应当按照资格预审文件规定的标准和方法进行资格审查，客观公正地履行职责，不得私下接触投标人，不得收受投标人给予的财物或者其他好处等行为。

案例1-15：评标委员会成员不能擅自改动资格预审文件中规定的评审因素

某依法必须招标的国有资金投资的建筑面积约8万 m^2 的综合体施工项目进行资格预审，其中资格预审文件中设定的项目经理的条件为：

（1）具有大学本科（含）以上学历，高级技术职称；

（2）具有国家一级建造师资格；

（3）具有10年以上相关工作或担任项目经理岗位4年以上；

（4）担任过4万 m^2 以上施工业绩或类似工程施工的项目经理；

（5）不得同时在其他项目上兼任项目经理，或其他有实质性权利的职务；

（6）具有良好的职业道德，身体健康，年龄不得超过55周岁。

以上附合同等证明材料。

在资格审查时，A评审专家提出，对于项目经理的条件太过宽松，尤其是4万 m^2 施工业绩要求太低，建议应担任项目经理岗位6年以上，至少担任过7万 m^2 以上，年龄不得超过45周岁的条件来进行审查。其他评审专家并没有同意，坚持按资格预审文件中设定的评审因素进行评审。

解析：A评标专家的建议不合理。在资格审查阶段，评审专家必须严格按照预审文件中设定的评审因素进行评审。否则，会违反公正性原则。

问题1-16：资格预审办法如何确定？

资格预审是通过发布资格预审公告，在资格预审文件中明确招标项目的所有资格审查条件、资格审查的标准和方法。潜在投标人须在资格预审公告规定时间内获取资格预审文件、完成资格预审申请书的制作，并提交资格审查委员会评审从而确定其是否是合格投标人。

资格预审办法分为合格制和有限数量制。一般对于大型且技术复杂或者具有特殊专业要求的工程项目，可以采用合格制资格预审；对于特大型且技术特别复杂或者具有特殊专业技术要求的工程项目经招投标监管机构批准可以选用有限数量制资格预审。

合格制。资格预审文件合格后，可进入投标环节，招标人采用资格预审合格制的方式可选拔出实力相对较强，资质比较优秀的投标单位，因此有利于招标方获得更具有执行力的投标方案，从而可能会增加投标人的数目及工作量。

有限数量制。有限数量制主要用于潜在投标人过多的情况，其主要作用就是缩小潜在投标人的数量，预审通过人数也要相应做出具体规定，因此在进行资质审查时，审查人员须严格按照预定的审查文件进行筛选，核定通过人届满后，可按照综合评定标准由高到低进行排序。

案例1-16：有限数量制资格预审办法的具体设置

某康复综合楼项目采用工程总承包（EPC）的方式，资格预审文件中的资格审查办法采用有限数量制，具体审查内容见表1-1-1。

资格审查办法前附表 表 1-1-1

条款号		条款名称	编列内容
1		通过资格预审的人数	有限数量制,对提交资格审查申请文件的申请人进行打分,得分排名前 9 名(包含第 9 名)的申请人,视为通过本次资格审查,未通过的申请人不能参加下一步的投标;未参加资格预审的申请人,视为自动放弃投标资格。
2		审查因素	审查标准
2.1	初步审查标准	申请人名称	与营业执照、资质证书、安全生产许可证(牵头人)一致。
		申请人资质条件	符合申请人须知前附表中的资质条件。
		申请函签字盖章	由法定代表人或其委托代理人签字并加盖单位公章。
		申请文件格式	符合第四章"资格预审申请文件格式"的要求。
2.2	详细审查标准	1. 营业执照	具备有效的营业执照副本 是否需要核验原件:否,资格申请文件中附复印件加盖公章。
		2. 安全生产许可证	具备有效的安全生产许可证 是否需要核验原件:否,资格申请文件中附复印件加盖公章。
		3. 资质证书	符合第二章"申请人须知"第 1.4.1 项规定 是否需要核验原件:否,资格申请文件中附复印件加盖公章。
		4. 财务状况	符合第二章"申请人须知"第 1.4.1 项规定 是否需要核验原件:否,资格申请文件中附复印件加盖公章。
		5. 项目经理资格	符合第二章"申请人须知"第 1.4.1 项规定 是否需要核验原件:否,资格申请文件中附复印件加盖公章。
		6. 设计负责人资格	符合第二章"申请人须知"中的规定 是否需要核验原件:否,资格申请文件中附复印件加盖公章。
		7. 联合体协议(如是)	是否需要核验原件:否,资格申请文件中附复印件加盖公章。
		8. 授权委托书及授权人身份证	法定代表人授权委托书及授权人身份证,是否需要核验原件:是,还需附到资格申请文件中。
		9. 类似项目业绩	符合第二章"申请人须知"中的规定,附在申请文件中,是否需要单独核验原件:是,还需附到资格申请文件中。
		10. 申请人不得存在的情形的承诺	符合第二章"申请人须知"中的规定,附在申请文件中,是否需要单独核验原件:否,资格申请文件中附复印件加盖公章。
		11. 社会信誉自查承诺	资格审查申请文件中社会信誉自查承诺除包含社会信誉外还应包含所提供业绩的真实性,盖公司公章,附在申请文件中,是否需要单独核验原件:否,资格申请文件中附复印件加盖公章。

申请人对提供的以上资料的真实性负责,若发现有不实之处,按无效资格申请处理。以上 2.2 条详细审查标准为必备条件,若未按照以上要求提供,则视为不合格,不参与下一步评审。

条款号	条款名称		编列内容
2.3	评分标准	评分因素	评分标准
		一、企业综合实力（30分）	1. 投标企业具备完善的管理制度，企业管理措施健全，并附有相关证明，评委根据资格预审文件情况分为一般、良、优，分别得0~2分、2~4分、4~6分，若此条缺项不得分。 2. 投标企业组织结构健全，并附有相关证明，评委根据资格预审文件情况分为一般、良、优，分别得0~2分、2~4分、4~6分，若此条缺项不得分。 3. 投标企业市场信誉较高，并附有相关证明，评委根据资格预审文件情况分为一般、良、优，分别得0~2分、2~4分、4~6分，若此条缺项不得分。 4. 投标企业承建本工程的有利条件的说明，并附有相关证明，具有承担本项目的能力，评委根据资格预审文件情况分为一般、良、优，分别得0~2分、2~4分、4~6分，若此条缺项不得分。 5. 投标企业对承接本项目的承诺及合理化建议（包括质量、工期、安全文明施工以及工程款支付等方面），评委根据资格预审文件情况分为一般、良、优，分别得0~3分、3~5分、5~6分，若此条缺项不得分。
		二、拟投入机械设备情况（10分）	申请人拟投入的施工机械、设备，规格种类齐全、配备合理，数量及能力满足工程施工的需要，并附有相关证明，评委根据资格审查申请文件情况分为一般、良、优，分别得0~3分、3~6分、6~10分，若此条缺项不得分。（机械设备的类型、厂家、品牌、型号、数量、年限等方面填写完整）。
		三、拟派项目成员配备及结构（31分）	1. 拟派项目部组织结构健全、岗位职责清晰、分工明确，切实满足项目要求，评委根据资格预审文件情况分为一般、良、优，分别得0~3分、3~4分、4~6分，若此条缺项不得分。 2. 拟派项目部各专业技术力量雄厚，专业齐全，评委根据资格预审文件情况分为一般、良、优，分别得0~3分、3~4分、4~6分，若此条缺项不得分。 3. 拟派项目部主要管理人员（技术负责人、设计负责人、关键岗位人员）类似项目经验丰富，并附有相关证明，评委根据资格预审文件情况分为一般、良、优，分别得0~3分、3~4分、4~6分，若此条缺项不得分。 4. 拟派项目部主要管理人员（技术负责人、设计负责人、关键岗位人员）资历及信誉较高，年龄结构、职称配备科学、合理，并附有相关证明，评委根据资格预审文件情况分为一般、良、优，0~3分、3~4分、4~6分，若此条缺项不得分。 5. 拟派项目经理施工经验丰富资历、协调能力强、信誉较高，并附相关证明，评委根据资格预审文件情况分为一般、良、优分别得0~3分、3~4分、4~6分，若此条缺项不得分。 6. 拟派设计负责人资历及信誉较高，并附相关证明，评委根据申请文件情况得0~1分，若此条缺项不得分。 申请人的资格申请文件中拟派关键岗位人员达不到项目管理班子人员配备最低要求的，预审不合格。
		四、企业施工经验（15分）	1. 申请人经验丰富，已完工程及在建工程数量较多且规模较大，并附有相关证明，评委根据申请文件情况分为一般、良、优，分别得0~2分、2~4分、4~5分，若此条缺项不得分。 2. 申请人有与本项目相似及类似复杂程度相当的工程业绩，并附有相关证明，评委根据申请文件情况分为一般、良、优，分别得0~2分、2~4分、4~5分，若此条缺项不得分。 3. 申请人协调能力强，能够在施工过程中协调相关部门，促使项目进展顺利的，提供相关案例说明，评委根据申请文件情况分为一般、良、优，分别得0~2分、2~4分、4~5分，若此条缺项不得分。

续表

条款号		条款名称	编列内容
2.3	评分标准	五、企业类似业绩（5分）	自 2018 年 10 月 1 日至 2023 年 9 月 30 日（5 年）承担过单项合同建筑面积 15000m² 及以上或单项合同额 8000 万元及以上的公共建筑施工总承包或公共建筑工程总承包 EPC 业绩，每有一个得 2.5 分，最多得 5 分。 注：业绩须提供合同和竣工验收证明（申请文件中须附复印件并加盖申请人公章，现场核验原件），时间以竣工验收时间为准。 类似工程：详见申请人须知前附表中的要求。
		六、项目经理和设计负责人业绩（5分）	1. 作为项目经理近 5 年（2018 年 10 月 1 日至 2023 年 9 月 30 日）承担过单项合同建筑面积 12800m² 及以上或单项合同额 8000 万元及以上的公共建筑施工总承包或公共建筑工程总承包 EPC 业绩，每有一个得 2.5 分，最多得 2.5 分。【业绩须提供合同和竣工验收证明（申请文件中须附复印件并加盖申请人公章，现场核验原件），时间以竣工验收时间为准。合同中未体现项目经理任职及姓名的，须提供业主证明原件】 2. 作为设计负责人近 5 年（2018 年 10 月 1 日至 2023 年 9 月 30 日）承担过单项合同建筑面积 15000m² 及以上或单项合同额 8000 万元及以上的公共建筑施工总承包或公共建筑工程总承包 EPC 业绩，每有一个得 2.5 分，最多得 2.5 分。【业绩须提供合同（申请文件中须附复印件并加盖申请人公章，现场核验原件），时间以合同签订时间为准。合同中未体现设计负责人任职及姓名的，须提供业主证明原件】
		七、资格预审申请文件的编制（2分）	资格预审申请文件格式合理性：资格预审文件内容完整、表格齐全、版面整齐、字迹清晰、格式美观合理、页码准确，前后统一等方面，评委根据资格预审文件情况分为一般、良、优，分别得 0.5～1 分、1～1.5 分、1.5～2 分。
		八、疫情防控方案（2分）	申请人须提供详尽的疫情防控方案，评委根据资格审查申请文件情况分为一般、良、优，分别得 0.5～1 分、1～1.5 分、1.5～2 分，若此条缺项不得分。若无疫情防控方案的，则资格审查不合格。
2.4		备注	1. 项目经理业绩与申请人企业业绩不可重复计分。 2. 申请人对其提报的企业及项目班子业绩、证书的真实性负责，一旦查证有虚报和造假行为，将取消其投标资格，报主管部门并追究相关责任，记录不良行为信用档案。 3. 本资格审查办法中涉及的所有需要进行原件核验的合同、竣工验收备案单（或竣工验收单）等，均须在资格申请文件递交的规定时间内提供原件，未按要求提供的，不予计分，如遇分歧，招标人有权对申请人提供的原件进行核实。 4. 确定某一资格审查申请人的综合分数时，去掉一个最高和一个最低有效评分后的平均分数为该资格审查申请人的最终得分。

解析：资格预审标准主要是依照提前制定好的预审文件来进行，主要作用是发掘潜在的投标公司，对其相关资质以及合同履行能力进行评估。主要作用是在招投标工作还未全面开展之前对潜在的和申请的投标公司进行筛选，其筛选主要考察项目的社会信誉、施工技术水平、资金实力等，考察内容全部符合标准后方准予参加有关投标。

问题 1-17：资格预审时应审查投标人哪些内容？

资格预审内容包括企业资质、项目经理资质、业绩、信誉、财务状况等。资格预审的主要作用是能够确保招投标活动的竞争效率，资格预审程序就是为了在招投标过程中对资格条件不适合承担此项工程或者不适合履行此项工程合同的潜在投标人进行第一次筛选，对技术复杂及大型等工程项目择优选择中标人具有重大的推动作用。同样，对于招标人选择施工经验足、专业化程度高、履行合同强、诚信信誉高、人员素质高的中标人具有非常大的帮助。

案例 1-17：资格预审对投标人设定的资格条件应合理

2022 年 11 月某供销智能仓配和应急保障基地工程总承包（EPC）项目发布资格预审公告，该项目建筑面积约 15 万 ㎡，计划工期：730 日历天，质量标准：合格，该项目共分为一个标段，招标范围为供销智能仓配和应急保障基地项目工程的相关设计（含方案设计、初步设计和各类施工图设计等）、采购、施工、调试、验收、保修及配合手续办理等全过程工程总承包。

该项目资格预审对投标人设定的资格条件为：

（1）本次招标要求潜在投标人须具备独立法人资格，施工企业提供有效的安全生产许可证，应当具有建筑工程施工总承包一级及以上资质和建筑行业（建筑工程）设计甲级资质或工程设计综合资质；并且在人员、设备、资金等方面具有承担本项目的能力和经验。

（2）拟派工程总承包项目经理应持有注册一级建造师证（建筑工程专业，且在本单位注册，一级建造师注册证书必须为电子证书并符合《住房和城乡建设部办公厅关于全面实行一级建造师电子注册证书的通知》（建办市〔2021〕40 号）的规定），具备有效的安全生产考核合格证书（B 类）；设计项目负责人应具有注册一级建筑师证或注册一级结构师证；造价、安全、施工、材料、质检（量）等人员，应满足项目实际需求。

（3）财务要求：财务状况良好，需提供近三年度（自 2019 年至 2021 年，企业成立不足三年，提供企业成立至今的）财务状况表（加盖公章）。

（4）业绩要求：投标人自 2017 年 10 月 31 日至 2022 年 10 月 31 日止（5 年），承担过类似业绩。

注：类似项目指以下任一情况即可：

1）单项合同建筑面积 10 万 ㎡ 及以上或单项合同额 4.5 亿元及以上的公共建筑工程施工总承包业绩，同时提供单项合同建筑面积 10 万 ㎡ 及以上或单项合同投资额 450 万元及以上的公共建筑工程设计类似业绩；

2）单项合同建筑面积 10 万 ㎡ 及以上或单项合同额 4.5 亿元及以上的公共建筑工程总承包（EPC）业绩。

时间以施工总承包业绩、工程总承包（EPC）业绩提供合同原件扫描件及竣工验收证明原件扫描件，以竣工验收时间为准；设计业绩提供合同原件，以合同签订时间为准。

（5）信誉要求：投标人自 2019 年 10 月 31 日至 2022 年 10 月 31 日止（3 年）投标人社会信誉自查。

投标人在报名时需提供当日"中国执行信息公开网"网站查询本单位是否为失信被执行人的网页截图。以联合体投标的，联合体中有一个或一个以上成员属于失信被执行人的，联合体视为失信被执行人。招标人应对属于限制参与工程建设项目投标活动失信被执行人依法依规予以限制。

（6）本次招标接受联合体投标，施工单位为联合体牵头人，且联合体数量不得超过两家。联合体各方不得再以自己的名义单独参与本项目，也不得组成新的联合体或参加其他联合体参与本项目（需提供联合体协议原件扫描件，信用分值可按联合体中高分值企业计算）。

解析：资格预审主要审查投标人的企业资质、项目经理资质、业绩、信誉、财务状况等。在设定投标人资格条件时，应根据工程项目的规模、技术特点、工期要求、施工外部环境等合理设定投标人的资格条件，避免设立歧视性、排斥性的条款或不切合工程实际需求的条件。

问题 1-18：资格预审阶段异议如何处理？

《招标投标法实施条例》第二十二条规定："潜在投标人或者其他利害关系人对资格预审文件有异议的，应当在提交资格预审申请文件截止时间 2 日前提出；对招标文件有异议的，应当在投标截止时间 10 日前提出。招标人应当自收到异议之日起 3 日内作出答复；作出答复前，应当暂停招标投标活动。"

《招标投标法》第六十五条规定："投标人和其他利害关系人认为招标投标活动不符合本法有关规定的，有权向招标人提出异议或者依法向有关行政监督部门投诉。"

《招标投标法实施条例》第六十条的规定："投标人或者其他利害关系人认为招标投标活动不符合法律、行政法规规定的，可以自知道或者应当知道之日起 10 日内向有关行政监督部门投诉。投诉应当有明确的请求和必要的证明材料。"

案例 1-18：对资格预审异议处理结果不满时可再提出投诉

某工程施工项目，招标人委托招标机构采取资格预审方式招标，资格预审公告发布后共有 11 家潜在投标人报名，招标机构按要求组建资格审查委员会进行资格审查，经审查合格的投标人一共 7 家，合格的 7 家投标人全部参与投标，经评标委员会评审，推荐 A、B、C 分别为第一至三名中标候选人，评标结果公示期间，投标人 B 向招标机构提出异议，指出投标人 A 的某项资格要求不符合资格预审文件要求，要求重新进行资格审查。招标项目经理认为本项目采取资格预审方式招标，资格审查结果不属于评标结果公示的内容，以投标人提出异议的时效已过为由对投标人的异议不予受理。

投标人 B 不服，遂向行政监督部门投诉，行政监督部门经审查认定资格审查结果确有错误，认定中标结果无效，责令招标人重新招标或者重新评标。

问题 1：投标人是否可以对资格审查结果提出异议？

解析：根据《招标投标法》第六十五条规定，如果该项目的资格审查结果确实存在问题，影响资格预审结果或者影响评标结果的，投标人可以对资格审查结果提出异议，招标人或者其委托的招标机构不受理相关异议的，投标人还可以向行政监督部门投诉。本案例招标机构不受理投标人异议的做法是不正确的。

问题 2：既然投标人可以对资格审查结果提出异议，那么投标人应在何时提出异议呢？

解析：《招标投标法实施条例》中投标人对资格预审文件、招标文件、开标和评标结果均有明确的时效性要求，但并没有关于对资格审查结果提出异议的时效性规定。

投标人对自身审查结果异议的时限。资格审查结果通知后，潜在投标人只知道自己是否通过资格审查，在此阶段，投标人可以对自己未通过资格审查的原因提出异议，要求招标人作出解释，这里的时限要求应为投标人收到资格审查结果通知书直至招标文件发售截止之日，在此期间招标人或招标机构应就投标人的异议做出答复，否则将影响投标人参与投标。

其他投标人资格审查结果的异议的时限。资格审查结果在预审阶段有时是不公示的，此投标人在预审阶段不可能知道其他投标人的资格审查结果，自然也就无法在预审阶段就其他潜在投标人的资格审查结果提出异议。那么究竟应在何时提出异议呢？

参考《招标投标法实施条例》第六十条的规定，异议又是投诉的前置环节，因此可以得出投标人对其他投标人资格审查结果的异议可以自知道或者应当知道之日起小于等于10日内向招标人提出异议。

问题1-19：招标文件中投标人的资格条件如何设定？

《招标投标法》第二十五条第一款规定："投标人是响应招标、参加投标竞争的法人或者其他组织。依法招标的科研项目允许个人参加投标的，投标的个人适用本法有关投标人的规定。"

《招标投标法》第二十六条规定："投标人应当具备承担招标项目的能力；国家有关规定对投标人资格条件或者招标文件对投标人资格条件有规定的，投标人应当具备规定的资格条件。"

《招标投标法》第十八条第一款规定："招标人可以根据招标项目本身的要求，在招标公告或者投标邀请书中，要求潜在投标人提供有关资质证明文件和业绩情况，并对潜在投标人进行资格审查；国家对投标人的资格条件有规定的，依照其规定。"

《招标投标法实施条例》第三十四条规定："与招标人存在利害关系可能影响招标公正性的法人、其他组织或者个人，不得参加投标。单位负责人为同一人或者存在控股、管理关系的不同单位，不得参加同一标段投标或者未划分标段的同一招标项目投标。违反前两款规定的，相关投标均无效。"

从以上法律法规可以看出：投标人的资格条件包括国家规定的资格条件和招标人规定的资格条件。招标人应当根据招标项目的特点和需要，对投标人在经营范围、专业资质、财务状况、技术能力、管理能力、业绩、信誉等方面提出要求，并在招标文件中载明，用于判断投标人是否具有履行合同的资格及能力，有时招标人也会在招标文件中列出国家规定的资格条件。即便招标文件没有作出明确规定，由于国家规定的资格条件具有强制性，当投标人不符合该条件时，评标委员会也应当否决投标。

单位负责人，是指单位法定代表人或者法律、行政法规规定代表单位行使职权的主要负责人。管理关系是指不具有出资持股关系的其他单位之间存在的管理与被管理关系，如一些事业单位。

比如国有企业下属参股子公司能否作为投标人公平参与国有企业组织的招投标工作？

国家发展和改革委员会法规司曾对此答复：《招标投标法实施条例》第三十四条第一款规定，与招标人存在利害关系可能影响招标公正性的法人、其他组织或者个人，不得参加投标。本条没有一概禁止与招标人存在利害关系法人、其他组织或者个人参与投标，构成本条第一款规定情形需要同时满足"存在利害关系"和"可能影响招标公正性"两个条件。即使投标人与招标人存在某种"利害关系"，但如果招投标活动依法进行、程序规范，该"利害关系"并不影响其公正性的，就可以参加投标。

《标准施工招标文件》（2007 版）中的第 1.4.3 条规定，投标人不得存在下列情形之一：

（1）为招标人不具有独立法人资格的附属机构（单位）；

（2）为本标段前期准备提供设计或咨询服务的，但设计施工总承包的除外；

（3）为本标段的监理人；

（4）为本标段的代建人；

（5）为本标段提供招标代理服务的；

（6）与本标段的监理人或代建人或招标代理机构同为一个法定代表人的；

（7）与本标段的监理人或代建人或招标代理机构相互控股或参股的；

（8）与本标段的监理人或代建人或招标代理机构相互任职或工作的；

（9）被责令停业的；

（10）被暂停或取消投标资格的；

（11）财产被接管或冻结的；

（12）在最近三年内有骗取中标或严重违约或重大工程质量问题的。

这里的限制性条件（1）～（8）都可以视为《招标投标法实施条例》第三十四条规定的"与招标人存在利害关系且影响招标公正性的法人、其他组织或者个人不得参加投标"的相关内容。

资格条件的设置应与项目的实际需要相适应。

如某依法必须招标的 EPC 项目在公共资源交易中心两次发布招标公告，投标截止前，均只有一家单位提交投标文件，两次均流标，原因是在招标文件的第三部分"资格条件"中要求投标人如中标本项目，则需出具承诺函，承诺同期在该县投资兴建装配式建筑生产项目，并明确表述若未充分兑现承诺则自愿无条件退出项目、签订的本项目及其他相关合同无效、赔偿招标人的各项损失、无需补偿投标人的所有投入。上述资格条件的设置与该项目的实际需要不相适应，且与合同履行无关，根据《招标投标法》第十八条第二款规定，招标人不得以不合理的条件限制或者排斥潜在投标人。《招标投标法实施条例》第三十二条第二款规定："招标人有下列行为之一的，属于以不合理条件限制、排斥潜在投标人或者投标人……（二）设定的资格、技术、商务条件与招标项目的具体特点和实际需要不相适应或者与合同履行无关……"。此资格条件的设置属于以不合理条件限制、排斥潜在投标人的行为，对潜在投标人的投标意愿造成影响，与该工程连续两次招标均流标具有一定的因果关系。后要求修改招标文件中的资格条件后重新招标。

案例 1-19：不能将已取消的资质许可作为投标人的资格条件

某国有公司组织公路项目可行性研究报告编制服务招标，最高限价 300 万元，于 2018 年 9 月发布招标公告。招标文件明确投标人必须具有公路工程咨询乙级以上资质。但事实上国务院于 2017 年 9 月 22 日印发的《国务院关于取消一批行政许可事项的决定》（国发〔2017〕46 号）已经取消了工程咨询资质审批。评标委员会在评标时发现，投标人 A 公司无公路工程咨询资质，但考虑到该资质已被取消，因此未在初评阶段对其投标做否决处理。A 公司正常进入详评阶段，经综合评审，A 公司被确定为第一中标候选人。中标候选人公示期间有其他投标人质疑，认为 A 公司不具有工程咨询资质，不满足招标文件要求，应当否决其投标，且招标人应重新进行招标。

解析：本案例中招标人要求投标人必须具有公路工程乙级资质的做法，违反了《招标投标法》的规定，是无效的。A公司不存在不符合招标文件规定的资格条件的情况，不能因为A公司不具有招标文件规定的公路工程乙级资质而否决其投标。本案中评标委员会的做法是正确的。《工程项目招投标领域营商环境专项整治工作方案》（发改办法规〔2019〕862号）中也提到了不能将国家已经明令取消的资质资格作为投标条件、加分条件、中标条件。该案例详见参考文献［40］。

问题1-20：招标文件的编制应注意哪些问题？

招标文件的编制应注意以下问题：

（1）遵守法律规定原则。《招标投标法实施条例》第二十三条规定，招标人编制资格预审文件和招标文件需要遵守"公平、公开、公正和诚实信用的原则"，违反该原则影响资格预审结果或潜在投标人投标的，依法必须进行招标的项目的招标人应当在修改资格预审文件或招标文件后重新招标。

（2）使用招标文件范本。《招标投标法实施条例》第十五条规定，编制依法必须进行招标的项目的资格预审文件或招标文件，应当使用国务院发展改革部门会同有关行政监督部门制定的标准文本。招标文件中的投标人须知正文、评标办法正文和通用合同条款均应不加修改地直接引用。招标人和招标代理机构应结合招标项目的具体特点和实际需要编制填写"投标人须知前附表"和"评标办法前附表"，并可在"专用合同条款"中对"通用合同条款"进行补充、细化和修改。标准文件范本的使用不应过于简单机械，而应根据项目的具体情况合理选用，无对应标准文件范本的项目，应以标准文件范本为基础，根据项目的实际情况和具体特点加以修改编制，避免生搬硬套。

（3）体现业主需求。招标文件涉及专业内容比较广泛，编制招标文件人员需要具备较强专业知识和一定实践经验。了解招标项目特点和需求（包括：项目概况、特点难点、行业及市场情况、招标方案、项目总体实施策划等），在上述基础上细化。

（4）依法设定投标人资格条件。招标文件设定的投标人资质、业绩、信誉、职业人员等资格条件要符合法律法规的规定，并与招标项目具体特点和实际需求相适应。不得违法限制、排斥或保护潜在投标人，不得含有倾向性或者排斥潜在投标人的其他内容，不得以特定地区的业绩、奖项作为资格或加分条件。

（5）明确实质性要求和否决投标的情形。招标文件必须明确投标人实质性响应的内容和否决投标的情形。投标人未对招标文件实质性要求和条件作出响应或响应不完全，都将导致投标无效。招标文件中实质性要求和否决投标的相关内容应当具体、清晰、无争议，宜以醒目方式提示，避免使用模糊的或者容易引起歧义的词句。

案例1-20：编制不规范的招标文件引起多项异议

某施工项目公开招标，在发布招标文件后，针对招标文件中列出的多项内容，投标人提出了异议。

异议1：招标文件中要求投标人在开标前三个日历天前申请加入项目钉钉群不合理，提前泄露潜在投标单位，不符合现行法律规定。经审查，招标文件中的该规定违反了《招标投标法》"第二十二条第一款：招标人不得向他人透露已获取招标文件的潜在投标人的名称、数量以及可能影响公平竞争的有关招标投标的其他情况。"的规定，据此认定，该事项成立。

异议2：招标文件业绩要求不合理且商务部分评审因素中要求近三年类似项目业绩不明确，影响投标人准确响应招标需求，属于以不合理的条款限制或排斥潜在投标人。经审查，该招标文件对项目业绩要求不够明确，影响投标人准确响应采购需求，据此认定，该事项成立。

异议3：招标文件评分细则中评审因素量化指标不相对应，且要求提供的证明资料不合理，不符合现行法律规定，属于以不合理条件限制和排斥潜在投标人。招标文件评分细则中评审因素未量化、未细化，设置区间分值，盲目扩大评标委员会的自由裁量权，属于未依法设定评审分值的情形，违反规定。经审查评分细则设置不合理，该事项成立。

异议4：本项目要求投标人到达现场参与公开招标会议并提供资料原件不合理，违反国家优化营商环境政策，限制和排斥潜在投标人参与项目竞争。经审查，该项目为网上招投标，供应商无需现场参加开标，招标文件多处要求投标人提供资料原件的做法与有关规定不符。该事项成立。

异议5：招标文件多处内容编写有误不明确，且引用多个废止文件政策，存在招标文件编制不规范的问题。经审查，确有引用的文件已经废止。该事项成立。

招标人接受异议的内容，重新修改招标文件后重新招标。

解析：招标文件是投标人编制投标文件的依据，是评标委员会评标的依据，也是签订合同的依据之一。招标文件应表述准确、内容完整、用词精确、含义明确，使用的术语要有明确的解释，条款理解不应有弹性、有歧义，这样有利于投标人正确响应招标人的要求，避免因对招标文件理解不一致而发生争议和纠纷，也有利于防范投标人利用招标文件的错漏采取一定策略给招标人带来风险。但有时招标文件内容疏漏或者意思表述不明确、含义不清也难以杜绝，还可能因客观情况变化需对招标文件作必要的修改、调整。在这些情况下，允许招标人对招标文件作必要的修改，应属对招标人权益的合理保护。《招标投标法实施条例》第二十三条规定，"招标人编制的资格预审文件、招标文件的内容违反法律、行政法规的强制性规定，违反公开、公平、公正和诚实信用原则，影响资格预审结果或者潜在投标人投标的，依法必须进行招标的项目的招标人应当在修改资格预审文件或招标文件后重新招标。"第八十二条也规定，"依法必须进行招标的项目的招标投标活动违反招标投标法和本条例的规定，对中标结果造成实质性影响，且不能采取补救措施予以纠正的，招标、投标、中标无效，应当依法重新招标或者评标。"因此，如果招标文件不清晰、不明确的，在投标截止时间之前，招标人可以按照《招标投标法实施条例》第二十三条规定进行修改；如果是在投标截止时间之后，招标人发现招标文件不清晰、不明确影响评标或者影响中标结果公正性的，可以按照《招标投标法实施条例》第八十一条规定修改招标文件后重新招标。上述案例中，招标文件在投标人资格条件方面存在不明确或者不正确的内容，影响了对投标人资格的审查和评审结果，招标人应修改招标文件重新招标，确保招标活动的公正性。

问题1-21：非依法必须招标项目能否透露参加投标人的数量信息？

《招标投标法》第二条规定："在中华人民共和国境内进行招标投标活动，适用本法。"

《招标投标法》第五条规定："招标投标活动应当遵循公开、公平、公正和诚实信用的原则。"

《招标投标法》第二十二条第一款规定："招标人不得向他人透露已获取招标文件的潜在投标人的名称、数量以及可能影响公平竞争的有关招标投标的其他情况。"

案例 1-21：招标代理机构不能透露投标人的信息

某招标人（民营企业）委托招标代理机构采用公开招标方式进行办公楼幕墙施工招标，在招标文件发售期即将截止时间前 1 个小时，招标人和招标代理机构收到某潜在投标人 A 公司提出的询问"购买招标文件参与投标的潜在投标人数量有几家？若购买单位较多，我公司将不参与本次投标；若购买单位较少，我公司将购买招标文件参与本次投标"。本次招标购买招标文件的潜在投标人数量比较少，招标人为吸引 A 公司参与投标竞争，倾向于如实告知 A 公司实情，招标代理机构则认为不应告知，双方围绕是否可以告知 A 公司实情一事产生了分歧。

招标人认为本项目为非依法必须招标项目，可以通过招标方式，也可以不通过招标方式，采用招标方式的最终目的是增强竞争，获得质优价廉的产品和服务。本项目购买招标文件参与投标的潜在投标人比较少，告知 A 公司实情可以吸引其参与投标竞争，从而有可能获得更加令人满意的采购效果；况且，并不需告知 A 公司购买招标文件的各潜在投标人名称和准确数量，仅告知 A 公司购买招标文件的潜在投标人大概有几家即可，该行为符合《招标投标法》竞争择优的精神。因此，认为应该告知 A 公司潜在投标人数量。

解析：根据《招标投标法》第二条的规定，即便是非依法必须进行招标的项目，只要招标人选择了招标方式，就应当遵守《招标投标法》的相关规定。是否购买招标文件参与投标应当由投标人根据自身情况和项目特点及要求等情况综合考虑，而不应建立在探听到的应当保密的商业秘密的基础之上。招标人向 A 公司透露已获取招标文件的潜在投标人数量等信息虽然可能会吸引 A 公司参与投标，但这也将会对其他潜在投标人造成不公平，违反《招标投标法》第五条和第二十二条第一款之规定。因此，不应告知 A 公司潜在投标人数量。

问题 1-22：投标人或者其他利害关系人对招标文件有异议时应如何提出？

《招标投标法》第六十五条规定："投标人和其他利害关系人认为招标投标活动不符合本法有关规定的，有权向招标人提出异议或者依法向有关行政监督部门投诉。"

《招标投标法实施条例》第二十二条规定："潜在投标人或者其他利害关系人对资格预审文件有异议的，应当在提交资格预审申请文件截止时间 2 日前提出；对招标文件有异议的，应当在投标截止时间 10 日前提出。招标人应当自收到异议之日起 3 日内作出答复；作出答复前，应当暂停招标投标活动。"

这里应注意的是：潜在投标人包括资格预审申请人是提出异议的主体。

其他利害关系人是指投标人以外的、与招标项目或者招标活动有直接或间接利益关系的法人、其他组织和自然人。主要有：

一是有意参加资格预审或者投标的潜在投标人。在资格预审公告或者招标公告存在排斥潜在投标人等情况，致使其不能参加投标时，其合法权益即受到侵害，是招投标活动的利害关系人。

二是在市场经济条件下，只要符合招标文件规定，投标人为控制投标风险，在准备投标文件时可能采用订立附条件生效协议的方式与符合招标项目要求的特定分包人和供应商绑定投标，这些分包人和供应商即是利害关系人。

案例 1-22：超过法定时间提出的异议无效

某项目在评标结束后提出异议，异议内容为：一是该项目为机场高大空间照明项目，但第一中标候选人在此领域并无经验或业绩，却比专业做此类工程的异议人及第三中标候选人都高出 3 分，投诉人认为不符合现实状况，表示质疑评标过程信息有遗漏或存在不公正的地方。二是招标文件的公共区灯具技术规格书对"上检修灯具"有要求，但在评标现场没有条件对此技术要求进行准确的评定。异议人要求对第一中标候选人的技术参数及样品重新评定，并核对其技术文件及检测报告是否真实有效等。

解析：本案是投标人在评标结束后，对招标文件规定的评标规则及评标结果提出投诉。根据《招标投标法实施条例》第二十二条的规定，投标人对招标文件中评标规则有异议，依法应当在本项目投标截止时间 10 日前提出，本案中投标人未在法定期间内提出异议，即确认招标文件规定的评标规则。投诉人在评标结束后再对招标文件规定的评标规则提出异议，无法律依据支持。对于异议内容，本项目招标文件有相关规定，技术数据是以专业检测机构的检测结果作为评审依据，业绩不是技术标详细评审因素之一。评标委员会根据招标文件确定评标办法，按照规定的评标标准和方法对全部投标文件进行评审，符合法律要求。

问题 1-23：针对资格预审文件和招标文件，投标人提疑问和提异议的区别是什么？

疑问主要是关于资格预审文件和招标文件中可能存在的遗漏、错误、含义不清或者相互矛盾等问题，应当在资格预审文件和招标文件规定的时间之前提出。疑问及其回复应当以书面形式通知所有购买资格预审文件或者招标文件的潜在投标人，以保证潜在投标人同等获得投标所需的信息。

异议主要是针对资格预审文件和招标文件中可能存在限制或排斥潜在投标人、对潜在投标人实行歧视待遇、可能损害潜在投标人合法权益等违反法律法规规定和公开、公平、公正原则的问题，《招标投标法实施条例》第二十二条规定：潜在投标人或者其他利害关系人对资格预审文件有异议的，应当在提交资格预审申请文件截止时间 2 日前提出；对招标文件有异议的，应当在投标截止时间 10 日前提出。招标人应当自收到异议之日起 3 日内作出答复；作出答复前，应当暂停招标投标活动。如果招标人对异议的答复构成对资格预审文件或者招标文件澄清或者修改的，应当按照《招标投标法实施条例》第二十一条"招标人可以对已发出的资格预审文件或者招标文件进行必要的澄清或者修改。澄清或者修改的内容可能影响资格预审申请文件或者投标文件编制的，招标人应当在提交资格预审申请文件截止时间至少 3 日前，或者投标截止时间至少 15 日前，以书面形式通知所有获取资格预审文件或者招标文件的潜在投标人；不足 3 日或者 15 日的，招标人应当顺延提交资格预审申请文件或者投标文件的截止时间。"的规定管理。

案例 1-23：潜在投标人对不同的事项分别提出疑问与异议

某写字楼项目，项目预算 18600 万元，招标人委托招标代理单位编写了招标文件及组织招标工作，委托造价咨询公司编制了工程量清单及招标控制价。招标文件中规定的内容包括：

（1）承包范围：施工总承包范围为施工图纸所示范围内的地基与基础、主体结构、建筑装饰装修、屋面、给水排水及采暖、通风及空调、电气、消防、智能建筑、电梯、室外工程，其中智能建筑、消防工程为暂估价的专业分包工程；电梯工程、室外工程由建设单位另行发包，不在本次招标总承包范围内。

（2）计划工期：185 天，计划开工日期：11 月 1 日。

（3）投标人填报的综合单价为完成一个规定项目所需的全部费用以及合同履行阶段因物价波动、政策调整所带来的全部风险。即任何的变动均不能调整综合单价。

（4）投标人应当对工程量清单进行复核，不管投标人是否复核，其已标价的工程量清单均视同已经包括本工程施工图纸范围内的全部工作。

招标文件发出后，招标人收到了投标人 A 发来的疑问："招标文件中描述的承包范围与工程量清单不符"，招标人回复："承包范围以工程量清单为准"。招标人收到了投标人 B 提出的异议："综合单价包含物价、政策调整所带来的全部风险的约定违反了《建设工程工程量清单计价规范》GB 50500—2013 中的规定，不得使用无限风险、所有风险的语句，此条规定会损害投标人的合法利益"，招标人回复："综合单价的约定以招标文件中的约定为准"。

投标人 C 在获取招标文件时，指出自己根本不可能参加本项目的统一现场勘探并按时提交疑问文件，招标人口头答复由于该项目工期紧，可以单独组织潜在投标人 C 踏勘现场。潜在投标人 C 同意并在招标代理机构的组织下，单独踏勘了现场。

投标人 D 在得知投标人 C 单独踏勘现场后，在规定时间内向招标人提出了异议："根据《招标投标法实施条例》第二十八条的规定：招标人不得组织单个或者部分潜在投标人踏勘项目现场。招标人单独组织投标人 C 踏勘现场可能会损害其他投标人的利益。"

解析：投标人 A 提出的是疑问。就招标文件中相互矛盾和不清楚的地方向招标人提问，招标人按时给予了回答。这是在常规的招投标中经常出现的情况。

投标人 B 提出的是异议。因为招标文件的约定将全部风险转嫁给了投标人，会带来明显不公平的后果。招标人的答复也违反了此规定。

投标人 D 提出的是异议。招标人单独组织投标人 C 踏勘现场，可能会影响其他投标人的利益。

问题 1-24：招标人的哪些行为属于以不合理的条件限制、排斥潜在投标人或者投标人？

《招标投标法》第十八条第二款规定："招标人不得以不合理的条件限制或者排斥潜在投标人，不得对潜在投标人实行歧视待遇。"

《招标投标法实施条例》第三十二条规定："招标人不得以不合理的条件限制、排斥潜在投标人或者投标人。招标人有下列行为之一的，属于以不合理条件限制、排斥潜在投标人或者投标人：（一）就同一招标项目向潜在投标人或者投标人提供有差别的项目信息；（二）设定的资格、技术、商务条件与招标项目的具体特点和实际需要不相适应或者与合同履行无关；（三）依法必须进行招标的项目以特定行政区域或者特定行业的业绩、奖项作为加分条件或者中标条件；（四）对潜在投标人或者投标人采取不同的资格审查或者评标标准；（五）限定或者指定特定的专利、商标、品牌、原产地或者供应商；（六）依法必须进行招标的项目非法限定潜在投标人或者投标人的所有制形式或者组织形式；（七）以其他不合理条件限制、排斥潜在投标人或者投标人。"

招标人通过提供差别化的信息排斥、限制潜在投标人的情形可能发生在招标公告发布、现场踏勘、投标预备会、招标文件的澄清修改等环节。如招标人在两个以上媒介发布的同一招标项目的招标公告内容不一致；招标人单独或者分别组织潜在投标人踏勘项目现场等。

　　招标人可以在招标文件中要求潜在投标人具有相应的资格、技术和商务条件，但不得脱离招标项目的具体特点和实际需要，随意设定投标人要求，如某医院办公大楼的施工招标，要求投标人具有卫生系统专业项目的类似业绩。不能要求在项目本地区和本行业外的投标人必须经过本地工商部门或行业主管部门注册、登记、备案等。不得指明、标明某一个或者某几个特定的专利、商标、品牌、设计、原产地或生产供应商，不得含有倾向性或排斥投标人的其他内容。

　　潜在投标人的所有制形式分为公有制和非公有制两种。其中公有制又可以分为国家所有制和集体所有制；非公有制包括个体、私营企业和外商投资企业，随着企业股份制改革，还出现了混合所有制经济，投标人的组织形式，除依法招标的科研项目允许个人参加投标外，一般是指法人或者其他组织。招标人不得限定潜在投标人或者投标人的所有制形式或者组织形式，不得歧视、排斥不同所有制形式、不同组织形式的企业参加投标竞争。

　　《工程项目招投标领域营商环境专项整治工作方案》（发改办法规〔2019〕862号）中重点针对了以下问题：

　　（1）违法设置的限制、排斥不同所有制企业参与招投标的规定，以及虽然没有直接限制、排斥，但实质上起到变相限制、排斥效果的规定。

　　（2）违法限定潜在投标人或者投标人的所有制形式或者组织形式，对不同所有制投标人采取不同的资格审查标准。

　　（3）设定企业股东背景、年平均承接项目数量或者金额、从业人员、纳税额、营业场所面积等规模条件；设置超过项目实际需要的企业注册资本、资产总额、净资产规模、营业收入、利润、授信额度等财务指标。

　　（4）设定明显超出招标项目具体特点和实际需要的过高的资质资格、技术、商务条件或者业绩、奖项要求。

　　（5）将国家已经明令取消的资质资格作为投标条件、加分条件、中标条件；在国家已经明令取消资质资格的领域，将其他资质资格作为投标条件、加分条件、中标条件。

　　（6）将特定行政区域、特定行业的业绩、奖项作为投标条件、加分条件、中标条件；将政府部门、行业协会商会或者其他机构对投标人作出的荣誉奖励和慈善公益证明等作为投标条件、中标条件。

　　（7）限定或者指定特定的专利、商标、品牌、原产地、供应商或者检验检测认证机构（法律法规有明确要求的除外）。

　　（8）要求投标人在本地注册设立子公司、分公司、分支机构，在本地拥有一定办公面积，在本地缴纳社会保险等。

　　（9）没有法律法规依据设定投标报名、招标文件审查等事前审批或者审核环节。

　　（10）对仅需提供有关资质证明文件、证照、证件复印件的，要求必须提供原件；对按规定可以采用"多证合一"电子证照的，要求必须提供纸质证照。

　　（11）在开标环节要求投标人的法定代表人必须到场，不接受经授权委托的投标人代表到场。

　　（12）评标专家对不同所有制投标人打分畸高或畸低，且无法说明正当理由。

　　（13）明示或暗示评标专家对不同所有制投标人采取不同的评标标准、实施不客观公正评价。

（14）采用抽签、摇号等方式直接确定中标候选人。

（15）限定投标保证金、履约保证金只能以现金形式提交，或者不按规定或者合同约定返还保证金。

（16）简单以注册人员、业绩数量等规模条件或者特定行政区域的业绩奖项评价企业的信用等级，或者设置对不同所有制企业构成歧视的信用评价指标。

（17）不落实《必须招标的工程项目规定》《必须招标的基础设施和公用事业项目范围规定》，违法干涉社会投资的房屋建筑等工程建设单位发包自主权。

（18）其他对不同所有制企业设置的不合理限制和壁垒。

案例 1-24：招标文件中限制、排斥潜在投标人行为的典型事例

某省住建厅公布了 2022 年关于在房屋建筑和市政工程招标文件中限制、排斥潜在投标人行为典型事例，从中摘录了几个，具体表现为：

（1）某机场航站楼、航站区配套设施及总图工程施工项目"设定一级注册结构工程师、注册土木工程师（岩土）、注册公用设备工程师（给水排水）评分，设定机场业绩评分，设定一级安全评价师评分"。

解析：施工招标中设定勘察设计类注册执业资格，与招标项目的实际需要不相适应，施工阶段的设计服务是设计单位的职责。机场业绩属于特定行业业绩。安全评价师的工作内容是安全评价，与建筑施工安全生产管理属于不同概念。

（2）某建设项目施工"设定技术负责人、质量员、机械员具有安全考核合格证评分，设定安全员具有项目管理师评分，设定建筑工人实名制专管员证书评分，设定安全负责人具有安全事故应急管理师评分等"。

解析：按规定必须取得安全生产考核合格证的人员包括建筑施工企业主要负责人、项目负责人和专职安全生产管理人员。项目管理师、建筑工人实名制专管员和安全事故应急管理师均不属于国家职业资格目录。

（3）某建设项目精装修工程暂估价石材采购"设定供货业绩对应的项目建筑面积须在 10 万 m² 及以上"。

解析：供货业绩与对应项目的建筑面积无关。

（4）某大学学生公寓建设项目施工"设定公共建筑工程施工业绩"。

解析：根据《民用建筑设计统一标准》GB 50352—2019 第 3.1.1 条，"民用建筑按使用功能可分为居住建筑和公共建筑两大类。其中，居住建筑可分为住宅建筑和宿舍建筑。"故学生公寓不属于公共建筑。

（5）某建设项目配套用电工程施工"设定电力工程施工总承包资质"。

解析：《建筑业企业资质标准》总则第三条第（二）项规定："设有专业承包资质的专业工程单独发包时，应由取得相应专业承包资质的企业承担。取得专业承包资质的企业可以承接具有施工总承包资质的企业依法分包的专业工程或建设单位依法发包的专业工程。取得专业承包资质的企业应对所承接的专业工程全部自行组织施工，劳务作业可以分包，但应分包给具有施工劳务资质的企业。"该用电工程为配套的专业工程单独发包，应设定输变电工程专业承包资质。

（6）某职业技术学院建设项目施工"设定业绩证明材料需提供中标通知书和指定媒介发布的中标候选人公示截图"。

解析：对非招标发包的工程业绩构成限制、排斥。

（7）某建设项目施工"设定注册一级消防工程师和注册安全工程师评分"。

解析：按照《注册消防工程师管理规定》第三条规定，消防工程师从事消防设施维护保养检测、消防安全评估和消防安全管理等工作，与建筑工程施工无关。按照《注册安全工程师职业资格制度规定》规定，建设工程对应的安全工程师专业应为建筑施工安全。

（8）某实训基地建设项目勘察设计"设定投标报价低于最高投标限价的80%的，其投标按低于成本作否决处理。设定电气专业负责人具有注册电气工程师（发输变电）资格评分"。

解析：属于变相设定最低投标限价，不符合《招标投标法实施条例》第二十七条"招标人不得规定最低投标限价"的规定，招标人可以设定启动低于成本评审的标准线，但不得设定为直接否决。注册电气工程师分发输变电和供配电两个专业，与建筑工程电气相关的专业应为供配电。

（9）某实验楼建设项目设计"设定建筑专业设计负责人、结构专业设计负责人具有注册造价工程师加分"。

解析：一级注册建筑师的考试科目包括建筑经济施工与设计业务管理，一级注册结构工程师的考试科目包括工程经济，其已具备与设计相关的建筑经济专业能力，设计负责人并不负责设计概算编制，设定注册造价工程师与实际需要不相适应。

（10）某建设项目信息化系统及配套设施施工监理"设定中国监理协会颁发的监理甲级证书和监理师评分"。

解析：中国监理协会颁发的监理甲级证书不属于国家法定资质。招标项目不属于《注册监理师执业资格制度暂行规定》第二条规定的"用于满足工业生产工艺流程、形成生产能力的成套、重要单元"。

其他限制、排斥的表现如在招标文件中规定：

（1）如在北京市获得项目经理称号加1分，其他省份加0.5分。属于"特定行政区域"的限制、排斥投标人。

（2）如高速公路的房建项目不能强制必须有"高速公路房建工程"的业绩，因为服务区的房建项目没有特殊性。属于"特定行业"的限制、排斥投标人。

（3）如要求项目经理提供B类安全生产合格证书，被否决的企业项目经理提供A类证书，但中标企业的项目经理提供的是A类。属于"对潜在投标人或者投标人采取不同的资格审查或者评标标准"的限制、排斥投标人。

（4）如在PPP项目招标文件中加上投标企业必须是大型国有企业。属于"所有制形式"的限制、排斥投标人。

（5）如要求法定代表人或技术负责人必须亲自来购买招标文件或参加开标；或必须在工程所在地设立分支机构、分公司或子公司。属于"以其他不合理条件限制、排斥潜在投标人或者投标人"。

问题1-25：招标人对招标文件的澄清或者修改距离投标截止时间不足15日的，是否必须顺延投标文件的截止时间？

《招标投标法》第二十三条规定："招标人对已发出的招标文件进行必要的澄清或者修改的，应当在招标文件要求提交投标文件截止时间至少十五日前，以书面形式通知所有招标文件收受人。该澄清或者修改的内容为招标文件的组成部分。"

《招标投标法实施条例》第二十一条规定："招标人可以对已发出的资格预审文件或者招标文件进行必要的澄清或者修改。澄清或者修改的内容可能影响资格预审申请文件或者投标文件编制的，招标人应当在提交资格预审申请文件截止时间至少 3 日前，或者投标截止时间至少 15 日前，以书面形式通知所有获取资格预审文件或者招标文件的潜在投标人；不足 3 日或者 15 日的，招标人应当顺延提交资格预审申请文件或者投标文件的截止时间。"

注意：将必须在投标截止时间至少 15 日前以书面形式进行的澄清或者修改，限定在可能影响投标文件编制的情形。

可能影响资格预审文件编制的包括：调整资格审查的因素和标准、改变资格预审申请文件的格式，增加资格预审申请文件应当包括的资料、信息等。

可能影响投标文件编制的包括但不限于对拟采购工程、货物或服务所需的技术规格、质量要求、竣工、交货或提供服务的时间，投标担保的形式和金额要求，以及需执行的附带服务等内容的改变。

对于减少资格预审申请文件需要包括的资料、信息或者数据、调整暂估价的金额、增加暂估价项目，开标地点由同一栋楼的一个会议室调换至另一会议室等不影响资格预审申请文件或者投标文件编制的澄清和修改，则不受 3 日或者 15 日的期限限制。

潜在投标人对资格预审文件和招标文件的疑问和异议均可能导致澄清和修改。

案例 1-25：影响投标文件编制的招标文件澄清需满足投标截止时间 15 日前

某依法必须招标的项目在该市公共资源交易中心进行公开电子招标，在召开标前答疑会后需要对招标文件进行澄清，该澄清涉及工程量清单的多项改动。招标代理人发现，距离投标截止时间还有 10 日，于是按照正常工作程序发出了招标文件澄清公告。投标人 A 提出异议，认为该项目澄清公告发布时间距离投标截止时间还有 10 日不足法定的 15 日。应该顺延开标时间。

解析：由于工程量清单多项改动，会影响投标文件中关于投标报价的编制，应该按照《招标投标法实施条例》第二十一条规定顺延开标时间，以满足法定的 15 日的要求。

问题 1-26：施工招标文件中如何合理设定价格风险责任分担？

《建设工程工程量清单计价规范》第 3.2 条对"计价风险"进行了规定：

（1）采用工程量清单计价的工程，应在招标文件或合同中明确计价中的风险内容及其范围（幅度），不得采用无限风险、所有风险或类似语句规定计价中的风险内容及其范围（幅度）。

（2）下列影响合同价款的因素出现，应由发包人承担：国家法律、法规、规章和政策变化；省级或行业建设主管部门发布的人工费调整。

（3）由于市场物价波动影响合同价款，应由发承包双方合理分摊并在合同中约定。合同中没有约定，发、承包双方发生争议时，按下列规定实施：材料、工程设备的涨幅超过招标时基准价格 5% 由发包人承担；施工机械使用费涨幅超过招标时的基准价格 10% 由发包人承担。

（4）由于承包人使用机械设备、施工技术以及组织管理水平等自身原因造成施工费用增加的，应由承包人全部承担。

以上计价规范中的关于计价风险的规定，主要是指工程施工阶段工程计价的风险，体现了风险共担的原则：承包人应完全承担的风险是技术风险和管理风险，如管理费和利润等；承包人有限度承担的风险是市场风险，或市场风险由发承包双方分摊。如材料、机械价格，施工机具使用费等；承包人完全不承担的风险是法律、法规、规章和政策变化的风险。如税金、规费等。其中人工费调整、政府定价材料调整也属政策性变化。

计价规范定义的风险是施工招标时所报的综合单价包含的内容。根据我国目前工程建设的实际情况，各省、自治区、直辖市建设行政主管部门均根据当地人力资源和社会保障行政主管部门的有关规定发布人工成本信息或人工费调整，对此关系职工切身利益的人工费不应纳入风险，材料价格的风险宜控制在 5% 以内，施工机械使用费的风险可控制在10% 以内，超过者予以调整，管理费和利润的风险由投标人全部承担。

这里还应注意的是：合同价格的风险与合同类型有关，上述规定更适用于单价合同，如果双方签订的是总价合同，在没有超出合同约定的风险范围内，价格则是不能调整的。合同价格是否应当进行调整，首先需要判断的问题是，合同中约定的价格形式。合同中应约定价款调整的事项、调整范围和调整方法。

对发包人而言，发包人应当首先确定合同价格的调整机制，需要研究分析的问题包括市场近期价格波动状况、工程技术难易程度等方面，继而确定是否采用价格调整机制，以及如果采用该种机制，选用何种调价方式、如何确定市场价格波动幅度以及是否需要采用专用合同条款约定的其他方式等，对于招标发包的项目，这些事项应当在招标文件中先行确定。

对承包人而言，承包人在招标投标和合同订立阶段，应当非常谨慎地对待合同中约定的价格调整条款的规定，并针对混淆与不清晰之处及时提出澄清请求。

案例 1-26：施工期间人工费应按合同约定调整

某银行与 A 公司就智能中心项目建设签订了《建设工程施工合同》，施工内容为双方审定的施工图纸范围内工程量报价清单所含的土建工程、装饰工程、电器、给水排水、采暖等内容。该合同签订后，A 公司即组织人员进场施工建设，并已按合同的约定将该工程交付银行使用。结算时因人工费调整问题产生争议，诉至法院。

关于人工费调整问题，银行认为根据双方签订的施工合同专用条款的规定：固定单价合同价款中包含的风险范围是主要材料以及人工和机械市场波动风险幅度 ±3% 以内，超出风险范围部分参照当地工程造价管理处施工合同风险防范有关文件执行，人工费调整金额应为 548 万元。A 公司提交了《施工现场签证单》，该签证单中确认主体结构执行施工当期该省造价信息，但该签证单为复印件且没有银行的盖章，诉称原件为发包方单独持有，人工费调整金额应为 1861 万元。

A 公司认为，如按照合同约定调整，认可对方计算的金额 548 万元，但双方在施工过程中，曾签署过《施工现场签证单》一份，对人工费调整的方法和标准重新进行了约定，按此计算人工费调整金额应为 1861 万元。对于诉争的《施工现场签证单》，银行认为，A 公司只提交了一份复印件，且没有银行方的盖章，不具有证据效力。

解析：法院审理后认为：该合同中专用条款明确约定了人工单价、材料单价、机械单价的基期价格以基准日的该省工程造价管理机构发布的信息价格为准，因此应按照建设工程计价文件调整人工费，人工费应按该省造价管理站颁布的费用文件进行调整。关于 A

公司主张人工费调整方法应依据《施工现场签证单》，但其在本院作出判决前，未能提交该证据的原件，主张原件为发包方单独持有亦没有证据支持，且与常理不符，故应由其承担举证不能的不利后果。按照双方施工合同专用条款约定的调整方法，人工费调整的金额应为 548 万元，本院予以确认。

问题 1-27：如何设定投标有效期与投标保证金的有效期？

《工程建设项目施工招标投标办法》第二十九条规定：招标文件应当规定一个适当的投标有效期，以保证招标人有足够的时间完成评标和与中标人签订合同。投标有效期从投标人提交投标文件截止之日起计算。在原投标有效期结束前，出现特殊情况的，招标人可以书面形式要求所有投标人延长投标有效期。投标人同意延长的，不得要求或被允许修改其投标文件的实质性内容，但应当相应延长其投标保证金的有效期；投标人拒绝延长的，其投标失效，但投标人有权收回其投标保证金。因延长投标有效期造成投标人损失的，招标人应当给予补偿，但因不可抗力需要延长投标有效期的除外。

投标保证金本身也有一个有效期的问题。《招标投标法实施条例》第二十六条中规定，投标保证金有效期应当与投标有效期一致。

注意问题：（1）如果招标过程中招标人修改过提交投标文件的截止时间，投标人应当注意是否需要调整已经提前开具的保函或者保证担保的有效期，否则有可能导致否决投标。（2）以现金形式提交的投标保证金不属于《中华人民共和国担保法》规定的定金而是质押。

案例 1-27：招标人对不同意延长投标保证金有效期的投标人应退还其投标保证金

某学校综合楼施工招标项目的投标保证金为人民币 70 万元，以现金方式缴纳。投标截止时，共有 17 家施工单位投标，经过开标评标，评标委员会出具评标报告，并推荐了中标候选人，在中标候选人公示期间，有投标人向招标人提出异议，认为第一中标候选人A 公司的某几项业绩不符合招标文件中规定的评分标准，不应当予以评分。另外，还认为 A 公司拟投入该项目的项目经理在外省某市有在建项目，招标人收到异议后，经查询，第一中标候选人的项目经理在外省无在建项目；经重新核实评标报告及评标委员会的评分结果，认为评标委员会针对第一中标候选人的业绩评分，并无不妥。于是，在距离收到某投标人提出的异议后 1 个月左右的时间，招标人回复提出异议的投标人，没有支持该投标人提出的异议。提出异议的投标人收到招标人的回复后，随即向该县住房和城乡建设局提出投诉。县住房和城乡建设局受理投诉后，开始调查经过 2 个月左右的时间作出行政处理决定，支持了投诉人的请求。招标人收到该行政处理决定后，向该县住房和城乡建设局的上级主管部门某市住房和城乡建设局提起行政复议。此时时间已经超过了投标有效期 90 天。未进入前三名中标候选人的部分投标人，向招标人申请，要求退还投标保证金。他们未进入中标候选人序列，不应该长期保留投标保证金不退还给投标人，这增加了投标人的成本。招标人应该如何做呢？

解析：根据《工程建设项目施工招标投标办法》第二十九条规定，因为在投标有效期内，招标人没有完成定标工作，应启动延长投标有效期的工作。投标人这时可以选择是否同意延长投标保证金的有效期，如果不同意，招标人应当及时退还投标人的投标保证金，而没有必要等到书面合同签订后 5 日内再进行退还。

问题 1-28：投标保证保险如何适用？

投标保证保险是指保险机构针对工程项目向招标人提供的保证投标人履行投标阶段（至订立合同为止）法定义务的保险。保证保险的投保人为投标人，被保险人为招标人。投标保证保险由保险机构依据保险合同出具保险保函，保险保函与保证金具备同等效力。

招标人要求提供投标保证的，应当在招标文件中明确可以采用投标保证金、保险保函、银行保函等任一形式作为投标保证。投标人可以根据自身情况，自愿选择投标保证金、保险保函、银行保函等任一形式作为投标保证，任何单位在招标活动中不得以任何理由拒绝或限制使用。

投标人向招标人递交保险保函后，投标人不履行投标阶段法定义务的，由保险机构代为履行或承担代偿责任。保险机构在代为履行或承担代偿责任时，应当充分保障招标人的合法权益，在收到招标人的书面索赔申请和相关证明材料后，应当在规定时间内先行履行赔付义务。由于投标人的原因造成的损失，保险机构依照法律法规和合同约定予以追偿。

招标人终止招标的，应当及时向投标人偿还投标保证保险费及银行同期存款利息。投标人按年度一次性购买投标保证保险的，招标人应参照按项目购买的投标保证保险费偿还。

招标人应当审慎审查投标保证保险的各项内容是否符合招标文件相关要求，包括投标保证保险的性质、开立主体、索赔条件及要求、生效条件及有效期限等内容。投标人在投标时向招标人提交其与保险公司签订的投标保证保险合同或保险单的，应当视同已经缴纳投标保证金。明确无论是保险公司出具的投标保证保险单、银行保函还是担保公司出具的担保保函，在法律性质上均系对现金形式投标保证金的替代，上述文件均需采用标准化表述，作出实质为"见索即付"的意思表示，合同性质应认定为独立保函，适用专门的司法解释规定。

案例 1-28：约定的付款条件成就时，保险公司具有付款义务

某大酒店就酒店装修工程进行公开招标。108 家建筑施工企业通过市建设工程电子招投标交易平台进行电子投标。参与投标的保证金为 40 万元。投标人可以现金、银行保函、工程担保公司出具的保函、保险公司出具的投标保证保险等形式提交保证金。投标须知约定，如果投标人的投标文件与他人雷同，投标保证金不予退还。某公司为参加投标，以酒店为被保险人，向某财产保险公司投保投标保证保险，并支付保费 9500 元。保险公司在保单上承诺无条件的、不可撤销的就投保人某公司参加上述工程项目投标，向酒店提供保证保险。保险公司承诺在收到酒店书面通知说明存在雷同标等事实后，保证在 7 日内无条件地给付酒店不超过 40 万元的款项。

开标评标后，评标报告认定某公司与某建工公司的投标文件存在雷同情形。后酒店向保险公司发函要求保险公司在收函 7 日内支付 40 万元，但保险公司拒不支付，故酒店诉至法院。

解析：区人民法院一审认为，保险公司开立的保单系独立保函，现案涉保函约定的付款条件已成就，保险公司应按独立保函的约定，向酒店履行支付 40 万元的付款义务。一审宣判后，保险公司不服，提出上诉。市中级人民法院经审理后裁定驳回上诉，维持原判。

问题 1-29：投标保证金必须从投标人的基本账户转出吗？

《招标投标法实施条例》第二十六条第二款规定："依法必须进行招标的项目的境内投标单位，以现金或者支票形式提交的投标保证金应当从其基本账户转出。"

基本账户又称为基本存款账户，是指存款人办理日常转账结算和现金收付而开立的银行结算账户，是存款人的主要存款账户。开立基本存款账户是开立其他银行结算账户的前提。《中华人民共和国商业银行法》规定："企业事业单位可以自主选择一家商业银行的营业场所开立一个办理日常转账结算和现金收付的基本账户，不得开立两个以上基本账户。"所以一家单位只能选择一家银行申请开立一个基本存款账户。《招标投标法实施条例》第四十条规定，不同投标人的投标保证金来自同一单位或者个人账户的构成串通投标。

境内投标单位以现金或者支票形式提交的投标保证金应当从其基本账户转出的规定主要适用于依法必须招标的项目。对于非必须招标项目，可由招标人自行规定是否必须从基本账户转出。

为了认定投标保证金的来源是否为基本账户，招标文件中可规定，投标人在提交投标保证金时，将开立基本账户的银行证明文件提供在投标文件中进行提交。

案例 1-29：以法定代表人名义提交投标保证金的投标文件被否决

A 公司参与一设备项目采购的投标后，对采购代理机构公示的评标结果颇感意外。因为 A 公司根据现场了解到的各投标单位的报价唱标情况，并结合招标文件的评分标准分析后认为，自己即使不是第一中标候选人，排名也应在前三名之列，但其投标文件被否决。因此，A 公司看到评标结果后遂提出异议。代理机构答复称，A 公司因为交纳投标保证金出现失误，没有以单位名义提交，而是以个人名义提交，不符合要求，投标文件在资格性检查时就按无效投标处理了。招标文件明确规定，提交投标保证金"应自投标单位的基本账户汇出"至代理机构指定银行账户，并且"投标人与提交投标保证金的单位名称必须一致"。

A 公司认为，其投标保证金是以公司经理刘某的名义，按规定的时间、金额和方式及时汇入了代理机构指定银行账户。刘某是公司的法定代表人，完全可以代表 A 公司，以其名义提交保证金符合规定。

解析：A 公司以法定代表人的名义提交投标保证金是否有效，是本案例争议的焦点。法定代表人不等于法人。《民法典》第五十七条规定，法人是具有民事权利能力和民事行为能力，依法独立享有民事权利和承担民事义务的组织。《民法典》第六十一条指出，依照法律或者法人章程的规定，代表法人从事民事活动的负责人，为法人的法定代表人。依照法律或法人组织章程规定，代表法人行使职权的负责人，是法人的法定代表人。也就是说，法人必须通过特定的自然人来表现其意志，这个特定的自然人就是法定代表人，也称法人代表。法人作为民事法律关系的主体，是与自然人相对称的，法人是自然人的集合体。

本案例中，虽然刘某为 A 公司的法定代表人，但其对外的民事行为要以法人的名义。除法人之外的其他组织，如合伙企业、个人独资企业、个体工商户等也要以其名义对外进行民事活动。A 公司的失误在于将法人与法定代表人混为一谈。投标保证金要以单位名义提交。投标人未按照招标文件要求提交投标保证金，其投标无效。所以 A 公司虽然也提交了保证金，但因为没有以单位名义提交，而是以个人名义提交，其投标被判无效。该案例改编自参考文献〔42〕。

问题 1-30：被认定串标后，投标保证金是否一定会不予退还吗？

《招标投标法实施条例》第三十五条第二款规定："投标截止后投标人撤销投标文件的，招标人可以不退还投标保证金。"

《招标投标法实施条例》第七十四条规定："中标人无正当理由不与招标人订立合同，在签订合同时向招标人提出附加条件，或者不按照招标文件要求提交履约保证金的，取消其中标资格，投标保证金不予退还。对依法必须进行招标的项目的中标人，由有关行政监督部门责令改正，可以处中标项目金额 10‰以下的罚款。"

按照以上招标投标法实施条例的规定可以看出，法律中并没有规定在认定投标人串标的情形下投标保证金一定不退还。但实践工作中，为了约束投标人的合法合规行为，招标人可以在招标文件中设定对于串标行为不予退还投标保证金的条款。如果招标文件中明确约定了，投标人串标不予退还投标保证金，则在认定投标人串标的情形下，是可以不退还投标保证金的，如果在招标文件中没有明确约定串标不予退还投标保证金，则在认定投标人串标的情形下，也是需要退还各投标人的投标保证金。

案例 1-30：招标文件中规定认定串标后，投标保证金不予退还

某市花园小区改造工程施工项目在市公共资源交易中心公开开标。开评标时发现，共有 146 家企业现场参与投标，投标企业数量异常。市公共资源交易监督管理局组织专家复核发现，146 家企业的投标文件商务标中大型土石方、道路、排水、建筑、安装、绿化部分组价形式等内容存在不同单位同一子目的消耗量及组价异常相同，组价及补充定额编号异常相同，组价及调整系数异常相同，消耗量及补充定额编号异常相同，组价异常相同等情形。

市公共资源交易监督管理局鉴于以上事实，根据《招标投标法实施条例》第四十条第四款"有下列情形之一的，视为投标人相互串通投标：（四）不同投标人的投标文件异常一致或者投标报价呈规律性差异"之规定，认定这 146 家企业的投标行为属于"视为串通投标"情形。

依据《招标投标法实施条例》第六十七条及该项目招标文件第二章"投标人有下列情况之一时，投标保证金不予退还：被认定为投标串标的"之约定，以及各投标企业投标时提交的《诚信投标承诺书》中第三条"我公司承诺不参与任何围标串标行为……否则，我公司予以接受招标人、相关监督部门作出的包括但不限于取消投标（中标）、投标保证金不予退还、实施不良行为记录、限制投标、公开曝光及相关的行政处理、处罚"之承诺。对 146 家企业作出如下处理：

（1）对 146 家企业各记不良行为记录一次，并予以披露，披露期为 6 个月，披露时间自 2022 年 10 月 21 日起，至 2023 年 4 月 20 日止。

（2）146 家企业投标保证金每家人民币壹拾陆万元（￥160000.00 元）均由招标人该市经济技术开发区财政投资建设工程管理中心根据《花园小区改造工程施工招标文件》第二章之约定及 146 家企业投标文件中《诚信投标承诺书》第五条之承诺不予退还。

解析：虽然法律中并没有规定在认定投标人串标的情形下投标保证金一定不退还。但如果招标人在招标文件中已明确设定对于串标行为不予退还投标保证金的条款，投标人对于此规定是明知的，在这种情况下，仍然进行了串标。则招标人在认定投标人串标的情形

下，不退还投标保证金的行为是对投标人违规行为的警示，并以此提高投标人的违法成本。

问题 1-31：标底与最高投标限价的区别是什么？

《招标投标法实施条例》第二十七条规定："招标人可以自行决定是否编制标底。一个招标项目只能有一个标底。标底必须保密。接受委托编制标底的中介机构不得参加受托编制标底项目的投标，也不得为该项目的投标人编制投标文件或者提供咨询。招标人设有最高投标限价的，应当在招标文件中明确最高投标限价或者最高投标限价的计算方法。招标人不得规定最低投标限价。"

在招投标实践中，应注意：

（1）招标人可以依据招标项目的特点自行决定是否编制标底。标底是招标人组织专业人员，按照招标文件规定的招标范围，结合有关规定、市场要素价格水平以及合理可行的技术经济方案，综合考虑市场供求状况，进行科学测算的预期价格。标底是评价分析投标报价竞争性、合理性的参考依据。

（2）一个项目只能编制一个标底。标底与投标报价表示的招标项目内容范围、需求目标是相同的、一致的，体现了招标人准备选择的一个技术方案及其可以接受的一个市场预期价格，也是分析衡量投标报价的一个参考指标。

（3）标底必须保密。标底在评标中尽管仅具有参考作用，但为了使标底不影响和误导投标人的公平竞争，标底在开标前仍然应当保密。

（4）受委托编制标底的中介机构负有避免利益冲突的义务。受委托编制标底的中介机构获知了其他投标人不易获知的有关招标项目的信息，为了保证招标竞争的公平公正，预防串通投标或者取得不正当的竞争优势，要求接受委托编制标底的中介机构不得参加受托编制标底项目的投标，也不得为该项目的投标人编制投标文件或者提供咨询。

最高投标限价是招标人根据招标文件规定的招标范围，结合有关规定、投资计划、市场要素价格水平以及合理可行的技术经济实施方案，通过科学测算并在招标文件中公布的可以接受的最高投标价格或最高投标价格的计算方法。

二者的区别是：最高投标限价是招标人可以承受的最高价格，必须在招标文件中公布，对投标报价的有效性具有约束力，高于最高投标限价的投标文件会被否决；标底是招标人可以接受的预期市场价格，在开标前必须保密，对投标报价没有强制约束力，仅作为评标参考。

案例 1-31：招标控制价应在招标文件中公布

招标代理公司受招标人委托就以政府资金投资依法必须招标的新建工程进行国内公开招标。2 月 19 日，招标代理公司受托发布招标文件，项目开标时间定于 3 月 20 日，其中招标文件中规定：招标控制价在开标前 7 天公布，低于标底的 70% 将作为无效投标。潜在投标人 A 公司提出异议表示，招标控制价应该随招标文件一起发布，而不是在开标前 7 天才公布，而且不能以低于标底的 70% 作为无效投标的条件。争议焦点是：招标控制价应该什么时间发布？低于标底的 70% 将作为无效投标是否合理？

解析：《招标投标法实施条例》第二十七条第三款明确规定，"招标人设有最高投标限价的，应当在招标文件中明确最高投标限价或者最高投标限价的计算方法。招标人不得规定最低投标限价。"

这里已经很明确说明，如果设置最高投标限价，应当在招标文件中详细载明。案例中设定在开标 7 天前才公布招投标控制价不符合《招标投标法实施条例》的规定。

"低于标底的 70％将作为无效投标"的设定同样不合法。这相当于设定了最低投标限价。《招标投标法实施条例》第二十七条第三款规定："招标人不得规定最低投标限价"。

问题 1-32：招标工程量清单中存在的问题应如何处理？

招标工程量清单中经常存在的问题包括清单漏项、工程量偏差和项目清单描述不准确或不完整。

（1）清单漏项

编制招标工程量清单的首个要点是保证招标工程量清单的完整性。完整性是指招标工程量清单完全覆盖招标范围，不存在清单漏项。清单漏项问题一方面会导致结算价格相对已标价工程量清单的增加；另一方面，因清单漏项的单价在已标价清单中可能没有可参考单价，也会增加竣工结算难度。造成清单漏项的主要原因有：①对招标文件的承包范围理解不够，特别是存在总施工总承包、专业暂估价分包及独立承包合同的项目，对各采购包之间的承包界面划分理解不到位。②编制人员查看图纸不仔细的工作失误。③不了解施工现场情况和完成项目所需要的措施项目，对需要完成的图纸以外的工作不清楚。

（2）工程量偏差

编制招标工程量清单要保证招标工程量清单的准确性。准确性是指招标工程量清单的工程量、项目特征描述等内容与招标范围内的工程图纸等技术条件一致，准确无误地表达招标范围内的工程量。工程量偏差主要有以下两类原因：编制人员不熟悉工程量计算规则；编制人员工作失误。

（3）项目清单描述不准确或不完整

招标工程量清单准确性的要素之一是项目特征描述的准确性。项目特征是构成分部分项工程项目、措施项目自身价值的本质特征。项目特征的描述决定了分部分项工程项目或措施项目的工作内容及价值，是投标人报价的依据，是合同履约的依据，也是工程结算的依据。项目清单描述不准确或不完整往往会导致投标人报价偏差，从而导致结算争议。项目特征描述不准确性主要有以下原因：施工图设计深度不够；编制人员描述不合理。

案例 1-32：固定总价合同中的招标工程量清单不完善引起造价调整纠纷

某车辆展示厅施工总承包工程，汽车公司为该工程的建设单位。进行了立体车辆展示厅施工总承包工程公开招标。A 公司向汽车公司发出投标文件。经评标定标后，汽车公司向 A 公司发出工程施工中标通知书，合同价款采用固定价格合同方式确定。签订施工合同后进行施工，后 A 公司向汽车公司发函，提出汽车公司发布的招标文件中的工程量清单中存在项目特征表述不清、漏项、计量偏差等问题产生纠纷，协商调价无果后，诉至法院。

解析：法院审理后认为：虽然 A 公司向汽车公司发出的投标文件中《工程量清单确认书》载明，A 公司自愿承担汽车公司招标文件中工程量清单内的风险，相应的风险已包含在 A 公司的投标函所报价格中。但同时，A 公司的投标文件之一《工程量清单投标报价》的"编制说明"部分载明，由于设计深度问题，有关钢筋桁架在工程量清单中未出现，需在深化设计确认后进一步澄清核实。由于招标人提供的招标控制价文件仅一页，本计价未能与控制价进行逐项比较。

　　A公司向汽车公司发出的《投标函》第5条约定："除非另外达成协议并生效，你方的中标通知书和本投标文件将构成约束我们双方的合同。"A公司在中标后、双方签订合同之前向汽车公司发函，明确提出汽车公司发布的招标文件工程量清单中存在项目特征表述不清、漏项、计量偏差等问题。其后，双方签订的合同专用条款第23条约定，本合同价款采用固定价格合同方式确定。合同价款中包括的风险范围：主要材料及设备单价变动幅度±5%以内，主要机械台班单价变动幅度±10%以内。风险费用的计算方法：超过以上变动幅度的，据实调整，依据本市每月发布的《市工程造价信息》相应价格的中准价。风险范围以外合同价款调整方法：（1）发包人编制的工程量清单中漏项、工程量偏差及清单项目特征描述不完整的，而实际发生的部分，依据《市（相关专业）预算基价》和发生时期的《市工程造价信息》中信息价（信息价中没有的参照市场价）结算。（2）设计变更、现场签证、有关增量的有效文件资料及实际发生增量，按实际工程量调整，依据《市（相关专业）预算基价》和发生时期的《工程造价信息》中信息价（信息价中没有的参照市场价）结算。

　　综合以上事实可知，首先，A公司在投标过程中已经发现了工程量清单中存在漏项、表述不清等问题并在投标文件中进行了说明，在投标文件中对于将来合同进一步约定留出了空间。双方在此后签订的合同中，专用条款第23.2.1条第三款中对工程量清单中漏项、工程量计算偏差及工程量清单项目特征描述不完整但实际发生的工程量，如何计价问题进行了明确。同时，双方还约定了设计变更、现场签证、有关增量的有效文件资料及实际发生增量按照实际工程量进行调整及相应的计价方法。法院认为合同专用条款第23.2.1条与投标文件并不冲突，有事实依据。

　　其次，A公司的投标报价及风险负担约定系根据汽车公司发出的施工图纸以及工程量清单作出的，正常来说，通过工程量清单进行投标报价的工程，发包人在招标时提供的施工图应当完整准确，并与工程量清单完全一致。这种情况下，投标报价是准确的，一般不应调整工程价款。而本案中，汽车公司在招标阶段提供的施工图和工程量清单存在较大差异，存在漏项和不完善。根据鉴定单位出具的鉴定意见，案涉备案合同价款为90585081元，招标图纸工程量及漏项完善造价40052892元，由此可见，A公司的投标文件中的商务标工程量清单与施工图（不含图纸会审、设计变更和洽商记录）中的工程项目及相应的工程量均存在较大差异。虽然汽车公司称其提供的图纸和工程量清单完全一致，但未能提供证据推翻作为专业第三方的鉴定单位的说法。

　　再次，《工程量清单确认书》载明，A公司自愿承担汽车公司招标文件中工程量清单内的风险，相应的风险已包含在A公司的投标函所报价格中。而关于风险范围，合同专用条款第23条约定，本合同价款采用固定价格合同方式确定。合同价款中包括的风险范围：主要材料及设备单价变动幅度±5%以内，主要机械台班单价变动幅度±10%以内。风险费用的计算方法：超过以上变动幅度的，据实调整。鉴定单位在询问中陈述该风险范围内部分均已经计入原合同造价，汽车公司亦未举证证明其主张扣减的部分属于该约定的风险范围。

　　综上，鉴定单位采用"原合同造价＋招标图纸工程量完善部分造价（差价）＋变更签证部分造价"的计价方式，按照《市（相关专业）预算基价》和发生时期的《市工程造价信息》中信息价（信息价中没有的参照市场价）结算，确定A公司施工的工程造价为

191856928 元是正确的，法院予以采信。该案例改编自参考文献［43］。

问题 1-33：终止招标后应当退还哪些费用？

《招标投标法实施条例》第三十一条规定："招标人终止招标的，应当及时发布公告，或者以书面形式通知被邀请的或者已经获取资格预审文件、招标文件的潜在投标人。已经发售资格预审文件、招标文件或者已经收取投标保证金的，招标人应当及时退还所收取的资格预审文件、招标文件的费用，以及所收取的投标保证金及银行同期存款利息。"

招标人终止招标程序应当慎重。招标人擅自终止招标不符合《招标投标法》规定的诚实信用原则，没有正当合理的理由应当依法完成招标工作。但如果招标过程中出现了非招标人原因无法继续招标的特殊情况的，招标人可以终止招标。这些特殊情况可能包括：一是招标项目所必需的条件发生了变化，比如在法定规划区内的建设项目，应当取得规划管理部门核发的规划许可证，如果因规划改变、用地性质变更等非招标人原因而发生变化，导致招标工作不得不终止。二是因不可抗力取消招标项目，否则继续招标将使当事人遭受更大损失。

终止招标时招标人应承担一定的义务。已经发售资格预审文件或者招标文件后终止招标的，招标人应当及时退还所收取的资格预审文件或者招标文件的费用。已经递交了投标保证金后终止招标的，招标人应及时退还投标保证金及银行同期存款利息。

这里应注意的是："及时"的含义应当是在招标人作出终止招标的决定的同时通知有关投标人办理退还手续，以减少投标人损失。银行同期存款利息是指以现金、支票等方式提交的投标保证金本身产生的孳息，不具任何赔偿性质。为避免因利息退还出现不必要的争议，招标文件应当载明利息的计算方法和退还要求，以银行保函、专业担保公司保证担保方式提交的投标保证金并不产生孳息，不存在同时返还银行同期存款利息的问题。

根据诚实信用原则，招标人启动招标后应当依法履行先合同义务。无正当理由终止招标或者因自身原因必须终止招标给投标人造成损失的，招标人先违反了合同义务，应承担缔约过失责任，依法赔偿损失。

还应注意的是：招标终止与暂停或中止不同。招标过程中出现应当暂停的特殊情况的，招投标活动应当中止或者暂停，待暂停的原因消除后再行恢复，如招标人在启动招标后需要调整工程设计而决定暂停等。

招标人进行招标，投标人参加投标，直到最后确定中标人并签订合同前，整个招标投标活动都处于合同的缔约阶段。在缔约过程中，招标人和投标人相互之间都要信守诚信原则，履行诚信缔约、告知、保密等先合同义务，以避免或减少对方当事人的损失。根据《招标投标法实施条例》第三十一条规定，招标人终止招标时应履行以下义务：一是发布终止招标公告或以书面形式告知所有潜在投标人或投标人，以便其终止相关投标行为，停止不必要的投入和损失。二是退还潜在投标人购买资格预审文件、招标文件的费用，招标文件规定"招标文件售后不退"在招标投标活动顺利进行的情况下是适用的，但招标人终止招标时如果以此为由不退还违反上述强制性法律规定。三是应当及时退还收取的投标保证金及银行同期存款利息。上述法条只是规定"及时退还"但没有明确具体退还期限，一般理解，所谓"及时"应当是在招标人作出终止招标的决定的同时通知有关投标人办理退还手续，并尽可能在最短的合理时间内予以退还。发生纠纷后，合理的期限由法院根据个案酌定。如果超出"及时退还"的合理期限，则招标人继续占有该笔投标保证金失去其合法性，给投标人造成额外的利息损失，应予赔偿，法院一般参照中国人民银行同期贷款利率计算。

案例 1-33：招标人终止招标时应当退还招标资料费、投标保证金及同期银行利息

某项目的施工招标文件中规定，招标文件资料费 500 元售后不退，提交投标保证金 20 万元，招标文件所附招标须知中"未中标人的投标保证金，将在中标通知书发出后 10 个工作日内予以无息退还"。后因招标人原因，该项目的施工招标终止，投标人提出退还招标资料费 500 元和投标保证金 20 万元以及在规定开标日期的 30 日后开始按中国人民银行同期存款利率计算投标保证金的利息。招标人主张招标文件中已明确规定招标文件资料费售后不退，投标人是明知并认可该条款的，所以不退还 500 元的招标资料费，同意退还 20 万元投标保证金，但不同意退还产生的利息。投标人诉至法院。

解析：法院经审理后认为：关于招标人是否应当向投标人退还招标资料费 500 元的问题。根据《招标投标法实施条例》第三十一条的规定，应当退还招标资料费 500 元，虽然涉案《施工招标文件》规定售后不退，但该规定违反了上述法律规定，故招标人以该规定为由主张不予退还招标资料费，理据不足，不予支持。

关于退还投标保证金及利息的问题。双方对退还 20 万元投标保证金无异议，投标人主张保证金的利息计算标准应为中国人民银行同期存款利率，根据《招标投标法实施条例》第三十一条规定，终止招标的招标人应"及时退还"投标保证金及银行同期存款利息，虽未明确具体退还期限，但强调了退还的及时性。招标人认可未在约定的时间开标，招标工作终止，但至今仍未退还保证金，参考招标文件所附招标须知中规定"未中标人的投标保证金，将在中标通知书发出后 10 个工作日内予以无息退还"的约定期限，可以认定招标人在终止招标后，未能及时退还保证金，给投标人造成了额外的利息损失，按照中国人民银行同期贷款利率支持了投标人主张的利息损失。

问题 1-34：资格预审文件和招标文件内容不合法应如何处理？

《招标投标法实施条例》第二十三条规定："招标人编制的资格预审文件、招标文件的内容违反法律、行政法规的强制性规定，违反公开、公平、公正和诚实信用原则，影响资格预审结果或者潜在投标人投标的，依法必须进行招标的项目的招标人应当在修改资格预审文件或者招标文件后重新招标。"

资格预审文件和招标文件通过设定苛刻的资格条件，要求特定行政区域的业绩，提供差别化信息，隐瞒重要的信息等做法，是招投标活动中存在的突出问题之一。

资格预审文件或者招标文件内容违法具体包括两个方面：一是资格预审文件和招标文件违反法律法规的强制性规定。强制性规定表现为禁止性和义务性强制规定，也即法律和行政法规中使用了"应当""不得""必须"等字样的条款。二是资格预审文件和招标文件内容违反公开、公平、公正和诚实信用原则。违反"三公"原则是指资格预审文件和招标文件没有载明必要的信息，针对不同的潜在投标人设立有差别的资格条件，提供给不同潜在投标人的资格预审文件或者招标文件的内容不一致，指定某一特定的专利产品或者供应者。违反诚实信用原则是指资格预审文件和招标文件的内容故意隐瞒真实信息，比如隐瞒工程场地条件等可能影响投标价格和建设工期的信息等。

违法内容影响资格预审结果或者潜在投标人投标。影响是指已经造成影响，其时点是资格预审评审结束后或者投标文件提交截止后也即开标后才发现，表现形式有：具备资格的潜在投标人未能参加资格预审或者未能参加投标、已经通过资格预审的申请人或者投标人没有充分竞争力等。也包括招标文件中构成合同的内容违反法律、行政法规的强制性规定。

这里规定的重新招标要区分情况，依法必须招标的项目在确定中标人前发现资格预审文件或者招标文件存在本条规定的情形的，招标人应当修改资格预审文件或者招标文件后重新招标；中标人确定后，合同已经订立或者已经开始实际履行的，应当根据《招标投标法实施条例》第八十二条的规定："依法必须进行招标的项目的招标投标活动违反招标投标法和本条例的规定，对中标结果造成实质性影响，且不能采取补救措施予以纠正的，招标、投标、中标无效，应当依法重新招标或者评标。"

案例 1-34：招标文件中违反法律法规的规定无效

某依法必须招标的施工招标项目，项目采用资格后审。投标人资格中要求：单位负责人（包括法定代表人、控股股东）为同一人或者存在控股（持股大于 50%）关系不得同时参与本项目投标。在初步评审中，评标委员会发现投标人 A 持有投标人 D 的股份，但股份不足 50%。评标委员会按照招标文件规定，判定投标人 A、D 均通过初步评审。经评审，投标人 A、B、C 综合得分排名前三，被评标委员会推荐为中标候选人。在本项目中标候选人公示期间，投标人 B 向招标人提出异议称：投标人 A 持有投标人 D 股份，持股比例虽不足 50%，但其为第一大股东，且其所持股份远超其他股东，对投标人 D 具有重大影响作用，属于存在控股关系情形，要求取消投标人 A 的中标候选人资格。

解析：本项目属于依法必须招标的项目，招投标活动应当执行《招标投标法》及国家有关招投标活动的法律法规的规定。《招标投标法实施条例》第三十四条规定："与招标人存在利害关系可能影响招标公正性的法人、其他组织或者个人，不得参加投标。单位负责人为同一人或者存在控股、管理关系的不同单位，不得参加同一标段投标或者未划分标段的同一招标项目投标。违反前两款规定的，相关投标均无效"。《中华人民共和国公司法》（以下简称《公司法》）第二百一十六条规定，"控股股东是指其出资额占有限责任公司资本总额百分之五十以上或者其持有的股份占股份有限公司股本总额百分之五十以上的股东；出资额或者持有股份的比例虽然不足百分之五十，但依其出资额或者持有的股份所享有的表决权已足以对股东会、股东大会的决议产生重大影响的股东。"这里对控股关系的界定包括绝对控股和相对控股。但该招标文件中设置"控股关系是指股份占比大于 50%的情形。"仅排除了绝对控股，未排除相对控股，该规定与招标投标法实施条例的规定相抵触。所以投标人 B 针对投标人 A 的提出的异议符合招投标相关法律法规，异议成立。招标人应当取消投标人 A 的投标候选人资格，根据评标办法确定投标人 B 为中标人或者重新组织招标。

第二章　建设工程投标

问题 2-1：资格预审后，投标人发生变化应如何处理？

《招标投标法实施条例》第三十八条规定："投标人发生合并、分立、破产等重大变化的，应当及时书面告知招标人。投标人不再具备资格预审文件、招标文件规定的资格条件或者其投标影响招标公正性的，其投标无效。"

招投标活动需要经历一定的时间阶段，在此过程中投标人可能会发生合并、分立、破产等影响其资格条件或者招标公正性的变化，危害招标人的利益。投标人应当将其重大变化书面告知招标人。应注意以下几点：履行告知义务的主体是通过资格预审的申请人或投标人；告知的对象是招标人；告知应当采用书面形式；告知应当及时；告知的内容是投标人的重大变化，包括合并、分立和破产三种重大变化。影响资格条件的重大变化包括：合并、分立、破产，还可能包括：投标人的重大财务变化、项目经理等主要人员的变化、被责令关闭、被吊销营业执照、一定期限内被禁止参加依法招标项目的投标等情形。

发生重大变化是否影响其资格条件应由招标人组织资格审查委员会（限于国有资金占控股或主导地位的依法必须招标的项目）或者评标委员会进行评审并认定。应当依据资格预审文件或招标文件规定的标准复核，既不能降低也不能提高审查标准，否则不公平。资格复核不合格的投标无效包括：一是采用资格预审方式的，投标人在提交投标文件前发生了重大变化，资格复核不合格的，该投标人失去投标资格；二是已经提交投标文件的投标人，在确定中标前发生可能影响资格条件的重大变化，经复核确认后无效。三是发生重大变化，即使资格复核合格但影响招标公正性的，其投标也无效。如：投标人与受委托编制该招标项目标底的中介机构、招标代理机构或者参与该项目设计咨询的其他机构合并；投标人被招标人收购成为招标人子公司影响招标公正性的；以有限数量制进行资格预审的，投标人发生分立后虽仍符合资格预审文件的要求，但其资格条件降低至与因择优而未能通过资格预审的其他申请人相同或者更低等。

案例 2-1：投标人通过资格预审后发生公司分立应重新审查其投标资格

某一公开招标采用有限数量制资格预审，A 公司通过资格预审。招标人向 A 公司发出通过资格预审结果通知书后，在正式投标截止时间前，A 公司发生公司分立导致资格条件发生变化，原公司分散成立了两个新公司，A 公司及时以书面形式履行了告知义务给招标人，详细说明了分立后的企业具体情况。

解析：根据《公司法》第九章公司合并、分立、增资、减资相关规定，公司分立是指一个公司依照《公司法》有关规定，通过股东会会议分成两个及以上的公司。公司分立的方式有两种，一种是存续分立，是指一个公司分离成两个以上公司或其他组织，本公司继续存在并设立一个以上新的公司。一种是解散分立，是指一个公司分散为两个以上公司或其他组织，本公司解散并设立两个以上新的公司或组织。公司分立后新成立公司可能的变化是注册资本减少、主要人员变动、公司资质变化等，如原公司的多个资质分别分给分立后的公司、经营范围变化、其他重大变化等。

本案例中 A 公司分立导致资格条件变化的，招标人应当组织资格审查委员会对分立后拟参与本项目投标的申请人重新组织资格审查。本项目采用的是有限数量制进行资格预审，如果资格审查委员会评审分立后的公司符合资格预审条件要求，且择优评审中排名在合格申请人数范围内则仍有资格参与后续投标；如果分立后的公司虽然符合资格预审文件要求，但是择优评审中排名降低到最大合格人数外则不得通过资格预审，应当重新选择其他排名靠前的申请人。

问题 2-2：投标文件的撤回与撤销应如何界定？

《招标投标法》第二十九条规定："投标人在招标文件要求提交投标文件的截止时间前，可以补充、修改或者撤回已提交的投标文件，并书面通知招标人。补充、修改的内容为投标文件的组成部分。"

《招标投标法实施条例》第三十五条规定："投标人撤回已提交的投标文件，应当在投标截止时间前书面通知招标人。招标人已收取投标保证金的，应当自收到投标人书面撤回通知之日起 5 日内退还。投标截止后投标人撤销投标文件的，招标人可以不退还投标保证金。"

这里需要厘清投标文件的"撤回"与"撤销"的区别。二者之间的界限点是"投标截止时间"。在投标截止时间前，投标文件尚未产生约束力，投标人有权撤回已经递交的投标文件，且不需要承担任何法律责任，同时，如果已经提交投标保证金的，招标人也必须退还其投标保证金，投标保证金退还的时间也无需等到该项目开评定标完成后，而是要求招标人应当自收到投标人书面撤回投标文件的通知之日起 5 日内退还。在投标截止时间后，投标文件对招标人和投标人产生约束力，投标人在投标有效期内要求退回其投标文件的行为是属于撤销其投标文件，应当承担相应的法律责任，投标有效期的起算时间即是从投标截止时间开始，这时招标人可以不退还其投标保证金。

案例 2-2：投标人出具弃标函后未能继续参与投标

某工程施工项目公开招标，由于招标人修改了招标文件的一些内容，并以澄清形式书面通知所有投标人，投标人均回函确认收到，A 投标人认为修改后的内容对其报价的影响较大，决定放弃投标，并按照招标文件的要求，向招标人出具了签字盖章的书面弃标函。后经过企业造价人员的成本分析和领导决策后，A 投标人决定继续参与投标，在开标前递交了投标文件。招标人以投标人已经出具弃标函为由不予接受 A 投标人的投标文件。对于 A 投标人是否继续参与投标，在开标现场双方发生了争执。

解析：根据《招标投标法》第二十九条的规定和《招标投标法实施条例》第三十五条的规定 A 投标人在投标文件提交截止时间前向招标人按照招标文件的要求出具书面弃标函，从法律效力上来讲，已经产生了撤回投标的法律效力。

但投标人撤回投标后是否可以继续参加项目投标的问题在法律中并没有明确的规定，基于意思自治的原则，在招标文件没有明文规定投标人撤回投标文件后不可再参加投标的前提下，招标人拒收投标文件的做法没有相关的依据。建议在招标文件中明确规定投标文件撤回的程序、要求、撤回投标文件后能否继续参与投标等，避免双方因此发生争议。

问题 2-3：投标人联合体资质如何确定？

《招标投标法》第三十一条规定："两个以上法人或者其他组织可以组成一个联合体，以一个投标人的身份共同投标。联合体各方均应当具备承担招标项目的相应能力；国家有关规定或者招标文件对投标人资格条件有规定的，联合体各方均应当具备规定的相应资格条件。由同一专业的单位组成的联合体，按照资质等级较低的单位确定资质等级。联合体各方应当签订共同投标协议，明确约定各方拟承担的工作和责任，并将共同投标协议连同投标文件一并提交招标人。联合体中标的，联合体各方应当共同与招标人签订合同，就中标项目向招标人承担连带责任。招标人不得强制投标人组成联合体共同投标，不得限制投标人之间的竞争。"

《招标投标法实施条例》第三十七条规定："招标人应当在资格预审公告、招标公告或者投标邀请书中载明是否接受联合体投标。招标人接受联合体投标并进行资格预审的，联合体应当在提交资格预审申请文件前组成。资格预审后联合体增减、更换成员的，其投标无效。联合体各方在同一招标项目中以自己名义单独投标或者参加其他联合体投标的，相关投标均无效。"

这里应注意的是：由同一专业的单位组成的联合体，按照资质等级较低的单位确定资质等级，业绩的考核以各自的工作量所占比例加权折算。不同专业分工的由不同单位分别承担的，按照各自的专业资质确定联合体资质，业绩的考核按照其专业分别核算。如：联合体一方具有设计甲级和施工总承包三级资质，联合体另一方具有施工总承包一级资质。如果联合体一方仅承担设计任务，不承担施工任务，则不用其施工总承包三级资质来核定联合体的施工资质等级。

联合体各方在同一招标项目中以自己名义单独投标或者参加其他联合体投标的，相关投标均无效。需要说明的是：这种规定并没有限制联合体成员在其他标段投标。

联合体协议书的内容包括：

（1）联合体成员的数量：联合体协议书中首先必须明确联合体成员的数量。其数量必须符合招标文件的规定，否则将视为不响应招标文件规定，而被否决。

（2）牵头人和成员单位名称：联合体协议书中应明确联合体牵头人，并规定牵头人的职责、权利及义务。

（3）联合体内部分工：联合体协议书一项重要内容是明确联合体各成员的职责分工和专业工程范围，以便招标人对联合体各成员专业资质进行审查，并防止中标后联合体成员产生纠纷。

（4）签署：联合体协议书应按招标文件规定进行签署和盖章。

案例 2-3：联合体一方被列入失信名单，导致投标无效

某施工项目进行公开招标，4 月 17 日发布招标公告，投标截止时间为 5 月 15 日，共有 A、B、C、D（由 D1 和 D2 组成联合体）四家单位投标，中标候选人为投标人 D，中标候选人公示期间，A 公司提出异议，要求取消 D 公司联合体中标资格。其理由是中标人 D 公司的联合体成员 D2 公司在该项目评审期间被列入信用中国失信黑名单，故中标人不符合招标文件的要求。招标文件中明确规定"合格的投标人未被列入'信用中国'网站失信被执行人名单、重大税收违法案件当事人名单和中国政府采购网政府采购严重违法失信行为记录名单。"

招标人进行了核查，根据 A 公司所提供的 5 月 10 日在"信用中国"网站查询结果，D2 公司因有履行能力而拒不履行生效法律文书确定义务被列入失信黑名单，该信息发布时间为 5 月 3 日。招标人致函该县人民法院商请协助提供 D2 公司被列入失信被执行人名单的时间。县人民法院执行庭作出的说明称，该法院于 4 月 28 日将 D2 公司依法列入失信被执行人名单，后因其履行义务，于 5 月 11 日屏蔽失信信息。

解析：诚实信用是招投标活动的基本原则之一。在建筑工程招投标活动中查询及使用信用记录对建筑企业进行守信激励、失信约束，是政府相关部门开展协同监管和联合惩戒的重要举措，对降低市场运行成本、改善营商环境、高效开展市场经济活动具有重要作用。本施工招标项目中，D2 公司在 4 月 28 日至 5 月 11 日期间确在失信被执行人名单之内。因此，D 公司联合体不符合该项目招标文件规定的合格投标人条件。

问题 2-4：投标文件的编制应如何响应招标文件？

《招标投标法》第二十七条规定："投标人应当按照招标文件的要求编制投标文件，投标文件应当对招标文件提出的实质性要求和条件作出响应。招标项目属于建设施工的，投标文件的内容应当包括拟派出的项目负责人与主要技术人员的简历、业绩和拟用于完成招标项目的机械设备等。"

《招标投标法实施条例》第五十一条规定："有下列情形之一的，评标委员会应当否决其投标：（一）投标文件未经投标单位盖章和单位负责人签字；（二）投标联合体没有提交共同投标协议；（三）投标人不符合国家或者招标文件规定的资格条件；（四）同一投标人提交两个以上不同的投标文件或者投标报价，但招标文件要求提交备选投标的除外；（五）投标报价低于成本或者高于招标文件设定的最高投标限价；（六）投标文件没有对招标文件的实质性要求和条件作出响应；（七）投标人有串通投标、弄虚作假、行贿等违法行为。"

投标文件是投标人按照招标文件要求编制的对招标文件提出的要求和条件作出实质性相应的法律文书。投标人必须按照招标文件的要求认真编制投标文件，对招标文件提出的实质性要求和条件，投标文件应当一一作出相对应的回答，不能存有遗漏或重大偏离，否则将被视为无效投标，失去中标的可能。招标文件结合招标项目实际需求对招标内容提出实质性要求和条件（包括投标人资格条件、招标项目的技术要求、投标报价要求、评标标准、合同条款主要内容等），投标人编制的投标文件应当对此逐项相应确认，证明其有圆满完成招标项目的能力和意愿，不能存有遗漏或重大偏离，以确保投标人相应的技术、商务条件符合招标人的要求。投标文件如果不满足招标文件的实质性要求和条件，存在重大偏差，即不符合招标人的采购需求和意愿，其投标将被否决。

案例 2-4：投标文件因未响应招标文件中投标文件格式要求被否决

某项目发布的评标结果公示显示投标人 A 资格审查不合格，原因为申请人简介不符合招标文件要求（申请人简介中项目负责人、项目副经理、项目技术负责人后面均未填写姓名，都只写了"1"）。而该项目招标文件评分办法的资格评审标准规定"申请人简介符合第八章投标文件格式要求"。

在评标结果公示期间，投标人 A 向招标代理公司递交了书面异议书，要求评标委员会重新评审，不应否决其投标文件，理由包括：一是申请人简介中相关项目负责人后面均未填写名字不属于实质性问题；二是招标文件中没有明确申请人简介应当如何规范填写，也未明确相关项目负责人一栏应该填写姓名还是填写拟投入项目负责人的数量；三是如评标委员会认为项目负责人、项目副经理、项目技术负责人一栏的表述不清楚，应当以书面形式要求投标人对所提交投标文件中不明确的内容进行书面澄清或说明，或者对细微偏差进行补正。

招标代理公司接到异议后，组织评标委员会对投标人 A 的投标文件进行了重新评审。经详细评审后，评标委员会认为，招标文件评分标准的初步评审中明确要求"申请人简介符合第八章投标文件格式要求"，格式要求不仅包括表格样式，也包括其填写的规范性。投标人 A 在此表格项目负责人栏中填写阿拉伯数字，明显不符合投标文件格式要求，故仍认定投标人 A 的投标文件不符合招标文件要求。招标代理公司根据评标委员会的复审意见对投标人 A 进行了回复。

投标人 A 对回复结果不满意，于是向当地招标投标监管部门进行了投诉。其在投诉书中认为，异议回复中将格式与内容填写规范性要求混为一谈，否决投标理由不充分，要求判定其投标文件合格。

处理结果：当地招标投标监管部门接到投诉后，暂停了该项目的招标投标活动，并向招标人、招标代理公司发出要求对该投诉进行陈述和申辩的函。经对事件进行详细调查后认定：（1）投诉人的申请人简介中项目负责人、项目副经理、项目技术负责人三项只填写了数字"1"，是否符合招标文件要求，应由评标委员会根据招标文件规定的评标标准评审。评标委员会经过两次评审后认定该投标文件不符合招标文件中的评标标准。（2）根据招标文件投标人须知前附表 10 需补充的其他内容规定，招标文件由招标人及招标代理机构负责解释。招标人和招标代理公司书面陈述申请人简介表格内项目负责人、项目副经理、项目技术负责人三项按照常规理解应填"姓名"。（3）招标文件规定，投标人应仔细阅读和检查招标文件的全部内容，如有疑问，应在投标人须知前附表规定的时间期限内要求招标人对招标文件予以澄清。投诉人在规定的时间内未就申请人简介中项目负责人、项目副经理、项目技术负责人三项应如何填写提出疑问。因此，认为评标委员会已按招标文件规定的标准和方法进行评标，其评审并无不当。认定投标人 A 的投诉不符合法律、法规及本次招标文件的规定，根据《招标投标法实施条例》第六十一条第二款的规定，驳回其投诉。

解析：投标人应当按照招标文件的要求编制投标文件，投标文件应当对招标文件提出的实质性要求和条件作出响应，尤其对于不清楚有歧义的招标文件规定或条款应及时向招标代理机构提出疑问，不能擅自按照自己的理解准备投标文件，以免不响应招标文件而引起投标被否决。该案例改编自参考文献［44］。

问题 2-5：项目经理在建项目如何认定？

招标人在组织招标投标活动时，要求投标人在投标文件中填报项目经理无"在建项目"，并要求投标人必须实质性响应。但评标委员会在评审过程中很难查实投标人拟派项目经理有无"在建项目"，实践中，在中标候选人公示期间，对于项目经理有在建工程的异议特别多。

根据《注册建造师管理规定》第二十一条第二款的规定，注册建造师不得同时在两个及两个以上的建设工程项目上担任施工单位项目负责人。该规定属于建筑活动的管理范畴，对注册建造师担任施工单位项目负责人的项目数量进行了严格限制。

招标投标过程中项目经理"在建项目"的认定经常出现在中标公示期间的异议处理过程中，若招标文件缺少具体定义或情形描述，在异议处理过程中对"在建项目"的认定任由投标人自行理解，招标人的认定结论通常很难与投标人达成统一。相关文件中要求在招标文件条款中作出明确约定，"如项目经理和项目总工目前仍在其他项目上任职，则投标人应在投标文件中提供由该项目发包人出具的、承诺上述人员能够从该项目撤离的书面证明材料原件（证明材料上须附有出具证明材料经办人的姓名及联系电话）的复印件（或影印件）"，该规定为潜在投标人提供了准确明示和正确引导，并在实践中有效避免了上述问题的产生。

案例 2-5：项目经理不得同时在两个及以上的项目中担任

某项目施工招标项目，中标候选人公示期间，异议人反映中标候选人拟派项目总工分别在其他两个项目上任职项目经理、项目总工，并提供了其他项目的中标公示信息。但中标候选人却在投标文件中承诺，其项目经理目前未在其他项目上任职。

招标人接到异议后，暂停了招投标活动，但经查实，中标候选人已在投标文件中作出拟派项目经理未在其他项目上任职的承诺，且未发现拟派项目经理在其他项目上任职的在建事实依据，不能认定中标候选人拟派项目经理有在建项目。

解析：项目经理无在建工程，在操作上，具体界定的规定各有不同，有些地方要求以工程的竣工验收报告为准（指有人投诉时，投标人能够提交相应的报告，证明项目经理已经完成了前一个工程的建设）。防止中标后查出项目经理有在建项目，也可查询竞争对手项目经理是否已绑定其他在建项目，维护公平投标环境。

问题 2-6：投标文件编制注意哪些问题？

（1）研读招标文件

编制前首先要认真地研读招标文件，是编制投标文件的前提。在研读招标文件时，应注意以下问题：

招标文件对投标人资格的要求。在招标文件中，都会对投标人的承包资质、项目管理人员组成等提出相应的要求。应一一对照招标文件的要求，核实本单位的单位资质和相关人员是否满足要求。

招标文件对评标办法的规定。招标文件中都会载明评标办法。对于经评审的最低投标价法，应注意低于成本报价的判定规则对于综合评分法，应注意得分的组成要素，确认本单位能满足多少得分要素，这是决定是否参与该工程投标的重要依据。

（2）投标文件的编制注意问题

投标文件应按照招标文件中提供的"投标文件格式"进行编制，并完全响应招标文件的要求。

1）投标函及投标函附录。投标函，是投标人向招标人提交的有关报价、质量目标、工期等所做的概括性说明和承诺的函件。投标函中所填写的各项内容，应与投标文件中相应部分的内容完全一致。

2）法定代表人身份证明与授权委托书。若法定代表人亲自递交投标文件，就不需要委托代理人，只需附上法定代表人的身份证明即可；若是由委托代理人递交投标文件，应有授权委托书，并附上法定代表人和委托代理人的身份证明。

3）投标保证金。投标保证金的交纳方式、数额，是否应从企业的基本账户转出，并将企业基本账户的复印件和转账凭证的复印件附在投标保证金的后面，用于评标时复核。

4）已标价的工程量清单。应严格按照招标文件中的清单编制说明进行编写。已标价的工程量清单中的项目编号、项目名称、项目特征、工程量等内容应与招标文件中的工程量清单完全一致，不能更改。应根据市场竞争情况和本单位的实际情况决定投标报价。

5）施工组织设计。施工组织设计应按照招标文件要求的要点，并结合图纸和施工现场的特征进行编制，对招标项目具有针对性，同时还要反映出投标人自身的施工实力和水平。施工组织设计的各附表内容应与施工组织设计正文内容相对应。

6）项目管理机构。项目管理机构中应配备齐全施工项目所需的人员，人员的资格要严格符合招标文件的要求，如建造师的级别、专业、职称等。此处所附人员的材料应注意身份证是否在有效期、社保证明是否满足要求（一般要求提供开标前连续六个月的社保证明）、资格证是否在有效期内。

7）拟分包项计划表。如果投标人要将自行施工范围内的非主体、非关键工程进行分包，应填写此表，还应附上分包单位的相关资料。

8）资格审查材料。资格审查材料是对投标单位情况的综合反映。投标文件要求提供的资质证书、营业执照、安全生产证等要提供齐全，且应在有效期内。反映财务状况的财务报表，应注意要求的提供的年度，还应注意年度财务报表的完整性，资产负债表、损益表、现金流量表或财务状况变动表、附表和附注都应提供。近年完成的类似项目情况表反映的是投标人的业绩。若招标公告中有业绩要求，可在此提供。应注意业绩的时间、专业、规模、数量应满足招标文件的要求。还应注意业绩的证明材料中应体现业绩的要求（如时间、建筑面积、投资额等）。如果是联合体投标，以上内容应由各成员单位分别提供。

（3）投标文件的组装

投标文件应按照招标文件中"投标文件格式"要求进行组装。应注意连续编页码、不能活页；应按要求在相应位置签字盖章；副本的份数应满足要求；电子文档（U盘或光盘）的提供应满足要求；投标文件的封面应标记正本和副本；按招标文件的要求进行包装并密封，注意包装不能破损。

案例2-6：投标报价失误导致投标文件无效

某工程项目货物招标时，投标人A公司失误将《投标一览表》的报价漏写了一个"万"字，误写为"叁佰壹拾捌元整"，实际为《招标文件——货物总清单报价表》中的"叁佰壹拾捌万元整"。其在看到开标一览表的失误后，当即与招标公司电话联系，表示失误漏写了一个"万"，要求澄清、补正。项目开标时间为8：30，项目解密时间为1小时，也就是项目解密时间截止至9：30分；该公司8：55分打电话要求澄清补正。

评标委员会认为根据招标文件的要求，开标一览表与投标文件不一致的以开标一览表为准，因此要求A公司按318元的报价进行澄清，但是澄清的内容是让他们解释如何用318元的投标报价完成这个300多万元的项目，A公司无法做到澄清，因此评标委员会认定他们是无效投标。

A公司不服，提出异议，招标人同样否决了其投标，提出投诉。

解析：根据《工程建设项目施工招标投标办法》第五十一条的规定："评标委员会可以书面方式要求投标人对投标文件中含义不明确、对同类问题表述不一致或者有明显文字和计算错误的内容作必要的澄清、说明或补正。评标委员会不得向投标人提出带有暗示性或诱导性的问题，或向其明确投标文件中的遗漏和错误。"基于查证事实，投诉事项缺乏事实依据，投诉事项不成立。

对于评标委员会的做法是否正确，还存在争议，但投标人在编制投标文件时不应该存在这样重大失误，导致投标文件无效。

问题 2-7：如何编制电子投标文件？

与传统的纸质招标投标相比，电子招投标具有两个突出优点：一是节约人力、物力。传统的纸质招标投标资料不仅耗费大量纸张，打印、装订、签字、盖章到搬运还耗费大量人力与时间，招投标工作结束后大量的纸质文件被废弃；二是提高了监管水平。从投标保证金的缴纳、投标文件的递交到评标委员会的评标，各个环节均在电子招投标系统中完成，方便快捷，便于监督部门的监管。

电子招标投标方式普及的同时对投标文件的编制提出了更高的要求。投标人在编制电子投标文件时，要注意电子招标投标方式与传统纸质招标投标在形式和流程上的不同，并且要熟悉电子招投标交易平台和电子招标文件的有关规定，调整以往编制传统纸质投标文件的思路，高质量完成电子投标文件，以适应招标投标方式的变化。

电子投标文件的编制应注意以下内容：

（1）投标函

投标函是招标文件"投标文件格式"中的第一个文件，虽然投标函中填写的内容不多，但均为金额、工期承诺等实质性内容。电子招投标系统的投标函与招标文件"投标文件格式"中的投标函形式上类似，但内容上有一定区别，可能会对投标人造成一定困扰。如某投标人用电子招投标系统的投标函替代招标文件"投标文件格式"中的投标函放入电子投标文件正文的情况，造成不响应招标文件而被否决。

一些编制完善的招标文件，会对这两种投标函的适用性进行明确。一般情况下，电子招投标系统的投标函仅仅是为系统自动唱标使用的，投标人编制投标文件时，应以招标文件"投标文件格式"中的投标函为准。要特别注意这两种投标函的区别，无论招标文件是否对这两种投标函的适用性进行明确，都应该按照电子招投标系统和招标文件各自的格式要求独立编制相应的投标函。

（2）签字盖章

签字盖章的要求包括位置和形式两方面。一般情况下招标文件会在"投标文件格式"中明确签字盖章的位置或要求在复印件上签字盖章，但签字盖章的形式却不一定有具体要求，如果没有，投标人只要按照招标文件在规定的位置进行签字盖章即可。如果招标文件对签字盖章的形式有具体要求时，投标人就需要多加注意。常见的签字有两种形式，一种是手写签字，另一种是姓名章。有时招标文件会要求投标人的签字是手写签字，如果投标人未注意到对签字盖章的明确要求，仍使用姓名章进行签字，就会造成不响应招标文件要求而被否决的严重后果。在制作电子投标文件时，投标人可选择将已经签字盖章的文件扫描放入电子投标文件，或使用 CA 证书对电子投标文件进行电子签章，既可避免不响应招标文件要求的情况，又可节省手写签字消耗的人力与时间。

（3）业绩证明

业绩一般分为企业的业绩和项目管理机构成员的业绩。当招标文件未对企业和项目管理机构成员的业绩能否相同提出要求时，有的投标人可能出于节省投标文件页数或者省事的目的，把企业和项目管理机构成员相同的业绩证明材料放入投标文件"近年完成的类似项目情况表"中，项目管理机构成员的业绩只在"主要人员简历表"中列出了明细。虽然这样做从投标文件整体上看显得精练，但存在一定弊端。当遇到比较粗心的评标专家时，会认为该项目管理机构成员未附业绩证明材料，对其业绩不予认可而造成投标被否决或者失分。

案例 2-7：电子招标签章应符合招标文件的规定

某施工项目进行公开招标。在对投标文件进行评审时，评标委员会发现 E 投标人投标文件中的投标人代表签字出奇的一致。在核对电子版投标文件时，评标委员会发现，E 投标人提交的投标文件 WORD 文档所有要求投标人代表签字处，均以图片浮于文字下方的方式粘贴了投标人代表的签字截图，然后将投标文件直接打印，故造成上述情况。

评标委员会经讨论后一致认为，E 投标人的签署不具有法律效力，并否决了该投标人的投标文件。评标结果公示后，E 投标人认为自己的投标文采用的是电子签名，不应被否决，于是向招标人提出异议，要求重新评审。

解析：E 投标人的签署不属于电子签名，也不具有法律效力。根据《中华人民共和国电子签名法》第二条的规定，电子签名是指"数据电文中以电子形式所含、所附用于识别签名人身份并表明签名人认可其中内容的数据"。数据电文是指"以电子、光学、磁或者类似手段生成、发送、接收或者储存的信息"。在招标投标活动中，常见的电子签名方式既有通过电子密钥加密的数据代码，也有通过鼠标、电子笔等电子工具由投标人代表直接手签。而 E 投标人的签署显然不满足以上条件，故评标委员会认定其签署不具有法律效力是正确的。该案例改编自参考文献［45］。

问题 2-8：投标人之间串通投标的表现形式有哪些？

《招标投标法》第三十二条第一款规定："投标人不得相互串通投标报价，不得排挤其他投标人的公平竞争，损害招标人或者其他投标人的合法权益。"

《招标投标法实施条例》第三十九条规定："禁止投标人相互串通投标。有下列情形之一的，属于投标人相互串通投标：（一）投标人之间协商投标报价等投标文件的实质性内容；（二）投标人之间约定中标人；（三）投标人之间约定部分投标人放弃投标或者中标；（四）属于同一集团、协会、商会等组织成员的投标人按照该组织要求协同投标；（五）投标人之间为谋取中标或者排斥特定投标人而采取的其他联合行动。"

《招标投标法实施条例》第四十条规定："有下列情形之一的，视为投标人相互串通投标：（一）不同投标人的投标文件由同一单位或者个人编制；（二）不同投标人委托同一单位或者个人办理投标事宜；（三）不同投标人的投标文件载明的项目管理成员为同一人；（四）不同投标人的投标文件异常一致或者投标报价呈规律性差异；（五）不同投标人的投标文件相互混装；（六）不同投标人的投标保证金从同一单位或者个人的账户转出。"

以上列举了投标人串通投标的几种表现形式，为认定查处串通投标行为提供依据。禁止投标人相互串通投标是为了维护招投标制度的严肃性和招投标活动当事人的合法权益。

但需要注意的是，同一组织的成员在同一招标项目中投标并不必然属于串通投标。构成"属于同一集团、协会、商会等组织成员的投标人按照该组织要求协同投标"规定的串通投标需要同时满足两个条件：一是同一招标项目的不同投标人属于同一组织成员；二是这些不同的投标人按照该组织要求在同一招标项目中采取了协同行动，按照预先确定的策略投标，确保由该组织成员或特定成员中标。

还应注意的是：一是投标人除主动串通投标外，还可能被动串通投标。如将资质证书、印章出借给他人用于串通投标。二是串通投标的主体也可能是组织中介，为实现串通目的而不参与投标的人。三是串标可能发生在投标阶段，也可能发生在开评标甚至中标候选人公示阶段。

案例 2-8：串通投标的认定

（1）某招标项目使用电子采购平台实行电子招投标，在评标过程中，根据电子采购平台对电子投标文件分析结果，发现投标人 A、B、C 部分投标文件的最后修改人均为投标人 C 单位英文名字。对此，部分评委建议向投标人 A、B、C 发澄清函，要求三个投标人对此进行说明，其他评委持反对意见，认为以上三个投标人串通投标，应当直接否决其投标。

解析：投标人 A、B、C 电子投标文件最终修改者电脑名均为投标人 C 的公司英文名称，不同的投标人其英文名称必然各不相同，基本不存在重名的巧合情况。而三个投标人电子投标文件的作者相同，符合《招标投标法实施条例》第四十条认定"视为投标人相互串通"的要件，评标委员会完全可以据此直接将投标人 A、B、C 的投标文件视为相互串通，从而直接否决三个投标人的投标文件，无需向投标人发出澄清函。

（2）某省招投标中心通过对电子投标中标的大数据分析发现，2018 年 1 月至 2019 年 8 月期间，A 项目管理公司、B 监理公司、C 监理公司在参与该市高新区国际中心项目的工程监理等 27 个项目投标中，其投标文件制作机器码和上传 IP 地址相同，涉嫌相互串通投标。该市建设局于 2019 年 10 月 16 日对以上 3 家单位涉嫌串通投标的行为进行了立案。经调查，A 项目管理有限公司参与的 12 个项目投标存在串通投标行为；B 监理有限公司参与的 21 个项目存在串通投标行为；C 监理有限公司参与的 27 个项目存在串通投标行为。

2020 年 9 月 30 日，某中学建设项目设计、采购、施工（EPC）总承包招标项目资格标评审中，评标专家发现投标单位"A 隧道局集团有限公司、B 城建设计发展集团股份有限公司"联合体的资格标文件封面投标人名称为另一家投标单位"C 建设工程有限公司、D 建工集团有限责任公司"联合体，评标委员会认定该两家投标单位涉嫌串通投标，该县建设局依法进行立案调查，认定该 2 家投标单位存在串通投标行为。

2020 年 12 月 14 日，在某市棚改项目（第一标段、第二标段）开评过程中，发现 A 建设工程有限公司与 B 建设工程有限公司、C 建设有限公司与 D 建设有限公司的单项工程投标价汇总表、分部分项工程、单价措施项目清单与计价表、综合单价分标表等相关的报价表格内容一致，涉嫌相互串通投标。该市住建局依法进行立案调查，认定该 4 家企业存在串通投标行为。

解析：在判定投标人是否存在串标行为时，根据《招标投标法实施条例》第三十九条和第四十条中列出的情形进行识别投标人行为，表现形式很多，但串标的实质有时是隐含在某些行为中。

问题 2-9：招标人与投标人之间串通投标的表现形式有哪些？

《招标投标法》第三十二条第二款规定："投标人不得与招标人串通投标，损害国家利益、社会公共利益或者他人的合法权益。"

第三款规定："禁止投标人以向招标人或者评标委员会成员行贿的手段谋取中标。"

《招标投标法实施条例》第四十一条规定："禁止招标人与投标人串通投标。有下列情形之一的，属于招标人与投标人串通投标：（一）招标人在开标前开启投标文件并将有关信息泄露给其他投标人；（二）招标人直接或者间接向投标人泄露标底、评标委员会成员等信息；（三）招标人明示或者暗示投标人压低或者抬高投标报价；（四）招标人授意投标人撤换、修改投标文件；（五）招标人明示或者暗示投标人为特定投标人中标提供方便；（六）招标人与投标人为谋求特定投标人中标而采取的其他串通行为。"

关于禁止招标人与投标人串通投标的规定，条例中列举了 5 种情形。第 6 条属于兜底条款。招标人与投标人串通投标的形式多样，如果损害了其他投标人的利益违反公平公正原则时也可能被认定为串通行为。

需要注意的是：一是构成招标人与投标人串通投标需要存在主观意图和客观行为，但不以是否谋取中标为构成要件；二是串通投标是共同行为，既包括招标人主动发动，也包括投标人主动发动；三是在招标人委托招标代理机构组织招投标活动的情况下，条例规定的各类情形可能会表现为招标代理机构与投标人之间的串通。

案例 2-9：招标代理公司与投标人串通的项目中标无效

招标代理公司受发包人委托，对新建的大楼中的热泵机组的设备及安装项目进行公开招标，A 公司、B 公司等七家单位投标。经查评标报告，在符合性检查、商务和技术评议方面，B 公司与 A 公司都为合格；在价格评议方面，A 公司投标价为 248 万元，B 公司投标价为 289 万元，后 B 公司中标并签订合同。A 公司对中标结果不满，进行投诉，市招标办调查后发现：B 公司将安装业务分包给安装公司，并在投标文件中明确，分包的安装公司具备《建筑业企业资质证书》，招标文件要求投标人提交的资格证明文件中不含有建筑业企业资质证书。B 公司投标文件符合要求。A 公司对投诉处理结果不满，认为被告串通投标，实施不正当竞争，向法院提起诉讼。

法院经审理后查明：B 公司的投标文件载明"本次投标的所有设备由我公司进行安装"，B 公司与发包人签订的合同中也约定由 B 公司安装，没有关于分包的材料，法院要求招标公司、B 公司进行澄清，招标公司说没有分包材料，B 公司本身没有建筑业企业资质。

解析：法院认为：招标投标活动的有关程序规定决定了投标人的投标文件只能由投标人提供，在市招标办处理投诉时，招标代理向该办提供的投标人 B 公司的投标文件中含有未向本法院提供的他人建筑资质证明及其他文件，招标代理、B 公司对此矛盾不能予以澄清。因此，应当认定投标人 B 公司与招标代理机构招标代理之间存在不正当联系的行为。对本案所涉安装服务，法律要求投标人具备建筑资质，而 B 公司没有该资质，B 公司与招标代理在 A 公司投诉后，为达到使 B 公司中标的目的，相互串通伪造 B 公司投标文件中的安装公司《建筑业企业资质证书》，使市招标办依据伪造的投标文件，认定 B 公司已将安装服务依法分包给安装公司，错误地作出维护中标结果的处理决定。法院判决 B 公司中标无效。

问题 2-10：投标人弄虚作假投标表现形式有哪些？

《招标投标法》第三十三条规定："投标人不得以低于成本的报价竞标，也不得以他人名义投标或者以其他方式弄虚作假，骗取中标。"

《招标投标法实施条例》第四十二条规定："使用通过受让或者租借等方式获取的资格、资质证书投标的，属于《招标投标法》第三十三条规定的以他人名义投标。投标人有下列情形之一的，属于《招标投标法》第三十三条规定的以其他方式弄虚作假的行为：（一）使用伪造、变造的许可证件；（二）提供虚假的财务状况或者业绩；（三）提供虚假的项目负责人或者主要技术人员简历、劳动关系证明；（四）提供虚假的信用状况；（五）其他弄虚作假的行为。"

实践中投标人弄虚作假的情形很多，条例第五项设立了兜底条款。

需要注意的是：一是投标人在招投标活动中以骗取中标为目的的弄虚作假，应当根据具体情况予以认定，但不应以事实上的中标作为弄虚作假的构成要件；二是弄虚作假也可能发生在资格预审活动中，以骗取投标资格；三是串通投标行为中也存在投标人弄虚作假以帮助特定投标人中标的情形。

案例 2-10：投标业绩作假导致投标无效

某省招标投标管理中心接到实名举报，反映某水利工程局有限公司在参加该市拓浚扩排工程施工投标时存在业绩造假，予以立案调查，现查明：该市拓浚扩排工程施工招标文件对投标人资格条件要求为：投标人自 2015 年 10 月 1 日起至投标截止日完成过我国境内水利工程的施工业绩，且该施工业绩须包含 100 万 m³ 及以上的清淤疏浚（或 2000 亩及以上的采用真空预压工艺处理软基）的施工内容。该水利工程局有限公司投标文件提供的资格条件业绩的合同工程完工验收鉴定书主要工程量第 7 项显示清淤疏浚 1051953.34m³，而案涉业绩合同工程完工验收鉴定书主要工程量第 7 项显示软基开挖 51953.34m³。该水利工程局有限公司投标文件提供的合同工程完工验收鉴定书与调取的合同工程完工验收鉴定书的工程量不一致，投标业绩存在弄虚作假。

调查过程中，水利工程局有限公司与招标人解除了合同，未发现水利工程局有限公司取得违法所得。以上事实由招标文件、投标文件、调查函及复函、调查笔录等证据证实。

解析：省招投标管理中心认为，水利工程局有限公司的上述行为属于《招标投标法实施条例》第四十二条第二款"投标人有下列情形之一的，属于《招标投标法》第三十三条规定的以其他方式弄虚作假的行为：（二）提供虚假的财务状况或者业绩"规定的情形，违反了《招标投标法》第三十三条"投标人不得以低于成本的报价竞标，也不得以他人名义投标或者以其他方式弄虚作假，骗取中标"的规定，已构成违法。

经查实的水利工程局有限公司投标业绩造假行为，已严重扰乱招投标管理秩序，破坏公平竞争环境。根据 2017 年 9 月 1 日修正的《中华人民共和国行政处罚法》第八条"行政处罚的种类：（二）罚款"和《中华人民共和国招标投标法实施条例》第四十二条第二款第（二）项、《招标投标法》第三十三条、《招标投标法》第五十四条"投标人以他人名义投标或者以其他方式弄虚作假，骗取中标的，……处中标项目金额千分之五以上千分之十以下的罚款，对单位直接负责的主管人员和其他直接责任人员处单位罚款数额百分之五以上百分之十以下的罚款"的规定，应对水利工程局有限公司投标业绩弄虚作假行为进行处罚。决定对当事人作出如下行政处罚：对水利工程局有限公司罚款人民币 4045505.93 元（按中标项目金额的千分之九计算）；对水利工程局有限公司参与本次投标活动的直接负责人的主管人员和直接责任人分别处罚款人民币 364095.53 元（按单位罚款数额的百分之九计算）。该案例改编自参考文献 [46]。

第三章 建设工程开评定标

问题 3-1：何种情况下招标人可拒收投标文件？

《招标投标法》第二十八条第二款规定："在招标文件要求提交投标文件的截止时间后送达的投标文件，招标人应当拒收。"

《招标投标法实施条例》第三十六条规定："未通过资格预审的申请人提交的投标文件，以及逾期送达或者不按照招标文件要求密封的投标文件，招标人应当拒收。招标人应当如实记载投标文件的送达时间和密封情况，并存档备查。"

该条例规定了招标人应当拒收投标文件的三种情形。

（1）未通过资格预审的申请人提交的投标文件。根据该条例第十九条规定未通过资格预审的申请人不具有投标资格，没有必要也不应该再让其编制和提交投标文件。未通过资格预审的申请人即使提交了投标文件，招标人也应当拒收，否则不仅会使资格预审制度失去意义，且对于通过资格预审的申请人也不公平。

（2）逾期送达的投标文件。逾期送达是指投标人将投标文件送达招标文件规定地点的时间超过了招标文件规定的投标截止时间。逾期送达无论是投标人自身原因导致的，还是不可抗力等客观原因导致的，招标人都应当拒绝接收。既是为了保证所有投标人有相同的投标文件准备时间，也是为了防止逾期送达投标文件的投标人借机获取其他投标人的相关信息而导致不公平竞争。

（3）未按照招标文件要求密封的投标文件。密封投标文件的主要目的是防止泄露投标文件信息，保护双方合法权益。招标文件应详细载明有关投标文件的密封要求，并尽量简化。但应注意的是，即使投标文件的密封情况与招标文件规定存在偏离，也应当允许投标人在投标截止时间前修补完善后再提交，而不应该将其扣留作为无效投标。如果投标文件密封存在细微偏离，可以详细记录实际情况并让投标人代表签字确认后予以接收。应尽可能减少投标文件因密封不符合要求而被拒收的情形。

案例 3-1：未按照招标文件的要求密封的投标文件应当拒收

某投标人 A 公司递交投标文件时，招标代理机构发现其公司提交的投标文件未将封装好的电子文件装入正本文件袋里，认定其投标文件不符合招标文件中规定的密封要求而拒收。投标人认为，其公司投标文件完全符合招标文件的封装要求，不存在任何封装瑕疵，不属于法定或招标文件规定的应被拒收的范围，其公司未将封装好的电子文件装入正本文件袋里的情况并不属于封装瑕疵，其公司提交的投标文件是完全符合招标文件封装要求。

解析：根据《招标投标法实施条例》第三十六条规定，不按照招标文件要求密封的投标文件，招标人应当拒收。即法律规定投标文件的密封要求以招标文件的规定为准。本项目招标文件投标人须知前附表中规定"电子文件必须分别装入对应的投标文件正本中。"投标人须知通用条款中规定："投标文件未按招标文件要求密封和标志的，招标人将拒绝接收投标文件"。本案中招标代理机构严格按招标文件要求拒收投诉人的投标文件是正确的，于法有据。

问题 3-2：投标人如果对开标有异议，应如何提出？

《招标投标法》第六十五条规定："投标人和其他利害关系人认为招标投标活动不符合本法有关规定的，有权向招标人提出异议或者依法向有关行政监督部门投诉。"

《招标投标法实施条例》第四十四条第三款规定："投标人对开标有异议的，应当在开标现场提出，招标人应当当场作出答复，并制作记录。"

这里应注意是：对开标有异议的，应当在开标现场提出并答复。

开标现场可能出现对投标文件提交、截标时间、开标程序、投标文件密封检查和开封、唱标内容、标底价格的合理性、开标记录、唱标次序等的争议，投标人认为不符合有关规定的，应当在开标现场提出异议。异议成立的，招标人应当及时采取纠正措施，或者提交评标委员会评审确认；投标人异议不成立的，招标人应当当场予以解释说明。异议和答复应记入开标会记录或者制作专门记录以备查。

需要说明的是：根据《招标投标法》第三十五条规定，招标人有邀请所有投标人参加开标会的义务，投标人有放弃参加开标会的权利。招标人在招标文件中规定投标人必须出席开标会的，投标人应当委派代表出席。并根据《招标投标法实施条例》第六十条"投标人或者其他利害关系人认为招标投标活动不符合法律、行政法规规定的，可以自知道或者应当知道之日起 10 日内向有关行政监督部门投诉。投诉应当有明确的请求和必要的证明材料。"的规定，投标人应当尽可能委派代表出席开标会，以便对开标结果有意见时能当场提出异议。

异议主体是投标人，受理异议的主体是招标人，委托招标的，招标代理机构也可以代理招标人接受异议，进行答复。提出异议和答复异议均应当场作出。

案例 3-2：其他投标人同意接收迟到的投标文件后仍可以提出异议

某项目开标时间仅两分钟后，某投标人 A 急匆匆地到达，并说明他们是外地企业，为了该项目投标，昨天已到达并入住开标地点附近酒店，但在早上出门时被困在居住的酒店的电梯里，他们也没想到会出现这种情况，对此次投标付出了很大的人力物力财力，希望能考虑其实际情况请求招标人接收其投标文件。为了增加竞争性，优选出更好的投标人，招标人在开标现场与其他投标人协商并征得其同意后，接收了迟交的投标文件并继续开标，在唱标结束后，投标人 A 的价格很有竞争力，投标人 B 在此时提出了异议，对前期同意接收迟到的投标人 A 的投标文件表示，因投标人 A 迟到，所以不能接收其投标文件。应如何处理此异议呢？

解析：招标人不能与投标人协商同意接收迟交的投标文件并开标。应直接拒收投标人 A 的投标文件，在接到投标人 B 的投诉后，正确的做法是按照《招标投标法》第二十八条规定，投标人应当在招标文件要求提交投标文件的截止时间前，将投标文件送达投标地点，在招标文件要求提交投标文件的截止时间后送达的投标文件，招标人应当拒收。即使招标人征得其他投标人同意接收迟交的投标文件，也属违法的约定，而违法的约定没有效力。

同时，其他投标人虽然暂时同意招标人接收迟交的投标文件，但事后仍然有权对招标人的违法行为提出异议，甚至向行政监督部门投诉。因此，为保证招标的公正性，避免合规性风险，招标人的正确做法是拒收迟交的投标文件。

问题 3-3：评标委员会评标依据是什么？

《招标投标法》第四十条第一款规定："评标委员会应当按照招标文件确定的评标标准和方法，对投标文件进行评审和比较；设有标底的，应当参考标底。评标委员会完成评标后，应当向招标人提出书面评标报告，并推荐合格的中标候选人。"

《招标投标法实施条例》第四十九条规定："评标委员会成员应当依照招标投标法和本条例的规定，按照招标文件规定的评标标准和方法，客观、公正地对投标文件提出评审意见。招标文件没有规定的评标标准和方法不得作为评标的依据。评标委员会成员不得私下接触投标人，不得收受投标人给予的财物或者其他好处，不得向招标人征询确定中标人的意向，不得接受任何单位或者个人明示或者暗示提出的倾向或者排斥特定投标人的要求，不得有其他不客观、不公正履行职务的行为。"

案例 3-3：未按招标文件中的评分因素进行评标被取消评标专家资格

某施工项目进行招标。招标文件中明确综合实力部分评分因素"近三年同类业绩"评分权重为 4，评分准则为，投标人近 3 年（2013 年 1 月 1 日至投标截止日，以合同签订日期为准）完成的同类项目业绩，每提供 1 个得 20%，本项目最高 100%。某甲公司投标文件"近三年同类项目业绩"所提供的业绩证明材料中合同签订时间均在 2013 年 1 月 1 日之前。对该评分项，本项目评审专家蒋某给予的评分为 100%。另外，招标文件规定综合实力部分评分因素"投标人资质证书"评分权重为 2，评分准则为，投标人具有 ISO 9001 质量管理体系认证、环境管理体系认证书，每提供一个得 50%。乙公司在其投标文件中提交《联合体投标协议书》，与戊公司组成联合体参与项目投标，其中乙公司为联合体牵头方，戊公司为联合体成员，且戊公司具有"ISO 9001：2008 认证证书"及"ISO 14001：2004 认证证书"。对该评分项，蒋某评分为 0。上述评分，蒋某均签名确认。

解析：经核查后发现原评审结果确实存在错误，即：评审专家（郑某、蒋某、王某、敬某、陈某、廖某某、刘某）未严格按评分标准核算某甲公司所提供 6 项"同类项目业绩"项的评分，应计 0 分而非 4 分，也未严格按评分标准核算某乙公司关于"ISO 9001""ISO 14001"资质证书项的得分，应计 2 分而非 0 分。经核实纠正，此项目重新组织招标，同时对蒋某作出了取消专家资格等行政处罚，蒋某不服，向有关法院提起行政诉讼。法院认为，本案中，蒋某作为评审专家，未尽客观、审慎评审之责任，其打出的评分明显错误，导致中标结果发生改变，应当依照招投标法有关规定承担相应法律责任。至于其评分错误是故意还是过失，不影响蒋某违法行为的成立。

问题 3-4：如何理解投标报价不能低于成本，该成本是社会平均成本还是企业个别成本？

《招标投标法》第三十三条规定："投标人不得以低于成本的报价竞标，也不得以他人名义投标或者以其他方式弄虚作假，骗取中标。"

《招标投标法》第四十一条规定："中标人的投标应当符合下列条件之一：（一）能够最大限度地满足招标文件中规定的各项综合评价标准；（二）能够满足招标文件的实质性要求，并且经评审的投标价格最低；但是投标价格低于成本的除外。"

《招标投标法》第三十三条所称的"低于成本"，是指低于投标人的为完成投标项目所需支出的个别成本。投标人以中标合同约定价格低于社会平均成本为由，主张符合《招标投标法》第三十三条规定的情形，合同约定价格条款无效的，人民法院应不予支持。

这里必须明确的是"成本价"为"企业个别成本"，既不是发包人项目招标的标底或者发包人招标控制价，也不是按照造价主管部门发布的同类项目市场成本价。既不是社会平均成本，也不是行业平均成本。

不同的承包人因其施工的工艺水平、租赁使用有关机械设备的成本、企业的经营管理成本等条件的不同，在工程成本上存在或大或小的差异，有的企业的成本可能显著低于当时的社会平均成本，这是市场经济环境下的正常现象。而基于对自身条件的认识，通过公开市场竞争，不同的市场主体以自己认为合理的价格承揽工程，有时报价可能存在较大差异，这也是建设工程市场的正常现象。对于市场主体基于其自身业务的正常商业判断所作出的商业行为，在不存在法律规定的无效或者可撤销的情形下，法院一般不应代替市场主体对合同价格是否合理进行判断，而应充分尊重市场竞争的结果。

案例 3-4：不能以低于定额价随意认定投标价低于成本价

发包人 A 公司就厂区生产车间项目进行招标，并确定工程最高投标限价为 2915 万元。B 公司参与投标，采用固定单价合同，工程量据实结算，确定投标总价 2913 万元。签约价为 2913 万元。施工过程中，因 A 公司设计变更增加工程量，以及台风、将主要道路挖断增加临时道路等，致使 B 公司实际施工工期与计划相比出现延误。B 公司以 A 公司未依约支付进度款、拒绝调整工程款、不配合工程施工等导致严重窝工、正常生产经营无法进行为由，决定解除施工关系，停止施工并依法追讨工程款，并以 A 公司低于成本价招标，请求确认双方签订的《建设工程施工合同》无效。

B 公司向中院起诉，要求按照当地定额标准结算工程款。其理由是施工单位投标报价低于成本，应依法认定施工合同无效。为此，向法院申请按照当地定额进行工程造价鉴定，以确定低于成本报价的事实。

该市中院依其申请启动工程造价鉴定程序，根据鉴定结论，涉案工程不含利润的工程造价为 3788 万元。而双方签订的施工合同价款为 2913 万元相比，比鉴定结论金额 3788 万元要低约 23%。

中院审理认为，鉴定机构作出的前述不含利润的工程造价 3788 万元即为涉案工程"成本价"，由于投标报价 2913 万元远低于前述"成本价"，不符合《招标投标法》中第四十一条第二款的规定。一审法院认定 B 公司与 A 公司就涉案工程所签订的《建设工程施工合同》应属无效，并判决以前述定额计价标准的鉴定结论作为基数确定工程结算造价及工程欠款依据。

A 公司不服一审判决，上诉至省高院，维持原判，遂继续诉至最高人民法院。

争议焦点：施工方投标报价 2913 万元是否低于成本，以及是否因此导致合同无效。

解析：最高人民法院审理后认为：法律禁止投标人以低于成本的报价竞标，主要目的是规范招标投标活动，避免不正当竞争，保证项目质量，维护社会公共利益，如果确实存在低于成本价投标的，应当依法确认中标无效，并相应认定建设工程施工合同无效。但是该案是否存在《招标投标法》第三十三条规定的以低于成本价竞标的问题，需要对"成本价"作正确理解。所谓"投标人不得以低于成本的报价竞标"应指投标人投标报价不得低于其为完成投标项目所需支出的企业个别成本。招标投标法并不妨碍企业通过提高管理水平和经济效益降低个别成本以提升其市场竞争力。原判决根据定额标准所作鉴定结论为基础推定投标价低于成本价，该依据不充分。B 公司未能提供证据证明对案涉项目的投标报价低于其企业的个别成本，其以此为由主张《建设工程施工合同》无效，无事实依据。案涉《建设工程施工合同》是双方当事人真实意思表示，不违反法律和行政法规的强制性规定，合法有效。原判决认定合同无效，事实和法律依据不充分，应予以纠正。

问题 3-5：评标委员会成员与投标人有利害关系应当回避的情形如何理解？

《招标投标法实施条例》第四十六条第三款规定："评标委员会成员与投标人有利害关系的，应当主动回避。"

所谓利害关系主要指以下情形：

（1）投标人或者投标人主要负责人的近亲属

关于"近亲属"的范围。在民事诉讼和行政诉讼中，最高人民法院的司法解释是不同的：民事诉讼中的近亲属包括配偶、父母、子女、兄弟姐妹、祖父母、外祖父母、孙子女、外孙子女，行政诉讼中的近亲属包括配偶、父母、子女、兄弟姐妹、祖父母、外祖父母、孙子女、外孙子女和其他具有抚养、赡养关系的亲属。此范围宜从宽掌握。

（2）与投标人有经济利益关系，可能影响对投标公正评审的

这里的经济利益关系通常是指 3 年内曾在参加该招标项目的投标人中任职后担任顾问，配偶或直系亲属在参加该招标项目的投标人中任职或担任顾问，与参加该招标项目的投标人发生过法律纠纷，以及其他可能影响公正评标的情形：投标人的上级主管、控股或被控股单位的工作人员；评标委员会成员任职单位与投标人单位为同一法定代表人；评标委员会成员持有某投标单位股份。

（3）曾因在招标、评标以及其他与招投标活动中从事违法行为而受到过行政处罚或刑事处罚的

《招标投标法实施条例》第四十六条第四款规定："行政监督部门的工作人员不得担任本部门负责监督项目的评标委员会成员。"为了避免监管不分，影响监督效果。需注意的是：这里的"行政监督部门"既包括招标项目的招投标行政监督部门，也包括招标项目的审核部门、主管部门和审计部门等。

案例 3-5：评标委员会成员组成应符合法律规定

某依法必须招标的项目评标委员会由 5 人组成，其中 4 人由招标人城建公司从专家库中随机抽取组成，另 1 人为招标人代表。4 名专家评委中有 1 人潘某，为该市建筑设计研究院职工，系 A 单位独资成立的企业法人；参加本次投标的投标人 B 公司的股东 H 公司也系 A 单位独资成立的企业法人。中标候选人为 B 公司，公示期间，投标人 C 公司对评标委员会的组成提出异议，认为评委潘某（建筑设计研究院职工）与 A 单位存在利害关系，评标委员会组成违法，城建公司予以回复，C 公司不服该回复向市招管办投诉，市招管办经过调查作出投诉处理决定书，驳回投诉。C 公司对该决定不服，向法院提起诉讼。

解析：法院审理后认为：关于评标委员会的组成是否符合法律规定。根据《招标投标法》第三十七条、《招标投标法实施条例》第四十六条及《评标委员会和评标方法暂行规定》第八条、第九条、第十条规定，评标委员会由招标人负责组建，评标委员会的专家成员应当从评标专家库内相关专业的专家名单中随机抽取确定，与投标人有利害关系的专家不得进入相关项目的评标委员会，评标委员会成员与投标人有利害关系的，应当主动回避。本案中，招标人城建公司随机从专家库中抽取 4 名专家评委与招标人评委组成本次评标委员会，符合上述法律规定。关于 C 公司提出的评委潘某（建筑设计研究院职工）与 A 单位存在利害关系，评标委员会组成不合法的主张，法院认为，H 公司（系投标人 B

公司股东）与建筑设计研究院虽属 A 单位独资控股的下属企业，但二者均具有独立的法人资格，且潘某与 H 公司之间并不存在经济利益关系，故潘某担任评委并不违反法律规定。

问题 3-6：评标委员会在何种情况下应当否决投标？

《招标投标法》第四十二条第一款规定："评标委员会经评审，认为所有投标都不符合招标文件要求的，可以否决所有投标。"

《招标投标法实施条例》第五十一条规定："有下列情形之一的，评标委员会应当否决其投标：（一）投标文件未经投标单位盖章和单位负责人签字；（二）投标联合体没有提交共同投标协议；（三）投标人不符合国家或者招标文件规定的资格条件；（四）同一投标人提交两个以上不同的投标文件或者投标报价，但招标文件要求提交备选投标的除外；（五）投标报价低于成本或者高于招标文件设定的最高投标限价；（六）投标文件没有对招标文件的实质性要求和条件作出响应；（七）投标人有串通投标、弄虚作假、行贿等违法行为。"

否决投标是指在评标过程中，投标文件具有以上规定的情形，或者没有对招标文件提出的实质性要求和条件作出响应，评标委员会作出对其投标文件不再予以进一步评审，投标人失去中标资格的决定。条例中列举了评标委员会应否决投标人的投标的情形，属于投标人的重大偏差，会影响投标文件的效力。

在实体上，法律依据必须充分。否决投标必须依据国家招标投标法律法规和招标文件规定的否决投标条件进行评判。程序上必须合规。否决投标的决定只能由评标委员会在评标期间作出，在开标、定标等阶段都不对投标有效与否作出评判。少数服从多数原则。在操作层面上，审核否决投标事项应坚持独立、审慎、公平、公正、客观原则。

案例 3-6：评标专家不能随意否决投标文件的合法性

某棚户区旧城改造市政道路工程施工项目，按照工程建设有关法律程序进行了公开招标、评审和中标公告。投诉人在中标公示期内向市住房和城乡建设局监督部门递交投诉书，要求招标人重新组织评标，维护其合法权益。经依法成立的监督调查小组查明：该工程项目共有 4 家提交了投标文件，从评标报告中看出，评标委员会认为"4 家投标人中，有 3 家在资格评审记录表中无项目经理职称证复印件，依据招标文件规定，该 3 家被否决投标，因缺乏竞争性，建议重新招标"。

经查，该项目施工招标公告对投标人资格要求："本次招标要求投标人具备市政公用工程施工总承包叁级及以上资质（且在企业资质许可范围内）。近三年企业类似业绩二个，近三年项目经理类似业绩二个，并在人员、设备、资金等方面具备相应的施工能力，其中，投标人拟派项目经理须具备市政公用工程（专业）二级注册建造师资格，具备有效的安全生产考核合格证书，且未担任其他在建建设工程项目的项目经理"，招标文件规定的资格条件没有规定项目经理必须有职称证复印件。投诉人的投标文件按照招标文件资格要求提供了符合性的相应材料。

解析：调查处理决定：评标委员会未按照招标文件规定进行评审，因投标人无项目经理职称证复印件而将其投标否决的依据不足，原评标结果无效，在回避原评标委员会成员的情况下，重新组建评标委员会进行评标。鉴于该评标委员会在复审时拒绝改正错误，根据《招标投标法实施条例》和《评标委员会和评标方法暂行规定》等法律法规，对原评标委员会5名专家一次性扣20分，并禁止其在6个月内参加依法必须进行招标项目的评标。

问题3-7：评标过程中如何要求投标人进行澄清？

《招标投标法》第三十九条规定："评标委员会可以要求投标人对投标文件中含义不明确的内容作必要的澄清或者说明，但是澄清或者说明不得超出投标文件的范围或者改变投标文件的实质性内容。"

《招标投标法实施条例》第五十二条规定："投标文件中有含义不明确的内容、明显文字或者计算错误，评标委员会认为需要投标人作出必要澄清、说明的，应当书面通知该投标人。投标人的澄清、说明应当采用书面形式，并不得超出投标文件的范围或者改变投标文件的实质性内容。评标委员会不得暗示或者诱导投标人作出澄清、说明，不得接受投标人主动提出的澄清、说明。"

澄清的法定情形包括：含义不明确，对同类问题表述不一致，有明显文字和计算错误，涉嫌低于成本价等。

在评标过程中，评标委员会可以书面形式要求投标人对所提交的投标文件中不明确的内容进行书面澄清或说明，或者对细微偏差进行补正。评标委员会不接受投标人主动提出的澄清、说明或补正。澄清、说明和补正不得改变投标文件的实质性内容（算术性错误修正的除外）。投标人的书面澄清、说明和补正属于投标文件的组成部分。

案例3-7：评标委员会不接受投标人的主动澄清

评标委员会在某工程项目评审过程中发现某投标企业的资格均符合招标文件要求。但是报价出现了问题，在投标函和投标函附录中报价均写为：9593099.16元，大写却是两个不同的报价：一个是玖佰伍拾玖万元，一个是叁仟零玖拾玖元壹角陆分。与投标报价的唯一性是矛盾的，从后面所附造价计算书中看到计算出来的总价又是另外一个数字，与投标函和投标函附录中报价中的大小写价格均对不上，初步评审就没有通过，投标被否决。投标人不服，主动写了澄清说明，说是笔误。

解析：评标专家认为，首先评标专家不会接受投标人主动地澄清；其次投标函和投标函附录中报价是电脑打印出来的，清清楚楚，也不需要澄清。

问题3-8：招标人如何确定中标人？

《招标投标法》第四十条第二款规定："招标人根据评标委员会提出的书面评标报告和推荐的中标候选人确定中标人。招标人也可以授权评标委员会直接确定中标人。"

《招标投标法》第四十一条规定："中标人的投标应当符合下列条件之一：（一）能够最大限度地满足招标文件中规定的各项综合评价标准；（二）能够满足招标文件的实质性要求，并且经评审的投标价格最低；但是投标价格低于成本的除外。"

《招标投标法实施条例》第五十五条的规定："国有资金占控股或者主导地位的依法必须进行招标的项目，招标人应当确定排名第一的中标候选人为中标人。排名第一的中标候选人放弃中标、因不可抗力不能履行合同、不按照招标文件要求提交履约保证金，或者被查实存在影响中标结果的违法行为等情形，不符合中标条件的，招标人可以按照评标委员会提出的中标候选人名单排序依次确定其他中标候选人为中标人，也可以重新招标。"

对于国有资金占控股或者主导地位的依法必须进行招标的项目，根据上述法律法规的规定可以看出：

（1）招标人原则上应当选择排名第一的中标候选人为中标人

该规定是为了贯彻公开公平公正的原则和落实择优选择中标人。要求招标人选择排名第一的中标候选人为中标人，可以减少招标人的自由裁量权，避免争议。可以防止受决策者个人主观倾向和非法不当交易的影响，避免招投标活动因随意确定中标人而失去规范性、严肃性和公信力。

（2）招标人可根据特定情况需要依次选择其他候选人为中标人或重新招标

一是排名第一的中标候选人被确定中标后放弃中标。放弃中标的表现形式既可以表现为明确表示不接受合同，拒绝签订中标合同，也可以表现为在合同签订时提出附加条件，包括借故要求修改合同标的的内容、价格、质量标准、工期等中标的实质性内容。无论何种表现，放弃中标必须有明确的意思表示。

二是排名第一的中标候选人因发生了不可抗力不能履行合同。因为不能预见、不能避免并不能克服的客观情况的不可抗力发生，而不能履行合同的结果应当是确定无疑的。

三是排名第一的中标候选人没有按照招标文件的要求提交履约担保金。包括没有提供或者提供的履约担保金的金额、形式、担保条件等不符合招标文件的规定。

四是排名第一的中标候选人被查实存在影响中标结果的违法行为。包括弄虚作假、串标、行贿等，这些违法行为必须被查实。

《招标投标法实施条例》第五十五条没有穷尽导致排名第一的中标候选人不符合中标条件的所有情形，本条没有规定的其他情形，应当与这四种情形具有可比性且是客观的，招标人最好在招标文件中载明。

这里应注意的是：对非国有资金占控股或者主导的依法必须招标的项目，招标人从评标委员会推荐的中标候选人中选择中标人也不能是任意的，需要综合考虑《招标投标法》第四十一条规定的两项中标条件。

案例 3-8：选择中标人的权利归招标人

某国有资金投资依法必须招标的项目，经过公开招标，某 A 施工公司以最低评标价在评标委员会推荐的三名中标候选人中排名第一。在中标候选人公示期间，招标人收到第一中标候选人 A 施工公司的书面来函，称其报价存在重大失误，导致编制的投标报价价格严重偏低，如果一旦中标，第一中标候选人将无法完成该项目施工，自愿退出该项目的招投标活动，由招标人另行确定其他投标人为中标人。

问题：第一中标候选人的退出，招标人是不是必须确定排名第二的投标人为中标人？

解析：第一中标候选人可以选择自愿退出招投标活动，但招标人或第三人不能强制第一中标候选人退出招投标活动，当然，第一中标候选人存在违法、违规行为或违反招标文件规定的情形除外。

因此，本案中的第一中标候选人 A 施工公司在中标候选人公示阶段，自愿提出退出招投标活动，属于放弃中标。

出现上述情况后，招标人可以依次选择其他中标候选人为中标人，也可以重新招标，但没有规定招标人必须选择排名第二的中标候选人为中标人，为了避免中标候选人串通，减少恶意投诉，虽然招标人有选择权，但招标人也应理性行使这一权利，在其他中标候选人符合中标条件，能够满足招标需求的情况下，招标人应尽量依次确定中标人，以节约时间成本，提高效率。但是在其他中标候选人与招标预期差距较大，或者依次选择中标人对招标人明显不利时，招标人可以重新选择招标。例如，排名在后的中标候选人报价偏高，或已在其他合同标段中中标，履约能力受到限制，或同样存在串通投标等违法行为等，招标人可以选择重新招标。

问题 3-9：中标候选人公示与中标结果公示的区别是什么？

《招标投标法实施条例》第五十四条规定："依法必须进行招标的项目，招标人应当自收到评标报告之日起 3 日内公示中标候选人，公示期不得少于 3 日。投标人或者其他利害关系人对依法必须进行招标的项目的评标结果有异议的，应当在中标候选人公示期间提出。招标人应当自收到异议之日起 3 日内作出答复，作出答复前，应当暂停招标投标活动。"

中标结果公示的性质为告知性公示，即向社会公布中标结果。中标候选人公示与中标结果公示均是为了更好地发挥社会监督作用的制度。两者区别一是向社会公开相关信息的时间点不同，前者是在最终结果确定前，后者是最终结果确定后；二是中标候选人公示期间，投标人或者其他利害关系人可以依法提出异议，中标结果公示后则不能提出异议。

注意问题：公示中标候选人的项目范围限于依法必须进行招标的项目。其他项目是否公示中标候选人由招标人自主决定。全部中标候选人均应当进行公示，不能仅公示第一中标候选人。投标人和其他利害关系人对评标结果有异议的，其异议应当针对全部中标候选人，而不能仅针对排名第一的中标候选人，否则将可能丧失针对排名第二和第三的中标候选人提出异议和投诉的权利。异议成立的，招标人应当组织原评标委员会对有关问题予以纠正，招标人无法组织原评标委员会予以纠正或者评标委员会无法自行纠正的，招标人应当报告行政监督部门，由有关行政监督部门依法作出处理，问题纠正后再公示中标候选人。招标人授权评标委员会直接确定中标人的，也应按本条规定进行公示。异议答复后，投标人和其他利害关系人在异议期内依然存在同样异议的，应向有关行政监督部门投诉，不应当就同样的问题反复提出同样的异议。

案例 3-9：中标候选人公示期间可以改变中标结果

某国有资金投资的建设项目中标候选人公示后，发包人发现第一中标候选人 A 公司与其他公司存在正在审理的诉讼案件。发包人依据招标文件投标人须知前附表"涉及'诉讼、仲裁'事项的处理方法：在招投标阶段发现投标人正处在诉讼、仲裁期间（且基本账户查封）的，按投标无效处理；在中标通知书发出前发现的，按中标无效处理；在合同执行阶段发现的，委托人有权通知施工企业解除合同，合同自委托人解除合同通知送达施工企业时解除，合同解除后，委托人有权不予支付任何费用，同时扣除履约担保，给招标人造成的损失还应当赔偿"的约定，确定 A 公司中标无效。随后，发包人依据招标文件投标人须知前附表第 7.1 条"经招标人确认，确定第一名为中标人，若排名第一的中标候选人放弃中标、因不可抗力不能履行合同或者被查实存在影响中标结果的违法行为等情形，不符合中标条件的，招标人可以按照评标委员会提出的中标候选人名单排序依次确定其他中标候选人为中标人或重新招标"的约定，确定第二中标候选人 B 公司为中标人，并在该市公共资源交易平台网站发布中标公告。

解析：投标人或者其他利害关系人对依法必须进行招标的项目的评标结果有异议的，应当在中标候选人公示期间提出。招标人应当自收到异议之日起 3 日内作出答复，作出答复前，应当暂停招标投标活动。中标候选人公示后，发包人发现第一中标候选人 A 公司与其他公司存在正在审理的诉讼案件，按投标无效处理。投标人和其他利害关系人对评标结果有异议的，其异议应当针对全部中标候选人，可重新招标。

问题 3-10：中标人未提交履约保证金其中标资格一定会被取消吗？

《招标投标法》第四十六条第二款规定："招标文件要求中标人提交履约保证金的，中标人应当提交。"

《招标投标法实施条例》第五十八条规定："招标文件要求中标人提交履约保证金的，中标人应当按照招标文件的要求提交。履约保证金不得超过中标合同金额的 10%。"

《招标投标法实施条例》第七十四条规定："中标人无正当理由不与招标人订立合同，在签订合同时向招标人提出附加条件，或者不按照招标文件要求提交履约保证金的，取消其中标资格，投标保证金不予退还。对依法必须进行招标的项目的中标人，由有关行政监督部门责令改正，可以处中标项目金额 10‰以下的罚款。"

拒绝提交的，视为放弃中标项目。招标人不得擅自提高履约保证金，不得强制要求中标人垫付中标项目建设资金。

发包人需要承包人提供履约担保的，由合同当事人在专用合同条款中约定履约担保的方式、金额及期限等。履约担保可以采用银行保函或担保公司担保等形式，具体由合同当事人在专用合同条款中约定。

实践中应注意以下几点：

（1）要求中标人提交履约保证金是招标人的法定权利；

（2）招标人要求中标人提交履约保证金的，应当同时向中标人提供工程款支付担保；

（3）招标人要求中标人提交履约保证金的，不得要求超过中标合同金额的 10%；

（4）招标人要求中标人提交履约保证金的，必须在招标文件中注明；

（5）在中标人不按照招标文件的要求提交履约保证金的情形下，中标资格可能被取消；

（6）招标文件对提交履约保证金没有约定或约定不明确的，不能以中标人未提交履约保证金为由取消其中标资格。

案例 3-10：不交履约保证金取消中标资格

路桥公司通过投标，中标承建某高速公路某一标段后，组织对该工程土方施工分包项目进行招标。招标文件约定："投标人在递交投标文件时交投标保证金 50 万元；合同签订时间：中标人收到中标通知书后 10 天；中标人在收到中标通知书（以发出时间为准）后7 天内，应在签订合同协议前，向招标人提交履约保证金 100 万元；中标人中标后投标保证金转为履约保证金，未中标的投标人，投标保证金在投标截止日期后 7 个工作日原金额退还给投标人。"

劳务公司参加投标并交纳 50 万元投标保证金。路桥公司与劳务公司为在正式签订合同前明确双方的责任和义务，经协商先行签订《土方施工（劳务承包）意向书》，对计价方式、双方各自的工作内容、工程量进行了约定，并约定待正式合同签订后自行失效。后路桥公司通知劳务公司按照招标文件要求于 3 日内交 50 万元履约保证金，凭汇款凭证签订正式土方施工劳务分包合同。但劳务公司未交纳此款，路桥公司遂通知劳务公司中标无效。路桥公司将投标保证金 50 万元退还给劳务公司。劳务公司提起诉讼，请求法院判令路桥公司作出的劳务公司劳务分包中标无效及解除《土方施工（劳务承包）意向书》的行为无效，确认该意向书合法有效，并责令路桥公司与劳务公司签订《劳务分包合同》。

解析：法院认为，涉案工程的招标文件明确规定，中标人在接到中标通知书后，应在签订合同协议前向招标人提交履约保证金 100 万元。劳务公司作为投标人参与投标，其对招标文件上述规定应是认可的，且双方未对此作出新的变更，均应按规定履行。劳务公司交纳了投标保证金 50 万元参与投标，并与路桥公司签订了《土方施工意向书》，其后接通知进场施工，说明路桥公司已初步确定劳务公司为中标单位。劳务公司在将 50 万元投标保证金转为履约保证金后，还应按招标文件规定，再向路桥公司交纳 50 万元履约保证金，而劳务公司并未交纳履约保证金。因此，根据《招标投标法》第四十六条"招标文件要求中标人提交履约保证金的，中标人应当提交"及招标文件的规定，路桥公司有权解除双方签订的《土方施工意向书》，不与劳务公司签订《劳务分包合同》。路桥公司在通知劳务公司中标无效及要求劳务公司退场后，双方协商劳务公司退场事宜，路桥公司退还了劳务公司 50 万元投标保证金，并补偿了经劳务公司确认的前期费用，双方签订的《土方施工意向书》实际上已被解除。该案例改编自参考文献 [47]。

问题 3-11：投标人和中标人超过中标通知书发出之日起三十日签订的合同是否还有效？

《招标投标法》第四十六条第一款规定："招标人和中标人应当自中标通知书发出之日起三十日内，按照招标文件和中标人的投标文件订立书面合同。招标人和中标人不得再行订立背离合同实质性内容的其他协议。"

《招标投标法实施条例》第五十七条规定："招标人和中标人应当依照招标投标法和本条例的规定签订书面合同，合同的标的、价款、质量、履行期限等主要条款应当与招标文件和中标人的投标文件的内容一致。招标人和中标人不得再行订立背离合同实质性内容的其他协议。招标人最迟应当在书面合同签订后 5 日内向中标人和未中标的投标人退还投标保证金及银行同期存款利息。"

案例 3-11：签订合同的时间超过法定期限不能直接认定合同无效

发包人和承包人的施工合同是在《中标通知书》发出 17 个月之后签订的，发包人认为根据《招标投标法》第四十六条的规定该施工合同的签订时间已超过了 30 日内签订的法定期限，应认定为该施工合同无效。

解析：省高院审理后认为，《招标投标法》第四十六条"招标人和中标人应当自中标通知书发出之日起三十日内，按照招标文件和中标人的投标文件订立书面合同。招标人和中标人不得再行订立背离合同实质性内容的其他协议"的规定，主要价值取向是规范招标投标活动，保证项目质量，维护国家利益与社会公共利益。建设工程施工招投标双方签订中标备案合同后，当事人变更合同的权利仅限于与合同内容不发生实质性背离的范围，目的也仅仅是限定一定时间约束当事人尽快订立合同，并未规定在限定时间内未签订书面合同而导致合同无效的法律后果。因此，并不能仅因双方当事人根据招标文件和中标人的投标文件内容签订的合同超过了该规定时间即认定无效。

问题 3-12：投标人对依法必须招标的项目的评标结果有异议时应如何提出？

《招标投标法》第六十五条规定："投标人和其他利害关系人认为招标投标活动不符合本法有关规定的，有权向招标人提出异议或者依法向有关行政监督部门投诉。"

《招标投标法实施条例》第五十四条第二款规定："投标人或者其他利害关系人对依法必须进行招标的项目的评标结果有异议的，应当在中标候选人公示期间提出。招标人应当自收到异议之日起 3 日内作出答复；作出答复前，应当暂停招标投标活动。"

案例 3-12：对评标结果的异议应在中标候选人公示期间提出

　　某项目在中标候选人公示期间，同时公示了 A 公司被否决投标，理由是其项目负责人不具备承担本工程所需的专业要求。A 公司认为否决投标的详细理由及依据为不符合招标文件中的资格审查合格条件是不合理的，因此提出异议。

　　招标人受理后答复：该项目招标文件中关于资格审查的条件中明确：投标人项目负责人资质信息取自其在该市公共资源交易中心企业库登记的信息，并提醒"投标人应及时维护其在市公共资源交易中心企业库登记的信息，确保各项信息在有效期内"，投标人合格条件中规定"投标人拟担任本工程项目负责人的人员为：市政公用工程专业一级注册建造师"。另一条规定"评审内容的信息取自投标申请人在交易中心企业库内的上传件（若企业库资料缺失的，以投标人在该市投标文件管理专用软件中的'投标其他材料'模块按招标文件的要求上传相关材料的扫描件作为审查依据。）"

　　本项目评标系统资料显示 A 公司在企业库显示的拟担任本工程项目负责人胡某的注册建造师证书扫描件专业类别为公路工程，不符合招标公告的"市政公用工程专业一级注册建造师"要求，评标委员会认定其资格审查不通过符合招标文件规定。至于 A 公司认为应以其在市投标文件管理专用软件中的"投标其他材料"模块上传的材料作为审查依据的问题，招标文件已经明确只有在企业库资料缺失的情况下，才以上述方式提交，既然投标人在企业库的资料不存在缺失，则不存在按其他方式提交的资料进行评审的事实前提。因此，评标委员会按照招标文件的评标标准和方法进行评标，符合《招标投标法》第四十条的规定。

　　解析：投标人和其他利害关系人认为招标投标活动不符合本法有关规定的，有权向招标人提出异议或者依法向有关行政监督部门投诉。A 公司被否决投标，理由是其项目负责人不具备承担本工程所需的专业要求，事实上，胡某的注册建造师证书扫描件专业类别为公路工程，不符合招标公告的"市政公用工程专业一级注册建造师"要求，投诉成立。A 公司认为应以其在市投标文件管理专用软件中的"投标其他材料"模块上传的材料作为审查依据的问题，招标文件已经明确只有在企业库资料缺失的情况下，才以上述方式提交，既然投标人在企业库的资料不存在缺失，则不存在按其他方式提交的资料进行评审的事实前提。

　　问题 3-13：投标人或者其他利害关系人对异议答复不满意，应如何进行投诉？

　　《招标投标法》第六十五条规定："投标人和其他利害关系人认为招标投标活动不符合本法有关规定的，有权向招标人提出异议或者依法向有关行政监督部门投诉。"

　　《招标投标法实施条例》第六十条规定："投标人或者其他利害关系人认为招标投标活动不符合法律、行政法规规定的，可以自知道或者应当知道之日起 10 日内向有关行政监督部门投诉。投诉应当有明确的请求和必要的证明材料。就本条例第二十二条、第四十四条、第五十四条规定事项投诉的，应当先向招标人提出异议，异议答复期间不计算在前款规定的期限内。"

　　《招标投标法实施条例》第六十一条规定："投诉人就同一事项向两个以上有权受理的行政监督部门投诉的，由最先收到投诉的行政监督部门负责处理。行政监督部门应当自收到投诉之日起 3 个工作日内决定是否受理投诉，并自受理投诉之日起 30 个工作日内作出书面处理决定；需要检验、检测、鉴定、专家评审的，所需时间不计算在内。投诉人捏造事实、伪造材料或者以非法手段取得证明材料进行投诉的，行政监督部门应当予以驳回。"

投诉的主体是投标人和其他利害关系人，也包括招标人。招标人是招投标活动的主要当事人，是招标项目和招投标活动的利害关系人，招标人能够投诉的应当限于那些不能自行处理，必须通过行政救济途径才能解决的问题。典型的是投标人串通投标、弄虚作假，资格审查委员未严格按照资格预审文件规定的标准和方法评审，评标委员会未严格按照招标文件规定的标准和方法评标、投标人或其他利害关系人的异议成立但招标人无法自行采取措施予以纠正等情形。

这里应注意的是，有关《招标投标法实施条例》第二十二条、第四十四条、第五十四条规定的事项投诉，应当以向招标人提出异议为前提条件。鼓励投标人和其他利害关系人通过异议方式解决招投标争议，异议一般通过招标人的解释说明即可以快速得到解决，而投诉处理必须经过调查，履行法定程序。

案例 3-13：投标人对异议答复不满意后可进行投诉

投诉人建设集团 A 公司在 3 月 20 日参加某市运动场馆提升改造工程项目投标时，因其投标文件被否决，于 3 月 24 日向招标代理机构 B 公司提出异议。3 月 24 日，B 公司对异议予以答复。投诉人 A 公司对答复不满意，于 3 月 26 日向该市住建局递交了投诉书。该市住建局依法予以受理。

（1）投诉人的投诉事项及主张

投诉人认为，其公司所提供的技术负责人资料满足招标文件资格要求，评标委员会以"未通过投标文件格式"为由否决其投标。投诉人主张被投诉人应当依法依规对其投标文件进行重新复核。

（2）被投诉人答辩及请求

被投诉人认为其按照该项目招标文件规定的办法、方法，客观、公正地对投标文件做出了评审。根据投标文件的第八章"投标文件格式"主要人员简历表中"技术负责人应附身份证、资格证、职称证、学历证、劳动合同、养老保险复印件"的要求和招标文件第三章评标办法前附表形式评审标准中投标文件格式应符合第八章"投标文件格式"的要求，对技术负责人未附资格证复印件的投标企业，按不符合第三章 2.1.1 形式评审标准第三条规定，以投标文件在投标文件格式上未响应为由进行了否决。

（3）调查认定的基本事实

该市住建局调取了评标现场的音频视频监控资料、招标文件、投标文件及评标资料，于 4 月 21 日召开了质证会，投诉人 A 公司、被投诉人、招标人、招标代理机构 B 公司参加，还邀请三名评标专家组成评审专家组参与质证会。经调查，基本事实如下：

1）招标文件中"投标人资格要求"未对技术负责人的资格条件作要求。招标文件第三章评标办法前附表 2.1.1 形式评审标准中要求：投标文件格式符合第八章"投标文件格式"。第八章投标文件格式"主要人员简历表"规定：技术负责人应附身份证、资格证、职称证、学历证、劳动合同、养老保险复印件，该表中要求填报的内容为姓名、年龄、学历、职称、职务、拟在本合同任职、毕业学校、工作经历，没有填报资格证的要求。招标文件对技术负责人的资格要求与第八章投标文件格式对技术负责人应附的资料不对应。

2）招标文件中未对技术负责人应附的资格证作具体要求。国家法律、法规、规章未对技术负责人作职业（执业）资格要求。招标代理机构现场作出口头解释，提出技术负责人的资格证不作要求。被投诉人在对投标文件进行格式审查时，认为技术负责人应附的资格证为建造师考试合格后取得的建造师资格证或造价师考试合格后取得的造价师资格证等工程类相关的资格证。并以此为审查标准，对技术负责人未附上述资格证的投标文件予以否决。该审查标准没有依据，脱离招标项目的实质性要求，不客观、不公正。

　　解析：处理意见及依据。被投诉人在该项目中的评标行为，违反《招标投标法实施条例》第四十九条第一款"评标委员会成员应当依照招标投标法和本条例的规定，按照招标文件规定的评标标准和方法，客观、公正地对投标文件提出评审意见。招标文件没有规定的评标标准和方法不得作为评标的依据"的规定；招标人委托招标代理机构 B 公司编制的招标文件对技术负责人的资格要求与第八章投标文件格式对技术负责人应附的资料不对应，使得潜在投标人无法准确把握招标人意图、无法科学地准备投标文件，使得评标委员会自由裁量空间过大、违反公开、公平、公正原则。

　　依据《招标投标法实施条例》第二十三条"招标人编制的资格预审文件、招标文件的内容违反法律、行政法规的强制性规定，违反公开、公平、公正和诚实信用原则，如果影响资格预审结果或者潜在投标人投标，依法必须进行招标的项目的招标人应当在修改资格预审文件或者招标文件后重新招标"、第八十二条"依法必须进行招标的项目的招标投标活动违反招标投标法和本条例的规定，对中标结果造成实质性影响，且不能采取补救措施予以纠正的，招标、投标、中标无效，应当依法重新招标或者评标"和《工程建设项目招标投标活动投诉处理办法》（七部委第 11 号令）第二十条第（二）项"投诉情况属实，招标投标活动确实存在违法行为的，依据《招标投标法》《招标投标法实施条例》及其他有关法规、规章"的规定，现作出以下处理决定：该运动场馆提升改造工程项目招标无效，由招标人依法重新组织招标。当事人如不服本决定，可在收到本决定书之日起六十日内向该市人民政府或该省住房和城乡建设厅申请行政复议，也可在收到本决定书之日起六个月内向有管辖权的人民法院提起行政诉讼。

　　问题 3-14：行政处分、行政处罚、行政复议、行政诉讼的区别是什么？

　　行政处分是指国家行政机关依照行政隶属关系给予有违法失职行为的国家机关公务人员的一种惩罚措施，包括警告、记过、记大过、降级、撤职、开除六种形式。处罚的对象是违法单位的直接负责的主管人员和其他直接责任人员。

　　行政处罚是指行政主体依照法定职权和程序对违反行政法规范，尚未构成犯罪的相对人给予行政制裁的具体行政行为。行政处罚的种类主要有：警告、罚款、没收非法所得、责令停产停业、暂扣或者吊销许可证、暂扣或者吊销营业执照、行政拘留、法律法规规定的其他行政处罚。

　　对行政处分不服的，只能依法定程序复核或申诉；对行政处罚不服的，可以申请行政复议或提起行政诉讼。

　　行政复议是与行政行为具有法律上利害关系的人认为行政机关所作出的行政行为侵犯其合法权益，依法向具有法定权限的行政机关申请复议，由复议机关依法对被申请行政行为合法性和合理性进行审查并作出决定的活动和制度。

　　行政诉讼是指公民、法人或者其他组织认为行使国家行政权的机关和组织及其工作人员所实施的具体行政行为，侵犯了其合法权利，依法向人民法院起诉，人民法院在当事人及其他诉讼参与人的参加下，依法对被诉具体行政行为进行审查并做出裁判，从而解决行政争议的制度。

行政复议一般没有最终的法律效力，相对人对复议不服，还可以提起行政诉讼；只有在法律规定复议裁决为终局裁决的情况下，复议才具有最终的法律效力，相对人不能再提起行政诉讼。行政诉讼则具有最终的法律效力，无论有没有经过行政复议的案件，一经行政诉讼，诉讼的裁判结果就具有最终效力的结果，当事人必须遵守，不能再由行政机关复议。

案例 3-14：串通投标的行政处罚

某省发展和改革委员会行政处罚决定书：经查，A 公司和 B 公司在 2019 年 10 月 25 日开标的运动中心维修改造项目中存在以下情形：（1）投标联系人为同一人（曹某）；（2）两家公司投标文件中载明联系电话和邮箱完全一致；（3）两家公司投标文件中分别所附的《资信证明书》均系伪造，且经对比，两份《资信证明书》的日期及签字等个人手写笔迹异常一致，属于使用同一份文件篡改所得。两家公司构成《招标投标法实施条例》第四十条第（四）项规定的投标人相互串通投标的行为，违反《招标投标法》第三十二条关于"投标人不得相互串通投标报价"的规定。对于上述违法行为，有省公共资源交易平台-工业电子招投标系统签到情况记录、两家公司的投标文件、询问笔录、中国建设银行支行《〈协助调查函〉回复函》等证据为证。省发展和改革委员会于 2020 年 4 月 15 日对两家公司作出《行政处罚告知书》，签收后均于 4 月 19 日提交了书面申辩材料。两家公司的申辩理由均不成立，省发展和改革委员会不予采纳。

根据《招标投标法》第五十三条和《招标投标法实施条例》第六十七规定，决定对两家公司分别作出罚款 10000 元（大写：壹万元）的行政处罚。被处罚人自接到本《行政处罚决定书》之日起 15 日内，将上述罚款上缴至省财政厅国库处非税收入汇缴结算户。逾期不缴纳罚款的，将根据《行政处罚法》第五十一条第（一）项规定，每日按罚款数额的百分之三加处罚款。如对本处罚决定不服，可以在收到本决定书之日起 60 日内向湖南省人民政府或国家发展改革委申请行政复议，或在 6 个月内向长沙铁路运输法院提起行政诉讼。

问题 3-15：投标人提出异议、投诉、行政复议、行政诉讼的流程是什么？

《招标投标法实施条例》第六十条规定："投标人或者其他利害关系人认为招标投标活动不符合法律、行政法规规定的，可以自知道或者应当知道之日起 10 日内向有关行政监督部门投诉。投诉应当有明确的请求和必要的证明材料。就本条例第二十二条、第四十四条、第五十四条规定事项投诉的，应当先向招标人提出异议，异议答复期间不计算在前款规定的期限内。"

《招标投标法实施条例》第六十一条第二款规定："行政监督部门应当自收到投诉之日起 3 个工作日内决定是否受理投诉，并自受理投诉之日起 30 个工作日内作出书面处理决定；需要检验、检测、鉴定、专家评审的，所需时间不计算在内。"

《工程建设项目招标投标活动投诉处理办法》第十四条第一款规定："行政监督部门受理投诉后，应当调取、查阅有关文件，调查、核实有关情况"。第二十条第一项规定："行政监督部门应当根据调查和取证情况，对投诉事项进行审查，投诉缺乏事实根据或者法律依据的，或者投诉人捏造事实、伪造材料或者以非法手段取得证明材料进行投诉的，驳回投诉"。

《中华人民共和国行政复议法》第二条规定："公民、法人或者其他组织认为具体行政行为侵犯其合法权益，向行政机关提出行政复议申请，行政机关受理行政复议申请、作出行政复议决定，适用本法。"

《中华人民共和国行政复议法》第五条规定："公民、法人或者其他组织对行政复议决定不服的，可以依照行政诉讼法的规定向人民法院提起行政诉讼，但是法律规定行政复议决定为最终裁决的除外。"

由以上规定可知，这四个流程是需要按照先后顺序进行。投标人应首先提出异议，对异议不服的，可向行政监督部门提起投诉。当认为具体行政行为侵犯了自己的合法权益，可向行政机关提出行政复议申请，行政机关受理行政复议申请、作出行政复议决定，对行政复议决定不服的，可以依照行政诉讼法的规定向人民法院提起行政诉讼。

案例 3-15：投标人对行政复议结果不服，提出行政诉讼

某市某河延伸拓浚工程电机及其附属设备进行采购招标，于 2018 年 5 月 18 日发布中标候选人公示，第一中标候选人为 A 电机厂，第三中标候选人为 B 公司，公示期为 2018 年 5 月 19 日至 21 日。2018 年 5 月 21 日，B 公司认为评标委员会某些成员对其投标文件技术部分赋分不合理，向招标人某河枢纽工程建管局提交《异议函》进行质疑。招标人某河枢纽工程建管局于 5 月 22 日组织该标段原评标委员会在该省水利厅下属省水利工程招标办、纪检监察工作组工作人员共同监督下，依据招标文件和投标文件对异议内容进行了复核。经复核，评标专家一致认为原评标赋分合理，评审结果无误，于当日向 B 公司进行回复。2018 年 5 月 24 日，B 公司再次提交《投诉书》，就该标段评标委员会某些成员对其投标文件技术部分赋分不合理进行投诉，投诉理由与《异议函》的理由基本一致且未能提供证据材料。因该投诉事项已经由招标人于 2018 年 5 月 22 日作出答复，且 B 公司未提供证据材料、难以进行查证，根据《招标投标法实施条例》等相关规定，该省水利工程招标办未予受理。2018 年 5 月 29 日，B 公司向该省水利厅下属省水利工程招标办、纪检监察工作组递交《投诉函》，投诉 A 电机厂在投标文件中提供虚假的设备合同，认为 A 电机厂没有能满足本项目要求的 6m 真空浸漆罐。省水利厅收到 B 公司的《投诉函》后，对该投诉予以受理。2018 年 6 月 6 日，省水利工程招标办、纪检监察工作组组织工作人员赴上海 A 电机厂，对该公司是否具有 6m 真空浸漆罐进行现场查证。经调查证实，上海电机厂具有 6m 真空浸漆罐且设备合同、发票等资料齐全，未发现《投诉函》所反映的问题。2018 年 6 月 12 日，省水利工程招标办向 B 公司作出《投诉回复》进行回复，称未发现《投诉函》所反映的问题。

B 公司不服该《投诉回复》，于 2018 年 6 月 25 日向省政府提交行政复议申请书。省政府于 2018 年 6 月 26 日发出《补正通知》，要求 B 公司进行补正。B 公司于 2018 年 7 月 2 日进行补正后，省政府于 2018 年 7 月 3 日依法予以受理，并于 2018 年 7 月 9 日作出《行政复议申请受理通知书》与《提出答复通知书》，分别于当日向 B 公司与省水利厅邮寄送达。省水利厅提出答复后，省政府于 2018 年 8 月 13 日发出《行政复议听证通知书》通知 B 公司参加听证。省政府经审查认为，省水利厅处理 B 公司的投诉事项程序合法，内容适当，决定予以维持，于 2018 年 8 月 30 日作出第 246 号《行政复议决定书》，并于当日分别向 B 公司和省水利厅邮寄送达。B 公司不服，提起行政诉讼。

解析：一审市中级人民法院认为省水利厅作出的《投诉回复》及省政府作出的第 246

号《行政复议决定书》认定事实清楚，证据确凿，适用法律、法规正确，符合法定程序。B公司的诉讼请求和理由缺乏事实和法律依据，依法不予支持。依照《中华人民共和国行政诉讼法》第六十九条之规定，判决驳回B公司的诉讼请求。B公司不服市中级人民法院的行政判决，向省高院提起上诉。

二审法院审理后认为，省水利厅的下属部门收到B公司的投诉后，相关工作员至上海A电机厂进行了现场调查，调查人员现场检查了6m真空浸漆罐及订货合同、发票等相关材料，并测量了设备的直径，确认A电机厂确有6m真空浸漆罐，故B公司的投诉无事实根据。原审法院亦到A电机厂进行了现场勘查，经现场查证，A电机厂确实具有6m真空浸漆罐且在正常使用中。省水利厅工程招标办于2018年6月12日作出《投诉回复》并向B公司送达，认定事实清楚，适用法律正确，投诉处理程序合法。B公司不服《投诉回复》于2018年6月20日向省政府提出行政复议申请，省政府受理后，经听证审查，于2018年8月30日作出第246号《行政复议决定书》维持涉案《投诉回复》，符合《中华人民共和国行政复议法》第二十八条第一款第一项、第三十一条的规定。原审法院判决驳回B公司的诉讼请求正确。综上，上诉人B公司的上诉请求和理由缺乏事实根据和法律依据，不予支持。原审法院判决驳回B公司的诉讼请求并无不当，依法应予维持。该案例改编自参考文献［48］。

第四章　建设工程施工合同管理

问题 4-1：如何理解施工合同的实质性内容？

《招标投标法》第四十六条第一款规定："招标人和中标人应当自中标通知书发出之日起三十日内，按照招标文件和中标人的投标文件订立书面合同。招标人和中标人不得再行订立背离合同实质性内容的其他协议。"

《招标投标法实施条例》第五十七条第一款规定："招标人和中标人应当依照招标投标法和本条例的规定签订书面合同，合同的标的、价款、质量、履行期限等主要条款应当与招标文件和中标人的投标文件的内容一致。招标人和中标人不得再行订立背离合同实质性内容的其他协议。"

《最高人民法院关于审理建设工程施工合同纠纷案件适用法律问题的解释（一）》以下简称《司法解释（一）》第二条第一款规定："招标人和中标人另行签订的建设工程施工合同约定的工程范围、建设工期、工程质量、工程价款等实质性内容，与中标合同不一致，一方当事人请求按照中标合同确定权利义务的，人民法院应予支持。"

从以上法律法规的一规定可以看出，施工合同实质性内容包括：

（1）工程范围

工程范围并不仅仅指建筑物或构筑物的结构与面积等，更主要是指是否包含土建、设备安装、装饰装修等。不同的工程范围对施工人的技术、管理水平要求不同，施工人投入的设备、人力等也不相同。工程范围直接决定施工人获得利润的多少。但应注意的是，施工过程中，因发包人的设计变更、建设工程规划指标调整等客观原因，发包人与承包人以补充协议、会谈纪要或签证等变更工程范围的，不应当认定为背离中标合同的实质性内容的协议。

（2）建设工期

建设工期通常与工程范围直接相关，是施工合同的必备条款。竞标人以不合理的短工期投标属于不正当竞争的表现。工期的影响因素主要包括现有的生产技术条件和自然条件。竞标人在投标文件中确定的总竣工日期是决定是否中标的关键因素。

（3）工程价款

支付工程价款是发包人最重要的义务，收取工程价款是承包人最主要的权利。在工程范围、质量、工期不变的情况下，决定工程中标人的因素一般是工程价款。应当注意的是：改变工程价款的支付方式是否对当事人权利义务产生实质影响。一般无论现金还是转账结算不会产生实质影响。但如果通过转移债权（包括以将来收益抵顶）、以房屋或项目抵顶、债权转股权等形式支付工程款或大幅度延长工程款支付期限，则会对承包人的权利义务产生实质性影响。

（4）工程质量

工程质量是指依据国家现行有效的法律、法规、技术标准、设计文件和合同约定，对工程的安全、经济、环保等特性的综合要求。建设工程质量需要遵循强制性法律法规的规定。

（5）其他内容

除了建设工程范围、建设工期、工程质量与工程价款外，特定情形下，也可能存在背离按照招标文件和中标文件签订的合同的实质性内容的协议。需要根据建设工程及当事人的具体情况而定，凡是可能限制或者排除其他竞标人的条件都可能构成"合同实质性内容"。

合同实质性内容，应是指对合同双方当事人权利义务有实质性影响的内容。是否存在实质性影响，可从以下两方面考虑：

（1）是否影响其他中标人中标

招标人和中标人另行签订的协议中改变双方根据招标文件和投标文件所订立的书面合同的内容是否属于背离合同实质性内容，取决于这些改变是否足以影响其他竞标人能够中标或者以何种条件中标。

（2）是否较大影响招标人与中标人的权利义务

招标人与中标人另行订立其他协议时，如果较大地改变了双方的权利义务关系，则构成背离合同的"实质性内容"。

应注意从以下三个方面进行把握：

（1）合同实质性内容不是指合同的主要条款。

（2）合同实质性内容不等同于构成新要约的内容。

（3）"实质性内容"不是指《民法典》第七百九十五条规定的建设工程施工合同的主要内容。

合同实质性内容不允许变更，这是一般情况下的原则性规定，但并非绝对。在合同履行过程中出现一些新的客观情况时，完全按照原合同约定无法履行，或者即使能够履行也会导致双方当事人权利义务严重失衡，对一方明显不公平，这个时候就需要对双方的权利义务关系重新做出调整，才会变更合同实质性内容，这并不违反法律规定的目的，也符合民事活动公平原则。

现有司法观点认为，因法律法规变化、设计变更、工程规划调整等客观原因变更合同实质性内容的，不属于"再行订立背离合同实质性内容的其他协议"，该变更内容有效。《最高人民法院办公厅关于印发〈全国民事审判工作会议纪要〉的通知》（法办〔2011〕442号）中也作出了进一步明确，"建设工程开工后，因设计变更、建设工程规划指标调整等客观原因，发包人与承包人通过补充协议、会议纪要、来往函件、签证等洽商记录形式变更工期、工程价款、工程项目性质的，不应认定为变更中标合同的实质性内容。"

案例 4-1：固定总价合同能否调整要根据具体情况判定

（1）某依法必须招标的工程项目，经过公开招标，由某施工单位中标，固定总价 640万元，竣工验收时一次付清。后双方签订合同时，改为可调单价合同，工程量按实结算。竣工验收合格后，进行结算，施工单位按可调价格提交竣工结算 780 万元，建设方不认可，要求按原固定价结算，施工单位诉至法院，要求建设方支付工程款 780 万元。招标文件中规定的是固定总价，签订合同时能否改为可调价？

解析：法院认为：该工程是必须招标工程，原中标文件为固定总价，双方当事人不能变更为可调单价。对此变更，背离了中标文件工程价款这一实质性的内容，违反了法律强制性规定，根据《司法解释（一）》第二条第一款的规定，该变更不能作为结算依据，仍应按中标文件约定进行结算。判决建设方支付施工单位的工程款 640 万元。

（2）城投公司通过招投标与建筑公司签订了基坑施工合同，采用固定总价合同，380 万元。施工过程中，遇到古建筑遗址，调整避让调整了规划和设计，双方通过补充协议对合同工程进行了变更，减少了工程量。基坑工程竣工验收合格后，进行结算，工程变更减少工程量的价款为 59 万元。建筑公司认为该项目的施工合同采用的是固定总价合同，无论工程是否变更，城投公司均应按合同价款支付工程款，并认为补充协议改变了中标合同实质性内容，应属于无效。城投公司认为应扣除变更减少的工程量减少的工程款，双方由此发生争议。补充协议是否改变了中标合同的实质性内容，应属无效？

解析：法院审理后认为，合同履行期间，如因客观情况进行调整，双方当事人对此进行变更并不违反法律、法规的强制性规定，应当认为变更有效。原告主张仍按原合同价款结算无法律依据，但因合同变更导致工程量减少给原告造成的损失的，应双方当事人对该变更均无过错，可从公平原则出发，城投公司给予建筑公司适当补偿，判决补偿建筑公司损失 12 万元。

合同实质性内容不允许变更，这是一般情况下的原则性规定，但并非绝对。在合同履行过程中出现一些新的客观情况时，完全按照原合同约定无法履行，或者即使能够履行也会导致双方当事人权利义务严重失衡，对一方明显不公平，这个时候就需要对双方的权利义务关系重新做出调整，才会变更合同实质性内容，这并不违反法律规定的目的，也符合民事活动公平原则。现有司法观点认为，因法律法规变化、设计变更、工程规划调整等客观原因变更合同实质性内容的，不属于"再行订立背离合同实质性内容的其他协议"，该变更内容有效。

问题 4-2：改变工程价款支付方式是否属于背离中标合同实质性内容？

合同双方在合同签订时明知价款支付方式具有不确定性，并根据补充协议的支付方式支付工程价款的，一方以补充协议约定的支付方式的变更导致合同实质性变更主张相对方承担违约责任的，人民法院不予支持。

因客观原因需要对原中标合同的支付方式进行改变，施工合同当事人双方协商一致根据实际情况进行变更，是双方真实意思的表示，不属于背离合同实质性内容。

案例 4-2：改变工程价款支付方式并不必然导致合同实质性内容的变更

案例 1：因合同价款支付方式的变更造成工程价款和工程期限改变不导致合同实质性内容的变更

申请人 B 建安公司因与被申请人 A 国资公司建设工程施工合同纠纷一案，不服该省高级人民法院的民事判决，向最高人民法院申请再审。B 建安公司再审申请称：原判决认定除已备案的两份《建设工程施工合同》外的其他四份协议即 2014 年 1 月 25 日签订的《项目合作意向协议》、2014 年 8 月 1 日签订的《安置房建设工程总承包协议》和 2014 年 10 月 20 日、2015 年 2 月 21 日分别签订的《安置房项目〈建设工程施工合同〉补充协议》有效错误。首先，这四份协议内容与依法备案的两份有效《建设工程施工合同》中关于工程价款、支付条件、工程期限等实质性条款相背离，实质上属于变相降低工程价款、改变工程期限，属于对合同内容的实质性变更，因此应当认定无效，其次，原判决将资金投入方式、工程款拨付方式及工期延误责任等内容的变更认定为不属于工程价款、工程期限等内容的变更，将无效协议认定为对备案合同的修改和补充错误，属于明显违背法律规定并且该判定与类似判决相矛盾。再次，原判决将上述四份无效协议认定为双方实际履行合同，并依照无效协议认定本案违约责任及停窝工损失错误属于认定错误。

解析：最高法院经审查认为，依据相关法律之规定可知，中标合同实质性内容应当包括工程范围、建设工期、工程质量、工程价款等。根据查明的情况可知，2014 年 8 月 25 日和 2015 年 1 月 10 日，A 国资公司与 B 建安公司分别签订了两份《建设工程施工合同》，且该两份合同已备案，同时双方还分别于 2014 年 1 月 25 日签订了《项目合作意向协议》，2014 年 8 月 1 日签订了《安置房建设工程总承包协议》，除此之外，双方还在 2014 年 10 月 20 日、2015 年 2 月 21 日就上述两份备案合同签订了《安置房项目〈建设工程施工合同〉补充协议》。该四份协议主要涉及工期延误责任、工程款支付方式等内容，由于 B 建安公司在与 A 国资公司签订《项目合作意向协议》时应当已经预见到对于工程款的支付方式存在不确定性，且在后续的合同履行中双方对工程款的支付方式亦大部分按照《安置房建设工程总承包协议》以及相关补充协议执行。因此上述四份协议即使与已备案合同相比对支付方式进行了变更，并使得工程期限、工程价款改变，但此种变更并不足以构成对双方当事人权利义务内容的实质性变更。应当认定上述四份协议是对备案合同的变更与补充，因此对于 B 建安公司主张的四份协议是对已备案的《建设工程施工合同》实质性条款的背离并主张四份协议无效，不予支持。因此应当认定上述四份协议有效，且对备案合同的资金拨付方式、违约责任等内容进行的变更也有效，因此对于 B 建安公司主张的要求 A 国资公司依照《建设工程施工合同》付款节点承担迟延付款违约责任及停窝工损失不予支持。该案例改编自参考文献 [49]。

案例 2：因客观原因变更工程价款的支付方式不属于变更合同实质性内容

发包人甲公司和承包人乙公司签订了一份建设工程施工合同，约定采用可调单价合同，但在合同履行过程中，因甲公司原因导致工程多次停工。之后甲公司与乙公司又签订了一份补充协议书，约定采用固定单价方式进行结算。此后，双方因工程结算争议等问题发生纠纷，并诉至人民法院。乙公司主张按补充协议书约定的固定单价方式结算工程造价。甲公司则认为补充协议改变了中标合同实质性内容，应属无效，应按中标合同中约定的可调单价结算。本案历经一审、二审程序，最高人民法院最终认定补充协议书合法有效，工程款应当按照补充协议书约定的固定单价方式进行结算。本案的争议焦点是工程价款结算应当以中标合同还是应以施工过程中签订的补充协议书为依据？

解析：《招标投标法》第四十六条第一款规定："招标人和中标人应当自中标通知书发出之日起三十日内，按照招标文件和中标人的投标文件订立书面合同。招标人和中标人不得再行订立背离合同实质性内容的其他协议。"但本案的情形并不适用上述规定，因补充协议书是在施工过程中由于发包人原因导致多次停工并造成承包人经济损失后，双方经过协商，变更了工程价款的结算方式。对此，最高人民法院认为：建设工程施工合同、补充协议书均为双方当事人真实意思表示，内容不违反法律、法规的强制性规定，应为合法有效，双方应依约履行。因补充协议书签订在后，且对建设工程施工合同的约定进行了变更，双方应按照补充协议书约定的固定单价方式进行结算。补充协议书是在双方履行建设工程施工合同过程中，为了解决因工程多次停工给乙建设公司造成的损失而签订的，只是变更了结算方式，建设工程施工合同其他条款仍然有效。因此，补充协议书属于双方当事人在合同履行过程中经协商一致的合同变更，应予支持。

问题 4-3：固定总价合同是否完全不能调整？

总价合同是指合同当事人约定以施工图、已标价工程量清单或预算书及有关条件进行合同价格计算、调整和确认的建设工程施工合同，在约定的范围内合同总价不作调整。合同当事人应在专用合同条款中约定总价包含的风险范围和风险费用的计算方法，并约定风险范围以外的合同价格的调整方法，其中因市场价格波动、法律变化等引起的调整按约定执行。

在承发包人履行合同过程中，如果没有发生合同修改或者变更等情况导致工程量、单价发生变化时，就应该按照合同约定的包干总价格结算工程价款。实践中，约定合同包干的内容很多，但在合同约定的风险范围和风险费用内均不能调整，这是固定总价合同的关键特征。对于发包人来说，采用固定总价合同有利于固化投资目标，有效转移大部分风险，减少风险事件造成的损失，同时也可以节省大量中间计量与支付的工作时间，避免结算时对合同价款的确定产生争议。

是否在任何情况下，固定总价合同均不能调整呢？答案是否定的。如果突破了合同约定的风险范围后或产生了设计变更改变了原施工内容时，是需要调整合同价款的。

案例 4-3：设计变更原因可以调整固定总价合同

某总承包企业中标了某大学的综合教学楼工程，采用固定总价合同，在合同履行过程中更改设计增加了 1 万 m² 建筑面积的工程，结算时，发包方坚持按中标的合同金额结算，不认可增加建筑面积产生的费用，理由是固定总价合同，价格包干，工程量的变化是承包方应该承担的风险。总承包企业由此诉至法院，要求对增加部分的费用据实结算。一审法院根据《司法解释（一）》第二十八条的规定"当事人约定按照固定价结算工程价款，一方当事人请求对建设工程造价进行鉴定的，人民法院不予支持。"不支持总承包企业的价款请求。总承包企业上诉至省高级人民法院。省高级人民法院根据《司法解释（一）》第十九条第二款规定："因设计变更导致建设工程的工程量或者质量标准发生变化，当事人对该部分工程价款不能协商一致的，可以参照签订建设工程施工合同时当地建设行政主管部门发布的计价方法或者计价标准结算工程价款。"支持了总承包企业对增加建筑面积的价款请求。

解析：在我国工程实践中，因建设工程涉及的种类不同，双方当事人约定工程款结算方式也有多种不同。当事人在建设工程施工合同中约定不同的结算方式，会导致不同的法律后果。合同中约定按照固定价结算工程款的，一般是指招标的施工图范围内的施工内容包干，在合同履行过程中，如果没有发生合同修改或者设计变更等情况导致工程量发生变化时，应该按照合同约定的包干总价格结算工程款，不需要通过咨询机构的鉴定或者评估。属于《司法解释（一）》第二十八条的适用情况。

对于因设计变更等原因导致工程款数额发生增减变化的，应根据公平原则对增减部分按合同约定的结算方法和结算标准计算工程款。如果原先合同约定的价款计价方式和标准不适用时，双方可以就价款结算方式进行协商，这里应准确理解"固定总价"的含义。

问题 4-4：施工合同当事人对建设工程开工日期有争议的，应如何认定？

《司法解释（一）》第八条规定："当事人对建设工程开工日期有争议的，人民法院应当分别按照以下情形予以认定：（一）开工日期为发包人或者监理人发出的开工通知载明的开工日期；开工通知发出后，尚不具备开工条件的，以开工条件具备的时间为开工日期；因承包人原因导致开工时间推迟的，以开工通知载明的时间为开工日期。（二）承包人经发包人同意已经实际进场施工的，以实际进场施工时间为开工日期。（三）发包人或者监理人未发出开工通知，亦无相关证据证明实际开工日期的，应当综合考虑开工报告、合同、施工许可证、竣工验收报告或者竣工验收备案表等载明的时间，并结合是否具备开工条件的事实，认定开工日期。"

开工日期是承包人开始施工的时间，是计算工期的起点，直接影响工期的认定。工期是从开工起到完成承包合同约定的全部内容达到竣工验收标准所经历的时间，以日历天数表示。开工日期包括计划开工日期和实际开工日期。计划开工日期是指合同协议书约定的开工日期，是计算合同约定工期总日历天数的起算点；实际开工日期是指监理人根据约定发出的符合法律规定的开工通知书中载明的开工日期，是计算实际完成工期所需的总日历天数的起算点。

案例 4-4：开工日期的争议应根据具体情况认定

实际开工日期与施工许可证载明的开工日期不一致。某房地产公司与建筑公司产生施工合同纠纷，房地产公司主张开工日期应为建筑公司实际进场开工之日，而建筑公司认可房地产公司提出的实际进场日期，但认为当时因不符合全面施工条件，无法全面施工，故应以《施工许可证》核发之日为准。

解析：最高法院再审认为，根据证据显示的实际开工日期双方并无争议，根据现有的证据显示，提前进场并未影响开工建设，法院最终认定开工日期为实际进场施工日期。

合同中的开工日期与开工报告、施工许可证载明的开工日期不一致。某建安公司与房地产公司产生施工合同纠纷。施工总承包合同、开工报告与当地住建局颁发的《施工许可证》上载明的开工日期均不同。

最高法院认为，该项目的开工日期应以监理单位确认的《开工报告》载明的时间为准。合同约定了明确的日期，但施工方因客观原因并未开工，属于约定与实际不一致的情形，应以改变了的日期作为开工日期。另外，《施工许可证》载明的开工日期并不具有排他的、无可争辩的效力，地方政府颁发的施工凭证，证明的是工程具备开通条件，并不是确定开工日期的唯一凭证。因此，当建设单位、监理单位与施工方均认可实际开工日期的情况下，再以施工许可证载明的日期为开工日期，无事实及法律依据，法院不予支持。

问题 4-5：如何认定工期延误责任？

《建设工程施工合同示范文本》通用条款第 7.5 条对工期延误责任进行了相关规定。

因发包人原因导致工期延误。在合同履行过程中，因下列情况导致工期延误和（或）费用增加的，由发包人承担由此延误的工期和（或）增加的费用，且发包人应支付承包人合理的利润：

（1）发包人未能按合同约定提供图纸或所提供图纸不符合合同约定的；

（2）发包人未能按合同约定提供施工现场、施工条件、基础资料、许可、批准等开工条件的；

（3）发包人提供的测量基准点、基准线和水准点及其书面资料存在错误或疏漏的；

（4）发包人未能在计划开工日期之日起 7 天内同意下达开工通知的；

（5）发包人未能按合同约定日期支付工程预付款、进度款或竣工结算款的；

（6）监理人未按合同约定发出指示、批准等文件的；

（7）专用合同条款中约定的其他情形。

因发包人原因未按计划开工日期开工的，发包人应按实际开工日期顺延竣工日期，确保实际工期不低于合同约定的工期总日历天数。

因承包人原因导致工期延误。因承包人原因造成工期延误的，可以在专用合同条款中约定逾期竣工违约金的计算方法和逾期竣工违约金的上限。承包人支付逾期竣工违约金后，不免除承包人继续完成工程及修补缺陷的义务。

案例 4-5：发承包双方均负有责任的工期延误的认定

绿叶置业与青山建设签订施工合同，施工过程中产生了工期延误，双方对工期延误的责任与产生的损失产生争议，诉至法院。

法院审理后认为：绿叶置业发出开工令的日期就比合同约定的开工日期迟延了近 100 天。各楼竣工日期迟延了 100～200 天。在开工后，青山建设就施工中的问题向绿叶置业发函反映，但绿叶置业未能提交证据证明问题解决的时间，在施工过程中，青山建设就绿叶置业指定材料、品牌、型号、施工工艺、分包工程配合等问题向绿叶置业发函，但绿叶置业未及时答复，拖延的时间从几十天到 167 天不等。在两年半的时间内，青山建设多次发函要求绿叶置业支付拖欠的工程进度款。故判决认定绿叶置业对施工过程中的问题不及时解决是造成工期延误的主要原因有事实依据。

绿叶置业辩称工期延误是因为青山建设单方原因造成。其提交监理工程师通知单及回复单拟证明工期延误是由青山建设所导致。经对上述证据内容审查，监理工程师通知单主要涉及工程质量、工程安全及施工现场安全文明施工的问题。虽问题应予解决，但上述问题对工期的影响是次要的。综上，法院认定绿叶置业对施工过程中的相关问题不及时解决，是造成工期延误的主要原因。对于青山建设主张的损失，没有完成相关举证责任，其所称提交的三份索赔资料仅是其单方制作的文件，其中只有一份报告中有明确的索赔意思表示，其他两份并无索赔的意思表示，不能作为索赔文件。该报告仅有索赔金额，但只是其单方陈述有损失，并无进一步的证据证明损失的存在。故对其要求酌情认定损失数额的请求不予支持。

解析：绿叶置业与青山建设签订施工合同，施工过程中产生了工期延误，法院认为，绿叶置业发出开工令的日期比合同约定日期要晚，并且未及时处理可能会导致工期延误的问题，因绿叶置业造成工期延误有事实依据。但对于青山建设主张的损失，其所称提交的三份索赔资料仅是其单方制作的文件，其中只有一份报告中有明确的索赔意思表示，其他两份并无索赔的意思表示，不能作为索赔文件，不支持认定损失数额。

问题 4-6：施工合同当事人对建设工程竣工日期有争议的，应如何认定？

《司法解释（一）》第九条规定："当事人对建设工程实际竣工日期有争议的，人民法院应当分别按照以下情形予以认定：（一）建设工程经竣工验收合格的，以竣工验收合格之日为竣工日期；（二）承包人已经提交竣工验收报告，发包人拖延验收的，以承包人提交验收报告之日为竣工日期；（三）建设工程未经竣工验收，发包人擅自使用的，以转移占有建设工程之日为竣工日期。"

竣工日期包括计划竣工日期和实际竣工日期。计划竣工日期是指合同协议书约定的竣工日期；计划竣工日期是建设工程合同中约定的竣工日期，其确定以合同约定为准。实际竣工日期并非建设工程施工合同履行过程中的确定时间点，其确定以合同约定和司法解释适用后果为准。《建设工程施工合同（示范文本）》GF—2017—0201 的通用条款 13.2.3 条中规定：工程经竣工验收合格的，以承包人提交竣工验收申请报告之日为实际竣工日期，并在工程接收证书中载明。因发包人原因，未在监理人收到承包人提交的竣工验收申请报告 42 天内完成竣工验收，或完成竣工验收不予签发工程接收证书的，以提交竣工验收申请报告的日期为实际竣工日期；工程未经竣工验收，发包人擅自使用的，以转移占有工程之日为实际竣工日期。合同示范文本中给出了发包人和承包人可以在其合同中约定对确定实际竣工日期的方式，而司法解释中规定的是在实际竣工日期的确定有争议的情况下，法院根据查明的相关事实通过司法解释推定得到的实际竣工日期。

案例 4-6：未约定设计变更引起工期变化的竣工日期认定

在某置业公司与某装饰公司装饰装修合同纠纷案件中，某装饰公司认为根据合同约定和实际施工量变更，工期顺延合法有据。某置业公司则认为，设计变更与工程量增减在建筑工程施工中经常发生，并不必然导致工期变化，双方也未重新约定工期，应适用合同工期，且装饰公司在合同履行期内从未提出工期顺延。

解析：一审法院判决严格按照原合同对计划竣工日期进行了认定。但二审法院和再审法院都根据案件事实认为存在工期顺延的客观情形，以原合同约定的计划竣工日期要求装饰公司承担逾期竣工违约责任无事实和法律依据。

在发包人和承包人未对变更计划竣工日期进行补充协议，承包人也未向发包人申请工期顺延时，若严格按照合同约定进行认定，则承包人大概率会被要求承担逾期竣工的违约责任。但如果承包人能够举证证明存在需要工期顺延的客观情形，法院在认定工期时就会基于公平和诚实信用的价值追求，按照合同履行的实际情况进行合理的确定。

问题 4-7：建筑施工企业母公司承接工程后交由其子公司实施是否属于转包？

全国人大法工委的《对建筑施工企业母公司承接工程后交由子公司实施是否属于转包以及行政处罚两年追溯期认定法律适用问题的意见》（法工办发〔2017〕223 号）中给出的解释是：关于母公司承接工程交由其子公司实施的行为是否属于转包的问题。《建筑法》第二十八条规定，禁止承包单位将其承包的全部建筑工程转包给别人，禁止承包单位将其承包的全部建筑工程肢解以后以分包的名义分包转包给他人。《民法典》第七百九十一条规定，发包人不得将应当由一个承包人完成的建设工程支解成若干部分发包给数个承包人。承包人不得将其承包的全部建设工程转包给第三人或者将其承包的全部建设工程支解以后以分包的名义分别转包给第三人。禁止承包人将工程分包给不具备相应资质条件的单位，禁止分包单位将其承包的工程再分包。建设工程主体结构的施工必须由承包人自行完成。《招标投标法》第四十八条规定，中标人不得向他人转让中标项目，也不得将中标项目肢解后分别向他人转让。中标人按照合同约定或者经招标人同意，可以将中标项目的部分非主体、非关键性工作分包给他人完成。接受分包的人应当具备相应的资格条件，并不得再次分包。上述法律问题对建筑工程转包的规定是明确的，这一问题属于法律执行问题，应当根据实际情况依法认定、处理。

住房和城乡建设部印发的自 2019 年 1 月 1 日起施行的《建筑工程施工发包与承包违

注：本书引用的法律法规条文中的"肢解""支解"均造自原文。

法行为认定查处管理办法》中明确：转包是指承包单位承包工程后，不履行合同约定的责任和义务，将其承包的全部工程或者将其承包的全部工程肢解后以分包的名义分别转给其他单位或个人施工的行为。将"承包单位将其承包的全部工程转给其他单位（包括母公司承接建筑工程后将所承接工程交由具有独立法人资格的子公司施工的情形）或个人施工的。"这种情形应当认定为转包。

建筑施工企业总公司承接工程后交由分公司实施不属于转包。根据有关法律规定，分公司属于总公司的内部分支机构，不具有独立的法人资格，与总公司属于同一法人主体，如果总公司将承接的工程全部交由分公司施工，并不发生合同权利义务的转移，不属于转包或分包行为，并不违反法律规定。

案例 4-7：母公司承接工程后转包给子公司后发生安全事故的处罚

某施工企业在中标隧道施工工程项目后，与下属全资子公司三公司签订了《隧道施工工程内部分包协议》，将该项目整体转包给三公司，该项目实际施工单位为三公司。该工程在施工过程中，掌子面拱顶坍塌，诱发透水事故，造成人员死亡和三千多万元的直接经济损失。

解析：该市住建局对该施工企业涉嫌违反《建筑法》第二十八条"禁止承包单位将其承包的全部建筑工程转包给他人，禁止承包单位将其承包的全部建筑工程肢解以后以分包的名义分别转包给他人"及《建设工程质量管理条例》第二十五条第三款"施工单位不得转包或者违法分包工程"规定的行为进行立案调查。通过《询问笔录》《隧道施工工程内部分包协议》等有关证据材料证实上述行为违反《建筑法》《建设工程质量管理条例》等有关规定。

该市住建局向该施工企业下达了《行政处罚决定书》。根据该施工企业违法行为的事实、性质、情节、社会危害程度和相关证据，按照《省住房和城乡建设系统行政处罚自由裁量权基准（工程建设与建筑业类）》，其违法行为属于从重处罚裁量档次。依据《建设工程质量管理条例》第六十二条"违反本条例规定，承包单位将承包的工程转包或者违法分包的，责令改正，没收违法所得，对勘察、设计单位处合同约定的勘察费、设计费 25% 以上 50% 以下的罚款；对施工单位处工程合同价款 0.5% 以上 1% 以下的罚款；可以责令停业整顿，降低资质等级；情节严重的，吊销资质证书"的规定，决定对该施工企业作出如下行政处罚：

（1）没收违法所得。违法所得为该施工企业已收取施工款的 3.5%，即贰亿零陆拾捌万叁仟柒佰零陆元零角零分的 3.5%，为柒佰零贰万叁仟玖佰贰拾玖元柒角壹分，对以上违法所得予以没收。

（2）罚款。对该施工企业处工程合同价款百分之一的罚款。三公司与该施工企业签订的施工合同的合同价款为 667327036.15 元，其百分之一即陆佰陆拾柒万叁仟贰佰柒拾元叁角陆分，即处陆佰陆拾柒万叁仟贰佰柒拾元叁角陆分的罚款。

问题 4-8：违法分包的由谁来承担工伤保险责任？

《工伤保险条例》第五条第二款的规定："县级以上地方各级人民政府社会保险行政部门负责本行政区域内的工伤保险工作。"

《最高人民法院关于审理工伤保险行政案件若干问题的规定》第三条第一款第（四）项规定："社会保险行政部门认定下列单位为承担工伤保险责任单位的，人民法院应予支持：（四）用工单位违反法律、法规规定将承包业务转包给不具备用工主体资格的组织或者自然人，该组织或者自然人聘用的职工从事承包业务时因工伤亡的，用工单位为承担工伤保险责任的单位。"

实践中，某些施工承包公司把承包的工程转包或违法分包给不具备用工主体资格的组织或自然人的情况较为普遍，虽然承包公司与该组织或者自然人聘用的职工没有签订劳务合同，不存在劳动关系，也不支付劳务报酬，但并不能排除承包公司做出赔偿的用工主体责任。

案例 4-8：违法分包带来的工伤保险责任由具备用工主体资格的企业承担

原告某管道工程有限公司诉称，原告是专业从事上下水管道、燃气管道施工的企业，具备相应资质，承揽了某小区的天然气旧网改造工程。原告公司将该工程的土方工程、管道焊接、室内安装等部分工程分包给杜某实施，但杜某不具备承包及施工资质。其后，杜某的雇工刘某、金某二人在小区施工时不慎引发事故，造成刘某受伤，而刘某未与该管道工程有限公司签订劳动合同，与原告公司不存在劳动关系，不存在工资支付关系，其工资由杜某个人向刘某进行支付。但该区人力资源和社会保障局却认定刘某的伤情属于工伤，并由原告承担工伤保险责任。原告认为，被告该区人力资源和社会保障局就刘某的伤情做出属于工伤的认定决定，事实不清、结论有误，应由杜某个人承担刘某的工伤事故责任。为此请求人民法院依法撤销被告做出的《认定工伤决定书》。应由哪一方承担责任呢？

解析：法院的审理认为，依据《工伤保险条例》第五条第二款的规定，被上诉人具有负责该行政区域内的工伤保险工作的主体资格，且履行了受理、调查、认定及送达等法定程序，程序合法，适用法律、法规正确，符合法定程序。根据《最高人民法院关于审理工伤保险行政案件若干问题的规定》第三条第一款第（四）项规定，被上诉人刘某所受的伤害应当由具备用工主体资格的上诉人管道工程有限公司承担工伤保险责任。

问题 4-9：建设工程分包合同"背靠背"条款如何规范适用？

"背靠背"条款（Pay When Paid），指建设工程总承包人在分包合同中所设定的，以其获得发包方支付作为其向分包方支付的前置条件，并且在总承包人未收到发包方相应款项前，分包方无权要求付款的特别支付条款。

一是"背靠背"支付条款不违反合同相对性原则，"背靠背"条款性质上是附条件的付款约定而非免责条款。二是"背靠背"条款仅仅是将发包方付款作为总承包人向分包方付款的条件，该条款本身既未排除分包方主张工程款的权利也未影响总承包人向发包人主张相应款项。三是"背靠背"条款不违反法律法规的效力性强制规定。

目前建筑市场处于买方市场，在发包人拖欠工程价款现象日趋普遍的建筑市场环境下，总包方为转移业主支付不能的风险，而在分包合同中设置"以业主支付为前提"的条款即"背靠背"条款。总包合同与分包合同虽然是各自独立的两份合同，但两者在付款时间、付款条件上具有一定的关联性。"背靠背"条款约定的内容本质上是分包合同对于工程价款支付时间及支付条件的约定，是一种附条件的民事法律行为，体现了签约双方的真实意思表示，应予以尊重并肯定其效力。因此，分包合同的双方当事人应遵照"背靠背"条款的约定履行工程价款的支付事宜，即根据发包人与总承包人间的付款情况同步执行。

案例 4-9：总包方怠于向业主主张权利的，不得以"背常背"条款对抗实际施工人的付款主张

总承包人 A 公司将其承包的电气及高压电网安装调试工程部分包给赵某施工，合同约定：承包方式为一次性包干使用，被告提取 35％管理费，发包人批准的计价款到 A 公司账户 5 日内，A 公司将工程款支付给赵某。后 A 公司项目部出具结算单，载明根据发包人审批量，欠赵某工程款 289399.51 元。

赵某向该县人民法院提起诉讼，请求判令 A 公司支付工程欠款 289399.51 元及利息。

一审法院认为，赵某要求 A 公司支付工程款，提交了与 A 公司项目部签订的协议及 A 公司项目部签章确认的结算单。A 公司所欠赵某工程款已经其项目部盖章确认，法院予以采信。A 公司在赵某施工结束后拒不支付拖欠的工程款，现赵某要求按同期银行贷款利率支付利息，法院予以支持。

A 公司不服一审判决，向中级人民法院提起上诉称，根据双方签订的《劳务分包合同》约定，工程款支付必须符合两个条件：一是执行业主验收计价程序，发包人作出明确的结算价款；二是业主方将其批准的计价款支付至总包人账户 5 日内。但截至目前，涉案工程发包人尚未结算，也未将结算款汇至 A 公司账户，所以赵某要求 A 公司支付工程款的两个条件均没有满足。请求二审法院撤销原审判决，改判驳回赵某的诉讼请求。

二审法院认为，赵某与 A 公司签订《劳务分包合同》后，完成了双方约定的施工任务，A 公司项目部出具了签章确认的结单。结算单显示根据业主审批量，欠赵某工程款 289399.51 元，对欠付的款项 A 公司依法应予清偿。A 公司与赵某在分包合同中"执行业主验收计价程序及规定、A 公司安装集团有限公司在业主批准的计价款到达账户 5 日内及时支付给赵某"的约定，是总包商为转移业主支付不能的风险，而在分包合同中设置"以业主支付为前提"的条款，该条款有其一定的合理性和合法性，故该约定有效。但总包商应当举证证明不存在因自身原因造成业主付款条件未成就的情形，并举证证明自身已积极向业主主张权利，业主仍尚未就分包工程付款。若因总包人拖延结算或怠于行使其到期债权致使分包人不能及时取得工程款，分包人要求总包人支付欠付工程款的，应予支持。本案中，赵某完成的工程，发包方已审批认定，并已验收合格，此时 A 公司已可要求业主支付相应的工程款，但 A 公司称截至目前发包方仍未结算、付款，且未提交证据证实已积极向发包方主张了权利，故可以认定其怠于行使权利，其关于支付工程款条件尚未成就的上诉主张不能成立，法院不予支持。二审判决：驳回上诉，维持原判。

解析：司法实践中对于"背靠背"条款的适用，主要在于审查总包人是否怠于行使向发包人主张工程价款的权利，从而构成对分包合同实际施工人合法利益的不当侵害。分包合同中的"背靠背"条款是一种附条件的民事法律行为，若因总承包人拖延结算或怠于行使到期债权或和发包人另行约定推迟付款的，致使实际施工人不能及时取得工程款，可以推定总承包人愿意促成付款条件不成就，根据《民法典》第一百五十九条的规定："附条件的民事法律行为，当事人为自己的利益不正当地阻止条件成就的，视为条件已经成就；不正当地促成条件成就的，视为条件不成就。"视为付款条件已成就，实际施工人要求总承包人支付欠付工程款的，应予支持。如果总承包人提出抗辩，应对其与发包人之间的结算情况以及发包人支付工程款的事实负举证责任。该案例改编自参考文献［50］。

问题 4-10：在建工程因承包人原因出现质量问题时应如何处理？

《民法典》第八百零一条规定："因施工人的原因致使建设工程质量不符合约定的，发包人有权请求施工人在合理期限内无偿修理或者返工、改建。经过修理或者返工、改建后，造成逾期交付的，施工人应当承担违约责任。"

《司法解释（一）》第十二条规定："因承包人的原因造成建设工程质量不符合约定，承包人拒绝修理、返工或者改建，发包人请求减少支付工程价款的，人民法院应予支持。"

因承包人的原因造成的"建设工程质量不符合约定"主要包括：建筑工程施工方不按照工程设计图纸和施工技术规范施工造成的工程质量问题；建筑工程施工方未按照工程设计要求、施工技术标准和合同的约定，对建筑材料、建筑构配件和设备进行检验，使用不合格的建筑材料、建筑构配件和设备等造成的质量问题；建筑物在合理使用寿命内，地基基础工程和主体结构的质量出现问题，建筑工程竣工时，屋顶、墙面渗漏、开裂等问题。

如果承包人拒绝无偿修理或者返工、改建的，发包人会请求减少工程款或请求承包人支付修理费。这部分费用一般是工程质量修复所实际发生的费用，包括对原不合格工程进行拆除、重新返工、修复的建筑材料、机械设备及人工费用等。对减少的工程价款及修复费用在双方达不成一致意见时，可采用对质量修复费用进行鉴定的方式予以确定。发包方在请求承包方承担质量修复费用后，不影响其依照合同约定及有关法律规定请求承包人承担违约责任及赔偿责任。

案例 4-10：施工中发包人擅自修缮工程质量问题导致无法鉴定

发包人 A 公司将其屋面防水工程发包给专业防水 B 公司进行施工，在施工过程中产生争议。B 公司起诉 A 公司未按约定支付工程进度款，并无故将其赶出施工现场，构成根本违约，要求解除双方之间的施工合同，并就实际完工部分追索工程款。A 公司抗辩称，其不支付 B 公司工程进度款并将其赶出施工现场的原因，是 B 公司施工的工程质量不合格，其已自行对不合格部分进行了修缮处理。庭审中，A 公司提交司法鉴定申请，要求对 B 公司施工的工程进行质量问题鉴定，并要求扣减相应工程价款。庭审中双方对 A 公司修缮的具体部位、修缮的具体工作内容有争议，A 公司不能举证证明自己具体修缮的部位及修缮的具体工作内容。法院经审理认为，双方之间签订的建设工程施工合同是双方的真实意思表示，内容及形式均不违反法律法规的强制性规定，合法有效，双方均应按照诚实信用原则履行自己的合同义务。A 公司主张 B 公司施工的工程存在质量问题，构成违约，要求扣减相应的工程价款，应就自己的主张承担相应的举证责任，其虽提交了司法鉴定申请，但不能举证 B 公司完工时的原貌，失去鉴定的基础，对其要求鉴定的申请不予准许。据此，法院认定 A 公司的主张不能成立，认定 A 公司未按约定支付工程进度款，并将 B 公司赶出施工现场，构成根本违约。按照 B 公司实际完工部分，支持了 B 公司要求 A 公司支付工程款的诉求。

解析：法律规定因施工人的原因致使建设工程质量不符合约定的，发包人就此的救济途径有权要求施工人在合理期限内无偿修理或者返工、改建、减少报酬、承担违约责任、赔偿损失等。但发包人在未有证据证明已向施工人发出修理或返工、改建的通知的情况下，擅自对工程进行修缮，存在履约不当，且在不能证明自己具体修缮的部位及修缮的具体工作内容的情况下，要求对施工方已完工部分进行质量问题司法鉴定，此时工程已不能反映施工方完工时的原貌，将失去鉴定的基础。在履行建设工程施工合同时，要诚信正当履约，并且要有证据保存、保护意识，否则，一旦发生诉讼，将可能承担举证不能的法律后果。

问题 4-11：验收合格后施工质量不合格，是否全部由承包人承担责任？

《司法解释（一）》第十三条规定："发包人具有下列情形之一，造成建设工程质量缺陷，应当承担过错责任：（一）提供的设计有缺陷；（二）提供或者指定购买的建筑材料、建筑构配件、设备不符合强制性标准；（三）直接指定分包人分包专业工程。承包人有过错的，也应当承担相应的过错责任。"

《司法解释（一）》第十四条规定："建设工程未经竣工验收，发包人擅自使用后，又以使用部分质量不符合约定为由主张权利的，人民法院不予支持；但是承包人应当在建设工程的合理使用寿命内对地基基础工程和主体结构质量承担民事责任。"

案例 4-11：验收合格后施工质量不合格，责任不一定全由施工方承担

建筑公司与产业公司签订厂房施工合同，施工时，由于桩基础施工不合格，产生了纠纷。建筑公司认可其施工质量只存在局部问题，而不认可基础工程部分存在重大的质量问题，并一直主张厂房基础施工经过六家单位分步验收，建筑公司对基础全部按照设计施工，逐个工序提交产业公司组织五家单位验收，上一个工序验收通过才进行下一个工序施工，并提交了会议纪要、验收记录等证据。产业公司虽然在一审庭审中主张"没有相关单位签字盖章，会议纪要与签到表没有关系，验收报告不能说明工程没有问题，仍然可以鉴定，所以上述证据不能证明工程没有质量问题"，"我们仅是程序验收，不是质量验收"，并没有否认分步验收的真实性，而是主张工程质量是否合格只能依据鉴定结论作出判断。后经司法鉴定，认定为质量不合格，修复费用 9941386.90 元，一审与二审法院均判定施工方对质量缺陷整改修复费用负全责。建筑公司不服。

解析：最高人民法院最终审理后认为，工程的质量是否合格，在当事人有争议并且已经进行了司法鉴定的情况下，应当依据鉴定结论作出判断。依据鉴定结论，应认定工程质量不合格。但是，建筑公司在进行施工的过程中，每一道工序，都已由建设单位、设计单位、勘察单位、监理单位、质检单位参与验收，且都是在上述单位认可其上一工序质量合格之后才进入下一工序施工的。现鉴定报告提出的基础工程存在桩底软弱夹层和夹泥裂隙影响主体结构的安全性、桩端扩底和嵌岩深度达不到设计要求等问题，与工程分步验收中的结论明显不符。应当认定，案涉厂房基础工程质量最终被鉴定为成批不合格，责任不完全在施工方。根据《民法典》第八百零一条"因施工人的原因致使建设工程质量不符合约定的，发包人有权请求施工人在合理期限内无偿修理或者返工、改建"的规定，对厂房基础加固措施费用 9941386.90 元，应由建筑公司承担部分费用，综合考虑本案具体事实，可酌定由其承担 60%。

问题 4-12：如何在合同中约定质量保修期与缺陷责任期？

工程保修阶段包括缺陷责任期与质量保修期。质量保修期是承包人按照合同约定对工程承担保修责任的期限，从工程竣工验收合格之日起计算。保修期内，承包人对建设工程的保修义务属于法定义务，不能通过合同约定予以排除。缺陷责任期是指承包人按照合同约定承担缺陷修复义务，且发包人预留质量保证金的期限，自工程通过竣工验收之日起计算。缺陷责任期一般为 1 年，最长不超过 2 年，具体由发承包双方在管理合同中约定。在缺陷责任期内，由于承包人原因造成的缺陷，承包人负责维修，并承担鉴定及维修费用；如承包人未履行缺陷修复义务，则发包人可以按照合同约定扣除质保金，并由承包人承担相应的违约责任。缺陷责任期届满，发包人应当返还质保金。发包人返还质保金后，承包

人仍应按合同约定的各部分工程的保修年限承担保修责任。

《建设工程质量管理条例》第四十条规定："在正常使用条件下，建设工程的最低保修期限为：（一）基础设施工程、房屋建筑的地基基础工程和主体结构工程，为设计文件规定的该工程的合理使用年限；（二）屋面防水工程、有防水要求的卫生间、房间和外墙面的防渗漏，为5年；（三）供热与供冷系统，为2个采暖期、供冷期；（四）电气管线、给排水管道、设备安装和装修工程，为2年。其他项目的保修期限由发包方与承包方约定"。

建设部和财政部于2005年共同颁布了《建设工程质量保证金管理暂行办法》（建质〔2005〕7号），从而正式从国家层面，将"质量保修金"修改为"质量保证金"，并且引入了缺陷责任期，将质量保证金定义为"保证承包人在缺陷责任期内对建设工程出现的缺陷进行维修的资金"，从而将质量保证金与质量保修期脱钩，并形成了质量保修期和缺陷责任期并存的质量保修体系。

案例 4-12：未约定质量保修期时不影响承包人承担保修责任

原告房产开发公司与被告建筑公司签订一施工合同，修建某一住宅小区。小区建成后，经验收质量合格。缺陷责任期两年，期满退还了质保金，但合同中没有约定质量保修期的期限。在第3年的使用过程中，住户发现楼房屋顶漏水，要求开发商负责维修，房产开发公司遂要求建筑公司负责无偿修理，并赔偿损失，建筑公司则以施工合同中质保金已退还，工程已经验收合格为由，拒绝无偿修理要求。房产开发公司遂诉至法院。法院判决施工合同有效，根据建设部发布的《建设工程质量管理条例》的规定，屋面防水工程最低保修期限为5年，因此本案工程交工第3年出现的质量问题，应由施工单位承担无偿修理并赔偿损失的责任。故判令建筑公司应当承担无偿修理的责任。

解析：本案争议的施工合同虽欠缺质量保修期条款，但并不影响双方当事人对施工合同主要义务的履行，故该合同有效。《民法典》第七百九十五条规定：施工合同的内容一般包括工程范围、建设工期、中间交工工程的开工和竣工时间、工程质量、工程造价、技术资料交付时间、材料和设备供应责任、拨款和结算、竣工验收、质量保修范围和质量保证期、相互协作等条款。由于合同中没有质量保修期的约定，故应当依照法律、法规的规定或者其他规章确定工程质量保证期。法院依照《建设工程质量管理条例》的有关规定对欠缺条款进行补充，而且缺陷责任期和质量保修期没有什么关系，质保金的退还与否不影响施工单位在法定最低保修期限内的保修责任，本案出现的质量问题还在保修期内，故认定建筑公司承担无偿修理和赔偿损失责任。

问题 4-13：工程质量保证金的预留比例如何设定？

住建部、财政部制定的《建设工程质量保证金管理办法的通知》（建质〔2017〕138号）中规定，建设工程质量保证金是指发包人与承包人在建设工程承包合同中约定，从应付的工程款中预留，用以保证承包人在缺陷责任期内对建设工程出现的缺陷进行维修的资金。缺陷是指建设工程质量不符合工程建设强制性标准、设计文件，以及承包合同的约定。缺陷责任期一般为1年，最长不超过2年，由发、承包双方在合同中约定。

发包人应当在招标文件中明确保证金预留、返还等内容，并与承包人在合同条款中对涉及保证金的下列事项进行约定：（一）保证金预留、返还方式；（二）保证金预留比例、期限；（三）保证金是否计付利息，如计付利息，利息的计算方式；（四）缺陷责任期的期限及计算方式；（五）保证金预留、返还及工程维修质量、费用等争议的处理程序；（六）缺陷责任期内出现缺陷的索赔方式；（七）逾期返还保证金的违约金支付办法及违约责任。

在工程项目竣工前，已经缴纳履约保证金的，发包人不得同时预留工程质量保证金。采用工程质量保证担保、工程质量保险等其他保证方式的，发包人不得再预留保证金。

其中第七条规定：发包人应按照合同约定方式预留保证金，保证金总预留比例不得高于工程价款结算总额的3%。合同约定由承包人以银行保函替代预留保证金的，保函金额不得高于工程价款结算总额的3%。

案例4-13：约定超过结算金额3%部分工程质量保证金也应有效

投资公司与施工单位签订施工合同，固定总价560万元，其中约定：工程质量保证金为结算总价的5%，缺陷责任期为2年，到期后退还。后因工程款未按合同约定支付，施工单位诉至法院，并诉称合同虽约定质保金为结算金额的5%，但根据《建设工程质量保证金管理办法》（以下简称《质保金管理办法》）（建质〔2017〕138号）的规定，质保金不得超过结算金额的3%，请求法院判令投资公司在工程结算完成后应支付工程款的97%。

解析： 法院审理后认为，《质保金管理办法》第七条第一项规定："发包人应按照合同约定方式预留保证金，保证金总预留比例不得高于工程价款结算总额的3%。"但此文件是住建部与财政部共同制定的，性质上属于部门规章，不能作为认定合同效力的依据，故施工单位主张超过3%的工程质量保证金的请求不予支持。但投资公司预留超过结算金额3%的工程质量保证金的行为违反了《质保金管理办法》第七条，施工单位可向相关行政部门举报，追究其行政责任。

建设工程施工合同中约定的工程质量保证金超过结算金额的3%，虽然违反了住建部《建设工程质量保证金管理办法》，但超过部分并非无效，性质上仍然属于工程质量保证金，发包人对该项违法行为应当依法承担相应的行政责任。该案例改编自参考文献［51］。

问题4-14：发包人能否以工程存在质量缺陷为由拒绝返还工程质量保证金？

《司法解释（一）》第十七条规定："有下列情形之一，承包人请求发包人返还工程质量保证金的，人民法院应予支持：（一）当事人约定的工程质量保证金返还期限届满；（二）当事人未约定工程质量保证金返还期限的，自建设工程通过竣工验收之日起满二年；（三）因发包人原因建设工程未按约定期限进行竣工验收的，自承包人提交工程竣工验收报告九十日后当事人约定的工程质量保证金返还期限届满；当事人未约定工程质量保证金返还期限的，自承包人提交工程竣工验收报告九十日后起满二年。发包人返还工程质量保证金后，不影响承包人根据合同约定或者法律规定履行工程保修义务。"

工程质量保证金设置的目的在于保证承包人在缺陷责任期内对建设工程承担维修责任。缺陷责任期内，由承包人造成的缺陷，承包人负责维修，并承担鉴定及维修费用。如确实存在因承包人原因造成的缺陷，承包人不能维修也不承担费用，发包人可按合同约定从工程质量保证金中扣除。如工程产生质量缺陷，发包方、承包方首先应进行协商，确认存在的问题，如无法达成一致，应共同邀请第三方机构对工程质量进行调查，确定原因和责任，然后再确定是否应从工程质量保证金中扣除费用。扣除部分费用后，发包人在缺陷责任期届满后应将其余保证金及时返还，逾期返还的，应按合同约定承担违约责任。如果是他人原因造成的缺陷，应由发包人负责组织维修，承包人不承担费用。

案例 4-14：发包人不能直接以自行维修为由拒绝返还工程质量保证金

建设单位 A 公司与施工单位 B 公司就某住宅楼建设工程签订了工程施工合同，合同约定：将工程余款的 3% 作为质量保证金，自工程竣工合格之日起，两年缺陷责任期满后无质量问题 15 天内返还质保金。工程经五方验收合格并起算缺陷责任期。在此期间，B 公司留三名工作人员留驻在工程现场，以便及时修复工程中出现的质量缺陷。次年 3 月，A 公司认为 B 公司拖延修复且不具有修复能力，于是另请了第三方对工程做了修复方案，并据此修复方案预估了修复费用约 50 余万元。4 月，A 公司又以上述理由，将 B 公司诉诸法院，请求法院判决 B 公司赔偿因工程质量问题对 A 公司造成的损失以及承担第三方已修复的部分费用共计 50 余万元，费用从质量保证金中予以抵扣。B 公司提起了反诉：要求 A 公司支付已到期的质量保证金及迟延支付利息合计 180 余万元。在诉讼之初，A 公司申请对工程进行质量鉴定并得到了法院的支持。

本案争议焦点主要有两点：一是是否应对系争工程进行质量鉴定；二是 B 公司应否承担第三方修复部分的费用。

解析：法院认为：（1）依照双方合同约定，工程在保修期内，B 公司对工程的维修既属于义务，也属于权利，故工程发生质量缺陷，A 公司应依据合同约定向 B 公司报修，B 公司也应依约积极履行修复义务。因此法院判决 B 公司按照双方曾经确认的修复方案对系争工程进行维修。（2）系争工程已经通过了竣工验收合格，且 B 公司表示将对质量缺陷进行修复，A 公司也尚未有实质损失的发生。另外，A 公司也未举证证明在保修期内 B 公司存在怠于修复的情形。基于以上因素，法院决定终止鉴定程序。同理，在一审判决中，A 公司关于要求 B 公司承担工程质量缺陷赔偿责任的主张未得到法院支持。（3）A 公司提供的证据不足以证实其确实委托他人进行了修复并支付了相应费用。因此 A 公司主张 B 公司支付第三方修复部分的费用也未得到法院支持。（4）支持 B 公司关于要求公司支付已到期质量保修金及其利息的主张。

问题 4-15：施工合同中工程质量责任应当如何界定？

《司法解释（一）》第十三条规定："发包人具有下列情形之一，造成建设工程质量缺陷，应当承担过错责任：（一）提供的设计有缺陷；（二）提供或者指定购买的建筑材料、建筑构配件、设备不符合强制性标准；（三）直接指定分包人分包专业工程。承包人有过错的，也应当承担相应的过错责任。"

《建设工程质量管理条例》第五条规定："从事建设工程活动，必须严格执行基本建设程序，坚持先勘察、后设计、再施工的原则。县级以上人民政府及其有关部门不得超越权限审批建设项目或者擅自简化基本建设程序。"该条明确了勘察、设计、施工对确保建设工程质量符合国家规范、合同约定的重要性，任何一个环节出现问题均会导致工程质量出现问题。

但勘察存在缺陷时，设计单位向发包人提供的设计必然有缺陷，《司法解释（一）》第十三条也涵盖因勘察导致的缺陷问题。

工程质量出现缺陷时，一般法院会对质量委托鉴定，鉴定时应明确具体的鉴定方向，要求鉴定机构既要确定工程质量是否存在缺陷，也要明确产生工程质量缺陷的原因。如因发包人、承包人均有过错造成质量缺陷但经修复合格的，双方应根据过错程度承担修复费用，同时对因未如期竣工造成的损失承担相应责任。

案例 4-15：工程质量出现问题的责任应具体认定后由责任方承担

发包人机械公司就重型钢结构厂房基础工程发出投标邀请，其招标文件载明，本次报价只对钢结构厂房桩基及基础的施工进行报价（图纸内所有项目）；投标方根据招标方提供的厂房基础设计图纸要求及招标文件要求，根据材料市场自主报价，一次性固定总价，风险自负。承包人建筑公司进行投标并中标，双方签订了《钢结构厂房桩基及基础工程合同》。合同履行过程中，双方因工程质量等问题发生争议，机械公司遂诉至法院。

解析：最高院审理后认为，案涉工程质量出现重大问题，建设单位机械公司与施工单位建筑公司均有过错。机械公司对本案工程质量问题的发生应承担主要责任（70％），建筑公司承担次要责任（30％）。主要理由如下：机械公司违反诚信原则，在签订合同之前未提交岩土工程详细勘察报告，未提交经过审核的施工图纸，违反《建设工程质量管理条例》规定的基本建设程序，为质量事故发生埋下隐患；未能会同监理单位、设计单位对于施工单位提出的合理建议予以充分重视并研究相应措施，亦未能会同监理单位对施工单位的土方开挖方案进行审查及组织专家论证；且在施工过程中，使用载重汽车参与土方开挖及运输导致道路碾压，一味强调工程造价为不变价，并以建筑公司施工应当采取何种方案与建设单位无关为由，对施工单位调整设计方案的建议未予重视与答复，故应承担相应的责任。

作为专业施工单位，建筑公司在没有看到岩土详细勘察报告及经过审核的施工图情况下，即投标承揽工程，本身就不够慎重；在发现特殊地质情况后虽提出建议，但在机械公司不予认可之后仍不计后果冒险施工，对桩基出现的质量问题采取了一种放任态度。这种主观状态和做法应得到否定性评价。如果建筑公司真正关心工程质量，应当与机械公司就地质情况所带来的问题进行协商，协商不成，明知工程无法继续应当采取措施避免损失的扩大。从案涉工程施工开始，建筑公司都可采取停止施工的止损措施，但其为了谋取合同利益而忽视了质量风险。故应承担相应的责任。

从事建设工程活动必须严格执行基本建设程序，坚持先勘察、后设计、再施工原则。建设单位未提前交付地质勘察报告、施工图设计文件未经过建设主管部门审查批准的，应对因双方签约前未曾预见的特殊地质条件导致工程质量问题承担主要责任。施工单位应秉持诚实信用原则，采取合理施工方案，避免损失扩大。人民法院应当根据合同约定、法律及行政法规规定的工程建设程序，依据诚实信用原则，合理确定建设单位与施工单位对于建设工程质量问题的责任承担。

问题 4-16：建安工程费用中一般计税法与简易计税法的区别是什么？

建安工程费用中一般计税法与简易计税法的区别主要包括以下几点：

（1）纳税人资格的区分。纳税人分为一般纳税人和小规模纳税人。财政部、税务总局《关于统一增值税小规模纳税人标准的通知》（财税〔2018〕33 号）的规定：增值税小规模纳税人标准为年应征增值税销售额 500 万元及以下。

（2）计税方法的区分。一般纳税人发生应税行为适用一般计税方法；小规模纳税人发生应税行为适用简易计税法计税。一般纳税人根据财税文件规定，建筑工程总承包单位为房屋建筑的地基与基础、主体结构提供工程服务，建设单位自行采购全部或部分钢材、混凝土、砌体材料、预制构件的，也可以选用简易计税办法计税。

（3）税率的区分。建筑业一般计税法适用增值税税率为 9％；简易计税法按征收率征税，增值税征收率为3％。

（4）纳税方法的区分。一般纳税人发生应税行为适用一般计税方法计税的，应纳税额是指当期销项税额抵扣当期进项税额后的余额，应纳税额计算公式为：

应纳税额＝当期的销项税额－当期进项税额

当期销项税额小于当期进项税额不足抵扣时，其不足部分可以结转下期继续抵扣。

简易计税法计税的项目，进项税额不得从销项税额中抵扣。

应纳税额＝含税的（人材机＋管理费＋利润＋规费）价格×3％

（5）工程计价方法的主要区别。一般计税法计价时，人工、材料、机械均按除税价（不含增值税可抵扣进行税额的价格）进入造价；简易计税法计价时，人工、材料、机械均按含税价进入造价。

案例4-16：同一项目分别应用一般计税法与简易计税法计算建安费用

某建筑物条形砖基础清单与定额工程量均为50m³，工程量清单见表1-4-1，投标企业采用企业定额报价，定额消耗量见表1-4-2。该定额中给出了项目的人工、材料、机械的消耗量并给出了相应的费用。人工单价为120元/工日，烧结普通砖的单价为850元/千块，M5.0水泥砂浆的单价为285元/m³，水的单价为5.02元/m³，灰浆搅拌机的台班单价为256元/台班，以上价格均为含税价格，含税和除税的人工单价相同，机械的综合税率按10％考虑。

分部分项工程工程量清单与计价表　　　　　　表 1-4-1

序号	项目编码	项目名称	项目特征	计量单位	工程数量	金额（元）		
						综合单价	合价	其中：暂估价
1	010401001001	砖基础	1. 砖品种、规格、强度等级：烧结煤矸石普通砖 240mm×115mm×53mm 2. 基础类型：条形 3. 砂浆强度等级：水泥砂浆 M5.0	m³	50			

砖基础定额　　　　　　表 1-4-2

单位：m³

定额编号			4-1-1
项目名称			砖基础
名称		单位	消耗量
人工	综合工日	工日	1.10
材料	烧结普通砖	千块	0.53
	水泥砂浆 M5.0	m³	0.24
	水	m³	0.11
机械	灰浆搅拌机	台班	0.03

一般计税法下管理费和利润率分别为人工费的30％和20％。该市行业主管部门规定

工程的安全文明施工费按分部分项工程和单价措施项目费合计的 4.2% 计取；其他总价措施费率按分部分项工程人工费的 10% 考虑，规费按分部分项工程及措施项目费的 6% 计取。一般计税法的增值税税率为 9%。

简易计税法下管理费和利润率分别为人工费的 29% 和 19%。该市行业主管部门规定工程的安全文明施工费按分部分项工程和单价措施项目费合计的 3.9% 计取；其他总价措施费率按分部分项工程人工费的 8% 考虑，规费按分部分项工程及措施项目费的 5.6% 计取。简易计税法的增值税征收率为 3%。

下面分别采用一般计税法和简易计税法编制此项目的报价。

（1）采用一般计税法

采用一般计税法时，人材机单价应首先换算为不含税人工、材料、机械费单价。

烧结普通砖的除税单价＝850/(1+3%)＝825.24 元/千块

水泥砂浆 M5.0 的除税单价＝285/(1+13%)＝252.21 元/m³

水的除税单价＝5.02/(1+3%)＝4.87 元/m³

灰浆搅拌机的除税单价＝256/(1+10%)＝232.73 元/台班

报价工程量根据定额计算规则，计算出来也是 50m³。管理费和利润分别按人工费的 30% 和 20% 计取。综合单价的计算过程如下：

每立方米综合单价的计算可采用"倒算法"，即先形成合价，再计算综合单价，过程如下：

人工费＝120×1.10×50＝6600 元

材料费＝(825.24×0.53+252.21×0.24+4.87×0.11)×50＝24922.17 元

机械费＝232.73×0.03×50＝349.10 元

管理费＝6600×30%＝1980 元

利润＝6600×20%＝1320 元

合价＝6600+24922.17+349.10+1980+1320＝35171.27 元

综合单价＝35171.27/50＝703.43 元/m³

编制的单位工程投标报价如下：

分部分项工程费＝50×703.43＝35171.50 元

安全文明施工费＝35171.50×4.2%＝1477.20 元

措施项目费＝1477.20+6600×10%＝2137.20 元

规费＝(35171.50+2137.20)×6%＝2238.52 元

增值税＝(35171.50+2137.20+2238.52)×9%＝3559.25 元

按一般计税法计算的投标报价＝35171.50+2137.20+2238.52+3559.25＝43106.47 元

（2）按简易计税法计算

简易计税法采用的人材机单价均为含增值税的单价。

每立方米综合单价的计算采用"倒算法"，过程如下：

人工费＝120×1.10×50＝6600 元

材料费＝(850×0.53+285×0.24+5.02×0.11)×50＝25972.61 元

机械费＝256×0.03×50＝384 元

管理费＝6600×29％＝1914 元

利润＝6600×19％＝1254 元

合价＝6600＋25972.61＋384＋1914＋1254＝36124.61 元

综合单价＝36124.61/50＝722.49 元/m³

编制的单位工程投标报价如下：

安全文明施工费＝36124.61×3.9％＝1408.86 元

措施项目费＝1408.86＋6600×8％＝1936.86 元

规费＝（36124.61＋1936.86）×5.6％＝2131.44 元

增值税＝（36124.61＋1936.86＋2131.44）×3％＝1205.79 元

按简易计税法计算的投标报价＝36124.61＋1936.86＋2131.44＋1205.79＝41398.70 元

通过对同一分部分项工程的报价可知，对于一般计税和简易计税法适用的情况有区别，两种计税方法的差别除了税率不同，主要在于组价流程中的人、材、机、管理费、利润、规费等的价格是否含税。另外应注意的是：一般计税法中 9％的税金是销项税额（不是应纳税额），而简易计税法中 3％的征收率是应纳税额。

问题 4-17：如何采用"价格指数差额调整法"调整合同价款？

《建设工程工程量清单计价规范》GB 50500—2013 和《建设工程施工合同（示范文本）》GF—2017—0201 的通用条款中给出了"价格指数差额调整法"用于工程价款的调整。

因人工、材料和设备等价格波动影响合同价格时，根据专用合同条款中约定的数据，按以下公式计算差额并调整合同价格：

$$\Delta P = P_0 \left[A + \left(B_1 \times \frac{F_{t1}}{F_{01}} + B_2 \times \frac{F_{t2}}{F_{02}} + B_3 \times \frac{F_{t3}}{F_{03}} + \cdots + B_n \times \frac{F_{tn}}{F_{0n}} \right) - 1 \right]$$

公式中：ΔP 是需调整的价格差额；A 是定值权重（即不调值部分的权重）。

P_0 是约定的付款证书中承包人应得到的已完成工程量的金额。此项金额应不包括价格调整、不计质量保证金的扣留和支付、预付款的支付和扣回。约定的变更及其他金额已按现行价格计价的，也不计在内。

B_1，B_2，…，B_n 是各可调因子的变值权重（即可调部分的权重），为各可调因子在签约合同价中所占的比例。

F_{t1}，F_{t2}，…，F_{tn} 是各可调因子的现行价格指数，指约定的付款证书相关周期最后一天的前 42 天的各可调因子的价格指数。

F_{01}，F_{02}，…，F_{0n} 是各可调因子的基本价格指数，指基准日期的各可调因子的价格指数。

以上价格调整公式中的各可调因子、定值和变值权重，以及基本价格指数及其来源在投标函附录价格指数和权重表中约定，非招标订立的合同，由合同当事人在专用合同条款中约定。价格指数应首先采用工程造价管理机构发布的价格指数，无前述价格指数时，可采用工程造价管理机构发布的价格代替。

案例 4-17：采用价格指数法调整合同价款

某工程约定采用价格指数法调整合同价款，具体约定见表 1-4-3，本期完成合同价款 1582346.12 元，已按现行价格计算的计日工价款为 5600 元，发承包双方确认的应增加的索赔金额为 3560.21 元，计算应调整的合同价款差额。

承包人提供材料和工程设备一览表
表 1-4-3

序号	名称、规格、型号	变值权重 B	基本价格指数 F_0	现行价格指数 F_1	备注
1	人工费	0.18	110%	121%	
2	钢材	0.14	4000 元/t	4500 元/t	
3	混凝土 C30	0.17	520 元/m³	550 元/m³	
4.	机械费	0.08	100%	100%	
	定值权重	0.43	—	—	
	合计	1	—	—	

本期完成合同价款应扣除已按现行价格计算的计日工价款和确认的索赔金额：

$$1582346.12-5600-3560.21=1573185.91 \text{ 元}$$

根据公式计算：

$$\Delta P = 1573185.91 \times [(0.43+0.18 \times (121/110)+0.14 \times (4500/4000)$$
$$+0.17 \times (550/520)+0.08 \times 1)-1]$$
$$=71277.42 \text{ 元}$$

本期应增加合同价款 71277.42 元。

问题 4-18：如何采用"造价信息差额调整法"调整合同价款？

《建设工程工程量清单计价规范》GB 50500—2013 和《建设工程施工合同（示范文本）》GF—2017—0201 的通用条款中给出了"造价信息差额调整法"用于工程价款的调整。

合同履行期间，因人工、材料、工程设备和机械台班价格波动影响合同价格时，人工、机械使用费按照国家或省、自治区、直辖市建设行政管理部门、行业建设管理部门或其授权的工程造价管理机构发布的人工、机械使用费系数进行调整；需要进行价格调整的材料，其单价和采购数量应由发包人审批，发包人确认需调整的材料单价及数量，作为调整合同价格的依据。

（1）人工单价发生变化且符合省级或行业建设主管部门发布的人工费调整规定，合同当事人应按省级或行业建设主管部门或其授权的工程造价管理机构发布的人工费等文件调整合同价格，但承包人对人工费或人工单价的报价高于发布价格的除外。

（2）材料、工程设备价格变化的价款调整按照发包人提供的基准价格，按以下风险范围规定执行：

① 承包人在已标价工程量清单或预算书中载明材料单价低于基准价格的：除专用合同条款另有约定外，合同履行期间材料单价涨幅以基准价格为基础超过 5% 时，或材料单价跌幅以在已标价工程量清单或预算书中载明材料单价为基础超过 5% 时，其超过部分据实调整。

② 承包人在已标价工程量清单或预算书中载明材料单价高于基准价格的：除专用合同条款另有约定外，合同履行期间材料单价跌幅以基准价格为基础超过 5% 时，材料单价涨幅以在已标价工程量清单或预算书中载明材料单价为基础超过 5% 时，其超过部分据实调整。

③ 承包人在已标价工程量清单或预算书中载明材料单价等于基准价格的：除专用合

同条款另有约定外，合同履行期间材料单价涨跌幅以基准价格为基础超过±5％时，其超过部分据实调整。

④ 承包人应在采购材料前将采购数量和新的材料单价报发包人核对，发包人确认用于工程时，发包人应确认采购材料的数量和单价。发包人在收到承包人报送的确认资料后5天内不予答复的视为认可，作为调整合同价格的依据。未经发包人事先核对，承包人自行采购材料的，发包人有权不予调整合同价格。发包人同意的，可以调整合同价格。

基准价格是指由发包人在招标文件或专用合同条款中给定的材料、工程设备的价格，该价格原则上应当按照省级或行业建设主管部门或其授权的工程造价管理机构发布的信息价编制。

（3）施工机械台班单价或施工机械使用费发生变化超过省级或行业建设主管部门或其授权的工程造价管理机构规定的范围时，按规定调整合同价格。

案例 4-18：采用造价信息差额调整法调整合同价款

某工程采用商品混凝土，由承包人负责提供，施工合同中约定采用造价信息差额调整法调整材料单价，合同约定的材料调整品种、风险幅度范围、投标单价、基准单价等见表1-4-4。施工过程中，承包人采购的商品混凝土单价分别为：555 元/m³、565 元/m³、580 元/m³。按照合同约定，发承包人双方确认的单价应为多少？

承包人提供主要材料和工程设备一览表　　　　　　　　表 1-4-4

序号	名称、规格、型号	单位	数量	风险系数（％）	基准单价（元）	投标单价（元）	发承包人确认单价（元）	备注
1	商品混凝土 C30	m³	380	≤5	520	510		
2	商品混凝土 C35	m³	1200	≤5	540	545		
3	商品混凝土 C40	m³	1520	≤5	560	555		

C30 混凝土的投标单价低于基准单价，合同履行期间材料单价涨幅应以基准价格为基础来判断是否超过合同约定的风险范围，其超过部分据实调整。$555-520×(1+5\%)=9$ 元/m³，C30 混凝土结算的材料单价$=510+9=519$ 元/m³。

C35 混凝土的投标单价高于基准单价，合同履行期间材料单价涨幅应以投标单价为基础来判断是否超过合同约定的风险范围，其超过部分据实调整。$565-545×(1+5\%)=-7.25$ 元/m³，没有超过风险范围，按中标单价结算，C35 混凝土结算的材料单价$=545$ 元/m³。

C40 混凝土的投标单价低于基准单价，合同履行期间材料单价涨幅应以基准价格为基础来判断是否超过合同约定的风险范围，其超过部分据实调整。$580-560×(1+5\%)=-8$ 元/m³，没有超过风险范围，按中标单价结算，C40 混凝土结算的材料单价 555 元/m³。

问题 4-19：实际工程量与招标清单工程量偏差较大时能否调整综合单价？

实际工程量与招标清单工程量偏差较大时，能否调整中标时的综合单价，这个要根据合同的约定。这种调整一般是对单价合同而言的，很多合同约定综合单价不超过合同约定的材料价格风险范围则不予调整，不根据工程量的变化而调整综合单价。这时单价是不能根据工程量变化来相应调整综合单价，但《建设工程工程量清单计价规范》GB 50500—2013 中也给出了因为工程量偏差调整综合单价的方法。这种方法仅在合同约定可以采用这种方法调整时适用。

《建设工程工程量清单计价规范》GB 50500—2013 第 9.6.2 条规定，对于任一招标工程量清单项目，当因工程变更或其他等原因导致工程量偏差超过 15% 时，可进行调整。当工程量增加 15% 以上时，增加部分的工程量的综合单价应予以调低；当工程量减少 15% 以上时，减少后剩余部分的工程量的综合单价应予调高。

当工程量的变化引起相关措施项目相应发生变化时，按系数或单一总价方式计价的，工程量增加的措施项目费调增，工程量减少的措施项目费调减。

当 $Q_1 > 1.15Q_0$ 时：$S = 1.15Q_0 \times P_0 + (Q_1 - 1.15Q_0) \times P_1$

当 $Q_1 < 0.85Q_0$ 时：$S = Q_1 \times P_1$

式中：S 是调整后的某一分部分项工程费结算价；Q_1 是最终完成的工程量；Q_0 是招标工程量清单中列出的工程量；P_1 是按照最终完成工程量重新调整后的综合单价；P_0 是承包人在工程量清单中填报的综合单价。

采用上述两公式的关键是确定新的综合单价 P_1。确定方法，一是发承包双方协商确定，二是与招标控制价相联系，当工程量偏差项目出现承包人在工程量清单中填报的综合单价与发包人招标控制价相应清单项目的综合单价偏差超过 15% 时，工程量偏差项目综合单价的调整可参考以下公式：

当 $P_0 < P_2 \times (1-L) \times (1-15\%)$ 时，该类项目的综合单价 P_1 按照 $P_2 \times (1-L) \times (1-15\%)$ 调整。当 $P_0 > P_2 \times (1+15\%)$ 时，该类项目的综合单价 P_1 按照 $P_2 \times (1-15\%)$ 调整。

式中：P_0 是承包人在工程量清单中填报的综合单价；P_2 是发包人招标控制价相应项目的综合单价；L 是承包人的报价浮动率。

案例 4-19：工程量变化超过合同约定幅度后需对综合单价进行调整

某施工企业中标了某工程项目，中标的混凝土的单价为 650 元/m³，招标清单工程量为 900m³，轻质砌体的单价为 700 元/m³，招标清单工程量为 210m³，屋面防水的单价为 90 元/m²，招标清单工程量为 660m²，签订的是固定单价合同，并约定合同履行期间，当应予计量的实际工程量与招标工程量偏差超过 15% 时，单价可进行调整，当工程量增加 15% 以上时，增加部分的工程量的单价调整为中标单价的 90%，当工程量减少 15% 以上时，减少后剩余部分的工程量的综合单价调整为中标单价的 110%。由于设计变更，竣工结算时，甲乙双方认可的混凝土的实际工程量为 1258m³，轻质砌体的实际工程量为 154m³，屋面防水的实际工程量为 645m²。工程结算时是否允许混凝土、轻质砌体和屋面防水的单价进行调整？此三项的结算总价分别为多少？

解析：单价合同的特点是单价优先，在工程结算时，按实际发生的工程量乘以单价来支付价款，单价固定是在合同约定的风险范围内单价不能调整，超出合同约定的范围则允许调整。

（1）混凝土的实际工程量与招标工程量相差 $(1258-900)/900 = 39.8\% > 15\%$，单价可进行调整。增加部分的单价为 $650 \times 0.9 = 585$ 元/m³，结算总价 $= (900 + 900 \times 15\%) \times 650 + (1258 - 900 - 900 \times 15\%) \times 585 = 803205$ 元。

（2）轻质砌体的实际工程量与招标工程量相差 $(210-154)/210 = 26.7\% > 15\%$，单价可进行调整。剩余部分的单价为 $700 \times 1.1 = 770$ 元/m³，结算总价 $= 154 \times 770 = 118580$ 元。

（3）屋面防水的实际工程量与招标工程量相差$(660-645)/660=2.3\%<15\%$，单价不可调整。结算总价$=645\times90=58050$元。

问题 4-20：发包人收到结算报告逾期未答复视为认可承包人的竣工结算吗？

在《建设工程施工合同（示范文本）》GF—2017—0201 的通用条款第 14.2 条中规定："发包人在收到承包人提交竣工结算申请书后 28 天内未完成审批且未提出异议的，视为发包人认可承包人提交的竣工结算申请单，并自发包人收到承包人提交的竣工结算申请单后第 29 天起视为已签发竣工付款证书。"

《司法解释（一）》第二十一条规定："当事人约定，发包人收到竣工结算文件后，在约定期限内不予答复，视为认可竣工结算文件的，按照约定处理。承包人请求按照竣工结算文件结算工程价款的，人民法院应予支持。"

根据以上内容，是否可以直接推断出"发包人在收到结算报告逾期未答复即视为认可承包人的竣工结算"？答案是否定的。需要准确理解和把握"在约定期限内不予答复"的内涵。

住建部发布的示范文本的通用条款属于格式文本，格式文本不能完全替代双方当事人直接作出的自主意思表示。该项责任是由发承包人双方约定而产生，不是法律或者行业规范强加给发包人的，如果双方当事人没有在专用条款中特别约定，则承包人不得依据该格式条款主张将其提交的结算文件作为结算依据。

《司法解释（一）》第二十一条明确了适用条件：

一是明确了该条文的适用前提。前提是发包人、承包人在施工合同中特别约定了以承包人提交的结算文件为结算依据，发包人的答复期限是明确的，当发包人未在约定的答复期限内提出异议或者作出答复的，则应当按照承包人提交的结算文件为工程价款的结算依据。如果发包人、承包人未就建设工程价款的结算依据作出约定，则承包人即使自行作出结算文件并送交到发包人处，也不得引用该条主张依据结算文件进行结算。

二是明确了结算文件成就的条件。以承包人提交的结算文件为结算依据的，需要满足两个条件：（1）发包人收到承包人递交的结算文件，是导致承包人提出的结算文件作为结算依据的基本条件。承包人递交结算文件应当以书面形式进行，发包人收到竣工结算文件也必须向承包人出具书面的凭证。（2）发包人接到承包人提出的结算文件后，在施工合同约定的期限内不予答复，是导致结算文件作为结算依据的必要条件，发包人应当及时对所接收的结算文件作出答复，即使不同意结算文件的某项内容，也应当向承包人作出相应的意思表示。

三是明确了结算文件的递交方式。结算文件不适用留置递交方式，承包人主张系发包人不接收结算文件的，应当提供视频、照片、拒收回执单等证据，经发包人质证后，由人民法院综合认定。

四是明确了该责任的产生方式。该项责任并非由法律、司法解释确定的新的责任承担，它是从承发包人签订的施工合同中派生出来的，是发承包人对双方当事人之间权利义务的自主确定。

在实际应用时，应注意以下几点：

（1）"不予答复"是在"约定期限"，而非"规定期限"。《司法解释（一）》第二十一条规定的不予答复期限系双方当事人通过合同特别约定的期限，而非施工合同示范文本中规定的 28 天，具体期限要看在专用条款中是如何约定的，只有超过了"约定期限"才能产生视为认可竣工结算文件的法律后果。

（2）"不予答复"一般理解为未进行书面答复，即未对承包人提供的送审价及送审资料提出实质性的书面异议。如果发包人复函提出所送结算价有高估冒算等问题需要整改的，应视为发包人已作出了答复。

（3）如果双方当事人在合同中虽约定了答复期限，但没有约定逾期不予答复视为认可竣工结算文件这一法律后果的，则尽管发包人实际在约定期限内未答复也不能适用《司法解释（一）》中第二十一条中的规定。

（4）对实践中发包人在约定期限内不予答复、期限届满后进行答复并提出核对结算要求的，而承包人又同意与其核对并给予积极配合的情形，应视为承包人放弃适用《司法解释（一）》中第二十一条的规定。

案例 4-20：发包人收到结算报告逾期未答复并不必然"视为认可"承包人的竣工结算

案例 1：发包人房地产公司与承包人施工公司签订了《建设工程施工合同》，合同文本采用了《建设工程施工合同（示范文本）》GF—2017—0201，该示范文本在通用合同条款 14.2（1）中约定："发包人在收到承包人提交竣工结算申请单后 28 天内未完成审批且未提出异议的，视为发包人认可承包人提交的竣工结算申请单，并自发包人收到承包人提交的竣工结算申请单后第 29 天起视为已签发竣工付款证书。"双方在专用合同条款 14.2 中对竣工结算审核条款约定："发包人审批竣工付款申请单的期限：收到竣工付款申请单 28 天内。"签约后，施工公司依约完成了工程施工的合同义务，并向房地产公司送达了工程竣工结算单，房地产公司未在 28 天内完成审批或提出异议，也未向施工公司付款，施工公司遂向法院提起诉讼，要求房地产公司按照其所提交的结算文件向其支付工程价款，理由是根据合同条款的约定，该工程已经完成了竣工验收，房地产公司拒不支付工程款，应承担违约责任，且房地产公司在施工公司向其提交工程结算书后 28 天内未完成审批也未提出异议，应视为认可施工公司提交的竣工结算单。法院是否会支持施工公司的诉讼请求？

解析：案涉合同的通用条款确定了发包人对承包人结算资料的审查时限，同时也确定了发包人逾期不发表审查意见的法律后果，但专用条款中仅约定了发包人的审查时限，未约定逾期审查的法律后果，此种情形下，不能简单地推论出，双方当事人具有发包人收到竣工结算文件一定期限内不予答复则视为认可的一致意思表示，不应认定发包人接受了通用条款中所预设的法律后果。法院没有支持施工公司的诉讼请求。

这里应特别注意的是："视为认可"条款的适用必须是在合同专用条款中进行了特别约定。如果建设工程施工合同专用条款中明确约定发包人收到竣工结算文件后，在合同约定的期限内不予答复视为认可竣工结算文件，当事人要求按照竣工结算文件进行工程价款结算的，应予支持。如果建设工程施工合同专用条款中未明确约定，当事人仅根据通用条款的规定要求按照竣工结算文件进行工程价款结算的，则不予支持。

案例 2：被告发包人投资公司与原告承包人施工公司约定将商务酒店工程包工包料发包给原告施工，并采用《建设工程施工合同（示范文本）》GF—2017—0201 签订了施工合同，签约合同价为 1200 万元，双方在专用合同条款中特别约定："如发包人收到承包人提交的竣工结算文件拖延答复的，按通用条款 14.2 条的规定执行"。工程竣工验收合格后，在 5 月 10 日原告向被告提交了竣工结算文件，送审价 1560 万元，扣除已支付的进度款 860 万元，原告要求被告再支付工程尾款 700 万元。被告当日签字收到了该竣工结算文件，但其后一直未予答复，也未支付工程尾款。6 月 10 日，原告以被告逾期不予答复视为认可竣工结算文件为由向法院起诉，要求被告按其提交的结算报告支付工程尾款。庭审中，被告认为以通用条款的规定不能简单地推论出逾期不予答复视为认可竣工结算文件的结论，因此不同意付款，并要求对工程造价进行鉴定。法院是否会支持哪一方的诉讼请求？

解析：法院审理后认为：原被告双方签订的合同合法有效，当事人应当按合同约定全面履行自己的义务。一般情况下确实不能直接依据通用合同条款的规定简单推论出逾期不予答复视为认可竣工结算文件的结论。但是本案双方当事人又在专用条款中特别注明："如发包人收到承包人提交的竣工结算文件拖延答复的，按通用条款第 14.2 条的规定执行。"该专用条款系双方当事人的特别约定，符合《司法解释（一）》的适用条件。故被告在逾期未答复的情况下，应当承担逾期不予答复视为认可竣工结算文件的法律后果。判决被告支付原告工程尾款 700 万元。

问题 4-21：施工合同与招标文件的约定不一致，工程价款应如何结算？

《司法解释（一）》第二十二条的规定：当事人签订的建设工程施工合同与招标文件、投标文件、中标通知书载明的工程范围、建设工期、工程质量、工程价款不一致，一方当事人请求将招标文件、投标文件、中标通知书作为结算工程价款的依据的，人民法院应予支持。

因为招投标文件系遵照法定招投标程序制定，不仅仅涉及承包人和发包人的利益，还关系其他投标人利益和招投标秩序。发包人与承包人签订的施工合同与招投标文件载明的有关工程价款的约定不一致，应当以招投标文件作为结算依据。

若招投标程序违法，则不能当然以招投标文件作为结算依据。以招投标文件作为工程价款结算依据的前提是招投标活动合法有效，如果招投标活动程序违法，则应认定招投标无效，从而导致以其为基础订立的招投标文件也无效。在此情况下，由于这些文件不具有合法性，故而不可采信。因此，即使当事人之间存在招投标文件，但如果招投标行为本身违法的话，也不能当然以招投标文件作为结算依据。

案例 4-21：合同对实质性条款的约定与招标文件不一致应以招标文件的约定为准

某公寓楼工程通过邀请招标确定由 A 公司中标承建，其中合同价款采用固定总价合同方式。招标文件提出合同价款中包括的风险范围为"全部材料价格变化的风险，招标范围内图纸工程量与招标清单工程量的差异。"而合同协议书将合同价款中包括的风险范围修改为"主要材料价格变化在±3%的风险……，招标人发布的工程量清单和项目特征与设计图纸有差异的，按实调整"。

从合同协议书和招标文件有关条款的表述可以看出，合同协议书实质上修改了招标文件有关风险范围，将部分风险从承包人转移给发包人。承包人申请结算时，提出材料价款调差 120 万元，双方产生争议。

承包方认为：应以施工合同条款为准，理由是合同协议书在合同文件中优先顺序排名第一，合同条款形成于招标文件之后，是双方当事人根据实际情况洽商的结果，是双方真实意思的表示，该合同条款有效，且招标文件不是合同文件的组成部分，故应按合同结算。

发包方认为：应以招标文件条款为准，理由是按照相关法律法规，合同背离了招标文件的实质性内容，该合同条款无效，故应按招标文件结算。

解析：根据《招标投标法》第四十六条第一款规定：招标人和中标人应当自中标通知书发出之日起三十日内，按照招标文件和中标人的投标文件订立书面合同。招标人和中标人不得再行订立背离合同实质性内容的其他协议。本合同协议书修改了材料价格的风险范围，改变了工程价款的实质性内容，应属无效。合同协议书在合同文件中排名第一的前提是其合法有效，本合同协议书无效，根据《司法解释（一）》第二十二条的规定，该项目应按照招标文件中的约定进行结算。

问题 4-22：施工合同无效，工程价款应如何结算？

《民法典》第一百五十三条第一款规定："违反法律、行政法规的强制性规定的民事法律行为无效。但是，该强制性规定不导致该民事法律行为无效的除外。"

《民法典》第七百九十一条第二款规定："总承包人或者勘察、设计、施工承包人经发包人同意，可以将自己承包的部分工作交由第三人完成。第三人就其完成的工作成果与总承包人或者勘察、设计、施工承包人向发包人承担连带责任。承包人不得将其承包的全部建设工程转包给第三人或者将其承包的全部建设工程支解以后以分包的名义分别转包给第三人。"

《民法典》第七百九十一条第三款规定："禁止承包人将工程分包给不具备相应资质条件的单位。禁止分包单位将其承包的工程再分包。建设工程主体结构的施工必须由承包人自行完成。"

《司法解释（一）》第一条规定："建设工程施工合同具有下列情形之一的，应当依据《民法典》第一百五十三条第一款的规定，认定无效：（一）承包人未取得建筑业企业资质或者超越资质等级的；（二）没有资质的实际施工人借用有资质的建筑施工企业名义的；（三）建设工程必须进行招标而未招标或者中标无效的。承包人因转包、违法分包建设工程与他人签订的建设工程施工合同，应当依据《民法典》第一百五十三条第一款及第七百九十一条第二款、第三款的规定，认定无效。"

案例 4-22：多份施工合同无效，应按实际履行的合同执行

发包人与承包人对某依法必须进行招投标的项目签订了《建设工程施工合同》，经招投标程序，双方又签订《中标合同》，合同总价为 1.27 亿元。其后双方签订《补充协议》，约定《补充协议》作为竣工结算的唯一依据，并约定承包方给予优惠，自愿以该省 2022年预算定额为依据，下浮 5‰ 结算。工程竣工验收后因结算纠纷，诉至法院。承包人认为《补充协议》约定的工程价款下浮 5‰ 是不合常规。

解析：法院审理后认为，案涉工程属于应进行招投标的项目。招标前双方签订合同并进场施工。双方在招投标程序前就已经对案涉工程的实质内容进行了磋商。因此，中标应为无效。《司法解释（一）》第一条："建设工程施工合同具有下列情形之一的，应当依据《民法典》第一百五十三条第一款的规定，认定无效：（一）承包人未取得建筑业企业资质或者超越资质等级的；（二）没有资质的实际施工人借用有资质的建筑施工企业名义的；（三）建设工程必须进行招标而未招标或者中标无效的。"双方于中标程序前后的合同和

《补充协议》也应认定为无效合同。

《补充协议》是双方实际履行合同，应作为工程价款结算的依据。实际履行的合同难以确定，当事人请求参照最后签订的合同结算建设工程价款的，人民法院应予以支持。案涉工程从内容上来说，《补充协议》明确说明是对中标合同相关结算条款的修改，是双方竣工结算的唯一依据，因此《中标合同》约定的结算方式不能作为结算价款的依据。从合同实际履行情况看，案涉工程的付款申请、工程款支付均按照《补充协议》的约定执行。因此《补充协议》为实际履行合同，应当作为双方工程价款的结算依据。本案工程价款应按总造价下浮5%。《民法典》第七百九十三条规定，建设工程施工合同无效，但是建设工程经验收合格的，可以参照合同关于工程价款的约定折价补偿承包人。《补充协议》约定，以该省2022年预算定额为依据，下浮5%作为最终结算价。虽然《补充协议》无效，但如上结论，《补充协议》应当作为工程价款结算依据，下浮5%的结算约定仍应参照执行。

问题4-23：能否以财政评审的结论作为工程竣工结算的依据？

依据《最高人民法院关于人民法院在审理建设工程施工合同纠纷案件中如何认定财政评审中心出具的审核结论问题的答复》（2008民一他字第4号），"财政部门对财政投资的评定审核是国家对建设单位基本建设资金的监督管理，不影响建设单位与承建单位的合同效力及履行。但是，建设合同中明确约定以财政投资的审核结论作为结算依据的，审核结论应当作为结算的依据"。

只有在合同明确约定以审计结论作为结算依据的情况下，才能将是否经过审计作为当事人工程款结算条件。

根据《中华人民共和国审计法》的规定，审计机关的审计行为是对政府预算执行情况、决算和其他财政收支情况的审计监督。相关审计部门对发包人资金使用情况的审计与承包人和发包人之间对工程款的结算属不同法律关系，不能当然地以项目支出需要审计为由，否认承包人主张工程价款的合法权益。

案例4-23：发包人以资金来源为"财政拨款"为由不能主张以财政评审作为结算依据

发包人与承包人就某工程签订施工合同，约定竣工验收合格且工程结算完成后支付工程款，签订合同后，顺利实施并验收合格，双方进行了工程结算，结算总额为350万元。发包人认为该项目为"财政拨款"，需要等政府的财政审计结束后以财政审计的结果作为最终支付工程结算价款的依据。承包人不服，遂诉至法院。

解析：法院审理后认为，双方签订的合同中并未明确约定工程结算需要经过财政评审，并以财政审计结论作为结算的依据，发包人仅以合同中写明的资金来源为"政府拨款"来推论双方合同明确约定了以财政审计作为付款条件是不成立的。故对发包人提出案涉工程款的付款条件并未成就的主张，不予采纳。案涉工程已通过竣工验收，并交付使用，发包人应当支付相应的工程价款。依据《最高人民法院关于人民法院在审理建设工程施工合同纠纷案件中如何认定财政评审中心出具的审核结论问题的答复》，只有在合同明确约定以审计结论作为结算依据的情况下，才能将是否经过审计作为当事人工程款结算条件。

问题4-24：约定了包干价的合同能否申请工程造价鉴定？

《司法解释（一）》第二十八条规定："当事人约定按照固定价结算工程价款，一方当事人请求对建设工程造价进行鉴定的，人民法院不予支持。"

《司法解释（一）》第二十九条规定："当事人在诉讼前已经对建设工程价款结算达成协议，诉讼中一方当事人申请对工程造价进行鉴定的，人民法院不予准许。"

在当事人约定按照固定价结算工程价款的情形下，表明双方对建设施工的风险有预知，应当尊重当事人的意思自治，一方当事人请求不采用固定价、申请对工程造价进行鉴定的，不管是基于什么理由，都不应予以支持。

案例 4-24：约定了包干价格后又以报价低于成本价为由申请合同无效的理由不成立

原告 A 建筑公司与被告 B 房地产公司签订了某商业广场的建设工程施工合同，合同对施工范围、工期、价款、质量标准、违约责任、索赔等内容作出详尽约定，其中约定，工程定价方式为综合包干单价，合同综合包干单价为 1500 元/m²；合同总价暂定为 25036 万元，最终以现行的《建筑工程建筑面积计算规范》GB/T 50353 计算的建筑面积进行工程价款结算。竣工验收合格并已交付发包人使用。双方对建筑面积的计算无争议，后双方因工程款纠纷诉至法院。

一审中，经 A 建筑公司的申请，法院委托鉴定机构对工程进行了成本价鉴定，鉴定意见为：案涉工程的成本价为 377307703 元，且此成本价为社会平均成本。据此，A 建筑公司认为，案涉工程约定的工程价款明显低于社会平均成本，则投标无效。因此，应当按照工程的实际成本，执行当地定额标准，据实结算工程价款。

一审法院认为，低于成本价签订的建设工程施工合同应为无效，应按定额结算。B 房地产公司不服，上诉至再审法院。

再审法院审理后认为：案涉工程实行"综合包干单价"，即除法定原因外，不存在应当调整的情况，根据《司法解释（一）》第二十八条的规定，当事人在合同中已约定了采用固定综合包干单价乘以建筑面积作为结算工程价款的方式，而且双方对建筑面积的计算无争议，此时不能再对该工程进行造价鉴定，应按照合同约定结算工程价款。另外，即使根据鉴定结论，A 建筑公司主张合同约定价格低于其成本价没有充分依据，故其以案涉工程实际造价远超出合同所约定的"综合包干单价 1500 元/m²"进而要求改变合同约定按定额价结算的诉请和理由不成立。

解析：分析可知，A 建筑公司公司的工程成本显著低于当时的行业平均成本也是很有可能的。而且，该公司所依据的工程造价鉴定认定的社会平均成本也不能等同于该公司的个别成本，其也没有其他证据证明合同价格低于其的个别成本，故其所主张的合同约定价格低于其成本价的理由无事实依据。而且，参照合同约定的特定交易价格而非采用工程定额或市场平均价格作为结算支付工程价款的依据，也符合市场经济的一般规则，是市场经济条件下维护公正与效率所应遵循的司法原则，故 A 建筑公司的相应主张不应得到支持。

问题 4-25：承包人的优先受偿权范围是否包括利润、利息、违约金和损害赔偿金？

《民法典》第八百零七条规定："发包人未按照约定支付价款的，承包人可以催告发包人在合理期限内支付价款。发包人逾期不支付的，除根据建设工程的性质不宜折价、拍卖外，承包人可以与发包人协议将该工程折价，也可以请求人民法院将该工程依法拍卖。建设工程的价款就该工程折价或者拍卖的价款优先受偿。"

《司法解释（一）》第四十条规定："承包人建设工程价款优先受偿的范围依照国务院

有关行政主管部门关于建设工程价款范围的规定确定。承包人就逾期支付建设工程价款的利息、违约金、损害赔偿金等主张优先受偿的，人民法院不予支持。"

根据《民法典》第八百零七条规定，建设工程价款优先受偿权属于法定优先权，其效力范围不同于抵押权等担保权，该优先权的效力范围应依法律规定，而非由当事人约定，不仅优先于普通债权，而且优先于抵押权，具有对抗第三人的效力，对发包人及其债权人、建设工程的抵押权人和交易安全影响巨大。建设工程价款优先受偿权制度的初衷是保护建筑工人的合法权益。但此项保护并非直接指向建筑工人的工资权益，而是以保护承包人的建设工程价款债权为媒介，间接保护建筑工人的合法权益。2002年，最高人民法院作出《工程价款优先受偿批复》第三条规定，建筑工程价款包括承包人为建设工程应当支付的工作人员报酬、材料款等实际支出的费用，不包括承包人因发包人违约造成的损失。

根据《司法解释（一）》第四十条的规定，全部建设工程价款均可优先受偿，非限于承包人的劳务成本或者承包人实际投入建设工程的成本。包括人工费、材料费、施工机具使用费、企业管理费、利润、规费和税金。这里可以明确的是利润属于建设工程价款的组成部分，可就建设工程折价、拍卖的价款优先受偿。

因建设工程价款优先受偿权对抵押权等第三方的利益也有较大影响，应做好各方当事人的利益平衡，既然是为了保护建筑工人的利益，从而减少诉讼成本和便于操作，已经将承包人的利润纳入建设工程价款优先受偿权的保护范围，就不宜再将逾期支付工程价款的利息纳入优先受偿权的保护范围，是为了体现《司法解释（一）》坚持保护弱者与利益平衡的原则。

违约金、损害赔偿金都不属于工程价款。而且违约金、损害赔偿金与普通债权没有本质区别，对于保护建筑工人的利益也没有特别意义。

应注意的是：发包人从建设工程价款中预扣的工程质量保证金，可就建设工程折价或者拍卖的价款中优先受偿。

案例4-25：承包人优先受偿的范围应依据司法解释的规定

国资公司与建设集团就依法必须招标的会展中心建设项目签订《施工合同（一）》。后经过招投标程序，国资公司和建设集团签订《施工合同（二）》，合同中双方对工期、工程价款、违约责任等有关工程事项进行了约定。合同签订后，建设集团进场施工。竣工验收合格后，国资公司委托造价公司对案涉工程进行结算审核并出具《会展中心结算审核报告》。国资公司、建设集团和造价公司分别在审核报告中的审核汇总表上加盖公章并签字确认。后因国资公司一直未支付工程尾款2800万元和因发包人原因的停工损失50万元，建设集团多次向国资公司送达联系函，请求国资公司立即支付拖欠的工程款，按合同约定支付违约金并承担相应损失，但国资公司一直未予付款。竣工结算完成的一年后建设集团收到通知，该市中级人民法院依据国资公司其他债权人的申请将对案涉工程进行拍卖。建设集团遂向市中级人民法院提交《关于会展中心拍卖联系函》，建设集团请求依法确认工程价款、停工损失及应付利息的优先受偿权。

双方的争议之处是：停工损失及利息是否享有优先受偿权？

解析：法院审理后认为，根据《司法解释（一）》第四十条的规定，承包人就逾期支付建设工程价款的利息、违约金、损害赔偿金等主张优先受偿的，人民法院不予支持，本案中的停工损失属于承包人因发包人违约所造成的损失，都不在建设工程价款优先受偿权的范围内。

问题 4-26：实际施工人以发包人为被告主张权利的，发包人应如何承担付款责任？

《司法解释（一）》第四十三条规定："实际施工人以转包人、违法分包人为被告起诉的，人民法院应当依法受理。实际施工人以发包人为被告主张权利的，人民法院应当追加转包人或者违法分包人为本案第三人，在查明发包人欠付转包人或者违法分包人建设工程价款的数额后，判决发包人在欠付建设工程价款范围内对实际施工人承担责任。"

这一条司法解释即关于实际施工人可以向发包人主张建设工程价款以及发包人如何承担责任的界定。

这里应注意理解"实际施工人"的概念。实际施工人一般是指"无效合同的承包人、转承包人、违法分包合同的承包人、没有资质借用资质的以建筑施工企业的名义与他人签订建筑工程施工合同的承包人"，即在上述违法情形中实际完成了施工义务投入了资金、人工、材料、机械设备实际进行施工的单位或者个人。实际施工人是实际履行承包人义务的人，既可能是对整个建设工程进行施工的人，也可能是对建设工程的某一部分进行施工的人；实际施工人与发包人没有直接的合同关系或者名义上的合同关系。实际施工人如果直接与发包人签订建设工程施工合同，则属于承包人、施工人；实际施工人同与其签订转包合同、违法分包合同的承包人或者出借资质的建筑施工企业之间不存在劳动人事关系或劳务关系。司法实践中，对于在合法专业分包、劳务分包中的承包人不认定为实际施工人。

实际施工人向发包人主张权利一般需具备三个要件：（1）实际施工人对转包人或者违法分包人享有债权。该债权可能是工程价款请求权，也可能是因转包合同或者违法分包合同无效引起的赔偿损失请求权。（2）发包人欠付转包人或者违法分包人建设工程价款。转包和违法分包合同无效，并不意味着发包人与承包人签订的施工合同无效。只要质量验收合格，即使发包人与承包人签订的施工合同无效，仍然可以请求价款支付。（3）实际施工人对转包人或者违法分包人享有的债权数额不超出发包人欠付转包人或者违法分包人建设工程价款。如果超出，对超出部分实际施工人不能向发包人主张。

这里应注意的是：司法解释规定的"欠付工程款"应当指的是发包人欠付总承包人的工程款，而非欠付实际施工人的工程款，不能要求发包人、总承包人、转包人对实际施工人的所有债权承担责任，实际施工人可以突破合同相对性原则向发包人主张的款项范围应当限定为工程价款，不包括违约金、损失、赔偿等。

还应注意以下两个问题：

（1）"多层转包、多层违法分包、挂靠后再转包、再分包的实际施工人能否请求发包人在欠付工程款范围内承担责任？"

2022 年 9 月，福建高院关于建设工程施工合同纠纷疑难问题解答：单层转包、单层违法分包的实际施工人可以依据《司法解释（一）》第四十三条规定请求发包人在欠付工程款范围内承担责任。借用资质及多层转包和违法分包的实际施工人不能请求发包人在欠付工程款范围内承担责任。

（2）"承包人已经与发包人结算完毕并领取了工程款，实际施工人再向发包人主张遗漏结算的工程款是否成立？"

2022 年 9 月，福建高院关于建设工程施工合同纠纷疑难问题解答：发包人与实际施工人不存在合同关系，在承包人已经与发包人结算完毕并领取工程款后，即不存在欠付建设工程价款的事实，实际施工人无权向发包人主张权利，亦无权直接向发包人主张遗漏结算工程价款。

案例 4-26：实际施工人以发包人为被告主张权利的，发包人在欠付工程款的范围内承担直接付款责任

被告房地产公司将地下车库及住宅楼工程发包给被告建筑公司施工，后建筑公司又与被告王某签订《建设工程施工承包合同》，将上述工程转包给王某，后王某将部分施工工程分包给原告胡某施工。现涉案工程已经交付使用，涉案工程审计的造价为 4200 万元左右，剩余 3096648.8 元工程款未支付给建筑公司。后胡某与王某结算，但结算时有错账，原告要求与王某继续对账，但王某置之不理。请求法院判令被告支付原告工程款1390852.46 元。

解析：法院经审理认为，被告房地产公司与被告建筑公司签订的《建设工程施工合同》系有效合同，被告建筑公司与被告王某签订的《建筑工程施工承包合同》及被告王某与原告李某达成的口头分包协议均无效，但因原告施工的工程已竣工验收且交付使用，根据法律规定，原告可依据其与被告王某的协议要求支付工程价款。原告作为实际施工人，要求作为工程发包人的被告房地产公司承担付款责任，符合法律规定，依法予以支持。原告是与被告王某达成的口头协议，因合同具有相对性，原告依据该约定要求被告建筑公司承担责任，于法无据，依法不予支持。判令王某支付胡某工程款 1390852.46 元。如王某不按规定将所欠的工程款支付给原告，则房地产公司应在 3096648.8 元的欠付工程款范围内，直接向胡某支付上述工程款。

问题 4-27：实际施工人能否突破合同的相对性主张权利？

合同相对性原则是指只有合同当事人一方能基于合同向与其有合同关系的另一方提出请求或提起诉讼，而不能向与其无合同关系的第三人提出合同上的请求，也不能擅自为第三人设定合同上的义务。合同相对性是指合同效力的相对性，合同关系只能发生在特定主体之间，只对特定主体发生约束力，即其只能约束合同当事人，合同外的第三人既不享有合同上的权利也不承担合同上的义务，只有合同当事人才能基于合同相互提出请求或者提起诉讼，合同当事人不能依据合同对合同关系外第三人提出请求或者提起诉讼，合同关系外的第三人也不能依据合同向合同当事人提出请求或者提起诉讼。该相对性理论在我国的立法依据为《民法典》第一百一十九条："依法成立的合同，对当事人具有法律约束力。"合同相对性的突破，是指合同的主体、内容、责任的相对性的突破，合同的当事人可以对合同以外的第三人享有权利或承担义务。

为保护实际干活的施工人，《司法解释（一）》第四十条规定，实际施工人以转包人、违法分包人为被告起诉的，人民法院应当依法受理。实际施工人以发包人为被告主张权利的，人民法院可以追加转包人或者违法分包人为本案当事人，发包人只在欠付工程价款范围内对实际施工人承担责任。自此，建筑行业出现了"实际施工人"的概念。"实际施工人"的解释见问题 4-26。

案例 4-27：非实际施工人不能突破合同相对性原则主张权利

建筑公司承建钢结构基础工程。与胡某签订分包合同，将该工程转包给胡某，承包方式为包工包料。曹某到被告胡某处为该工程提供劳务，其听从胡某指挥，与建筑公司未签订劳动合同，也未从建筑公司领取过工资，对建筑公司的情况均不知晓，后曹某被胡某辞退。

胡某就拖欠曹某的劳动报酬出具材料一份，内容为："等待工地结算时一次性付清，支付实际工资 24000 元及利息。"后因胡某未按时支付，曹某将建筑公司和胡某诉至法院，请求法院判令二被告支付原告工资 24000 元及双倍银行贷款利息。

区人民法院审理后认为，原告曹某与被告建筑公司未签订任何劳动合同，原告在工地施工过程中受被告胡某指挥，也是由被告胡某录用和辞退，可以认定原告曹某系向被告胡某个人提供劳务，遂判决被告胡某应支付原告曹某劳务费 24000 元及利息。

一审宣判后，曹某不服提起上诉，市中级人民法院判决驳回上诉，维持原判。

解析：建设工程合同中，劳动者受包工头雇佣，在工地上从事技术指导工作，系为完成某项工作任务的临时聘用人员，类似工程项目管理人的身份，并不具备实际施工人身份，发生纠纷只能向包工头主张权利，不能突破合同相对性的限制，向发包公司主张权利。本案中，原告曹某实际与被告胡某成立劳动合同关系，根据合同相对性原则，原告只能向被告胡某主张权利，其若想向被告建筑公司主张权利，则需证明自己是实际施工人身份，才有可能突破合同相对性的限制。该案例改编自参考文献 [52]。

问题 4-28：未能提供签证的工程量争议应如何处理？

《司法解释（一）》第二十条规定："当事人对工程量有争议的，按照施工过程中形成的签证等书面文件确认。承包人能够证明发包人同意其施工，但未能提供签证文件证明工程量发生的，可以按照当事人提供的其他证据确认实际发生的工程量。"

签证是工程量发生争议时确定工程量的基本依据。签证是发承包人或其代理人就施工过程中涉及的影响双方当事人权利义务的责任事件所作的补充协议。签证的构成要件至少应包括以下三项：（1）工程签证的主体为发承包人及其代理人，其他主体签发的有关文件不属于工程签证；（2）工程签证的性质为发承包人之间达成的补充协议，其成立并生效应满足一般合同成立并生效的要件；（3）工程签证的内容是施工过程中涉及的影响当事人权利义务的责任事件，包括工程量、工程款、工期等核心要素。

其他可以作为确定工程量依据的书面文件的范围和种类证据。在建设工程施工合同履行期间，双方当事人根据施工合同发生的手写、打印、复写、印刷的各种通知、证明、证书、工程变更单、工程对账签证、补充协议、备忘录、函件以及经过确认的会议纪要、电传等书面文件形式作为载体的证据，都可以作为结算工程量进而作为当事人结算工程款的依据。要保存好关于证明自己实际完成工程量的证据，一要保存完整，二要记载清晰，以防发生诉讼时举证不能或提交的证据被误读。

案例 4-28：工程量争议的证据应保存完整并记载清晰

投资公司与建筑公司签订基坑支护工程建设工程施工合同，工程竣工进行结算时，双方对部分工程"预应力锚索"工程量产生争议，建筑公司诉至法院。一审中，投资公司主张，7 月 22 日由涉案工程施工单位、监理单位、建设单位三方签字盖章确认的《7 月 22 日已完工程量》表中记载预应力锚索工程量为 10150m，建筑公司完成的预应力锚索工程量应以此为准。建筑公司认可该工程量完成表的真实性，但又另提交了一份 7 月 15 日由案涉工程施工单位、监理单位、建设单位签字盖章确认的《7 月 15 日已完工程量表》该表中也记载了部分工程量，建筑公司完成的工程量应为两张工程量表中记载的工程量之和。投资公司则辩称，认可《7月15日工程量表》的真实性，但该表系分表，《7月22日工程量表》系总表，后者系三方对最终工程量的确认。原审采信投资公司的辩解，以《7月22日工程量表》完成时间在后，系总表为由，以该表为依据最终确认建筑公司完成工程量为10150m，据此判令投资公司向建筑公司支付该部分工程款200余万元。建筑公司对二审判决不服，以实际工程量应为两张工程量表记载的工程量之和为由提起上诉。

解析：二审中经审理查明，《7月15日工程量表》中关于预应力锚索的记载是与《7月22日工程量表》中关于预应力锚索的记载的施工部位、工程范围名称并不重合。二审庭审中，主审法官要求投资公司当庭确认两份工程量表中记载的工程量哪些部分存在重合，投资公司对此不能确认。据此，二审认定两份工程量表中确认的工程量不存在重合。因此，建筑公司主张的关于涉案工程预应力锚索的已完工程量应是两份工程量表记载的完成工程量之和的上诉理由成立，案涉工程预应力锚索工程量应确定为两者之和，该部分工程价款应为300余万元，据此对原审进行了改判。该案例改编自参考文献 [53]。

问题 4-29：施工合同无效时垫资利息能否被支持？

《司法解释（一）》第二十五条规定："当事人对垫资和垫资利息有约定，承包人请求按照约定返还垫资及其利息的，人民法院应予支持，但是约定的利息计算标准高于垫资时的同类贷款利率或者同期贷款市场报价利率的部分除外。当事人对垫资没有约定的，按照工程欠款处理。当事人对垫资利息没有约定，承包人请求支付利息的，人民法院不予支持。"

垫资是指承包人在签订合同后，不要求发包人先支付工程款或支付部分工程款，而是利用自有资金先进场进行施工，待工程施工到一定阶段或者工程全部完成后，再由发包人支付承包人垫付的工程款。

建筑市场供求关系失衡是垫资产生的根本原因，法律体系不完善是垫资产生的重要原因。法院在审理有关工程垫资纠纷案件时，一般会结合垫资的特殊法律性质，对承包人主张垫资的本金和利息作出认定与处理。如双方对垫资作出明确约定，可以根据合同的约定处理垫资问题，但如当事人之间的施工合同没有对垫资作出明确约定，应将承包人的垫资作为工程欠款处理。对于部分履行的合同，如果合同有效继续履行或者合同解除，则垫资问题从合同约定；如果合同被确认为无效，则垫资问题亦应按照无效处理，垫资本金作为返还财产的内容，利息可作为无效合同的损失，根据过错原则处理。

案例 4-29：垫资利息应遵从合同约定执行

一建集团与置业公司签订的施工合同及补充协议被法院认定为无效。关于垫资利息应该如何认定的问题产生了纠纷。

解析：最高院审理后认为，一建集团与置业公司签订的《补充协议》第一条约定，"本项目的土建、安装、装修的投资由承包人负责筹集全部建设资金，用途包括项目土建、安装、装修等全部建设工程费用和承包人为此筹集资金需支出的费用构成全部建设工程总费用，全部建设工程总费用为本项目的全部建设工程费用加全部建设工程费用8％的利息（其中0.5％由发包人根据施工进度分阶段奖励项目部）"。虽然一建集团与置业公司签订的《建设工程施工合同》及《补充协议》无效，但上述约定属于结算条款，是工程价款的确定方式，且案涉工程已质量合格，因此上述条款可以参照使用。故法院认定案涉建设项目的垫资利息以全部工程价款的8％计算，有相应的事实根据与法律依据，予以支持。置业公司主张因合同无效关于垫资利息的约定也无效，即使计算垫资利息也应按实际垫资金额为基数和当时一年期贷款基准年利率为标准计算，且规费税金在工程结算后才能支付，不存在垫付情形应从计算垫资利息的基数中扣减。法院认为，关于按全部建设工程费用加8％的利息的约定，是双方以一建集团垫资施工为条件，自行协商确定的工程价款结算方式和标准，可以认为是工程价款的组成部分，是当事人在特定交易模式下自由的商业选择与合理对价，并不存在具体的垫资金额、期限和利息约定，与置业公司所称垫资及垫资利息有明显区别，故置业公司该项上诉请求，不予支持。该案例改编自参考文献［54］。

问题4-30：被挂靠公司是否有义务向挂靠的实际施工人支付工程款？

《司法解释（一）》对"实际施工人"定义为"无效合同的承包人、转承包人、违法分包合同的承包人、没有资质借用有资质的建筑施工企业的名义与他人签订建筑工程施工合同的承包人"。"实际施工人"的解释详见问题4-26。

在挂靠法律关系中，实际上是挂靠人与发包人履行的合同，被挂靠人只是名义上的承包人，其与挂靠人之间并不存在承包的法律关系，其只是出借资质给挂靠人使用。除非是挂靠合同明确约定被挂靠人应向挂靠人支付工程款，否则，被挂靠人对挂靠人没有支付工程款的义务。但是，如果发包人已经将工程款支付给被挂靠人的，则被挂靠人应在发包人已支付的范围内将工程款转付给挂靠人。广东高院在《关于审理建设工程合同纠纷案件疑难问题的解答》中对此进行了明确。近年来，最高院的相关判决和裁定中，对此观点的支持也逐渐明晰。

案例4-30：被挂靠公司不承担向实际施工人支付工程款的责任

朱某挂靠中兴公司承接了某办公楼工程，是法院审理后认定的案涉工程的实际施工人。后朱某要求中兴公司承担欠付工程款及利息责任。

最高法院审理后认为：中兴公司认为与朱某签订的《挂靠协议》上没有中兴公司印章，但在《挂靠协议》中的中兴公司法定代表人签字处有孙某的签名。孙某作为中兴公司的法定代表人能够代表中兴公司签订协议，朱某与中兴公司签订的《挂靠协议》成立。该协议第四条约定"中兴公司同时协助朱某办理收付工程款……"，并未有中兴公司向朱某支付工程款的约定，发包人未向中兴公司支付案涉工程款，朱某也未提供其他证据证明中兴公司应向其支付工程款。朱某主张中兴公司支付欠付工程款及利息没有事实依据。

解析：依据《司法解释（一）》第四十三条："实际施工人以转包人、违法分包人为被告起诉的，人民法院应当依法受理。实际施工人以发包人为被告主张权利的，人民法院应当追加转包人或者违法分包人为本案第三人，在查明发包人欠付转包人或者违法分包人建设工程价款的数额后，判决发包人在欠付建设工程价款范围内对实际施工人承担责任。"的规定，实际施工人可向发包人、转包人、违法分包人主张权利。但中兴公司系被挂靠方，不属于转包人、违法分包人或发包人，中兴公司不承担案涉工程款及利息的给付责任。

朱某借用中兴公司的资质与发包人签订案涉施工合同，中兴公司作为被借用资质方，欠缺与发包人订立施工合同的真实意思表示，中兴公司与发包人不存在实质性的法律关系。本案中，朱某作为案涉工程的实际施工人与发包人在订立和履行施工合同的过程中，形成事实上的法律关系，朱某有权向发包人主张工程款。

问题 4-31：如何认定工程价款优先受偿权的行使期限？

《司法解释（一）》第四十一条规定："承包人应当在合理期限内行使建设工程价款优先受偿权，但最长不得超过十八个月，自发包人应当给付建设工程价款之日起算。"

《民法典》第八百零七条规定："发包人未按照约定支付价款的，承包人可以催告发包人在合理期限内支付价款。发包人逾期不支付的，除根据建设工程的性质不宜折价、拍卖外，承包人可以与发包人协议将该工程折价，也可以请求人民法院将该工程依法拍卖。建设工程的价款就该工程折价或者拍卖的价款优先受偿。"

案例 4-31：优先受偿权的行使需要满足规定期限的要求

发包人光耀公司与建工公司签订施工合同，2023 年 9 月发包人进入破产清算重整，建工公司就工程款及利息提出享有优先受偿权。

解析：法院审理后认为，一是关于案涉工程款优先受偿权行使期限的起算点。《会议纪要》载明："四、工程结算款的约定从工程结算完，报告数据出来之日起，甲方在 2022 年 1 月 31 日前支付结算总价 95％，并承担结算完毕后至支付之日止剩余工程款的年息 10％。""从工程结算完，报告数据出来之日起"的约定系对应付款时间的宽限，而非支付工程款的条件，即此约定系会议结束后留给光耀公司核定工程价款的合理期间，但该合理期间最迟不能超过 2022 年 1 月 31 日。由此足以认定 2022 年 1 月 31 日为双方明确约定的应付工程款时间，即为案涉工程款优先受偿权行使期限的起算点，其不以工程款结算为前提。光耀公司应当支付工程款的时间不晚于 2022 年 1 月 31 日，建工公司应当在十八个月内即 2023 年 7 月 31 日前向光耀公司行使优先受偿权。

二是即使认为《会议纪要》关于工程款支付的约定为付款时间约定不明，建工公司亦无权享有工程款优先受偿权。《司法解释（一）》第二十七条："利息从应付工程价款之日开始计付。当事人对付款时间没有约定或者约定不明的，下列时间视为应付款时间：（一）建设工程已实际交付的，为交付之日；（二）建设工程没有交付的，为提交竣工结算文件之日；（三）建设工程未交付，工程价款也未结算的，为当事人起诉之日。"该规定虽然针对利息计付，但同样适用于工程款优先受偿权行使期间。案涉工程于 2020 年 12 月 30 日竣工验收，并于 2021 年 5 月 27 日前，由建工公司交付给光耀公司投入使用；建工公司于 2021 年 7 月 25 日向光耀公司提交工程结算书。上述日期均早于 2022 年 1 月 31 日，建工公司并未在此后的十八个月内行使优先受偿权。故其优先受偿权不予支持。该案例改编自参考文献［55］。

问题 4-32：工程勘察和设计单位如何承担质量责任？

《建设工程质量管理条例》第三条规定："建设单位、勘察单位、设计单位、施工单位、工程监理单位依法对建设工程质量负责。"

《建设工程质量管理条例》第五条第一款规定："从事建设工程活动，必须严格执行基本建设程序，坚持先勘察、后设计、再施工的原则。"

《建设工程质量管理条例》第二十条规定："勘察单位提供的地质、测量、水文等勘察成果必须真实、准确。"

《建设工程质量管理条例》第二十一条规定："设计单位应当根据勘察成果文件进行建设工程设计。设计文件应当符合国家规定的设计深度要求，注明工程合理使用年限。"

案例 4-32：工程勘察及设计单位依法承担相应的质量责任

某工程地下室防水底板出现开裂、渗漏、隆起现象，并存在地下室积水。建筑公司进行了加固施工。半年后地下室再次出现防水底板开裂、隆起现象，部分框架柱底的底板开裂，同时伴有大量地下水涌出。法院委托专业机构对该事项进行鉴定，出具了防水、加固处理方案，地下室因长期积水无法正常使用。资产估价公司就房屋租金损失进行了鉴定。

根据《建设工程质量管理条例》第三条规定，建设工程出现质量问题，给发包人造成了损害，责任方应就该损害向发包人赔偿。勘察公司出具的地勘报告中未提供地下水位变化幅度，补充说明提供的地下水位建议值不准确，不符合《岩土工程勘察规范（2009 年版）》GB 50021—2001 要求。勘察公司认为，建设工程场地地质条件简单，其按照勘察规范布孔，未发现地下水，故未提供地下水变化幅度及地下水位建议值，不违反勘察规范。地下室积水系因肥槽回填设计要求，且排水措施未到位，建设单位应当承担主要过错。

司法鉴定中心答复，第一，勘察单位应当对地表水和地下水之间的补给和排泄对地下水位的影响，进行统筹考虑。第二，案涉工程地质条件为上下五层，地质情况比，地质情况比较复杂是造成水位上升的一个因素，但是否是全部因素无法判断。第三，勘察现场时已完成肥槽回填，但暴雨时肥槽回填情况不清楚。第四，当年勘察现场时没有降雨，但地下室仍有水，无法判断是地表水还是地下水，抽干后仍有反水。第五，工程不属于重大工程，但应当收集水文资料，给设计单位提供防水水位。

解析：省高院审理后认为：司法鉴定中心针对勘察公司的异议进行了答复，勘察公司未提供充分的反驳理由或证据，检测意见应予采纳。勘察公司作为勘察单位未按照上述勘察规范要求，掌握水文信息，在勘察报告中未提供地下水位变化幅度，补充说明提供的地下水位建议值不准确，后设计单位依据该勘察报告对地下室未作出相应的抗浮设计，最终导致地下室底板破裂，是造成本案建设工程质量问题的主要原因，勘察公司应当承担相应的责任。一审法院确认勘察公司承担地下室防水加固维修费和地下室租金损失之和的25％的责任比例，并无不当。

对于建筑设计公司的责任。省高院审理后认为设计公司以勘察单位出具的勘察报告为据，抗辩因案涉场地未见地下水，故无需对案涉工程地下室进行抗浮设计的理由并不充分。第一，根据检验报告，发生工程质量问题的主要原因是勘察单位未提供地下水变化幅度及建议值。虽然在此情况下，尚无强制性规范要求必须进行抗浮设计，但建筑设计公司作为专业的设计机构，其履行合同不仅应当符合国家法律、法规，符合工程行业的标准和规范，还应当秉持专业的精神，最大限度地尽到专业机构的注意义务，提供合理可使用的设计方案，保证工程按照设计方案施工后能够正常投入使用。第二，勘察报告指出案涉工程地处丘陵地区，设计公司在设计案涉工程时未考虑地表水大量渗入及进行相应的抗浮设计，其以谷歌地图照片显示附近丘陵已经平整为由不予考虑地面水因素，未尽到专业机构的合理注意义务。第三，勘察报告记载的勘察范围长 214m，宽 36.5m，但设计方案长210m，宽 78m，设计面积远超勘察面积。在此情况下，设计公司没有建议勘察单位进行补充勘察或作出明确说明，未尽到合理的注意义务。综上，本案工程抗浮设计上存在疏漏，且该疏漏与工程受损之间存在因果关系，故建筑设计公司应当承担相应的责任。考虑到抗浮设计上存在遗漏主要是由于勘察报告缺失相关记载，故建筑设计公司承担地下室防水加固维修费和地下室租金损失之和的 10％的赔偿责任为宜。该案例改编自参考文献［56］。

问题 4-33：如何约定违约金才能获得法院支持？

《民法典》第五百八十五条规定："当事人可以约定一方违约时应当根据违约情况向对方支付一定数额的违约金，也可以约定因违约产生的损失赔偿额的计算方法。约定的违约金低于造成的损失的，人民法院或者仲裁机构可以根据当事人的请求予以增加；约定的违约金过分高于造成的损失的，人民法院或者仲裁机构可以根据当事人的请求予以适当减少。当事人迟延履行约定违约金的，违约方支付违约金后，还应当履行债务。"

违约金是依据当事人的事先约定，违约方于违约发生时向守约方支付一定数额的金钱。其主要功能在于免除守约方的举证责任，同时也提供一种"威慑"，确保债权的实现。

违约金责任的成立，须满足以下条件：其一，当事人间存在有效的合同关系。其二，存在违约行为。其三，对于违约金责任的成立是否要求过错，应分别加以讨论。一般来说，若当事人违反结果性义务时（如交付符合约定的标的物），则不要求违约方有过错；而违反方式性义务，则一般要求存在过错。

违约金数额高低的判断标准。根据《民法典》第五百八十五条的规定，约定的违约金低于造成的损失的，当事人可以请求人民法院或者仲裁机构予以增加；约定的违约金过分高于造成的损失的，当事人可以请求人民法院或者仲裁机构予以适当减少。人民法院在判断违约金是否过高时，应当以当事人实际损失为基础进行判断，同时兼顾合同的履行情况、当事人的过错程度以及预期利益等综合因素，根据公平原则和诚实信用原则予以衡量，并作出裁决。

违约金数额调整的方式。当事人可以直接请求人民法院或仲裁机构对违约金的数额进行调整，也可以通过反诉或者抗辩的方式请求，但需提供证据证明当事人的相关损失大于或者小于所约定的违约金数额。

在判断约定违约金是否过高以及调低的幅度时，一般应当以对债权人造成的损失为基准。司法实践中对此掌握的标准一般是，当事人约定的违约金超过造成损失的30%，一般认定为"过分高于造成的损失"，但对此不应当机械适用，避免导致实质上的不公平。此时，可以综合考虑辩论终结前出现的以下因素：（1）合同履行情况。在合同履行瑕疵较为轻微，例如违约时间很短，可以适当调整违约金的数额。如果部分履行对债权人意义甚微，则应审慎酌减违约金。（2）当事人过错程度。债务人主观过错程度较小或者债权人也有过错时，可以适当调整违约金的数额。在违约方属于恶意违约的场合例如双方当事人签订合同后，在履约的时候突然价格上涨，卖方违约将货物卖给别人而不卖给原已签订合同的买方，违约金的调整应当体现出对恶意违约的惩罚。在违约但非违约方也有过失的场合，违约金的调整就不应过多体现惩罚色彩。（3）预期利益。预期利益实现的可能性较大时，酌减违约金应当更为审慎，此时，应考虑债权人的一切合法利益，而不仅仅是财产上的利益。（4）其他因素。例如，债务人给付约定违约金达到了可能严重影响债务的生存的程度；债务人因违约而获利的，也可以予以考虑。在实际损失无法确定时，可以斟酌考虑合同标的总价款、一定倍数的租金或者承包金、通常利率一定倍数、投资性质合同中的投资总额的一定比例等。

案例 4-33：违约金的调整应以尊重当事人的约定为原则

投资公司与建设集团就某厂房建设作为发包人和承包人签订了《建设工程施工合同》，明确约定工期为 4 个月。《建设工程施工合同》因发包人导致的"工期延误"作了特别约定：因发包人原因导致工期延误的其他情形包括：拆迁未能及时完成，使承包人无法施工；重大设计变更应按定额计算工期并顺延。该合同还约定：因发包人违反合同约定造成暂停施工的违约责任，按合同总额每日万分之二向承包人支付违约金，并按实际损失向承包人赔偿。工程施工过程中，因房屋拆迁、青苗补偿及设计变更等诸多因素，导致承包人先后累计停工达 18 个月，给承包人造成较大的经济损失。因双方未能就违约金及实际损失赔偿问题达成一致意见，发包人要求调整违约金，承包人遂诉至人民法院。

解析：法院审理后认为，本案中，原被告双方在合同中约定，因发包人违反合同约定造成暂停施工的违约责任，按合同总额每日万分之二向承包人支付违约金，并按实际损失向承包人赔偿。在此，违约金与损失赔偿实则是并行的责任，违约金之外还得主张损害赔偿，这是双方真实意思的表示，也并不违反法律之强制性规定。双方在合同中的违约金的约定具有一定震慑力，起到敦促当事人遵守合同履行约定义务的作用。发包人在建设工程不具备开工的基本条件的情况下批复原告方进场施工，使承包人遭受较大损失。对于可能导致工期延误的房屋拆迁等因素，发包人是明知的。工程设计及相关勘测工作完备是工程开工的重要前提，对此，发包人也是应当知道的。因此本案中违约金应不予调整。最高人民法院《关于当前形势下审理民商事合同纠纷案件若干问题的指导意见》（法发〔2009〕40 号）指出，调整违约金应当考量当事人缔约地位的强弱。违约金应当以尊重当事人的约定为原则，意思自治应当首先得到尊重。

问题 4-34：招标人能否直接向分包人就分包项目追究连带责任？

《民法典》第一百七十八条规定："二人以上依法承担连带责任的，权利人有权请求部分或者全部连带责任人承担责任。连带责任人的责任份额根据各自责任大小确定；难以确定责任大小的，平均承担责任。实际承担责任超过自己责任份额的连带责任人，有权向其他连带责任人追偿。连带责任，由法律规定或者当事人约定。"

《招标投标法》第四十八条和《招标投标法实施条例》第五十九条均规定：中标人应当按照合同约定履行义务，完成中标项目。中标人不得向他人转让中标项目，也不得将中标项目肢解后分别向他人转让。中标人按照合同约定或者经招标人同意，可以将中标项目的部分非主体、非关键性工作分包给他人完成。接受分包的人应当具备相应的资格条件，并不得再次分包。中标人应当就分包项目向招标人负责，接受分包的人就分包项目承担连带责任。

在总包与分包的承包模式中，存在两个不同的合同关系：一是招标人和中标人签订的总承包合同；二是中标人和分包人之间签订的分包合同。分包人仅与总承包人签订分包合同，与招标人之间并不存在合同关系。根据合同的相对性，分包人只对总承包人负责，并不直接向招标人承担责任。因分包工作出现的问题，招标人只能向总承包人追究责任，而不能直接向分包人追偿。但是为了维护招标人的权益，《招标投标法》和《招标投标法实施条例》中均规定，中标人与分包人应当就分包工作向招标人承担连带责任。即分包人不履行分包合同时，招标人既可以要求总承包人承担责任，也可以直接要求分包人承担责任。

案例 4-34：分包人应与中标人共同向招标人承担连带责任

某综合楼施工项目，中标人总承包企业将幕墙施工内容分包给了具有相应资质的幕墙公司施工，竣工验收合格后交付使用，在质保期内幕墙工程出现质量问题，招标人要求分包人幕墙公司和总承包企业共同承担连带责任。招标人的要求是否合理？

　　解析：中标项目进行分包的情况下，存在招标人与中标人之间的总承包合同及中标人（总承包人）与分包人之间的分包合同两个不同的合同关系。基于合同的相对性原理，只有中标人对招标人承担合同责任，分包人只对中标人负责，并不直接向与其无合同关系的招标人承担责任。但是，为了维护招标人的权益，《招标投标法》及其实施条例专门规定，中标人与分包人应当就分包项目向招标人承担连带责任，不仅是在合法分包的情况下需要承担，即使在违法分包、双方存在过错的情况下更需承担。因此，在本案中，总承包公司将其中标项目部分分包给幕墙公司，出现违约时，二者应向招标人共同承担连带清偿责任。

下篇

招投标与合同管理、造价控制的综合案例

案例一：招投标阶段造价文件编制案例

案例目的： 根据现行工程量清单的计价模式阐述工程量清单计价规范的应用、工程量清单编制的强制性规定、综合单价的形成过程、招标控制价和投标报价的费用组成内容、组价过程、二者的区别、编制的注意事项等。

案例内容： 本案例要求按《房屋建筑与装饰工程工程量计算规范》GB 50854—2013 和《建设工程工程量清单计价规范》及相关规定，掌握编制工程综合单价的编制过程，掌握由于物价变化带来的综合单价超过风险幅度值后的调整方法，掌握暂估价材料单价的换算和综合单价的组价方法，掌握变更新增子目价款的确定方法；掌握工程报价的整个编制流程。需要明确包含不同报价子目的工程量清单综合单价的报价内容，掌握清单工程量与报价工程量的区别。注意各工程量计算之间的配合关系。

案例背景： 某商业营业大厅工程项目装饰部分的分部分项工程量清单见表 2-1-1 所示（限于篇幅，这里仅选取了部分子目），该工程量清单是按照《建设工程工程量清单计价规范》GB 50500—2013 和《房屋建筑与装饰工程工程量计算规范》GB 50854—2013 编制的，在其他项目清单中设定了暂列金额 20 万元。

分部分项工程和单价措施项目清单与计价表　　　　　　表 2-1-1

序号	项目编码	项目名称	项目特征	计量单位	工程量	金额（元）		
						综合单价	合价	其中：暂估价
一	分部分项工程							
1	011102003001	防滑面砖楼面	1. 10mm 厚防滑地面砖，20mm 厚1：2 干硬性水泥砂浆结合层，稀水泥浆擦缝 2. 20mm 厚1：2.5 水泥砂浆找平 3. 部位：用于盥洗间楼面	m²	598.1			
2	011204004001	干挂石材钢骨架	1. 骨架种类、规格：型钢 2. 防锈漆品种遍数：1 遍 3. 部位：一层外墙墙裙	t	9.2			
3	011204003001	块料墙面	1. 5mm 厚瓷砖粘结砂浆粘贴瓷砖 2. 6mm 厚1：2 水泥砂浆抹平 3. 1.5mm 厚涂刷型聚合物水泥防水砂浆防水层，喷砂一道（另列项） 4. 6mm 厚1：2 水泥砂浆抹平 5. 9mm 厚1：3 水泥砂浆打底扫毛 6. 专用界面剂一道（钢筋混凝土墙）/配套专用界面砂浆批刮（加气混凝土砌块墙） 7. 部位：卫生间直饮水内墙处	m²	860			

序号	项目编码	项目名称	项目特征	计量单位	工程量	金额（元）		
						综合单价	合价	其中：暂估价
4	011302001001	吊顶天棚	1. ϕ8 钢筋吊杆，中距横向小于等于 1200mm，纵向 600mm 2. T 形轻钢主龙骨 TB23×32，中距 600mm 与钢筋吊杆固定 3. T 形轻钢龙骨 TB23×26，中距 1200mm 4. PVC 扣板面层（有跌落造型） 5. 部位：用于公共卫生间顶棚	m²	368.0			
5	011407001001	外墙弹性涂料	1. 防潮底涂 2. 刮柔性耐水腻子 3 遍 3. 涂饰底层涂料 4. 涂饰面层弹性涂料 2 遍 5. 部位：外墙面	m²	17856			
	分部分项工程小计			元				
二	单价措施项目							
1	011701003001	满堂脚手架	搭设高度 5.4m	m²	1368			
	单价措施项目小计			元				
	分部分项工程和单价措施项目合计			元				

问题与案例解析 1：案例项目中块料楼面招标清单工程量与报价工程量有何不同？

解析：（1）清单工程量与报价工程量的编制依据不同

招标工程量清单中给出的工程量称为清单工程量，是根据《建设工程工程量清单计价规范》GB 50500—2013 及对应专业工程量计量规范中的计算规则的要求编制出来的。

报价工程量是投标人根据自己的企业定额或所使用的报价定额配套的计算规则计算出来的，计算的规则与所使用的报价定额紧密相关。

（2）清单工程量与报价工程量的用途不同

清单工程量是招标工程量清单的一部分，是各投标人编制投标报价的基础，投标人报价时，招标工程量清单的内容不允许改动。

报价工程量用于投标人对各清单子目进行组价时使用，是投标人完成该清单子目的工作内容所发生的全部实际费用，此时，报价工程量可能与清单工程量不一致，并且一个清单子目下可能包含多个报价子目，每个报价子目均需要计算出相应的报价工程量。

案例："防滑面砖楼面"工程量清单子目的报价

该建筑物盥洗间的平面图如图 2-1-1 所示，数量为 10 个。柱垛突出为 240mm×240mm，门洞宽均为 1000mm，计算盥洗间防滑面砖楼面的清单与报价的工程量。

《房屋建筑与装饰工程工程量计算规范》GB 50854—2013 中"块料楼地面"的计算规

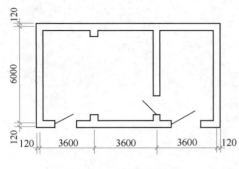

图 2-1-1 盥洗间平面图

则是"按设计图示尺寸以面积计算。门洞、空圈、暖气包槽、壁龛的开口部分并入相应的工程量内。"工程内容包括：基层清理；抹找平层；面层铺设、磨边；嵌缝；刷防护材料；酸洗、打蜡；材料运输。

清单工程量=(3.6×3−0.24×2)×(6−0.24)−0.24×0.24×2+1.00×0.24+1.00×0.12×2=59.81m²

施工企业投标时采用了企业定额进行了"防滑面砖楼面"的组价。这时需要根据清单子目包含的工作内容进行分析，本清单子目需要"防滑面砖楼面面层"和"找平层"两个报价子目。

块料楼地面企业定额中面层的计算规则与清单的计算规则相同。面层报价工程量=59.81m²

企业定额中楼地面找平层的计算规则为"按设计图示尺寸以面积计算，计算时应扣除凸出地面的构筑物、设备基础、室内铁道、室内地沟等所占面积，不扣除间壁墙及≤0.3m²的柱、垛、附墙烟囱及孔洞所占面积，门洞、空圈、暖气包槽、壁龛的开口部分亦不增加（间壁墙是指墙厚≤120mm的墙）。"

根据以上计算规则，计算"找平层"子目的报价工程量。

找平层的报价工程量=(3.6×3−0.24×2)×(6−0.24)=59.44m²

由以上可知，报价工程量与清单工程量计算规则相同时，可以把报价工程量直接等同于清单工程量。报价工程量与清单工程量计算规则不同时，应根据报价定额相关联的计算规则重新计算报价工程量。具体工程量在综合单价形成中的应用详见本题的案例4吊顶天棚的组价。

问题与案例解析2：案例项目中瓷砖的材料单价与材料原价有何不同？

解析：根据《建筑安装工程费用项目组成》（建标〔2013〕44号）中的规定，材料费是指施工过程中耗费的原材料、辅助材料、构配件、零件、半成品或成品、工程设备的费用。内容包括以下四个部分：

（1）材料原价：是指材料、工程设备的出厂价格或商家供应价格。

（2）运杂费：是指材料、工程设备自来源地运至工地仓库或指定堆放点所发生的全部费用。

（3）运输损耗费：是指材料在运输装卸过程中不可避免的损耗。

（4）采购及保管费：是指为组织采购、供应和保管材料、工程设备的过程中所需要的各项费用。包括采购费、仓储费、工地保管费、仓储损耗费等。

材料费=Σ（材料消耗量×材料单价）

材料单价=[（材料原价+运杂费）×(1+运输损耗率)]×[1+采购保管费率]

从以上可以看出，材料原价是材料单价中组成的一部分，二者是不同的概念，不能混淆使用，在材料费的组成中，使用的是材料单价，而不是材料原价。

这里应注意的问题：

（1）材料单价中包含的损耗仅仅是运输和装卸过程中的损耗。材料的其他损耗包含在材料费组成的材料消耗量中，如材料施工过程中正常的实体损耗，表现在净用量和实际用量的差值。还包括材料在加工过程中的损耗（如边角余料）和施工过程中的损耗等，具体材料的损耗量包括从工地仓库、现场集中堆放地点（或现场加工地点）至操作（或安装）地点的施工场内运输损耗、施工操作损耗和施工现场堆放损耗等。

（2）材料的"检验试验费"不再包含在材料单价中。检验试验费是指施工企业按照有关标准规定，对建筑以及材料、构件和建筑安装物进行一般鉴定、检查所发生的费用，包括自设试验室进行试验所耗用的材料等费用。不包括新结构、新材料的试验费，对构件做破坏性试验及其他特殊要求检验试验的费用和建设单位委托检测机构进行检测的费用，对此类检测发生的费用，由建设单位在工程建设其他费用中列支。但对施工企业提供的具有合格证明的材料进行检测不合格的，该检测费用由施工企业支付。

具体材料单价的确定方法如下：

（1）材料原价（或供应价格）。材料原价指材料的出厂价格，或进口材料抵岸价。在确定原价时，凡同一种材料因来源地、交货地、供货单位、生产厂家不同，而有几种价格（原价）时，根据不同来源地供货数量比例，采取加权平均的方法确定其综合原价，即

$$加权平均原价 = (K_1C_1 + K_2C_2 + \cdots + K_nC_n)/(K_1 + K_2 + \cdots + K_n)$$

式中：K_1，K_2，$\cdots$，K_n表示各不同供应地点的供应量或各不同使用地点的需要量；C_1，C_2，$\cdots$，C_n表示各不同供应地点的原价。

（2）材料运杂费

材料运杂费是指材料自来源地运至工地仓库或指定堆放地点所发生的全部费用。含外埠中转运输过程中所发生的一切费用和过境过桥费用，包括调车和驳船费、装卸费、运输费及附加工作费等。同一品种的材料有若干个来源地，应采用加权平均的方法计算材料运杂费。计算公式如下：

$$加权平均运杂费 = (K_1T_1 + K_2T_2 + \cdots + K_nT_n)/(K_1 + K_2 + \cdots + K_n)$$

K_1，K_2，$\cdots$，K_n表示各不同供应地点的供应量或各不同使用地点的需要量；T_1，T_2，$\cdots$，T_n表示各不同运距的运费。

若运输费用为含税价格，对于"两票制"供应的材料，运杂费以交通运输与服务适用税率9%扣减增值税进项税额；对于"一票制"供应的材料，运杂费采用与材料原价相同的方式扣减增值税进项税额。

（3）运输损耗

在材料的运输中应考虑一定的场外运输损耗费用。这是指材料在运输及装卸过程中不可避免的损耗。

运输损耗＝（材料原价＋运杂费）×相应材料损耗率

（4）采购及保管费

包含采购费、仓储费、工地管理费和仓储损耗费。

采购及保管费＝（材料原价＋运杂费＋运输损耗费）×采购及保管费率

案例："防滑面砖楼面"瓷砖材料单价的组成内容。

该工程采用两票制支付方式采购防滑面砖，已知材料原价和运杂费的含税价格分别为80元/m²、10元/m²，材料运输损耗率、采购及保管费率分别为0.5%、3.5%。材料采

购和运输的增值税率分别为 13%、9%。则该材料的不含税单价为多少元/m^2？

不含税材料原价＝80/1.13＝70.80 元/m^2

不含税材料运杂费＝10/1.09＝9.17 元/m^2

不含税的材料单价＝(70.80＋9.17)×(1＋0.5%)×(1＋3.5%)＝83.18 元/m^2

在一般计税法中，计入综合单价的材料单价应为不含税单价。

问题与案例解析3：案例项目中吊顶天棚的综合单价应如何确定？

解析：吊顶天棚清单报价时应包含多项工作内容的清单子目。

《建设工程工程量清单计价规范》GB 50500—2013 中规定，综合单价的组成包括：人工费、材料费、施工机具使用费、管理费和利润，并包含一定的风险。

人工费＝人工消耗量×人工工日单价

材料费＝材料消耗量×材料单价

施工机具使用费＝施工台班消耗量×施工台班单价

管理费和利润一般是采用费率计取的，这时可根据项目所在地的规定，或报价时采用的企业定额的内容来确定二者的计算基数和费率，有的地区是采用人材机之和作为计算基数，有的地区采用人机之和或人工费作为基数。

实际组价时应注意：综合单价的组成内容不能缺少。另外还应特别注意的是有的清单子目下不止包含一个报价子目内容。所以首先应根据项目特征描述和清单计价规范中的工作内容确定每个分部分项清单子目下应包含几个报价子目。

这里采用"倒算法"计算综合单价。具体步骤如下：

（1）确定工程内容。根据工程量清单项目和拟建工程的实际特点，并参照各专业计量规范中每个清单子目表中的"工程内容"，确定该清单项目的主体及其相关工程内容，并选用相应定额子目。

（2）计算工程量。按报价定额配套的工程量计算规则的规定，分别计算工程量清单项目所包含的每项工程内容的工程量。

（3）选择定额。根据确定的工程内容和报价定额，确定使用的定额名称及其编号，分别选定定额，确定人工、材料、机械台班消耗量。

（4）选择单价。根据定额配套的价目表，并参考市场价格，确定人工、材料、机械台班的相应单价。

（5）汇总所有"工程内容"的人、材、机价款。汇总计算清单项目每计量单位所含某项工程内容的人工、材料、机械台班价款。

工程内容的人、材、机价款＝Σ（人、材、机消耗量×人、材、机单价）

（6）选定费率。根据费用组成的计算方法，并参照工程造价主管部门发布的相关费率，结合本企业和市场的情况，确定管理费率和利润率。

（7）计算完成该子目所有工程内容的合价。

工程内容的合价＝Σ（人、材、机消耗量×人、材、机单价＋管理费＋利润）

（8）计算综合单价。

综合单价＝合价/相应清单项目工程量

案例：工程量清单"吊顶天棚"子目的组价流程

《房屋建筑与装饰工程工程量计算规范》GB 50854—2013 中天棚吊顶的计算规则是

"按设计图示尺寸以水平投影面积计算。天棚面中的灯槽及跌级、锯齿形、吊挂式、藻井式天棚面积不展开计算；不扣除间壁墙、检查口、附墙烟囱、柱垛和管道所占面积，扣除单个面积0.3m² 以外的孔洞、独立柱及与天棚相连的窗帘盒所占的面积。"工程内容包括："基层清理、吊杆安装；龙骨安装；基层板铺贴；面层铺贴；嵌缝；刷防护材料。"

施工企业投标时采用了企业定额进行了吊顶天棚的组价。龙骨和面层的消耗量及单价见表2-1-2。天棚吊顶企业定额中面层的计算规则是"按设计图示尺寸以面积计算，不扣除间壁墙、检查口、附墙烟囱、柱、垛和管道所占面积，但应扣除独立柱、灯带、>0.3m² 的灯孔及与天棚相连的窗帘盒所占的面积，天棚中的折线、跌落等圆弧形、高低吊灯槽及其他艺术形式等天棚面层按展开面积计算"，企业定额中龙骨的计算规则为"按主墙间净空水平投影面积计算，不扣除间壁墙、检查口、附墙烟囱、柱、灯孔、垛和管道所占面积，由于上述原因引起的工料也不增加；天棚中的折线、跌落、高低吊顶槽等面积不展开计算。"

天棚吊顶的企业定额组价表   表 2-1-2

项目				轻钢龙骨	PVC 扣板
				m²	m²
	名称	单位	单价（元）	消耗量	
人工	综合工日	工日	120.00	0.24	0.12
材料	吊筋	kg	3.95	1.04	—
	六角螺栓	kg	8.86	0.02	—
	铁件	kg	5.32	1.71	—
	低合金钢焊条	kg	12.1	0.16	—
	轻钢龙骨	m²	18	1.05	—
	PVC 扣板	m²	32	—	1.05
	自攻螺钉镀锌	100 个	2.62	—	0.17
	PVC 板条	m	9.51	—	1.35
机械	交流弧焊机 32kV·A	台班	105.6	0.03	—

根据以上计算规则，因为天棚中有跌落造型，需要把跌落部分的天棚面层按展开面积计算，所以投标人计算出的天棚吊顶面层的定额工程量为402m²，比清单工程量要多，清单工程量为368m²，因为清单工程量计算规则是跌落面层不展开计算。根据龙骨的计算规则，计算的龙骨的定额工程量为380m²。

表2-1-2中费用均不包含增值税可抵扣进项税额，管理费和利润分别为人工费40%和20%。列式计算天棚吊顶投标的综合单价。

天棚吊顶在报价时应注意工程内容的组成，需要综合考虑吊顶龙骨和面层的费用。这里应注意的是清单的工程量是 368m²，根据企业定额配套计算出的龙骨工程量和面层工程量分别是 380m²、402m²，需要把工程内容和实际发生的工程量全部报入综合单价中，这里采用"倒算法"计算综合单价。根据表 2-1-2 中的消耗量和单价，计算如下：

每平方米吊顶龙骨人工费＝0.24×120＝28.80 元

每平方米吊顶龙骨材料费

＝1.04×3.95＋0.02×8.86＋1.71×5.32＋0.16×12.1＋1.05×18＝34.22 元

每平方米吊顶龙骨施工机具使用费＝0.03×105.6＝3.17 元

每平方米吊顶龙骨管理费和利润＝28.80×40％＋28.80×20％＝17.28 元

每平方米吊顶龙骨（人＋材＋机＋管理费＋利润）＝28.80＋34.22＋3.17＋17.28＝83.47 元

380m² 吊顶龙骨的总价＝380×83.47＝31718.60 元

每平方米面层的人工费＝0.12×120＝14.40 元

每平方米面层的材料费＝1.05×32＋0.17×2.62＋1.35×9.51＝46.88 元

每平方米面层的机械费＝0 元

每平方米面层管理费和利润＝14.40×40％＋14.40×20％＝8.64 元

每平方米面层（人＋材＋机＋管理费＋利润）＝14.40＋46.88＋0＋8.94＝70.22 元

402m² 面层的总价＝402×70.22＝28228.44 元

完成该项天棚吊顶需要的总价＝31718.60＋28228.44＝59947.04 元

天棚吊顶的综合单价＝59947.04/368＝162.90 元/m²

"倒算法"的计算是先计算出完成该项清单子目所有工程内容的总价，然后用总价除以清单工程量得出综合单价，这样计算更容易理解亦不容易出错。

问题与案例解析 4：案例项目中外墙涂料暂估材料单价的子目应如何报价？

暂估价是招标人在工程量清单中提供的用于支付必然发生但暂时不能确定价格的材料、工程设备的单价以及专业工程的金额。

应尽量减少暂估价项目的设置。材料、设备暂估价一般是对工程质量、工期、观感影响较大、因技术复杂暂时难以确定规格要求，或因工期长而市场价格波动较大的材料、设备进行估价。专业工程、服务暂估价一般是对因施工图设计深度不够、技术参数暂时不明确、有特定工艺或需求，或总承包商难以自行完成而需要特定专业资质分包商完成的专业工程、服务进行估价。因此，暂估价项目的设置应本着必要性原则作出符合上述情况的设置，而不应简单地为了缩短招标周期和降低招标难度设置没有必要的暂估价项目，从而为今后的质量、进度管理和工程结算埋下隐患。

材料暂估价的设置是在招标工程量清单中，投标人报价时不能改变材料暂估价的单价，并应把材料暂估单价计入相应的分部分项清单子目的综合单价中，而不能计入在其他项目费中。

案例："外墙涂料"子目的报价及结算调整

因外墙弹性涂料后期变更的可能性较大，招标时业主对外墙弹性涂料采用的暂估材料单价 32.21 元/kg（除税单价）。外墙涂料和腻子的消耗量及单价见表 2-1-3。投标方经过市场询价，外墙弹性涂料单价为 45.20 元/kg（除税单价）。企业定额的计算规则与清单的计算规则相同。表中费用均不包含增值税可抵扣进项税额，管理费和利润分别为人工费

40％和20％。列式计算外墙弹性涂料的综合单价。

外墙涂料、腻子的组价表 表 2-1-3

项目				外墙弹性涂料	墙面成品腻子（二遍）	墙面成品腻子（每增一遍）
				10m²	10m²	10m²
名称		单位	单价（元）	消耗量		
人工	综合工日	工日	120.00	0.80	0.33	0.20
材料	108 胶	kg	1.77	1.50	—	—
	高渗透性表面底漆	kg	15.32	1.00	—	—
	外墙弹性涂料	kg	32.21	4.40	—	—
	砂纸	张	0.46	0.60	6.00	3.00
	白水泥	kg	0.64	3.00	—	—
	成品腻子	kg	10.88	—	11.40	4.56

这里应注意的是，投标报价时不能采用市场价，应该根据招标工程量清单中给出的材料暂估价计入相应子目的综合单价中。

外墙涂料的计算过程与"吊顶天棚"子目的计算过程类似。其报价内容包括刷 3 遍成品腻子和外墙弹性涂料的费用。

外墙弹性涂料每 10m² 的（人材机＋管理费＋利润）的费用

＝0.80×120＋1.50×1.77＋1.00×15.32＋4.40×32.21＋0.60×0.46＋3.00×0.64＋0.80×120×（40％＋20％）＝315.50 元/10m²

刷 2 遍成品腻子每 10m² 的（人材机＋管理费＋利润）的费用

＝0.33×120＋6.00×0.46＋11.40×10.88＋0.33×120×（40％＋20％）＝190.15 元/10m²

每增 1 遍成品腻子每 10m² 的（人材机＋管理费＋利润）的费用

＝0.20×120＋3.00×0.46＋4.56×10.88＋0.20×120×（40％＋20％）＝89.39 元/10m²

外墙涂料投标时的综合单价＝（315.50＋190.15＋89.39）/10×17856/17856＝59.50 元/m²

该项目中全部的外墙弹性涂料材料的暂估合价 ＝ 32.21 × 4.40/10 × 17856 ＝ 253062.37 元

施工过程中外墙涂料的材料应甲方要求最后确定为新型防水弹性外墙涂料，发承包双方核定的材料含税单价为 50 元/kg，增值税进项税率为 13％，双方核定后的外墙涂料结算工程量为 18321m² 根据合同约定，暂估价的材料应该按核定后的单价计入结算，其他内容不变。

外墙涂料的不含税单价＝50/（1＋13％）＝44.25 元/m²

外墙弹性涂料每 10m² 的（人材机＋管理费＋利润）的费用调整为

＝0.80×120＋1.50×1.77＋1.00×15.32＋4.40×44.25＋0.60×0.46＋3.00×0.64＋0.80×120×（40％＋20％）＝368.47 元/10m²

外墙涂料结算时的综合单价＝（368.47＋190.15＋89.39）/10×18321/18321＝64.80 元/m²

问题与案例解析 5：案例项目中因工程变更带来新增子目的合同价款应如何调整？

解析：《建设工程工程量清单计价规范》GB 50500—2013 中规定了因工程变更引起已

标价工程量清单项目或其工程数量发生变化时，应按照下列规定调整价格：

（1）已标价工程量清单中有适用于变更工程项目的，应采用该项目的单价；但当工程变更导致该清单项目的工程数量发生变化，且工程量偏差超过 15% 时，该项目单价应按照合同约定或规范的规定调整。

（2）已标价工程量清单中没有适用但有类似于变更工程项目的，可在合理范围内参照类似项目的单价。

（3）已标价工程量清单中没有适用也没有类似于变更工程项目的，应由承包人根据变更工程资料、计量规则和计价办法、工程造价管理机构发布的信息价格和承包人报价浮动率提出变更工程项目的单价，并应报发包人确认后调整。承包人报价浮动率可按式（1）、式（2）计算：

招标工程：承包人报价浮动率 $L=(1-$ 中标价/招标控制价$)\times 100\%$　　　　　　　　　（1）

非招标工程：承包人报价浮动率 $L=(1-$ 报价/施工图预算$)\times 100\%$　　　　　　　　（2）

（4）已标价工程量清单中没有适用也没有类似于变更工程项目，且工程造价管理机构发布的信息价格缺价的，应由承包人根据变更工程资料、计量规则、计价办法和通过市场调查等取得有合法依据的市场价格提出变更工程项目的单价，并应报发包人确认后调整。

当发包人提出的工程变更因非承包人原因删减了合同中的某项原定工作或工程，致使承包人发生的费用和（或）得到的收益不能被包括在其他已支付或应支付的项目中，也未被包含在任何替代的工作或工程中时，承包人有权提出并应得到合理的费用及利润补偿。

案例：新增"卫生间镜面玻璃"分部分项子目的综合单价的确定

该案例装饰分部分项工程的最高投标限价 8310386.27 元，中标人的投标报价为 7985756.59 元，承包人的报价浮动率为多少？施工过程中，变更新增了卫生间镜面玻璃子目，清单项目中无类似项目，工程造价管理机构发布该"车边镜面玻璃"的不含税材料单价为 119.65 元/m²，定额中的消耗量为 1.05，合同约定了按承包人的报价浮动率核定综合单价，该项目的综合单价如何确定？

报价浮动率$=(1-7985756.59/8310386.27)\times 100\%=3.91\%$

项目所在地该子目的定额人工费为 21.12 元/m²，除了车边镜面玻璃外的其他材料费为 71.5 元，机械费为 0 元，最高投标限价中设定的管理费和利润分别为定额人工费的 45% 和 22%。

该新增项目的综合单价 $=(21.12+119.65\times 1.05+71.5+21.12\times 45\%+21.12\times 22\%)\times(1-3.91\%)=223.32$ 元/m²

发承包双方可按 223.32 元协商确定该变更新增"卫生间镜面玻璃"子目的综合单价。

问题与案例解析 6：案例项目中型钢价格波动时的综合单价应如何调整？

常见的可能引起综合单价调整的因素包括：

（1）法律法规变化

因法律法规等变化引起合同价款调整时，合同当事人应按照建设行政主管部门（省级或行业）或造价主管部门依据这些法律法规变化而专门发布的政策文件进行合同价款调整。

（2）工程变更带来的调整

详见本题问题5的解析。

（3）项目特征不符

发包人在招标工程量清单中对项目特征的描述，应被认为是准确的和全面的，并且与实际施工要求相符合。承包人应按照发包人提供的招标工程量清单，根据项目特征描述的内容及有关要求实施合同工程，直到项目被改变为止。

承包人应按照发包人提供的设计图纸实施合同工程，若在合同履行期间出现设计图纸（含设计变更）与招标工程量清单任一项目的特征描述不符，且该变化引起该项目工程造价增减变化的，应按实际施工的项目特征，重新确定相应工程量清单项目的综合单价，并调整合同价款。

（4）工程量清单缺项

合同履行期间，由于招标工程量清单中缺项，新增分部分项工程清单项目的，应按照工程变更条款的规定确定单价，并调整合同同价款。

（5）工程量偏差

对于任一招标工程量清单项目，当因工程量偏差和工程变更等原因导致工程量偏差超过15％时，可以进行调整。当工程量增加15％以上时，增加部分的工程量的综合单价应予调低；当工程量减少15％以上时，减少后剩余部分的工程量的综合单价应予调高。

（6）物价变化

合同履行期间，因人工、材料、工程设备、机械台班价格波动影响合同价款时，应根据合同约定，调整合同价款。

承包人采购材料和工程设备的，应在合同中约定主要材料、工程设备价格变化的范围或幅度；当没有约定，且材料、工程设备单价变化超过5％时，超过部分的价格应按照规定方法计算调整材料、工程设备费。

发生合同工程工期延误的，应按照下列规定确定合同履行期的价格调整：

因非承包人原因导致工期延误的，计划进度日期后续工程的价格，应采用计划进度日期与实际进度日期两者的较高者。因承包人原因导致工期延误的，计划进度日期后续工程的价格，应采用计划进度日期与实际进度日期两者的较低者。

（7）暂估价

发包人在招标工程量清单中给定暂估价的材料、工程设备属于依法必须招标的，应由发承包双方以招标的方式选择供应商，确定价格，并应以此为依据取代暂估价，调整合同价款。发包人在招标工程量清单中给定暂估价的材料、工程设备不属于依法必须招标的，应由承包人按照合同约定采购，经发包人确认单价后取代暂估价，调整合同价款。

案例："型钢骨架"子目发生价格波动超出约定的合同范围时进行的综合单价调整

施工企业投标时采用了表2-1-4的内容进行了型钢骨架的组价。表2-1-2中钢骨架企业定额的计算规则型钢骨架和油漆的工程量计算规则均是按骨架重量计算，二者和《房屋建筑与装饰工程工程量计算规范》GB 50854—2013中的计算规则相同。表中费用均不包含增值税可抵扣进项税额，管理费和利润分别为人工费40％和20％。

干挂石材钢骨架安装、油漆的组价表 表 2-1-4

项目				型钢骨架	钢结构防锈漆 2 遍
				t	t
名称		单位	单价（元）	消耗量	
人工	综合工日	工日	120.00	23.92	1.96
材料	型钢	t	4300.00	1.06	—
	电焊条	kg	6.13	23.42	—
	合金钢钻头	个	9.68	25	—
	膨胀螺栓	套	0.60	400	—
	铁件	kg	5.32	246.43	—
	电	kW·h	0.90	6.13	—
	砂布	张	1.03	—	15.20
	防锈漆	kg	12.92	—	8.65
	油漆溶剂油	kg	8.91	—	0.98
机械	交流弧焊机 32kV·A	台班	105.60	6.09	—

干挂石材钢骨架项目投标时每 t 的综合单价计算过程如下：

人工费＝120.00×23.92＋1.96×120.00＝3105.60 元

材料费＝（4300×1.06＋6.13×23.42＋9.68×25＋0.60×400＋5.32×246.43＋0.90×6.13）＋（1.03×15.20＋12.92×8.65＋8.91×0.98）＝6636.24 元

施工机具使用费＝105.60×6.09＝643.10 元

管理费＋利润＝3105.60×40％＋3105.60×20％＝1863.36 元

综合单价＝（3105.60＋6636.24＋643.10＋1863.36）×9.2/9.2＝12248.30 元/t

施工过程中型钢价格普遍上涨，施工合同约定，型钢单价风险幅度值为±5％，超过时，采用造价信息差额调整法调整综合单价：承包人投标单价中的材料单价低于基准单价（当地造价管理部门发布的信息价）时，施工期间材料单价涨幅以基准单价为基础超过合同约定的风险幅度值的，其超过部分按实结算。投标期间的市场单价（除税）和施工当期造价管理部门发布的型钢的材料信息价（除税）分别为 4500 元/t、5200 元/t，施工当期承包方采购的型钢材料除税单价为 5000 元/t，列式计算型钢骨架结算时的综合单价。

使用造价信息差额调整法进行综合单价的调整。注意材料单价的调整基础是基于基准单价而不是投标单价。人工费、施工机具使用费不变，基于人工费取费的管理费和利润亦不变。

干挂石材钢骨架项目结算时调整后的型钢的每 t 材料不含税单价

＝5000－4500×（1＋5％）＋4200＝4475.00 元/t

调整后的材料费

＝（4475.00×1.06＋6.13×23.42＋9.68×25＋0.60×400＋5.32×246.43＋0.90×6.13）＋（1.03×15.2＋12.92×8.65＋8.91×0.98）＝6821.74 元/t

结算的综合单价＝（3105.60＋6821.74＋643.10＋1863.36）×9.2/9.2＝12433.80 元/t

案例二：全过程工程造价文件编制案例

案例目的：了解从决策、设计、招投标、施工至竣工结算阶段各阶段的造价文件的组成，主要包括工程估算、设计概算、招标控制价、合同价、结算价，通过工程造价的变化来了解工程造价全过程文件的编制和造价控制方法。

案例内容：全过程各阶段造价文件的编制依据、内容及编制方法和流程，并对各阶段造价文件之间的逻辑关系和编制注意事项进行分析，应注意各阶段编制的深度要求。

案例背景：某高层商住楼项目，地下二层，地上24层，其中一层为商业，短肢剪力墙结构，建筑面积22500m²，建筑构件的耐火等级为一级。建筑抗震等级为三级，建筑结构安全等级为二级。基础类型：主体楼为钻孔灌注桩基础。该项目投资控制的内容及重点见表2-2-1。

投资控制内容及重点 表2-2-1

阶段名称	投资控制内容	投资控制重点
前期准备	土地出让金	土地出让价格评估
	可行性研究	技术经济分析
设计阶段	限额设计	限额的控制和确定
	优化评审	投资优化
发包阶段	工程量控制、招标控制价	施工图预算
	招投标方式	报价和付款方式
施工阶段	施工合同履行	现场计量签证控制
	工程款支付	合同价、工程量
	变更、签证、索赔	变更费用，签证费用，费用索赔
	竣工结算	竣工结算调整

问题与案例解析1：案例项目投资估算的编制依据、内容及应如何编制？

投资估算编制，除了建设单位有关项目的方案、设计任务书和设计相关资料外，编制方法和内容可依据《建设项目投资估算编审规程》CECA/GC 1—2015的要求，根据拟建项目的特征，将与相同或相近似的项目将不同之处换算或调整后再使用。

投资估算的编制依据主要有：

（1）国家、行业和地方政府的有关法律、法规或规定；政府有关部门、金融机构等发布的价格指数、利率、汇率、税率等有关参数。

（2）行业部门、项目所在地工程造价管理机构或行业协会等编制的投资估算指标、概算指标（定额）、工程建设其他费用定额（规定）、综合单价、价格指数和有关造价文件等。

（3）类似工程的各种技术经济指标和参数。

（4）工程所在地同期的人工、材料、机械市场价格，建筑、工艺及附属设备的市场价格和有关费用。

（5）与建设项目相关的工程地质资料、设计文件、图纸或有关设计专业提供的主要工程量和主要设备清单等。

（6）委托单位提供的其他技术经济资料。

在编制投资估算时，首先进行基础资料的调研工作，要掌握项目较详细的工程设计方案、设备方案，当地的工料价格、估算指标及外部基础设施配套情况、建设区域环保节能要求、政策要求及与建设有关的税费标准等情况，按量价法进行换算汇总形成最终估算总价。编制投资估算时要对估算的定量指标进行准确的掌握，对涉及变量部分如工程主要材料、重要购置设备，要关注其市场价格走势，市场价格波动幅度变动较大，往往会给后期投资控制带来不确定性。所以，在编制投资估算过程中要重点关注费用占比比较大的材料、关键设备。如钢材、水泥、混凝土及人工等。工程其他费用主要包括前期费用，这部分费用占总投资的比例一般不大，但估算不准的话，往往会影响估算的精确度，估算时要加强学习新颁布的有关政策，根据国家政策要求适时调整。

项目建议书阶段的投资估算方法包括：生产能力指数法、系数估算法、比例估算法、混合法、指标估算法等。

总投资估算包括汇总单项工程估算、工程建设其他费用、预备费用、建设期利息等。建设项目总投资由建设投资、建设期利息和流动资金组成。建设投资由建设项目的工程费用、工程建设其他费用及预备费用组成。

案例：该项目投标估算的编制

编制该案例项目的投资估算时，建筑面积约 22500m²，工程费用根据类似工程概算指标估算。设备购置及安装通过类似工程询价得到。工程建设其他费用根据相关收费文件估算。基本预备费按工程费用和工程建设其他费用合计的 4% 取值。涨价预备费以静态投资为基数，考虑涨价费率 4% 作为取值。经测算，项目总投资估算额为 7601.82 万元。具体见表 2-2-2。

建设投资估算表　　　　　　　　　　　　　　　表 2-2-2

序号	费用名称	建筑工程	安装工程	设备购置费	其他费用	合计（万元）	技术经济指标（元/m²）			占总造价%
							单位	数量	指标（元）	
一	工程建设费用	5163.75	1170.00	120.00		6453.75	m²	22500.00	2868.33	84.90%
1	建安费用					6015.00	m²	22500.00	2673.33	
1.1	土建工程	3150.00				3150.00	m²	22500.00	1400.00	
1.2	室内外装修工程	1575.00				1575.00	m²	22500.00	700.00	
1.3	给水排水、消防工程		495.00			495.00	m²	22500.00	220.00	
1.4	通风空调采暖工程		270.00			270.00	m²	22500.00	120.00	
1.5	强电工程		270.00			270.00	m²	22500.00	120.00	
1.6	弱电工程		135.00			135.00	m²	22500.00	60.00	
1.7	电梯			120.00		120.00	m²	4.00	300000.00	
2	室外配套工程费用					438.75	m²	22500.00	0.00	

续表

序号	费用名称	建筑工程	安装工程	设备购置费	其他费用	合计（万元）	技术经济指标（元/m²）			占总造价%
							单位	数量	指标（元）	
2.1	污水排水管线工程	90.00				90.00	m²	22500.00	40.00	
2.2	雨水管线工程	45.00				45.00	m²	22500.00	20.00	
2.3	电力管线及设施	270.00				270.00	m²	22500.00	120.00	
2.4	中水回用管网	33.75				33.75	m²	22500.00	15.00	
二	工程建设其他费用	计算基础	费率			606.88	m²	22500.00		7.98%
1	勘察费用				18.00	18.00	m²	22500.00	8.00	
2	设计费				90.00	90.00	m²	22500.00	40.00	
3	规划技术服务费				7.20	7.20	m²	22500.00	3.20	
4	施工图技术审查费				5.85	5.85	m²	22500.00	2.60	
5	测绘交易手续费				11.48	11.48	m²	22500.00	5.10	
6	招标代理费	6453.75	0.50%			32.27	m²	22500.00	14.34	
7	工程监理费用	6453.75	1.50%			96.81	m²	22500.00	43.03	
8	工程造价咨询费	6453.75	0.50%			32.27	m²	22500.00	14.34	
9	项目管理费	6453.75	4.00%			258.15	m²	22500.00	114.73	
10	建筑市场交易费	6453.75	0.14%			9.04	m²	22500.00	4.02	
11	合同公证费	6453.75	0.01%			0.65	m²	22500.00	0.29	
12	场地准备及临时设施费	6453.75	0.50%			32.27	m²	22500.00	14.34	
13	工程测绘及检测费	6453.75	0.20%			12.91	m²	22500.00	5.74	
三	预备费					541.20	m²	22500.00	240.53	7.12%
1	基本预备费	7060.63	4.00%			282.43	m²	22500.00	125.52	
2	涨价预备费	6469.33	4.00%			258.77	m²	22500.00	115.01	
四	建设投资合计					7601.82	m²	22500.00	3378.59	100.00%

问题与案例解析 2：案例项目设计概算的编制依据、内容及应如何编制？

设计概算是设计文件的重要组成部分，是确定和控制建设项目全部投资的文件，设计概算投资一般应控制在立项批准的投资估算以内，如果设计概算值超过控制范围，需要修改设计或重新立项审批。具体编制可参照《建设项目设计概算编审规程》CECA/GC 2—2015。

设计概算应按编制时（期）项目所在地的价格水平编制，总投资应完整反映编制时期建设项目的实际投资；设计概算应考虑建设项目施工条件等因素对投资的影响；按项目合理建设期限预测建设期价格水平，以及资产租赁和贷款的时间价值等动态因素对投资的影响。

设计概算由项目设计单位负责编制，并对其编制质量负责。编制内容包括总概算、综合概算、单位工程概算等三级编制形式。概算总投资由工程费用、工程建设其他费用、预备费、建设期利息、固定资产投资方向调节税（暂停征收）、铺底流动资金。其中工程费用按单项工程综合概算组成编制。单位工程概算一般分为建筑工程单位工程概算、设备及安装工程单位工程概算两大类。

设计概算的编制依据主要包括：（1）批准的可行性研究报告；（2）工程勘察与设计文件或设计工程量；（3）项目涉及的概算指标或定额，以及工程所在地编制同期的人工、材料、机械台班市场价格，相应工程造价管理机构发布的概算定额（或指标）；（4）国家、行业和地方政府有关法律、法规或规定，政府有关部门、金融机构等发布的价格指数、利率、汇率，以及工程建设其他费用等；（5）资金筹措方式；（6）正常的施工组织设计或拟定的施工组织设计和施工方案；（7）项目涉及的设备材料供应方式及价格；（8）项目的管理、施工条件；（9）项目所在地区有关的气候、水文、地质地貌等自然条件；（10）项目所在地区有关的经济、人文等社会条件；（11）项目的技术复杂程度以及新技术、专利使用情况等；（12）有关文件、合同、协议等；（13）委托单位提供的其他技术经济资料。

案例：该项目设计概算的编制

限于篇幅的关系，本项目的设计概算以该工程建筑工程单位工程概算中的单项工程-"装饰工程"的建安工程费的编制作为案例，根据项目所在地的概算定额和概算项目的取费程序，可以计算出该项目装饰部分建安工程费的概算值为13125116.78元，低于投资估算值1575万元。其中取费表和分部分项概算表分别见表2-2-3和表2-2-4。

装饰工程概算费用表

表 2-2-3

序号	费用名称	计算方法	费用金额（元）
一	分部分项工程费	∑{〔定额∑（工日消耗量×人工单价)＋∑（材料消耗量×材料单价)＋∑（机械台班消耗量×台班单价)〕×分部分项工程量}	7964674.15
	计费基础 JD1	∑（工程量×省人工费）	2887048.49
二	措施项目费	2.1＋2.2	761501.15
2.1	单价措施费	∑{〔定额∑（工日消耗量×人工单价)＋∑（材料消耗量×材料单价)＋∑（机械台班消耗量×台班单价)〕×单价措施项目工程量}	
2.2	总价措施费	(1)＋(2)＋(3)＋(4)	761501.15
(1)	安全文明施工费	计费基础 JD1×15%	433057.27
(2)	夜间施工费	计费基础 JD1×3.64%	105088.57
(3)	二次搬运费	计费基础 JD1×3.28%	94695.19
(4)	冬雨季施工增加费	计费基础 JD1×4.1%	118368.99
(5)	已完工程及设备保护费	直接费×0.15%	10291.13
	计费基础 JD2	∑措施费中 2.1、2.2 中省价人工费	123873.03
三	其他项目费	3.1＋3.2＋3.3＋3.4	
3.1	特殊项目暂估价		
3.2	总承包服务费		
3.3	其他检验试验费		
3.4	其他		

序号	费用名称	计算方法	费用金额（元）
四	企业管理费	（JD1+JD2）×66.2%	1993230.05
五	利润	（JD1+JD2）×36.7%	1105008.2
六	规费	6.1+6.2+6.3	216977.99
6.1	社会保险费	（一+二+三+四+五）×1.52%	179731.09
6.2	住房公积金	（一+二+三+四+五）×0.21%	24831.27
6.3	建设项目工伤保险	（一+二+三+四+五）×0.105%	12415.63
七	税金	（一+二+三+四+五+六）×9%	1083725.24
八	工程费用合计	一+二+三+四+五+六+七	13125116.78

分部分项工程费概算表　　　　　　　　　　　　　　表 2-2-4

序号	定额编码	项目名称	单位	数量	单价					合价
					合计	其中				
							人工费	材料费	机械费	
1	GJ-7-8	整体面层　水泥砂浆　楼地面 20mm	10m²	288.2	456	264.96	182.58	8.46		131419.2
2	GJ-7-9	整体面层　水泥砂浆　楼梯 20mm	10m²	14.4	778.81	593.4	176.08	9.33		11214.86
3	GJ-7-10	整体面层　细石混凝土楼地面 40mm	10m²	1051.6	554.17	258.06	292.86	3.25		582765.17
4	GJ-7-4	找平层　水泥砂浆 20mm	10m²	110	204.39	99.36	98.64	6.39		22482.9
5	GJ-7-3	无筋混凝土垫层	10m²	128.7	340.72	58.88	281.44	0.4		43850.66
6	GJ-7-16	块料面层　地板砖　楼地面≤2400mm	10m²	276.6	1453.41	484.38	953.37	15.66		402013.21
7	GJ-7-17	块料面层　地板砖　楼地面≤4000mm	10m²	140.7	1528.76	485.76	1033.42	9.58		215096.53
8	GJ-7-28	墙、柱面抹灰　水泥砂浆	10m²	2996.9	359.54	267.72	86.5	5.32		1077505.43
9	GJ-7-31	砂浆粘贴全瓷墙面砖	10m²	1254.7	971.6	456.78	509.58	5.24		1219066.52
10	GJ-7-48	内墙面　乳胶漆	10m²	3757.1	219.34	93.84	125.5			824082.31
11	GJ-7-52	墙柱面　真石漆	10m²	1197.4	2091.75	264.96	1815.35	11.44		2504661.45
12	GJ-7-66	天棚工程　刷乳胶漆	10m²	1517.97	232.22	107.64	124.58			352503.46
13	GJ-7-83	不锈钢栏杆	10m	179.4	3221.92	564.42	2600.46	57.04		578012.45
		合计								7964674.15

问题与案例解析 3：案例项目最高投标限价的编制依据、内容及应如何编制？

招标工程量清单是工程量清单计价的基础，应作为编制招标控制价、投标报价、计算或调整工程量、索赔等的依据之一。

编制招标工程量清单的依据包括：（1）建设工程工程量清单计价规范和相关工程的国家计量规范；（2）国家或省级、行业建设主管部门颁发的计价定额和办法；（3）建设工程设计文件及相关资料；（4）与建设工程有关的标准、规范、技术资料；（5）拟定的招标文件；（6）施工现场情况、地勘水文资料、工程特点及常规施工方案；（7）其他相关资料。

招标工程量清单应以单位（项）工程为单位编制，内容包括：分部分项工程项目清单、措施项目清单、其他项目清单、规费和税金项目清单。

最高投标限价应根据下列依据编制：（1）建设工程工程量清单计价规范；（2）国家或省级、行业建设主管部门颁发的计价定额和计价办法；（3）建设工程设计文件及相关资料；（4）招标文件及招标工程量清单；（5）与建设项目相关的标准、规范、技术资料；（6）施工现场情况、工程特点及常规施工方案；（7）工程造价管理机构发布的工程造价信息或市场价；（8）其他的相关资料。

最高投标限价的内容应对应工程量清单的内容，包括：分部分项工程费、措施项目费、其他项目费、规费和税金。

案例：该项目最高投标报价的编制

限于篇幅的关系，本项目的最高投标限价的编制以该工程的"装饰工程"的建安工程费作为案例，根据项目所在地政府造价管理部门的预算定额和相应的取费程序，结合市场价格，可以计算出该项目装饰部分建安工程费的最高投标限价为 11664417.69 元，低于设计概算值。

装饰单位工程最高投标限价、分部分项工程和单价措施项目费、总价措施项目费、其他项目费、专业工程暂估价表、规费和税金分别见表 2-2-5～表 2-2-10。其中暂列金额按分部分项工程费的 10% 计取，专业工程暂估价由招标人和总包共同招标确定。管理费费率、利润率、总价措施项目费费率、规费费率等按项目所在地的规定计取。

单位工程最高投标限价汇总表 表 2-2-5

序号	项目名称	金额（元）	其中：材料暂估价（元）
一	分部分项工程费	8633859.66	
1.1	装饰工程	8633859.66	
二	措施项目费	779222	
2.1	单价措施项目	198158.49	
2.2	总价措施项目	581063.51	
三	其他项目费	1546893.97	
3.1	暂列金额	863385.97	
3.2	专业工程暂估价	663600	
3.3	特殊项目暂估价		
3.4	计日工		
3.5	采购保管费		
3.6	其他检验试验费		
3.7	总承包服务费	19908	
3.8	其他		
四	规费	201115.55	
五	设备费		
六	税金	1004498.21	
最高限价合计＝一＋二＋三＋四＋五＋六		12165589.39	

分部分项工程和单价措施项目清单与计价表　　　　　　表 2-2-6

序号	项目编码	项目名称	项目特征	计量单位	工程数量	金额（元）		暂估价
						综合单价	合价	
1	011101006001	平面砂浆找平层	1. 找平层厚度、砂浆配合比：水泥砂浆 20mm 厚 2. 地下室地板涂膜防水找平层	m²	1100	23.68	26048	
2	011101001001	水泥砂浆楼地面	1. 部位：地1（地下室地面、电气间、设备间、机房等） 2. 做法：20mm 厚 1：2 水泥砂浆抹平压光；素水泥浆一道	m²	3111.15	30.62	95263.41	
3	011106004001	水泥砂浆楼梯面层	1. 部位：楼1（楼梯地面） 2. 做法：20mm 厚 1：2 水泥砂浆压实赶光（含钢筋护角安装）；素水泥浆一道	m²	144	103.81	14948.64	
4	011101003001	细石混凝土楼地面	1. 部位：住宅除卫生间、阳台、厨房外其余地面 2. 做法：50mm 厚 C20 细石混凝土表面撒 1：1 水泥砂子随打随抹光，内配 φ4@150 双向钢筋网片	m²	10316.46	69.25	714414.86	
5	011102003001	块料楼地面	1. 部位：用于住宅入口门厅及地上电梯厅楼面（结构降板80mm） 2. 做法：10mm 厚防滑地砖（800mm×800mm）铺实，稀水泥浆擦缝；20mm 厚 1：3 干硬性水泥砂浆；素水泥浆一道；50mm 厚 C20 细石混凝土抹平，内配 φ4@150 双向钢筋网片	m²	1287.53	194.78	250785.09	
6	011102003002	块料楼地面	1. 部位：用于住宅内厨房、卫生间、阳台地面 2. 做法：10mm 厚防滑地面砖（规格 300mm×300mm）铺实拍平，稀水泥浆擦缝；30mm 厚 1：3 干硬性水泥砂浆结合层；最薄处 50mm 厚 C20 细石混凝土找坡层随打随抹平找坡1%，内配 φ4@150 双向钢筋网片	m²	2616.63	174.97	457831.75	
7	011105001001	水泥砂浆踢脚线	1. 部位：混凝土墙面、混凝土墙面综合考虑 2. 踢脚线高度：120mm 3. 做法：刷界面剂一道 12mm 厚 1：3 水泥砂浆；6mm 厚 1：2 水泥砂浆压光；面层水泥漆两道（暗踢脚）	m	14103.23	13.3	187572.96	

序号	项目编码	项目名称	项目特征	计量单位	工程数量	金额（元）		暂估价
						综合单价	合价	
8	011105003001	块料踢脚线	1. 部位：二层及以上电梯前室 2. 踢脚线高度：100mm 3. 做法：刷界面剂一道；9mm厚1∶3水泥砂浆；6mm厚1∶2水泥砂浆找平；素水泥浆一道；3mm厚1∶1水泥砂浆加水中20%建筑胶；5mm厚面砖（按600mm×600mm面砖价格考虑），擦缝材料擦缝	m²	232.72	180.66	42043.2	
9	011201001001	墙面一般抹灰	1. 部位：除卫生间、厨房、阳台、电梯厅、设备用房外其他房间 2. 墙体类型：混凝土墙、砌块墙综合 3. 做法：界面剂一道；9mm厚1∶1∶6水泥石灰砂浆；6mm厚1∶0.5∶3水泥石灰砂浆压光	m²	39797.09	31.27	1244455	
10	011204003001	块料墙面	1. 部位：一层电梯间、住宅门厅入口 2. 墙体类型：混凝土墙、砌体墙综合考虑 3. 做法：刷专用界面剂一道；9mm厚1∶3水泥砂浆；素水泥浆一道；3～4mm厚1∶1水泥砂浆加水重20%建筑胶粘结层；5mm厚面砖规格800mm×400mm，擦缝材料擦缝	m²	3286.85	149.27	490628.1	
11	011204003002	块料墙面	1. 部位：厨房、卫生间、阳台 2. 墙体类型：混凝土墙、砌块墙综合考虑 3. 做法：刷专用界面剂一道；9mm厚1∶3水泥砂浆；素水泥浆一道；3～4mm厚1∶1水泥砂浆加水重20%建筑胶粘结层；5mm厚面砖规格300mm×600mm，擦缝材料擦缝	m²	9211.76	149.27	1375039.42	
12	011407001001	墙面喷刷涂料	1. 部位：面砖墙面之外的墙面 2. 基层类型、喷刷部位：抹灰墙面 3. 涂料种类、刷喷要求：满刮腻子2遍，刷乳胶漆2遍	m²	37471.09	30.03	1125256.83	

续表

序号	项目编码	项目名称	项目特征	计量单位	工程数量	金额（元）		暂估价
						综合单价	合价	
13	011407002001	天棚喷刷涂料	1. 基层类型、喷刷部位：除卫生间、厨房之外的顶棚 2. 涂料种类、刷喷要求：现浇钢筋混凝土板底面清理干净；满刮 2～3mm 厚柔性腻子分遍找平；刷两遍白色乳胶漆	m²	13243.72	32.88	435453.51	
14	011407002002	天棚喷刷涂料	1. 基层类型、喷刷部位：厨房、卫生间顶棚 2. 涂料种类、刷喷要求：现浇钢筋混凝土板底面清理干净；3～5mm 厚防水聚合物水泥砂浆分层抹平；刷防霉白色乳胶漆两遍	m²	1879.68	32.6	61277.57	
15	011407001002	墙面喷刷涂料	1. 基层类型、喷刷部位：外墙、外挑构件 2. 涂料种类、刷喷要求：满刮柔性腻子，涂饰底层涂料，做界格，涂饰主层涂料，涂饰面层真石漆，满足验收要求	m²	11924.4	95.41	1137707	
16	011503001001	金属扶手、栏杆、栏板	1. 部位：楼梯 H＝1100 2. 做法：栏杆扶手 L06J403-1，B13 型	m	1628	369	600732	
		分部分项工程费合计					8259457.34	
1	011701003012	内装饰脚手架	1. 搭设高度综合考虑	m²	46190.79	4.02	185686.98	
		单价措施项目合计					185686.98	

总价措施项目清单与计价表　　　　　　　　　　　表 2-2-7

序号	项目编码	项目名称	计算基础	费率 %	金额（元）	调整费率 %	调整后金额（元）
1	011707001001	安全文明施工费	人工费	15	299527.13		
2	011707002001	夜间施工增加费	人工费	4.15	91204.54		
3	011707004001	二次搬运费	人工费	3.9	85365.05		
4	011707005001	冬雨季施工增加费	人工费	4.2	93324.34		
5	011707007001	已完工程及设备保护费	直接费	0.2	11642.45		
		合计			581063.51		

其他项目清单与计价汇总表　　　　表 2-2-8

序号	项目名称	计量单位	金额（元）	结算金额（元）	备注
1	暂列金额	元	863385.97		
2	材料暂估价	元	—		
3	专业工程暂估价	元	663600		
4	计日工	元	—		
5	总包服务费＝专业工程暂估价×相应费率3%	元	19908		
	合计		1546893.97		

专业工程暂估价表　　　　表 2-2-9

序号	工程名称	工程内容	金额（元）	备注
1	电梯石材门套		145200	单价300元/m×484m
2	外墙干挂石材	1. 部位：外墙、装饰柱、石材线脚等 2. 面层材料种类、规格、铺贴形式：大理石干挂 3. 面层及龙骨安装：墙体固定连接件及竖向龙骨，构造详图集 L14SJ1175（规格综合考虑），按石材高度安装配套不锈钢挂件，25mm厚石材板，用硅酮密封胶填缝	518400	单价450元/m²×1152m²
	合计		663600	

规费、税金项目清单与计价表　　　　表 2-2-10

序号	项目名称	计算基础	费率（%）	金额（元）
1	规费			201115.55
1.1	住房公积金	分部分项工程费＋措施项目费＋其他项目费	0.21	23015.95
1.2	社会保险费	分部分项工程费＋措施项目费＋其他项目费	1.52	166591.63
1.3	建设项目工伤保险	分部分项工程费＋措施项目费＋其他项目费	0.105	11507.97
2	税金	分部分项工程费＋措施项目费＋其他项目费＋规费＋设备费－甲供材料费－甲供主材费－甲供设备费	9	1004498.21
	合计			1205613.76

问题与案例解析 4：案例项目投标报价的编制依据、内容及应如何编制？

根据《建设工程工程量清单计价规范》GB 50500—2013，投标报价应根据下列依据编制：（1）建设工程工程量清单计价规范；（2）国家或省级、行业建设主管部门颁发的计价办法；（3）企业定额，国家或省级、行业建设主管部门颁发的计价定额和计价办法；（4）招标文件、招标工程量清单及其补充通知、答疑纪要；（5）建设工程设计文件及相关资料；（6）施工现场情况、工程特点及投标时拟定的施工组织设计或施工方案；（7）与建设项目相关的标准、规范等技术资料；（8）市场价格信息或工程造价管理机构发布的工程造价信息；（9）其他的相关资料。

投标报价的内容应和工程量清单要求报价的内容一致，包括：分部分项工程费、措施项目费、其他项目费、规费和税金。

案例：该项目投标报价的编制

案例项目投标报价的编制。根据招标工程量清单、最高投标限价，结合市场价格，可以计算出该项目装饰部分建安工程费的投标报价为11705976.41元，低于最高投标限价1205613.76元。分部分项工程和单价措施项目费、总价措施项目费分别见表2-2-11和表2-2-12。总承包费按专业工程暂估价的3％计取。规费费率、税金税率按项目所在地的规定计取。

分部分项工程和单价措施项目清单与计价表 表2-2-11

序号	项目编码	项目名称	项目特征	计量单位	工程数量	金额（元）		
						综合单价	合价	暂估价
1	011101006001	平面砂浆找平层	略	m²	1100	23.68	26048	
2	011101001001	水泥砂浆楼地面	略	m²	3111.15	30.62	95263.41	
3	011106004001	水泥砂浆楼梯面层	略	m²	144	103.81	14948.64	
4	011101003001	细石混凝土楼地面	略	m²	10316.46	69.25	714414.86	
5	011102003001	块料楼地面	略	m²	1287.53	194.78	250785.09	
6	011102003002	块料楼地面	略	m²	2616.63	174.97	457831.75	
7	011105001001	水泥砂浆踢脚线	略	m	14103.23	13.3	187572.96	
8	011105003001	块料踢脚线	略	m²	232.72	180.66	42043.2	
9	011201001001	墙面一般抹灰	略	m²	39797.09	31.27	1244455	
10	011204003001	块料墙面	略	m²	3286.85	149.27	490628.1	
11	011204003002	块料墙面	略	m²	9211.76	149.27	1375039.42	
12	011407001001	墙面喷刷涂料	略	m²	37471.09	30.03	1125256.83	
13	011407002001	天棚喷刷涂料	略	m²	13243.72	32.88	435453.51	
14	011407002002	天棚喷刷涂料	略	m²	1879.68	32.6	61277.57	
15	011407001002	墙面喷刷涂料	略	m²	11924.4	95.41	1137707	
16	011503001001	金属扶手、栏杆、栏板	略	m	1628	369	600732	
	分部分项工程费合计						8259457.34	
1	011701003012	内装饰脚手架	略	m²	46190.79	4.02	185686.98	
	单价措施项目合计						185686.98	

总价措施项目清单与计价表 表2-2-12

序号	项目编码	项目名称	计算基础	费率%	金额（元）	调整费率%	调整后金额（元）
1	011707001001	安全文明施工费	人工费	15	299527.13		
2	011707002001	夜间施工增加费	人工费	3.64	81093.71		
3	011707004001	二次搬运费	人工费	3.28	73073.46		

序号	项目编码	项目名称	计算基础	费率%	金额(元)	调整费率%	调整后金额(元)
4	011707005001	冬雨季施工增加费	人工费	4.1	91341.82		
5	011707007001	已完工程及设备保护费	直接费	0.15	8836.03		
		合计			553872.15		

这里应注意的几个关键点是：

（1）投标报价的总价不能超过最高投标限价，但分部分项工程的单价不受此限制。

（2）投标报价时，项目编码、项目名称、项目特征、计量单位和工程数量应和招标工程量清单中一致，不能改动。

（3）综合单价、管理费率、利润率、总价措施费率（除安全文明施工费率）均可以自主报价。

（4）安全文明施工费率、规费费率、税金税率不可自由报价。

（5）其他项目清单中的"暂列金额、暂估价"不可改动。

其他项目清单费＝863385.97＋663600＋19908＝1546893.97 元

规费＝（8259457.34＋185686.98＋553872.15＋1546893.97）

　　　×（0.21％＋1.52％＋0.105％）

　　　＝193517.46 元

税金＝（8259457.34＋185686.98＋553872.15＋1546893.97＋193517.46）×0.09

　　　＝966548.51 元

单位工程投标报价汇总＝8259457.34＋185686.98＋553872.15＋1546893.97

　　　　　　　　　　＋193517.46＋966548.51

　　　　　　　　　　＝11705976.41 元

问题与案例解析 5：案例项目竣工结算的编制依据、内容及应如何编制？

根据《建设工程工程量清单计价规范》GB 50500—2013，竣工结算应根据下列依据编制：（1）建设工程工程量清单计价规范；（2）工程合同；（3）发承包双方实施过程中已确认的工程量及其结算的合同价款；（4）发承包双方实施过程中已确认调整后追加（减）的合同价款；（5）建设工程设计文件及相关资料；（6）投标文件；（7）其他依据。

竣工结算的编制内容应和投标报价的组成基本一致，包括：分部分项工程费、措施项目费、其他项目费、规费和税金。

案例：该项目竣工结算的编制

该案例项目顺利竣工验收合格后，施工方报送了竣工结算，经过发包方和施工方的核对，确定最终的竣工结算值为 12108430.23 元。其中甲方要求发生的设计变更 2 处，工程数量为根据图纸和工程量计算规定计算后双方确认。专业工程结算价为 789000 元。结算内容见表 2-2-13～表 2-2-15。块料地砖和墙砖的材料单价均没有超过合同约定的风险幅度 5％。双方认可的工地现场签证费用发生了 80218.36 元。

（1）块料楼地面变更

部位：用于住宅内厨房、卫生间、阳台地面；变更做法：8～10mm 厚防滑地砖铺实拍平，稀水泥浆擦缝；40mm 厚 1：3 干硬性水泥砂浆；20mm 厚 1：2.5 水泥砂浆保护层；1.5mm 厚聚氨酯防水涂料（另列项）；最薄处 20mm 厚 C20 细石混凝土找坡抹平；素水泥浆一道。工程量见表 2-2-13 中的第 17 项，相应调减第 6 项。

分部分项工程和单价措施项目清单与计价表　　　　　表 2-2-13

序号	项目编码	项目名称	项目特征	计量单位	工程数量	金额（元）		
						综合单价	合价	暂估价
1	011101006001	平面砂浆找平层	略	m²	1236.21	23.68	29273.45	
2	011101001001	水泥砂浆楼地面	略	m²	3146.15	30.62	96335.11	
3	011106004001	水泥砂浆楼梯面层	略	m²	144	103.81	14948.64	
4	011101003001	细石混凝土楼地面	略	m²	10203.46	69.25	706589.61	
5	011102003001	块料楼地面	略	m²	1316.53	194.78	256433.71	
6	011102003002	块料楼地面	略	m²	0	0	0	
7	011105001001	水泥砂浆踢脚线	略	m	14107.23	13.3	187626.16	
8	011105003001	块料踢脚线	略	m²	230.39	180.66	41622.26	
9	011201001001	墙面一般抹灰	略	m²	39746.97	31.27	1242887.75	
10	011204003001	块料墙面	略	m²	3281.74	149.28	489898.15	
11	011204003002	块料墙面	略	m²	0	0	0	
12	011407001001	墙面喷刷涂料	略	m²	37509.33	30.03	1126405.18	
13	011407002001	天棚喷刷涂料	略	m²	13223.42	32.88	434786.05	
14	011407002002	天棚喷刷涂料	略	m²	2030.68	32.6	66200.17	
15	011407001002	墙面喷刷涂料	略	m²	12204.4	95.41	1164421.8	
16	011503001001	金属扶手、栏杆、栏板	略	m	1628	369	600732	
17	011102003003	块料楼地面	略	m²	2638.21	184.71	487303.77	
18	011204003004	块料墙面	略	m²	9108.26	251.34	2289270.07	
		分部分项工程费合计					9234733.88	
1	011701003012	内墙装饰脚手架	略	m²	46190.79	4.02	185686.98	
		单价措施项目合计					185686.98	

总价措施项目清单与计价表　　　　　表 2-2-14

序号	项目编码	项目名称	计算基础	费率（%）	金额（元）	调整费率（%）	调整后金额（元）
1	011707001001	安全文明施工费	人工费	15	321371.01		
2	011707002001	夜间施工增加费	人工费	3.64	87007.7		
3	011707004001	二次搬运费	人工费	3.28	78402.56		
4	011707005001	冬雨季施工增加费	人工费	4.1	98003.18		
5	011707007001	已完工程及设备保护费	直接费	0.15	10387.29		
		合计			595171.74		

序号	项目名称	计量单位	金额（元）	结算金额（元）	备注
1	暂列金额	元	—		
2	材料暂估价	元	—		
3	专业工程结算价	元		789000	
4	计日工	元	—		
5	总包服务费＝专业工程结算价×相应费率3%	元		23670	
6	索赔与签证计价	元		80218.36	
	合计			892888.36	

（2）块料墙面变更

部位：厨房、卫生间、阳台；墙体类型：混凝土墙、砌块墙综合考虑；变更做法：10mm 厚抗裂砂浆（复合热镀锌电焊网，网格为 20mm × 20mm，直径为 1.2mm）；1.5mm 厚 JS 防水涂料（自结构墙体墙根处涂刷）；10mm 厚 1：2.5 水泥砂浆；配套专用胶粘剂粘结；釉面砖，白水泥浆擦缝。工程量见表 2-2-13 中的第 18 项，相应调减第 11 项。

电梯石材门套、外墙干挂石材分包中标单价分别为 450 元/m，480 元/m²，核定的工程量分别为 484m 和 1190m²。

专业工程结算价＝450×484＋480×1190＝789000 元

竣工结算核定时应注意的几个关键点是：

（1）因签订的是单价合同，需要了解单价合同的特点，即结算工程量可以根据图纸、变更等内容发承包双方进行重新核定。

（2）综合单价均没有超过合同约定的风险幅度，结算时不能调整。

（3）暂列金额在结算中不存在了，这部分费用已隐含地体现在设计变更和签证中。

（4）专业工程暂估价需要按招标后中标的单价变为专业工程结算价。

规费＝（9234733.68＋185686.98＋595171.74＋892888.36）×（0.21%＋1.52%＋0.105%）
＝200170.63 元

税金＝（9234733.68＋185686.98＋595171.74＋892888.36＋200170.63）×0.09
＝999778.64 元

单位工程竣工结算汇总＝9234733.68＋185686.98＋595171.74＋892888.36
＋200170.63＋999778.64
＝12108430.23 元

案例三：全过程工程造价的风险管控案例

案例目的： 了解工程项目全过程各阶段有关造价的风险点、造价风险控制的方法。

案例内容： 分析工程建设的设计、招投标、施工、竣工等全过程风险的内容及产生原因，从多方面寻找造价失控的影响因素，找到应对造价失控风险的处置方法。引起价格变化的风险因素包括：政府发布的综合用工指导价、法规政策变化等政策风险；市场本身材料价格波动、施工价格变动等市场风险；无法预见的恶劣气候、地质条件等自然风险、工程变更、工期延误等人为风险等，找出应对关键造价风险的控制方法、措施和手段。

案例背景： 某政府投资项目总建筑面积 16218.16m²，建筑高度 44.1m，地上 11 层，东裙房 2 层，西裙房 3 层；二类框架结构，耐火等级地上为一级，二级防水。基础类型：筏板基础。主体为框架结构。抗震设防烈度为 7 度，主楼抗震等级 3 级、裙楼 4 级；安全等级二级，使用年限 50 年。采用了传统的建设项目管理方式，招标方单独发包设计、监理、施工等内容。根据本项目特点和建设单位的管理能力，施工和监理招标均委托了具有相应资质的招标代理机构进行招标。计划工期 380 日历天，不接受联合体投标。项目设招标控制价 15059.8 万元，合同价款方式为固定综合单价合同，承包方式为施工总承包。项目全部使用国有资金投资，招标方式采用公开招标。

问题与案例解析 1：案例项目投资决策阶段的造价风险及管控措施有哪些？

投资决策阶段面临的风险主要包括：

（1）政策风险

政策环境风险。对于关系经济发展关系民生的重大投资项目可能会受到政策环境风险影响较大。政策指由国家颁布与拟开发的项目有关的政府制定的规则，政策的变动会给项目的开发带来一定程度上不可预知的风险，且项目受国家和地区的政策影响更为严重。

土地使用方式变更风险。土地使用作为项目开发的最基本要素，土地的获取在很大程度上受制于政府的宏观调控政策影响，土地的使用方式影响着项目基本的开发性质，如房地产开发项目在拿地前应充分考虑土地的相关政策，以避免开发过程中由于土地使用条件的限制造成项目风险的不可回避性。

金融政策变更风险。当地经济发展战略布局和战略目标也会深刻影响项目的投资决策。因项目需要大量资金支撑和流动，所以金融政策的变更在很大程度上影响项目的实施成果。我国现行的财政政策主要包括货币政策、利率政策和汇率政策。经济政策是对市场进行宏观调控的重要手段。

（2）社会风险

城市规划变动。重大项目投资周期较长，通常将会面临在投资项目执行过程中城市规划的改变。如果城市规划的变动并不能满足项目前期规划的要求，项目就要对已建立的规划目标进行调整以适应城市规划的变化。在投资决策阶段必须充分考虑相关规划变动以实现投资项目的经济效益最大化。

公众干预风险。项目的计划和执行过程中，由于社会群体中个人的需求和利益不同，很容易产生矛盾。在工程建设的过程中，如果某一部分群体的公共利益受损，那么项目的施工进度必然会受到公共干预的影响。在项目落地和执行过程中通常会伴随着区域性拆迁，安置补偿及新的区域规划布局可能扰乱项目的建设，这就会影响项目的建设周期及回收期，从而影响项目的投资收益。

（3）经济风险

国民经济状况变化。对于大多数行业来说，区域经济形势的变化在一定程度上影响企业的发展。同时经济市场的运行具有一定程度上的周期性和不确定性。如突发的疫情，对各国经济形势影响巨大，各国经济发生较大的变化。

投资估算偏差。如果项目投资估算出现较大偏差，将很容易导致项目建设时资金短缺，导致项目工期延长，无法按计划回收资金等，从而导致后期的一系列相关违约，导致项目阶段性或临时性停工，项目不能按期投入市场，严重时造成资金链断裂导致项目停摆，造成项目经济效益的损失。

（4）区位选择风险

选址及区域发展风险。区域发展通常来说会产生辐射作用，一个区域如果在短时间内快速发展，其周边的相关区域和产业也会被带动发展起来。因此重大投资项目在实际开发前需谨慎地进行地址选择，在项目建设的过程中，如果该区域的发展进程发生变化，可能会和该项目的预期规划产生差异。当项目投入实际运营后，可能会使该项目目标客户群发生变化而优势减小，进而导致项目资金回收期延长。

周边产业竞争风险。根据项目自身的商业价值的属性，项目要面临进入市场后的竞争，进而造成行业内部的竞争愈加激烈。会与邻近产业共同形成集群效应，在协调发展的同时也有机会互相竞争。

（5）管理风险

投资方式选择风险。对于投资方式选择的风险，在决策阶段项目主要面临的投资风险为筹资风险。

投资时机选择风险。对于经营性重大项目在决策立项的阶段，项目决策者还应预测今后几年的经济发展趋势，市场供需关系和消费者偏好变化。由于我国经济市场运行具有一定周期性，该周期性的波动对市场中各个方面的经济活动运行产生影响，投资项目在不同经济时期的投资回报率不同。

案例：该项目投资决策阶段造价风险管控措施

（1）收集完整准确的项目资料

决策环节要全面收集项目资料，特别是施工现场的情况，需要实地勘察。施工现场所在地的地域特点和用地指标，作为经济技术分析的参考。另外项目的建设期之前的静态投资、项目的建设建议、项目建成后的功能用途、所期待带来的运营效益，都是可以作为优化各阶段方案的影响因素。

（2）研判经济环境因素，多方案比选优化，减少或消除风险

可研阶段提供合理、详细、科学的投资估算，协助业主方得出正确的决策结果和投资评估方案，减少不必要的成本浪费，对后期各个阶段可能出现的问题与预期目标做对比并作出详细的分析。

（3）分析建筑功能和建设标准

建筑功能的特殊性可能会影响项目投资方向、设计图纸、施工重点等方面。建设标准一般参考当地实际和业主方对建设项目的要求，是细化投资编制施工方案的参照，有利于审批项目，保证项目后期顺利开展。分析好建筑功能和建设标准，判断重点投资方面和重点规划点，用建设标准指导方案和造价管理。

问题与案例解析 2：案例项目设计阶段的造价风险及管控措施有哪些？

（1）设计收费标准不科学

当前，我国现行的设计收费标准是按照设计概算的百分比累进计算的，工程项目收费与造价成正比。容易导致业主单位和设计单位在价值取向上存在分歧。设计单位出于对自身经济利益的考虑，期望项目越大、投资越多。难以增强设计人员的节约意识以及创新意识。

（2）设计招标制度不完善

在招标方案评比过程中，评委往往倾向于选择技术先进、功能全面、结构安全的招标方案，但并未考虑方案设计的经济性和合理性，导致评选出的方案重技术而轻经济，这对设计阶段的造价控制效果造成了不良影响。

（3）限额设计不到位

部分设计单位内部的经济责任制度未得到有效完善和实施，导致设计人员在实际设计中往往片面地追求经济效益，却没有深入分析工程造价的构成，导致技术与经济长期脱节，限额设计的效果较差。

（4）缺乏完善健全的造价控制制度

造价控制管理人员与建筑结构人员间的工作存在明显分割，缺乏有序的交流与协调。尽管部分建筑企业单位制定了与建筑结构设计阶段相关的造价控制管理制度，但仅停留于表面且较为形式化，并未对内部控制形成较强的约束力。另外，针对造价超标部分未及时采取对应措施进行处理或补救，权责缺乏清晰化、统一性。

案例：该项目在设计阶段造价风险管控措施

（1）严格落实限额设计。在项目设计阶段，结合资金投入情况和投资估算，对施工图纸和施工各环节活动进行合理管控，确保资金在各阶段合理分配，实行了限额设计。同时在设计各个阶段加强变更的管理和审核力度，减少超支现象。

（2）造价咨询企业提前到设计阶段参与了图纸会审工作，防止后续设计变更。首先在设计单位招标阶段，依照择优录取的原则，选出设计单位，避免本阶段出现设计方案不合理、修改困难等问题。造价咨询企业作为业主方委托的资金监管角色，提前参与到图纸会审工作中。通过听取设计方意见和业主方需求，辅助设计图纸质量的提高。根据优化的设计方案和设计图纸，综合考虑外部因素和内部结构变化，制定最后施工方案和资金使用方案，避免后期施工阶段因设计变更或其他问题造成的不必要成本的增加。根据全过程造价咨询的要求对设计方案涉及的造价提出见解，同时帮助设计人员做好设计方案中经济技术的比对，确保技术先进和经济合理。

（3）运用价值工程理论分析设计经济指标

在协助业主分析经济指标和造价管理时，运用价值工程理论，$V=F/C$，整体深层次分析多方面的工作，例如选择材料和设备等，修改健全设计方案，细化各个阶段的造价设计指标，及时更改可行性不足或不合理的设计方案细节，达到最佳方案。

问题与案例分析 3：案例项目招投标阶段造价风险及管控措施有哪些？

招投标阶段的风险一般包括：

（1）工程量清单编制不完善带来的造价风险

工程量清单缺漏项及偏差较大。招标工程量清单的工程量、项目特征描述等内容与招标范围内的工程图纸等技术条件不一致。主要表现为：招标工程量清单编制质量不高，完整性不足；清单子项目列项存在漏项、重项的问题。

清单项目特征描述不准确的问题。主要表现为：清单项目特征描述不具体，界限不准、特征不清，综合单价的组价内容不明确。综合单价的包含内容由于项目特征描述在后期施工结算时极易产生争议。

措施项目清单列项不合理。清单编制人员因时间紧、图纸设计深度不够或缺乏现场资料等原因，对工地现场的施工环境影响考虑不充分，造成清单措施和施工实际措施的偏离。在项目施工阶段，施工单位根据现场情况深化施工方案或改变施工方案，造成施工措施和清单列项措施不符的问题，导致合同价款的调整。另外措施清单缺漏项对工程造价的影响比措施列项不合理带来的后果更为严重。

暂估价项目设定不科学，造成后期管理困难。在发包阶段哪些专业工程、设备或材料应设置为暂估价，哪些不应设为暂估价，没有经过科学研判；或者暂估项目设定太多太杂，增加了造价控制风险的不确定性。因暂估价项目理论上是在结算时按实调整，所以在设置上往往对以后暂估价实际变动的因素考虑不充分，有可能会突破招标人的投资规模，使投资规模严重失真，造成结算风险。

（2）招标控制价编制不合理带来的造价风险

招标控制价确定不科学。编制人不熟悉施工工艺和施工企业实际施工时应考虑的工序发生的工作内容等，造成编制的招标控制价不符合实际，严重偏低或偏高。或为了控制价格，人为不合理地调低分部分项和措施单价或故意漏项。在后期中带来大量变更和价款调整。

（3）合同条款的工程造价风险

合同中对于材料、人工等涨价因素未明确风险处理方法。导致结算按照合同通用条款调整，即"有约定按约定，无约定按法定"。造成调价因素过多，导致结算超出国家批复概算。对于清单中安全、文明施工措施费等难以准确计量和描述的项目，没有在合同中进行约定，有可能造成巨额的工程索赔。对于清单暂估价项目、甲供材料、甲供设备、专业分包等项目的采购及定价方式没有详细的约定；对于总包管理费和配合费的计取没有详细的约定。导致施工工期推进困难，增加了工程管理费用。

案例：该项目招投标阶段造价风险管控措施

（1）重视招标文件的编制和管理

保证招标文件合理、严谨、公平。明确针对目前项目的招标要求，保证招标方案合理性，避免造价预估不合理导致的低中标、高索赔的情况。设定合理的投标人资质条件，投标人的资质包括投标人的技术实力、财务状况、声誉、类似项目经验等，以有助于选择真正有实力的承包人。

（2）努力提高工程量清单的编制质量

加强审图的力度，保证施工图纸的设计深度和完整性，加强清单编制单位的管理，避免清单漏项，力求工程量计算的正确性和清单描述的准确性，并给出编制招标文件和工程量清单的充足时间。在工程量清单编制前，建设单位召集了熟悉施工现场的管理人员、清单编制人员、设计单位人员对施工图进行会审，以确保图纸和清单内容全面、深入、细致和准确。

（3）招标控制价的设置尽量合理

招标控制价的编制以图纸、规范、工程量清单、计价依据和现场施工条件等作为编制依据，尽量客观、真实地反映工程造价，尊重招标控制价编制的科学性和市场规律，保证招标的公平、公正，不随意上浮或压低招标控制价，加强招标控制价编制的过程管理。

（4）细化合同条款，避免后期纷争

签订合同严把造成工程造价调整的合同条款，对合同内容分工细化研究，具体的建设范围和内容在合同中明确，合同中的条款内容和负责单位尽可能清晰明了。对招标文件中关于合同内容不完善的事项，在合同签订时进行补充完善。

问题与案例解析 4：案例项目施工阶段的造价风险及管控措施有哪些？

施工阶段的造价风险产生的原因有：

（1）设计变更多

在施工阶段工程变更时常发生，工程变更是对设计中没有考虑到的部分进行优化或对设计中的部分施工有困难，以及在施工阶段无法预知的内容进行补充，对工程中变更的控制是造价风险控制的关键内容。在建筑施工合同管理方面，对合同内容不可能一次签订到位，在合同签订尽可能做到完善，划清合同中业主的范围和施工方的范围，在合同中写清楚，不出现模棱两可的现象。针对工程材料、设备设施、人员素质、作业条件、施工方法、生产组织及现场实际问题及时进行分析处理，不断完善控制措施，调整风险控制措施不断改进。

（2）工程签证不规范

签证意识不强。一些工程项目的管理人员缺乏专业能力和职业素养，或是整体的组织团队水平参差不齐，如缺乏对施工合同的前期了解和研究探讨，不理解施工合同涵盖的范围和规定的事项等，这些问题都会导致现场出现签证未办理齐全的情况。

签证办理不及时。《建设工程施工合同（示范文本）》GF—2017—0201 中有明确规定，承包人在工程变更确定 14 天内，提出工程价款报告，经工程师确认后调整合同价款。在承包人在 14 天内不向工程师提出变更工程价款报告时，视为该项变更不涉及合同价款的变更。这些要求明确了建筑商的责任，也就是工程发生变更后工程款也会发生变动，如果相关人员未在 14 天内提出签证的要求，则就当作废处理。在这些明文规定下的实际操作中，又会受到很多主客观因素的影响。管理人员责任心较差，缺乏时效性，办事效率过低等，未能及时办理签证。

签证内容不完整。一些工程在签证编制中存在内容不完整的问题，如缺少时间、原因、内容、工程量、影像资料、施工做法、结算方式等内容，有的则忽略相关人员的签字流程，导致竣工结算出现较多的不确定因素，不利于后续工作的处理。

签证内容不真实。一些工程签证存在内容不真实和虚报假报的情况，尤其是隐蔽工程，这些问题较为常见。承包方可能会利用签证环节隐蔽性的特点，虚报工程量，这就导致内容不真实而引发一系列的问题。

（3）产生索赔内容多

在工程合同履行过程中，合同当事人一方因非己方的原因而遭受损失，按合同约定或法律法规规定应由对方承担责任，从而向对方提出补偿的要求。索赔既包括工期索赔也包括费用索赔。

（4）市场物价波动大

工程施工周期长，物价会随季节供应波动。工程施工合同中约定的甲供材部分价格变动会引起总承包服务费的变动；承包人自行采购的材料和工程设备、施工机械台班价格波动也会影响合同价格；合同中约定的材料、工程设备、专业工程暂估价在施工阶段确认单价或价格后取代暂估价，会导致合同价款调整而影响工程造价；此外，省级或行业建设主管部门及其授权的工程造价管理机构发布的月季度人工、材料、施工机械台班基准价格信息波动，也会影响工程造价。

（5）受环境变化影响大

环境变化包括法律法规变化和不可抗力，法律法规变化属于社会环境因素变化，不可抗力是指发承包双方在工程合同签订时不能预见的，对其发生的后果不能避免，并且不能克服的自然灾害和社会性突发事件。

案例：该项目在施工阶段发生的造价风险事件

（1）设计院发出变更，室外灰土回填变更为素土回填。工程量清单中土方素土回填有两个子目，项目特征、工程量均一致。承包方认为变更项价格应按照车库顶板土方回填价格（需要分层压实、价格高），不应参照绿化土方回填（不需夯实，价格低）；发包人认为土方素土回填不分绿化土方回填和车库顶板土方回填，发包方有权按照任意一个价格套取。双方意见不一，各种利益冲突造成了承包方和劳务方消极怠工，部分土方裸露未覆盖，因扬尘治理不力被当地政府部门罚款 20 万元并通报批评。经过双方多次协商，最终土方回填定价为承包方投标报价的两个单价的平均数。

（2）图纸设计五层以上外墙为真石漆，发包人为了节约成本，发出变更单（没有设计院印章），真石漆变更为乳胶漆。承包方认为真石漆清单工程量减少了，应该提高价格；业主单位认为合同没有此项约定，不应调整。双方互不相让，导致外墙漆施工拖延一个半月，承包方发生窝工费 3.2 万元，发包人同样不予认可此费用。

（3）发包方为了赶工期，在承包方地下室穿线工程尚未完成的情况下，让甲分包工程消防工程、通风工程进场施工。承包方认为分包提前进场，交叉作业施工难度加大，该部分穿线工程应办理签证，增加清单单价；业主单位认为清单单价不能调整。承包方放慢进度，整体工期拖延 1 个月。

（4）图纸设计电梯井壁需做岩棉板隔声处理，招标工程量清单没有此项，属于漏项。业主单位口头表示愿意认价，要求承包单位先施工。施工完毕后承包方报价为 105 元/m²，业主单位迟迟不签字，建议价格为 80 元/m²，偏离市场行情价格。最后承包方迫于结算压力，接受了该价格。

造价风险原因分析及风险处理：

（1）根据合同价款的调整方法，有相同项目单价的按相同项目单价，没有相同但有类似单价的参考类似单价。室外回填灰土变更为素土回填，一般是指槽边回填，设计说明中通常会注明是需要夯填或分层夯实。这时应该依据夯填的价格。这种争议出现时应咨询设计院回填的要求，结合清单中已有项目的做法来定价，而不是一味消极地坚持自己的看法。

（2）由于设计变更带来了实际施工工程量与招标工程量清单中的工程量差距较大时，能否调整合同价格，首先要看合同的约定，即是否约定了工程量变化到一定程度时可以调整中标单价，根据《建设工程工程量清单计价规范》GB 50500—2013 第 9.6 条工程量偏差中的规定，对于任一招标工程量清单项目当由于设计变更等原因导致工程量偏差超过15%时，可进行调整。当工程量增加 15% 以上时，增加部分的工程量的综合单价应予以调低；当工程量减少 15% 以上时，减少后剩余部分的工程量的综合单价应予调高。但是如果合同中没有对工程量偏差调整中标单价的约定时，通常情况下发包人是不予调整中标的综合单价的。

（3）签证的合理性与及时性。工程签证是指工程发、承包双方在进行施工时，依据合同约定对包括设计图纸、施工方案、预算等费用不相符的情况进行造价调整或工期延长的一致协议，需进行相互的书面确认，作为工程结算阶段造价确定的凭证。一是工程的经济签证，工程施工时因场地、环境等方面的要求，或是合同存在违规、缺陷的情况，承包人应发包人要求完成合同以外的零星项目、非承包人责任事件等工作的，发包人以书面形式向承包人发出指令，还有施工图纸发生错误问题等，导致施工单位或业主有所损失的签证。二是工程的技术签证，也就是施工设计方案中关于技术措施的内容需要进行修改，这方面通常涉及很大的数额，需要经过组织论证或管理人员的同意，才能提高安全性和保证经济性。三是工程工期的签证，是指工程实施时应用的材料和设备因各种问题出现延期或暂停开工等情况。本案中如果分包提前进场确实影响了承包人的施工效率或发生了额外的费用，应提供详细的证据资料，说明相对于常规施工而言费用增加的合理性，单独签证费用可能发包人会更容易接受。

（4）对于工程变更带来的新增项目价格如何确定，应在合同中具体约定，若约定不明，极易产生纠纷。《建设工程工程量清单计价规范》GB 50500—2013 第 9.3.1 条中规定：因工程变更引起已标价工程量清单项目或其工程数量发生变化时，已标价工程量清单中没有适用也没有类似于变更工程项目的，应由承包人根据变更工程资料、计量规则和工程造价管理机构发布的信息价格和承包人报价浮动率提出变更工程项目的单价，并应报发包人确认后调整。已标价工程量清单中没有适用也没有类似于变更工程项目的且工程造价管理机构发布的信息价格缺价的，应由承包人根据变更工程资料、计量规则、计价办法和通过市场调查等取得有合法依据的市场价格提出变更工程项目的单价，并应报发包人确认后调整。这个规定并不能强制每个项目遵照执行，所以在具体项目合同中如果没有约定新增项目如何调价，包括新增项目的主要材料价格是否一定按工程造价管理机构发布的信息价进行调整确定，都会在项目实施中产生争议。

问题与案例解析 5：案例项目竣工阶段的造价风险及管控措施有哪些？

竣工结算阶段的造价风险产生的原因有：

（1）项目清单歧义导致结算争议

项目清单歧义指不同计价人员对项目清单的计量规则或计价内容及范围理解相异，从而导致项目的竣工结算争议。项目特征描述对计量计价的表述不清。例如，"挖一般土方"的清单项目特征描述时没有描述弃土运距，则在结算时就此项清单单价是否包含土方外运费用产生争议。

清单规范与地方定额不一致。清单规范计量规则与地方定额约定容易产生不一致的有：楼梯间踢脚线、塔式起重机的进出场费、混凝土模板、土方工程等项目。

（2）招投标程序不规范产生

由于勘查时间有限或其他原因，常常会导致参与施工的各个单位对勘查现场的情况认知不统一，对设计图纸的理解以及具体各项措施的费用不明确的问题。例如，未对施工现场基层进行勘察，会导致设计图纸只进行了表层设计，而未对基层进行处理。招标人员未组织相关人员到现场勘查，招标价格存在较大差异，导致在最终的结算环节产生纠纷。在招标阶段，由于评标时间有限，评标仓促还会出现忽视商务标的清标环节。这时，投标人在投标文件中没有清楚地解答招标人公开提出的问题，或没有及时发现不合理的定价。最终在结算审核环节，对于投标文件中未响应的招标工程量清单部分也会产生结算纠纷问题。

（3）结算资料收集不齐全

在进行竣工结算审核时，除了需按照工程合同进行工程价款审核外，还需对现场签证以及变更费用、追加工程费用等多个方面进行审核，对其真实性、合理性需要文件依据来支持。然而在施工过程中，由于施工企业资料管理流程的不完善，导致相关结算文件未能及时收集并做好保管，使得结算资料依据不充分，部分结算资料出现遗漏问题。一方面对结算审核进程造成影响；另一方面导致某些项目单价取值错误，对结算总额产生影响。《建设工程造价咨询规范》GB/T 51095—2015 第 8.3.4 条规定：竣工结算审核编制依据包含下列内容：影响合同价款的法律、法规和规范性文件；竣工结算审核委托咨询合同；竣工结算送审文件；现场踏勘复验记录；施工合同、专业分包合同及补充合同，相关材料、设备采购合同；相关工程造价管理机构发布的计价依据；招标文件、投标文件；工程施工图、经批准的施工组织设计、设计变更、工程洽商、工程索赔与工程签证，相关会议纪要等；工程材料及认价单；发承包双方追加或审减的工程价款；经批准的开工、竣工报告或停工、复工报告；竣工结算审核的其他相关资料。对竣工图真实性要先持怀疑态度，经核对竣工图与上述资料相符后方可作为结算依据。

（4）施工现场签证处理不及时

在施工过程中可能会出现设计变更或是发包方原因导致费用增加，对此，施工企业为保障其经济利益，需做好相应的签证申报工作。但部分施工企业由于结算组织管理不到位，对设计变更以及签证申报流程上不够完善，再加上相应的预结算管理人员对业务不够熟练，导致出现签证手续不齐全、申报签证不及时等问题，造成结算漏算、重复计算等计算错误。

案例：该项目在竣工结算阶段发生的造价风险事件

（1）图纸做法与实际施工做法不符合

发包人提出"地下室下穿道顶板卷材防水为 3 厚 SBS 改性沥青防水卷材"，图纸设计为双层卷材，《工程量确认表》上备注"此工程量及做法需现场认定"，《现场做法汇总记录》中"地下室下穿道顶板防水材质为 SBS 沥青卷材，单层"，但是没有施工方的签字盖章。结算时，施工方认为自己做了双层，要求对该部分进行现场剥离确认防水卷材层数后再确定。

发包人认为室外铺装工程中所有硬质铺装项目的找平层未实施，不应计价。施工方认为该部分在《工程量确认表》中双方并未对找平层有异议，且现场踏勘时双方均对《工程量确认表》中的项目特征进行了认可，所以结算时应按设计及项目特征对找平层进行计算，无需再对此部分再进行剥离检查。

（2）暂估单价材料单价调整争议

发包人认为公共楼梯间楼地面、公共楼梯及梯步（下地下室梯步）项目，施工方对"800mm×300mm×12mm 微粉玻化地砖（暂估价材料）"材料单价按 55 元/m² 计入不合理，市场价为 36 元/m²。施工方认为，根据合同约定："暂估价材料单价参照施工当期该市造价管理部门发布的信息价格执行"，施工当期该市定额站发布的造价信息该规格地砖的材料单价为 55 元/m²。

（3）价格调整争议

发包人认为钢结构油漆计量存在问题，在《现场做法汇总记录》中"钢结构油漆遍数不够"，且现场已有 30% 以上钢结构出现生锈情况（如按规范做法进行施工，常规可保 10 年不生锈）。因施工单位未按规范施工到位，属于偷工减料行为。要求按设计做法油漆工程 50% 进行折价计算。施工方认为根据竣工资料中的材料报审表及产品检验报告及现场勘验情况进行计算，对钢结构表面油漆进行现场取样并对厚度采用涂渡层测厚仪进行检测，现场出现生锈情况的钢结构主要为其中占一小部分的钢矩管，对该部位进行油漆厚度检测数值为 60~100μm，根据设计要求每层油漆厚度应为 25μm，同意调减该部分的环氧富锌底漆及一道环氧云铁中间封闭漆工程量，但不认可发包人的意见。

（4）变更带来的方案调整带来的措施费增加

由于方案变更，发包人认为钢结构工程结算工程量共 217t，施工单位采用 300t 汽车式起重机作业 38.56 台班（308 小时）实施此吊装工作，施工效率及方案实属不合理，施工方应采用经济合理的施工措施、施工效率进行施工，应当自行承担由此发生的施工措施增加费用，不能再行增加措施费。施工方回复：现场参建各方在现场签证单上对该部分内容及工程量的真实性进行了签字确认，在参建各方签字同意的钢结构施工方案中有对 300t 吊车使用方案的阐述及说明，应该对该项费用计取。

（5）签证确认的工程量与竣工图的差异

室外配套工程施工时遇到多处地下管线等障碍物均未包含在原有施工图中，管道穿越这些地下障碍物时，施工单位与业主现场代表就该工作内容进行了现场签证确认，并依据合同结算条款，按照中标的工程量清单中对应清单项综合单价增加相应施工费用。结算审核过程中，业主单位发现竣工图中管线穿越地下障碍物次数少于现场签证的工程量，要求以竣工图所示工程量为依据进行结算。

（6）窝工签证执行标准各执一词

施工过程中，因疫情原因，多次停工，造成窝工，根据合同约定，疫情原因带来的停工可以通过签证的方式结算窝工费用，包括人工机械的窝工费。施工方针对窝工涉及的人员、机械、天数情况，与业主现场代表进行了签证。结算时，施工方依据签证内容，窝工的人工单价执行中标单价中的人工工日单价，机械台班单价按照自有机械、租赁机械分别执行停滞台班单价、租赁台班单价，编制结算费用文件并上报业主单位审核。审核过程中，发包方不同意按照中标单价中的人工工日单价结算窝工人工费，因合同中未约定人工窝工单价，要求按工程所在地预算定额人工工日单价的 60% 执行。机械台班单价不分自有、租赁机械，按停滞台班单价执行，签证中的管理人员不计取窝工费用，未能与施工单位达成一致。

竣工结算风险原因分析及风险处理：

（1）竣工结算时需根据多项依据进行，不仅包括竣工图纸，还应及时查找隐蔽验收记录，必要时需要进行剥离检验，实际施工与图纸设计不符时，首先应核定实际施工是否满足质量强制性的标准和要求，因为质量合格是支付工程款的前提条件之一。如果不影响质量时，可以分情况进行处理，施工量比图纸量少的应该按少的进行结算，但施工量比图纸多的则应按图纸结算，依据是未按图纸施工的责任是施工方造成的。当然，如果不一致的原因是非承包方原因造成的，则应按实际完成的结算。本项目的防水层做法做了现场剥离检验，确定是 2 层防水做法后，最终结算应按 2 层执行。通过查找隐蔽验收等书面证据材料，证明施工方施工了找平层，结算时计算了此项费用。

（2）严格按合同约定执行。对于合同中已约定好的暂估价材料或其他材料、设备等的价格组价原则，则结算时应严格遵照执行，但如果合同中没有约定，则可能按市场价，或双方临时协商价格。为了防范结算风险，涉及后期定价的材料、设备的价格应在前期签订合同中进行明确约定，并严格执行。本项目最后是按信息价执行。

（3）应严格按施工图纸、规范、标准施工，防止带来质量问题引发索赔。案例项目中部分油漆施工内容不符合要求，发包人要求承包人进行了修复，达到设计要求无质量问题后按合同进行了结算。

（4）方案变更带来的分部分项工程费用的增加和措施方案改变带来的措施费的增加应留好证据。设计变更增加的费用应该由发包人支付，经过协商，发包人最终支付了案例项目的措施费。

（5）未重视与结算相关资料、支持性文件的收集、整理、保管。承包方项目管理人员绘制工程竣工图存在疏漏，未将反映竣工实际的一般性变更全部标注在竣工图上。尤其是对于隐蔽工程，现场核实难度大成本高，在审核时，若发现结算工程与竣工图不符，一般按照"就低不就高"原则执行。案例项目最终采用了竣工图中计算的工程量进行了结算。

（6）承发包双方未在合同中明确窝工费用执行依据。施工合同结算条款中未明确与窝工有关的费用计算方法，未明确将业主单位结算管理办法作为结算依据，是发生争议的主要原因。发包单位认为，管理人员工资、津贴等包含在企业管理费中，窝工涉及的人工费用不应计算管理人员。最终经过发承包双方协商，窝工人工单价执行地方定额中零星用工单价，管理人员不计窝工费用；窝工机械按停滞台班单价执行。

该案例改编自参考文献 [59]。

案例四：全过程工程咨询服务模式案例

案例目的：了解全过程工程咨询中参与各方的协同运作流程、组织模式、收费模式和招投标方式等。

案例内容：全过程工程咨询是目前国家积极推行的涉及设计、监理、项目管理、造价等多方咨询主体参与的新型咨询合作方式，需要打破不同专业、不同阶段的界面，对项目的投资控制更多地注重成本经济效益、设计方案的造价优化、施工全过程的造价动态控制、项目后评价和生命周期运营费用监控等综合性的增值服务。对于全过程工程咨询的跨专业合作的协同运作方式、组织模式、收费模式和招投标方式结合案例进行分析。

问题与案例解析 1：全过程工程咨询服务模式有哪些？

国内外建设项目的复杂性日益增加，新的通信和计算技术发展迅速，多元化的投融资方式和管理模式逐步建立，现行的单项服务供给模式已经无法满足市场和委托方多样化的需求，全过程的综合性咨询发展道路正重塑我国工程咨询行业的版图。根据《国务院办公厅关于促进建筑业持续健康发展的意见》（国办发〔2017〕19号），我国将加快推行工程总承包，这就需要与之对应的工程咨询服务。2019年，《国家发展改革委、住房和城乡建设部关于推进全过程工程咨询服务发展的指导意见》（发改投资规〔2019〕515号），对推进全过程工程咨询服务发展提供进一步的指导。2020年，住房和城乡建设部《关于修改〈工程造价咨询企业管理办法〉、〈注册造价工程师管理办法〉的决定》（住房和城乡建设部令第50号）对造价咨询企业改革提出了新要求。为深化"放管服"改革，优化营商环境，建筑市场需要全过程、多元化的工程咨询服务，传统工程造价咨询企业业务范围具有局限性、从业人员知识结构不够全面，难以融入全过程工程咨询的改革进程中，还需向业务综合化、经营规模化、市场国际化的方向进步，探索创新性的发展路径。

全过程工程咨询服务的涵义是指在项目投资决策、工程建设、运营管理过程中，为建设单位提供的涉及经济、技术、组织、管理等各有关方面的综合性、跨阶段、一体化的咨询服务。按照项目投资决策和建设程序的要求，在项目决策和建设实施两个阶段，重点培育发展投资决策综合性咨询和工程建设全过程咨询。

全过程工程咨询的服务模式一般包括：

全过程工程咨询从业务范围划分上包括工程项目的投资策划、前期可研、工程设计、招投标、施工建造、竣工验收、运营维护等阶段。《国家发展改革委、住房城乡建设部关于推进全过程工程咨询服务发展的指导意见》（发改投资规〔2019〕515号）中将全过程工程咨询明确分为"重点培育发展投资决策综合性咨询和工程建设全过程咨询"以及"在项目决策和建设实施两个阶段"。

（1）投资决策综合性咨询

在建设工程的实际造价估算中，决策与设计阶段是前期造价规划的核心，决定着实际造价估算的精度，然而传统的工程咨询割裂了投资估算和方案设计的紧密联系，需设计、造价、监理等参建单位单独工作。全过程咨询服务将前期造价规划与后期工程建设融合，对项目进行限额设计和优化设计，采用精细化管理来提高投资收益，有效地压缩时间和成本，减少项目由于资金问题可能出现的风险，同时这种高度整合各阶段的服务内容将更有利于达到对全过程投资的精准控制。

（2）工程建设全过程咨询

在项目的工程建设中囊括了投资、勘察、设计、监理、造价、招标、代建等阶段，经济、信息、法律、技术、人才等因素相互依存，全过程工程咨询围绕工程项目的质量和效率，对工程各个领域的资源进行收集，巧妙运用于工程建设中的各个阶段，减少了工作环节对接的过渡时间，既提高了服务质量，又规避了建设单位主体的责任风险。

（3）跨阶段咨询服务组合或同一阶段内不同类型咨询服务组合

针对项目所需内容的不同组合方式，衍生出不同的全过程工程咨询模式，主要有集团型组织模式、联营型组织模式、交叉持股型模式、合伙型组织模式，使得工程咨询在服务模式上更加全面，有效解决了设计、造价、招标、监理等相关单位责任分离等问题，更加针对性地满足建设工程项目的需求，提高企业管理水平，增加了工程咨询市场的美誉度。

案例：设计院牵头模式的全过程咨询服务

某设计院承接了某省财政投资的全过程工程咨询服务试点项目，项目由图书馆、实训楼、教学楼三个子项组成，总建筑面积约 4.5 万 m²。该项目在立项阶段与传统项目的立项和招标核准保持了一致，招标核准按勘察、设计、监理等传统方式分别进行，并未对全过程工程咨询进行单独核准。在招标过程中首先整合本项目的板块内容，包括勘察、设计、项目管理、工程监理、造价咨询以及 BIM 总控管理。作为招标要点，在资质设定上，该项目要求是独立法人，同时具备建筑设计甲级和房建监理甲级资质，保证了招标过程中全咨服务单位能够满足服务内容的核心资质。同时，不接受联合体投标，但接受控股子公司资质和业绩为总公司业绩，保证了试点企业的综合能力。同时考虑到项目整合的咨询服务内容较多，对于全咨中标单位如果在资质上不能全覆盖的，允许其进行分包。在组织模式上，明确要求项目全咨单位全面探索建筑师负责制。

结合项目要求，在中标之后，该设计院也是积极响应其管理要求。为保证服务过程中各项资源的高效协调，成立了全过程工程咨询领导小组，旨在有效整合院内设计、造价、项目管理及 BIM 中心等多方资源。同时选派设计院副总建筑师担任项目负责人，积极探索建筑师负责制的核心内容。整个项目在运行之初就从核心层面上解决了内部协调及资源调配的问题。

考虑到项目采用全咨模式之后需要交互的信息更多，此在项目主动引入 BIM 技术，结合项目实际情况建立了基于 BIM 技术的全过程咨询服务组织架构；搭建 BIM 协同与管理平台，确保沟通及时；在设计阶段采用 BIM 进行正向设计，提高设计质量；利用 BIM 技术对现场进行可视化管理，加强现场的技术交流与管控。从该组织构架不难发现，区别于传统咨询服务的组织模式，该项目全咨服务的勘设、造价、现场、监理、BIM 等各个板块所属团队不再局限服务于传统咨询服务的某一个阶段，而是将其服务从前至后延伸至项目的全过程，保证在项目的各个阶段均能有效沟通并全面考虑问题，同时基于 BIM 总控平台，板块间能够在各个阶段有效沟通，防止了信息孤岛的产生，真正保证全咨团队有能力探索项目价值工程的实现。

项目中标后，作为全咨单位，设计院结合招标文件的要求，仔细梳理全咨的详细服务清单，将各个阶段的服务内容及其对应的服务成果逐一对应，让项目使用方在选择全咨这种新的管理模式的前提下，在合同签订之初能够完全放心于设计院的管理和服务，并让管理和服务实现过程中的所见即所得，管理成果有充分体现。

由于采用了全咨模式，与传统项目相比，在勘察、设计等委托环节节约了大量的招投标的时间。通过各板块间的高效联动和工作的有效搭接，该项目从全咨企业中标，进行方案、施工图设计，及总承包工程量清单编制到完成总包招标工作，只花了三个月的时间，较传统项目的正常时间节约三个月左右。通过采用全咨服务有效节约项目推进时间，这也给大量建设周期紧张的项目提供了全新的解决思路。

资源投入方面，由于全咨管理服务模式极大地减轻了业主方的管理负担，和传统模式相比，在有效提升管理质量的同时，业主方的人员投入大大减小，这也正戳中了目前很多政府投资项目平台公司管理过程中的痛点，通过全咨模式化解了其项目多管理人员不足的矛盾。

与传统的咨询服务分散委托的方式相比，其在作业方式上实现了由平行作业向集中作业的转化；在责任主体上实现了由设计、监理等多个责任主体向全咨更为集中的责任主体的转化；在目标控制上，改变了传统咨询服务模式下各板块各自为政，只关注自身服务内容的不利局面，实现了更为集中的目标管控，真正能够从全局和价值工程的角度去管理整个项目；在咨询服务的发包方式上由多次发包转化为一次发包，为项目节约了大量的招采时间。

该案例改编自参考文献［60］。

问题与案例解析2：项目管理公司牵头模式的全过程工程咨询服务如何实施？

工程咨询渗透到前期咨询、工程准备、勘察设计、工程招标、工程施工、使用运营等各个阶段，但不同阶段归属不同的管理部门，造成工程咨询行业条块分割严重，呈现"碎片化"现象。开展全过程工程咨询不是简单将"碎片化"咨询拼接到一起，而是将工程咨询的各阶段有机集成，形成闭环。因此，开展全过程工程咨询的关键是怎么把散落在各环节中的工程咨询内容统筹考虑、有机结合。首先项目管理公司内部要重新进行组织结构调整，打破传统的多层级管理和多业务部门并行的矩阵式管理模式，设置以项目经理为主的扁平化管理模式，增加项目经理管理幅度，不断从分散走向集中，从破碎走向整合，为业主提供无缝衔接的整体服务。

全过程工程咨询可以优化传统模式下冗长繁多的招标次数和期限，简化合同关系、优化项目组织，加快进度，缩短工期。全过程工程咨询方作为项目总控方，对项目结果负责，迫使其必须从业主方角度系统规划、全面管理，发挥其专业化、集成化、前置化的优势，可以为业主节约工程造价，缩短建设工期，提升工程品质。

案例：项目管理公司牵头模式的全过程咨询服务

某体育中心项目包括建筑面积为 $34700m^2$ 体育场和建筑面积为 $17500m^2$ 的体育馆，政府批复的该项目概算总投资为 3.07 亿元。A 项目管理集团有限公司通过公开招标的方式中标了该项目的全过程工程咨询服务。

项目部在项目经理的带领下，设置了设计管理部、工程管理部、预算合约部、招标管理部、财务管理部和项目管理办公室。

（1）做好准备阶段的投资管控

前期手续办理阶段管控。前期手续办理，主要包括：项目建议书办理和批复、可行性研究报告的批复、地震安全性评价、环境影响评价、初步设计批复、消防审查、施工图审查、建筑垃圾处置核准、建筑工程施工许可等。在办理前期手续的过程中，A公司与相关各行政主管部门积极沟通，从投资控制的角度，收集并熟练掌握当时当地的相关文件、政府规章制度，与相关部门进行核对、计算，详细讲述项目现场的实际布局、计划采取的施工方案、措施，将可能的缴费降至最低。

（2）加强设计阶段的投资管控

组织初步设计的内部审查会。邀请相关专家组织了在发改部门正式审查前对初步设计及概算的预先审查。内部审查会由造价工程师负责，对照施工图纸，对概算书的工程量、定额子目列项、人材机及设备等的市场价格、取费类别等进行了详细核对，发现问题后，邀请设计单位到图审单位对照图纸逐项落实计算过程中发现的图纸问题，逐项进行答复并对不妥之处进行修改。

实行设计总包。对于专业性强的项目，如钢结构、幕墙、体育工艺、智能化、精装修等，实行专项设计。专项设计由设计总包单位进行分包，而不是由业主进行分包。这样有利于发挥设计总包单位的优势，同时可以聘请专业设计进行优化、设计监理单位审核、优化。明确要求限额设计，制定相应的奖惩条款，加大设计院对概算的控制压力和动力，从源头上保证施工与概算的有效衔接。

施工图设计阶段重视专业间的协同。各专业设计人员间加强对接、碰头，避免因专业冲突造成的设计变更。对专项设计单位深化图纸的审核，加大管理力度：一是对专业交接界面审核；二是要求深化设计必须进行优化，从节约成本的角度出发不无端提高标准、增加设计内容。在出具正式图纸前，组织专业人员、设计咨询单位、设计院、深化设计单位共同对接，对各方提出的问题及时修正，以减少施工阶段的变更。

（3）施工阶段严控设计变更

重视图纸会审环节，充分听取监理、施工单位从施工角度提出的合理化建议，将隐含的图纸问题在施工前解决。要求设计代表常驻现场，对于施工过程中出现的问题第一时间给出解决方案并及时处理，对于未能体现设计意图的，要及时提出调整。尊重设计单位的意见，在不违反结构安全和建筑总体效果的前提下，保证项目总体进度。做好设计变更的事前估算，估算结果与概算对比后确定变更是否执行。

（4）招采阶段的合约管理与投资管控

项目实施前应做好合约规划、确定合同架构，做好界面划分。构建合理的合同架构。编制合同架构图时，将所有与项目发生或直接管理的合同主体纳入管理范围，并与各阶段招标计划相吻合。在编制招标总控计划时，根据不同的工程或材料、设备编制不同的招标预审和后审形式，能够规避和减少后期管理的风险。并编制合理的界面划分表。以设计主体单位和设计内容为单元划分编制设计界面划分表，可分为设计总院和专业工程设计院，并界定设计范围。按照设计界面划分表及各专业工程的特点，考虑专业工程交叉施工作业的时间和施工工艺、工序等因素，编制施工总、分包界面划分表。确定合理的招标形式。招标文件中除常规招标条款外，还在合同专用条款中明确中标单位在实施过程中的管控措施和方法。配合招标应配备足够的设计管理人员，为编制招标文件技术要求提供支持。根据不同性质的工程和材料、设备对中标人的要求编制适宜的评分标准。在编制招标总控计划时，根据工程或材料设备的特点，编制各分项招标所特有的评标办法、界定技术、商务部分所占分数比例。

（5）施工阶段的履约管理

在部委制式合同文本的基础上，结合项目实际将专用条款逐条细化，保证参建各方的利益，实现风险合理的分担，工作重点：加强承发包管理。定期对合同履行情况进行检查。合同造价管理。合同履行过程中，若发生与合同约定不一致的地方，应在遵守投标文件及合同原则的基础上，会同监理、造价咨询单位对变更内容进行审核，提出意见。合同质量管理。合同条款中明确合同质量要求，并对其有相应的奖罚规定及措施。合同工期管理应服从并服务于项目总体进度计划，在合同中要有对工期的拖延和惩罚措施。

该案例改编自参考文献［61］。

问题与案例解析 3：造价咨询公司牵头模式的全过程工程咨询服务如何实施？

造价行业较早实践了全过程服务的理念，实行建设项目全生命周期的成本控制。项目全生命周期的成本控制是项目建设的关键要素之一，造价单位作为全过程工程咨询牵头单位，有利于规范项目全生命周期的成本控制。项目单位对工程造价非常敏感的项目，选择造价单位牵头全过程工程咨询比较合适。

工程造价咨询企业提供全过程工程咨询服务需要建立适应咨询服务的组织机构，在全过程工程咨询服务中，总咨询师是项目咨询管理的中枢指挥，从项目层面上总咨询师统领整个项目团队的咨询服务，投资咨询师、设计咨询师、成本咨询师、项目管理咨询师、BIM 咨询师以及总咨询师构成了一个项目的全过程工程咨询服务团队。

工程造价企业的咨询服务团队独立开展项目的咨询服务，咨询服务团队与团队之间没有设立沟通机制，很难进行知识交流与经验共享，提升全过程工程咨询服务能力受限，因此工程造价咨询企业将工程造价咨询业务拓展至全过程工程咨询服务有必要设立企业知识管理制度。建立工程造价咨询企业全过程咨询集成管理制度服务于全过程工程咨询业务过程。该制度的建立，将咨询业务准备、实施直至结束的全过程咨询业务连接起来，使得各个阶段都有相关的制度约束，提高全过程工程咨询业务的管理绩效。

案例：造价咨询企业牵头模式的全过程咨询服务

某政府投资办公楼，总建筑面积 3.2 万 m^2，投资估算额 1.85 亿元，全过程工程咨询服务内容包括项目策划、招标代理、造价咨询、工程监理、项目管理。采用的全过程工程咨询模式为造价咨询单位牵头，其他内容为分包的模式。

（1）全过程工程咨询服务实施方法

1）全过程工程咨询项目管理团队的整合

事前沟通，工作效率提高。造价咨询公司牵头，工程监理由牵头单位分包，改变了传统监理和建设单位的关系。关于施工方面的协调以及质量、价格问题，可以提前跟监理去沟通，初步达成一致意见，然后再跟建设单位、施工单位去讨论这些问题。

内部配合，实现资源最大化利用。全过程工程咨询服务单位驻现场人员负责签证变更、计量及施工进度审核和现场资料的搜集，施工图预算审核、清单编制等由公司层面统筹把握，不需要驻场的人员来做。公司拿到现场收集的资料后先审核，审核后跟施工单位初步核对，公司层面主导，驻场人员配合，实现企业内部资源的最大化利用。

分包单位由全过程工程咨询服务单位推荐，更利于建设单位管理。全过程工程咨询模式下，对于不在公司自有资质证书许可范围内的专业咨询，在本地区具有较高知名度的甲级资质单位中选择一家，与之签订专项分包协议，由该类企业委派具有丰富类似工程经验的专业团队（人员），参与本项目的全过程工程咨询服务。拟分包的专业咨询项目、拟选择的分包单位及其专业团队（人员）经建设单位审查同意后确定；拟订专业咨询分包协议书经建设单位审核同意后签定。由全过程工程咨询服务单位向建设单位推荐监理单位，建设单位确认同意后签订监理分包合同，实现对分包单位的自发式管理、简化程序简易，规范化管理，利于经验的形成。同时全过程工程咨询服务单位对监理单位进行管理，监督监理单位行使其职责，全过程工程咨询服务单位易于把控关键节点。

2）以投资控制为主导的全过程工程咨询集成服务

服务范围广。造价咨询单位可通过提供包括投资估算、设计概算以及运维费用管控等服务在内的全过程造价管理服务，服务范围覆盖了项目全寿命周期。其次，造价管理工作与设计、施工、招投标等都具有高度关联性。

投资管控能力强。造价咨询单位作为全过程工程咨询的实施单位，能够保证在项目开展的全过程不同环节都落实关于投资控制的措施，充分利用专业技术和合理方法从项目整体角度实现对项目资源、造价、风险和利润的计划与控制，帮助业主实现投资效益最大化。

（2）实施过程中存在的一些问题

跨专业合作沟通欠缺。跨专业合作仍是其中的关键问题，不同专业之间怎么进行协调，理解不同专业的要求，同时在过程中找到契合的协调方式是关键。在处理分包的时候，怎么管理分包，分包的界面划分等。

各方的工作习惯的变化缓慢。虽然业主和监理没有合同关系，但业主仍倾向于跟监理直接对接。其他参与方操作习惯、思维习惯等仍未发生变化，仍采用原来的工作模式。

项目层面缺乏正式的规则。现场负责人的协调和管控主要体现在流程性的、共同沟通探讨的问题，更倾向于口头方式的探讨，而非形成书面方式的管理制度，有利的一面是有助于各方接受，共同推进，不需要进行大的调整，但不利的一面是以个人经验处理为主，以体现个人能力为主，不能形成有效的知识积累。

这种造价咨询单位牵头，关键业务分包的模式还有亟待完善。最主要体现在造价咨询单位往往不具备设计能力，设计业务需要采用分包的方式，造价咨询单位作为全过程工程咨询服务单位一般不具备对设计业务的管控能力，很难对设计过程进行管理，从而难以保证设计成果质量，增大自身的风险。全过程工程咨询单位必须具备提供一站式咨询服务的能力。而造价咨询单位相对于项目管理单位、设计单位来说，规模较小且利润较低，因此难以通过兼并、重组等方式发展扩展其业务范围。现阶段，仅通过增加资质的方式来扩大造价咨询企业的业务范围还很难，但可以通过和设计院组成联合体或建立长期合作关系来提升能力。

全过程工程咨询服务单位应当重视信息化技术对其提升全过程工程咨询服务水平的作用，通过 BIM、大数据等技术手段，搭建信息平台，充分挖掘造价信息的价值，一方面有利于解决全过程工程咨询项目的信息"孤岛"问题，另一方面也有利于造价咨询单位进行数据储备，打造企业的核心竞争力。

该案例改编自参考文献［62］。

问题与案例解析 4：监理公司牵头模式的全过程工程咨询服务如何实施？

监理行业的施工现场经验丰富，业务范围向项目前期延伸，则可成为全过程工程咨询的主力军。但是，监理单位存在大部分技术人员要工作在施工现场，专业技术水平不高，且适宜牵头开展全过程工程咨询的综合性人才较少的缺点。对于施工现场条件复杂、项目工期要求高的项目，选择监理单位牵头全过程工程咨询优势较大。

全过程工程咨询服务，由于服务链条长、专业综合性强、总体服务费用高，在国内一直处于不温不火的状态。建设方并不是缺乏寻找外包服务的意识，而是出于以下两个原因：一是习惯了分专业寻找外包服务；二是难以找到值得全程信任的、有全程服务能力的外包服务团队。因此，倡导并推行企业全过程工程咨询服务，既是社会发展的需要，更是监理企业的自身发展的需要。项目的全生命周期包括项目决策、勘察设计、招标采购、工程施工、竣工验收、运营维护六个阶段。监理企业一般的业务范围以工程施工和竣工验收两个环节为主。

监理企业可采用并购、重组、合作、外包等多种模式，拓展经营范围，广聚人才，加强服务的纵向深度和横向广度。在收费模式、业务分成方面，不再依据国家规定的收费标准，而是更多地比拼实力、品牌、服务、人才的成本和收益空间。商业模式可以策划服务递延收费的模式，在为建设方创造咨询价值的同时，以项目收益分成的方式，形成长期、稳定的现金流，享受咨询价值带来的项目长期效益。

监理企业要研发先进的"互联网＋"项目管理软件，依托人工智能、大数据、云计算、物联网环境及 BIM、数字化建筑、虚拟现实等前沿技术，实现总部的全程专家技术支持和监控，扩大项目的监管范围和监管力度。监理企业要与设计院、其他咨询单位形成强强合作，联合作战，利用信息技术，从全过程工程咨询的广度、深度入手，使全过程工程咨询的各个环节数据互通，形成平台效应，打造全过程工程咨询的"数字化时代"。

案例：监理企业牵头模式的全过程咨询服务

某项目总建筑面积 16 万 m^2，建筑高度 62.80m，地下 2 层，地上 18 层。地上一层、二层为商业裙楼，塔楼部分建筑功能为办公区、酒店公寓，地下室为地下车库及设备机房等。全过程工程咨询服务阶段涵盖设计阶段、招投标阶段、施工阶段、竣工运维阶段，服务内容包括项目管理、造价咨询、工程监理、BIM 咨询等内容。项目采用工程监理＋项目管理＋造价咨询＋BIM 咨询的服务模式，由 A 监理公司提供全过程工程咨询服务。A 公司目前具有工程监理综合资质、造价咨询甲级资质、项目管理甲级资质、招标代理甲级资质、国家财政部 PPP 项目服务资质等。

项目实施前首先形成以总监理工程师为全过程工程咨询团队总负责人，项目监理、工程造价、项目管理、BIM 咨询等小组交叉配合的全过程咨询团队，同时公司技术中心在项目开展过程中给予技术支持，并在过程中组织开展项目月度总结、项目相关问题专题分析及项目考核评价等工作。全咨工作包括以下流程：

（1）应用实施策划

全过程工程咨询团队充分了解项目情况，梳理项目意图，通过在项目启动前梳理各咨询版块、各参建单位在项目各阶段的工作内容、工作特点和产生建设信息的不同，制定了以 BIM 串联的全过程工程咨询实施流程。从制度建设、环境搭建、培训落地和操作流程等方面进行规划。

（2）设计阶段

全过程工程咨询团队在设计阶段介入工作，通过理解设计任务书、梳理施工图纸、创建施工图 BIM 模型，将 BIM 模型创建过程及图纸梳理过程中发现的设计及图纸问题、易造成投资控制风险的问题、影响施工质量的问题进行前置，提出多专业综合的咨询意见，避免设计与造价脱节、设计与施工脱节、施工图与设计任务书不符、设计错漏碰缺的发生，并将过程中发现的问题实时反馈至设计单位进行整改，避免相关问题的积累和传递。

（3）招投标阶段

全过程咨询团队在招标阶段协助建设单位对招标文件及合同文件的编制，在招标文件中明确 BIM 技术要求以及施工单位的工作职责、能力要求和后续工作内容。准确和全面编制工程量清单，全过程工程咨询团队利用设计阶段创建的 BIM 模型，结合对设计意图、设计图纸深入的理解，基于 BIM 工程量清单对传统造价清单项、量进行校核，为招标工程量清单的准确性提供保障。

（4）施工阶段

全过程工程咨询团队在项目不同阶段结合不同应用点，针对各参建单位人员具体工作开展培训，保证 BIM 技术在本项目的实施和应用，确保 BIM 技术在施工过程中辅助项目管理、指导施工。全过程工程咨询团队在传统的工作流程之外，增加 BIM 技术辅助对超过一定规模的危险性较大的分部分项工程专项施工方案的论证工作，避免了传统模式下不易发现的危险部位，对照施工组织设计及专项施工方案，对高大模板工程进行验算、校核，重点对危险系数大的位置进行设计及验证，形象化展示专项施工方案，保证专项施工方案的安全性、合理性和可操作性。

全过程咨询单位通过全面审核施工方案和施工进度计划，考虑不同施工单位之间、单项工程之间以及资源使用和资金投入的关系，保证施工的连续性、节奏性和均衡性。同时制定具体的投资控制目标和详细的资金使用计划，将投资目标值按类型进度进行分解和细化，发挥全过程咨询团队各专业协同作业的优势统筹考虑工程投资、进度和质量的关系。

该案例改编自参考文献 [63]。

问题与案例解析 5：全过程工程咨询的收费方式是什么？

关于全过程工程咨询收费，发改投资规〔2019〕515 号文中就"完善全过程工程咨询服务酬金计取方式"作出规定："全过程工程咨询服务酬金可在项目投资中列支，也可根据所包含的具体服务事项，通过项目投资中列支的投资咨询、招标代理、勘察、设计、监理、造价、项目管理等费用进行支付。全过程工程咨询服务酬金在项目投资中列支的，所对应的单项咨询服务费用不再列支。投资者或建设单位应当根据工程项目的规模和复杂程度，咨询服务的范围、内容和期限等与咨询单位确定服务酬金。全过程工程咨询服务酬金可按各专项服务酬金叠加后再增加相应统筹管理费用计取，也可按人工成本加酬金方式计取。全过程工程咨询单位应努力提升服务能力和水平，通过为所咨询的工程建设或运行增值来体现其自身市场价值，禁止恶意低价竞争行为。鼓励投资者或建设单位根据咨询服务节约的投资额对咨询单位予以奖励。"

全过程工程咨询计费模式主要分为以下六种：

（1）单项咨询业务费用加总

《福建省全过程工程咨询试点工作方案》中规定，可按各单项咨询业务费用加总来确定，并可分别列支，各单项咨询业务费用按照现行政策规定或参照现行市场价格由合同双方约定。

《四川省全过程工程咨询试点工作方案》中规定，服务费用的计取可根据委托内容，依据现行咨询取费分别计算后叠加。

《河南省全过程工程咨询试点工作方案（试行）》中规定，服务费用的计取可按照所委托的前期咨询、工程监理、招标代理和造价咨询取费分别计算后叠加。

《广西全过程工程咨询试点工作方案》中规定，服务费用的计取可按照所委托的前期咨询、工程监理、招标代理和造价咨询取费分别计算后叠加。

（2）"1＋N"叠加计费模式

《广东省全过程工程咨询试点工作实施方案》中规定，工程咨询服务计费采取"1＋N"叠加计费模式："1"是指"全过程工程项目管理费"，"N"是指项目全过程各专业咨询服务费。

（3）人工计时单价

《四川省全过程工程咨询试点工作方案》中规定，根据全过程工程咨询项目机构人员数量、岗位职责、执业资格等，采用人工计时单价计取费。

《河南省全过程工程咨询试点工作方案（试行）》中规定，根据全过程工程咨询项目机构人员数量、岗位职责、执业资格等，采用人工计时单价计取费。

《广西全过程工程咨询试点工作方案》中规定，根据全过程工程咨询项目机构人员数量、岗位职责、执业资格等，采用人工计时单价计取费。

（4）基本酬金＋奖励

《浙江省全过程工程咨询点工作方案》中规定，全过程工程咨询服务费可探索实行以基本酬金加奖励的方式，鼓励建设单位对全过程工程咨询企业提出并落实的合理化建议按照节约投资额的一定比例给予奖励，奖励比例由双方在合同中约定。

《广东省全过程工程咨询试点工作实施方案》中规定，全过程工程咨询服务费可探索实行基本酬金加奖励方式，对按照全过程工程咨询单位提出并落实的合理化建议所节省的投资额，可予以奖励。

（5）费率或总价合同

《陕西省全过程工程咨询服务合同示范文本（试行）》中规定，各项咨询服务费用叠加控制合同价，也可采用费率或总价方式。采用概念方案招标，建设单位可对未中标企业进行一定补偿。

（6）单项咨询业务费用加总加奖励的计价模式

《江苏省开展全过程工程咨询试点工作方案》中规定，服务费用的计取可按照所委托的项目代建、前期咨询、工程监理、招标代理和造价咨询取费分别计算后叠加。建设单位对项目管理咨询企业提出并落实的合理化建议，应当按照相应节省投资额或产生的效益的一定比例给予奖励，奖励比例在合同中约定。

案例：某项目全过程工程咨询收费案例

某大学信息中心项目全过程工程咨询项目，工程估算总投资 23000 万元，总建筑面积 45636m²。招标内容及规模：全过程工程咨询服务，包括勘察、设计、施工监理及综合协调工作。单体建筑面积 45636m²，其中：图书馆 28708m²、实训室 2500m²、档案馆

2000m², 地下车库 12428m²。同时配套建设地块内道路广场、绿化等室外配套工程 15858m²。建成后图书馆阅览座位约为 5000 座。该项目全过程工程咨询服务合同中咨询范围：前期咨询、勘察服务、设计服务、监理服务、造价咨询、项目管理。

中标的某咨询公司具有监理甲级和造价咨询甲级资质，所以该项目全过程工程咨询中造价咨询和监理工作由该公司自行实施完成，属于 N，前期投资咨询、勘察、设计咨询由该公司牵头，其管理的其他三家咨询公司负责实施，属于 X。项目牵头单位自己完成项目管理工作，属于 l。该项目作为全过程工程咨询试点项目，暂不考虑调整系数及统筹管理费用的计取。详细收费细则见表 2-4-1。

该案例改编自参考文献 [64]。

全过程工程咨询服务报酬计算表 表 2-4-1

序号	服务内容	服务模式	服务费 （万元）	收费依据	计算公式
1	项目管理	l	270	财建〔2016〕504 号文	$140+(23000-10000)\times1\%=270$
2	工程监理	N	550.0	发改价格〔2015〕299 号文	$(23000-20000)/(40000-20000)\times0.025$ $+20000\times0.0275=550.0$
3	全过程造价咨询		133	中价协〔2013〕35 号文	$10000\times0.012+(23000-10000)\times$ $0.001=133$
4	前期咨询	X	65	计价格〔1999〕1283 号文	$[(2.3-1)/(5-1)\times(37-14)+14]+$ $\cdots=65$
5	工程勘察		54.8	计价格〔2002〕10 号文	$548\times10\%=54.8$
6	工程设计		543.9	计价格〔2002〕10 号文	$[(23000-20000)/(40000-20000)\times$ $(1054-566.8)]+566.8=639.9$ $639.9\times0.85=543.9$

案例五：EPC 项目合同及造价控制案例

案例目的：了解 EPC 承发包模式下不同合同价格类型的选择依据和造价控制要点。

案例内容：EPC 承发包模式与传统模式相比，发包方减少了管理和协调的工作量并转移了工程建设项目中的部分风险，总承包商承担了风险并获得相应的预期收益。EPC 项目的计价模式有固定总价、固定单价、费率下浮等，不同的计价模式各有不同的适用情形。选取典型 EPC 工程项目，分析采用的合同价格类型、合同条款造价控制内容、设计优化、工程变更控制等对造价的影响。

问题与案例解析 1：EPC 承发包模式及合同性质如何理解？

设计采购施工（EPC-Engineering、Procurement、Construction）总承包，指从事工程总承包的企业受建设单位委托，按照合同约定对工程项目的勘察、设计、采购、施工、试运行等实行全过程或若干阶段的承包，并对工程的质量、安全、工期、造价等全面负责。

工程总承包的方式可由建设单位根据项目实际需要自行确定，可以采用：设计采购施工（EPC）/交钥匙总承包、设计-施工总承包（D-B）、设计-采购总承包（E-P）、采购-施工总承包（P-C）等。在工程总承包项目中，建设单位可以根据自身资源和能力，自行或者委托第三方进行项目管理，并依照合同对工程总承包企业进行监督。

工程总承包模式的基本内容包括：

（1）以工程总承包方式进行发包。建设单位依法采用招标或者直接发包等方式选择工程总承包单位。工程总承包项目范围内的设计、采购或者施工中，有任一项属于依法必须进行招标的项目范围且达到国家规定规模标准的，应当采用招标的方式选择工程总承包单位。建设单位可以依据初步设计，以确定的建设规模、建设标准、投资限额及工程质量、进度要求为标的进行工程总承包项目发包。在设计方案、建设标准、投资限额确定的条件下，建设单位也可以依据项目可行性研究报告进行工程总承包项目发包。

（2）总承包企业资质要求。工程总承包单位应当同时具有与工程规模相适应的工程设计资质和施工资质，或者由具有相应资质的设计单位和施工单位组成联合体。工程总承包单位应当具有相应的项目管理体系和项目管理能力、财务和风险承担能力，以及与发包工程相类似的设计、施工或者工程总承包业绩。设计单位和施工单位组成联合体的，应当根据项目的特点和复杂程度，合理确定牵头单位，并在联合体协议中明确联合体成员单位的责任和权利。联合体各方应当共同与建设单位签订工程总承包合同，就工程总承包项目承担连带责任。

（3）评标办法。选择工程总承包单位宜采用综合评估法，综合评估因素主要包括工程总承包报价、项目管理组织方案、设计技术方案、设备采购方案、施工组织设计或施工计划、工程总承包项目业绩等。

（4）合同价格形式。企业投资项目的工程总承包宜采用总价合同，政府投资项目的工程总承包应当合理确定合同价格形式，项目计价方式应在合同中明确规定，可以采用固定总价、固定单价或者成本加酬金等方式。采用总价合同的，除合同约定可以调整的情形外，合同总价一般不予调整。建设单位和工程总承包单位可以在合同中约定工程总承包计量规则和计价方法。依法必须进行招标的项目，合同价格应当在充分竞争的基础上合理确定。

（5）总承包单位的限制性规定。工程总承包单位不得是工程总承包项目的代建单位、项目管理单位、监理单位、造价咨询单位、招标代理单位。政府投资项目的项目建议书、可行性研究报告、初步设计文件编制单位及其评估单位，一般不得成为该项目的工程总承包单位。政府投资项目招标人公开已经完成的项目建议书、可行性研究报告、初步设计文件的，上述单位可以参与该工程总承包项目的投标，经依法评标、定标，成为工程总承包单位。

（6）工程总承包项目经理资格要求。工程总承包项目经理应当具有相应工程建设类注册执业资格（包括注册建筑师、勘察设计注册工程师、注册建造师或注册监理工程师），担任过与拟建项目相类似的工程总承包项目经理、设计项目负责人、施工项目负责人或者项目总监理工程师；拥有与工程建设相关的专业技术知识，熟悉工程总承包项目管理知识和相关法律法规，具有工程总承包项目管理经验，并具备较强的组织协调能力和良好的职业道德。工程总承包项目经理不得同时在两个或者两个以上工程项目担任工程总承包项目经理、施工项目负责人。

（7）工程总承包项目分包管理制度。工程总承包单位可以采用直接发包的方式进行分包。但以暂估价形式包括在总承包范围内的工程、货物、服务分包时，属于依法必须进行招标的项目范围且达到国家规定规模标准的，应当依法招标。对于依法承揽的工程总承包项目，工程总承包企业可以在其资质证书许可范围内自行实施工程项目的勘察、设计、设备采购和施工，也可以根据合同约定或者经建设单位同意，不再通过招标方式将工程项目的勘察、设计或施工发包给具有相应资质的分包企业。工程总承包企业按照工程总承包合同的约定对建设单位负责，分包企业按照分包合同的约定对工程总承包企业负责。工程总承包单位应当对其承包的全部建设工程质量负责，分包单位对其分包工程的质量负责，分包不免除工程总承包单位对其承包的全部建设工程所负的质量责任。工程总承包单位、工程总承包项目经理依法承担质量终身责任。工程分包不能解除工程总承包企业的合同义务和法律责任，工程总承包企业和分包企业应当就分包工程对建设单位承担连带责任。工程总承包企业不得将工程总承包项目进行转包，不得将工程总承包项目中的设计、施工业务全部分包给其他单位承包。

（8）工程总承包监管制度。按照相关法规规定须进行施工图审查的工程项目，根据实际情况分阶段按单体工程领取施工许可证的，可以分阶段按单体工程进行施工图审查。工程总承包项目所在地住房和城乡建设主管部门可以根据工程总承包企业向分包企业发出的中标通知书或与勘察、设计、施工企业签订的分包合同办理建设工程质量、安全监督和施工许可等相关手续，并在相关表格中增加"工程总承包企业名称"和"工程总承包项目经理姓名"栏目。工程总承包企业自行实施工程总承包项目施工的，应依法取得安全生产许可证，将工程总承包项目中的施工业务分包的，施工分包企业应依法取得安全生产许可证。工程实施过程中，需要工程总承包企业签署意见的相关工程管理技术文件表格，应增加工程总承包企业栏目。工程总承包企业应当组织相关分包企业配合建设单位完成工程竣工验收，工程保修责任书由工程总承包企业签署。

EPC 合同是业主将设计、采购、施工等内容通过交钥匙合同一并交给承包商，并通过招标文件、投标须知以及最后形成的合同文件明确工程范围、设计标准、价款、工期、质量、验收和安装调试、运行等方面协商一致签订的总承包协议。在 EPC 合同模式下，承包商的工作范围包括设计、工程材料和机电设备的采购以及工程施工，直至工程竣工、验收、交付业主后能够立即运行。设计不但包括工程图纸的设计，还包括工程规划和整个设计过程的管理工作。该合同条件通常适用于承包商以交钥匙方式为业主承建工厂、发电厂、石油开发项目以及大型基础设施项目或高科技项目等，这类项目业主的要求一般是价格、工期和合格的工程，承包商需要全面负责工程的设计和实施，从项目开始到结束，业主很少参与项目的具体执行。故 EPC 合同要求承包商承担工程量和报价风险。EPC 合同是边设计、边施工、边修改，在施工过程中的不可预见性、随意性较大，引发的变更较多，对由于非承包商过错或疏忽，属于业主的责任造成损失的，总包商可以向业主提出补偿。EPC 工程总承包项目的工程内容极其复杂，合同条款上难免有考虑不周的地方，如果业主和承包方不积极配合协调，会产生很多争议，承包方往往根据同类已建成项目经验，在技术协议条款予以规范。作为投资方的业主在投资前关注工程项目的最终价格和最后工期，以便得到项目的投资回报。业主将投资和工期变为可控制风险。对于承包方而言，其通过自身专业的项目管理技能和工程实施能力，将项目风险控制在最低，从而取得比传统工程承包模式更多的经济利益。

在 EPC 合同模式下，承包商的工作范围包括设计、工程材料和设备的采购以及施工直至最后竣工，并在交付业主时能够立即运行。EPC 总承包合同作为对建设单位与承包单位具有约束力的文件，其对工程承包范围、各方权利义务划分、责任划分、合同价款、违约责任、各方的风险等均需做详细的约定，合同条款本着平等、公平、诚实信用、遵守法律和社会公德的原则。从履约的角度看，相比传统施工总承包模式，EPC 合同下，发包人对参与工程建设的具体管理工作大幅减少，总承包商管理工作量及责任大幅提高。工程建设过程中大量的设计管理工作、设计与施工的衔接管理工作、施工与采购的衔接管理工作、采购管理工作等，以及随之带来的发包人风险均转移至总承包人，总承包方负责整个项目实施过程的全部项目设计、施工、采购等工作，可以有效划清发包人与总承包人之间的工作和责任界面。与传统施工总承包商相比，工程总承包商需要具备更高的设计、施工管理能力和资源整合能力，同时对于项目风险管理能力也需要延伸到项目的实施准备期和施工期，需要对项目建设涉及的设计管理、合同管理、采购管理、施工管理、政府许可手续办理等等全面的项目管理工作有系统把控能力。

案例：依法必须招标而违反法律规定签订的 EPC 合同无效

8 月 10 日，县公共资源交易中心网站发布了创业产业园设计施工一体化（EPC）项目招标公告，县管委会为招标人，招标范围为创业产业园设计施工一体化（EPC）项目的设计、采购、施工及项目管理工作，报名时间为 8 月 11 日至 8 月 17 日，A 公司提交了报名资料。8 月 23 日，县公共资源交易中心网站发布了第二次招标公告，载明因第一次招标时符合要求的投标人不足三家，故进行第二次公开招标，报名时间为年 8 月 24 日至 8 月 30 日，A 公司再次报名。两次招标公告未规定获取招标文件或者资格预审文件的地点和时间，招标公告载明本项目投资 38200 万元。第二次招标时仍不足三家，项目流标，9

月 12 日县发改委下发《关于创业产业园设计施工一体化（EPC）项目不再进行招标备案的通知》，主要内容：鉴于该项目两次公开招标均流标，根据《工程建设项目施工招标投标办法》规定，对创业产业园设计施工一体化（EPC）项目不再进行招标予以备案，由县管委会妥善选择符合条件的设计施工单位，保证项目建设效益。该工程最终未通过招投标程序确定中标人，11 月 10 日，县管委会直接与 A 公司签订了《总承包合同》，A 公司自认其进场施工时间为 9 月 15 日。工程开工令和开工报告显示的开工时间为 10 月 15 日。后发生纠纷，诉讼至法院。

法院审理后认为：A 公司与县管委会签订的《总承包合同》无效。根据招标投标法第三条的规定，全部或部分使用国有资金或者国家融资的项目属于必须招标项目，以及根据发改办法规〔2020〕770 号文的规定，对于《必须招标的工程项目规定》第二条至第四条规定范围内的项目，发包人依法对工程以及与工程建设有关的货物、服务全部或者部分实行总承包发包的，总承包中施工、货物、服务等各部分的估算价中，只要有一项达到 16 号令第五条规定相应标准，即施工部分估算价达到 400 万元以上，或者货物部分达到 200 万元以上，或者服务部分达到 100 万元以上，则应当招标。

案涉工程建设使用的全部是国有资金，总投资数亿元，属于必须招标工程。《招标投标法》第二十四条规定，依法必须进行招标的项目，自招标文件开始发出之日起至投标人提交投标文件截止之日止，最短不得少于二十日（管委会自行设定报名时间 7 天）。案涉工程于 8 月 10 日发布第一次招标公告，8 月 23 日第二次招标公告，在 13 天内进行了两次招投标，违反了招标投标法关于最低不得少于二十日的规定。招标投标法第三十二条规定，投标人不得与招标人串通投标，损害国家利益、社会公共利益或者他人的合法权益。EPC 工程对总承包人的要求很高，而对发包人而言，通过公开招标选择一个既有技术能力又有管理能力的承包人是重中之重的举措。案涉工程虽然形式上履行了招投标程序，但两次《招标公告》均未规定获取招标文件或者资格预审文件的地点和时间，致使不特定的潜在投标人无法知晓招标文件内容及投标截止时间，导致两次《招标公告》规定的报名截止时间（7 天）等同于投标截止时间，显然对中标结果造成实质性影响，且目前已不能采取补救措施予以纠正。两次招标仅 A 公司一家参与，A 公司庭审中承认没有在第一次招标报名期限内报名，提交文件是在两次报名的间歇时间。按规定第二次公开招标投标人提交投标文件截止为 9 月 14 日，而县发展和改革委员会《关于创业产业园设计施工一体化（EPC）项目不再进行招标备案的通知》9 月 12 日就下发，A 公司自认于 9 月 15 日就提前进场，但双方签订的《总承包合同》时间为 11 月 10 日，故现有证据表明 A 公司与县管委会之间存在明标暗定的串通行为，违反了法律强制性规定。综合本案事实，案涉《总承包合同》应依法认定为无效。

该案例改编自参考文献［65］。

问题与案例解析 2：EPC 招标文件中的"发包人要求"应如何理解？

《中华人民共和国标准设计施工总承包招标文件（2012 年版）》第五章"发包人要求"中规定：发包人要求应尽可能清晰准确，对于可以进行定量评估的工作，发包人要求不仅应明确规定其产能、功能、用途、质量、环境、安全，并且要规定偏离的范围和计算方法，以及检验、试验、试运行的具体要求。对于承包人负责提供的有关设备和服务，对发包人人员进行培训和提供一些消耗品等，在发包人要求中应一并明确规定。

发包人要求通常包括但不限于以下内容：

（1）功能要求：工程的目的、工程规模、性能保证指标、产能保证指标；

（2）工程范围：概述、包括的工作（永久工程的设计、采购、施工范围；临时工程的设计与施工范围；竣工验收工作范围；技术服务工作范围；培训工作范围；保修工作范围）、工作界区、发包人提供的现场条件（施工用电、施工用水、施工排水）、发包人提供的技术文件（发包人需求任务书、发包人已完成的设计文件）；

（3）工艺安排或要求（如有）；

（4）时间要求：开始工作时间、设计完成时间、进度计划、竣工时间、缺陷责任期、其他时间要求；

（5）技术要求：设计阶段和设计任务、设计标准和规范、技术标准和要求、质量标准、设计、施工和设备监造、试验（如有）、样品、发包人提供的其他条件；

（6）竣工试验、竣工验收、竣工后试验（如有）；

（7）文件要求：设计文件及其相关审批、核准、备案要求、沟通计划、风险管理计划、竣工文件和工程的其他记录、操作和维修手册、其他承包人文件；

（8）工程项目管理规定：质量、进度、支付、HSE（健康、安全与环境管理体系）、沟通、变更；

（9）其他要求：对承包人的主要人员资格要求、相关审批、核准和备案手续的办理、对项目业主人员的操作培训、分包、设备供应商、缺陷责任期的服务要求。

案例：招标文件中的"发包人要求"不明确引起合同争议

某新建大学工程项目，采用初步设计完成后的EPC方式发包，总价合同形式。招标内容包括施工图设计、采购、施工及工程保修。拟建建筑面积约6万 m^2，包括教学楼、本科生公寓、研究生中心、研究院楼、服务楼、附属工程等。招标文件中的"发包人要求"对EPC承包范围内的工作、界面、工艺要求、时间要求等作了详细描述，并将初步设计图纸作为附件在招标过程中一并提供给潜在投标人。在项目实施过程中，遇到了采购设备方面的问题，发包人和承包人对发包人要求和初步设计图纸中未明确的设备技术要求是否属于发包人要求的范围产生了很大分歧，影响了项目的正常进度和顺利实施。

该案例中招标文件中的"发包人要求"对项目教学楼、服务楼中包含的报告厅和剧院所需设备的技术标准和要求描述不够详细，技术要求的不同对设备价格产生的影响非常大。

"发包人要求"是招标文件的重要组成部分，包含功能要求、时间要求、技术要求、竣工验收、工程项目管理规定等内容，可以理解为既包含了设计任务书及设计要求，也包含了时间进度要求、管理规定及相关罚则，还界定了相关材料、设备的具体参数等，是发包人对工程项目在设计、采购、施工三方面的具体任务要求和管理规定，也是作为初步设计文件或可行性研究报告的详细补充文件，是承包人组织EPC工作的主要依据。此部分内容如果编制粗略，内容填写不全，不能详细描述发包人的需求和要求时，可能会导致在合同履行时双方争议较多。因此招标人在编写"发包人要求"时，应按目录逐条详细地将发包人的想法和要求通过文字、图表等形式描述出来，并对合同条款中要求在"发包人要求"中约定的或合同条款无法约定的或拓展约定的内容进行约定。

"发包人要求"应重点关注五个方面的内容。一是应重点关注项目性能保证指标，该指标是保证工程正常运转的主要约定数据，应详细填写竣工交付时达到的各项指标。二是应将技术要求部分作为重中之重，重点是设计任务的下达及对设计、采购和施工提出详细的技术要求，包括标准和规范要求、应达到的质量标准及样品的留存范围和样品管控办法等。三是应详细界定发包人提供的现场条件。四是应重点约定各种报表报告、成果文件的提交及施工节点的时间要求，并与协议书开工竣工日期保持一致。五是应重点填写项目管理规定和文件要求，界定发包人对承包人所有的管理、管控制度，以及流程和办法。

该案例改编自参考文献［66］。

问题与案例解析 3：EPC 项目全过程成本控制的重点是什么？

（1）设计阶段成本控制的重点。一是注重设计与采购和施工阶段的有效沟通和衔接。在目标总成本的范围内，根据业主提出的基础标准，结合项目建设目标信息制定科学、规范的设计方案，确保其能够符合项目建设的工作要求。二是优化设计。进行施工图得到充分优化，减少无效设计成本的发生，在各个专业标准之间建立统一的执行方案，避免由于个别标准要求过高，导致专业不匹配形成剩余功能，影响投资应用的基础效率。三是完善设计方案。根据承包合同标准，对目标成本与项目总造价进行分析，需确保设计方案能够符合实际施工需求。降低施工过程中遇到各种问题的可能性，减少后期发生多项变更费用的可能性。四是进行限额管控和价值工程分析。限额设计主要利用投资估算与可行性研究策略进行处理，通过完善初步方案，能够为后续成本概算、施工设计与技术设计提供重要支持。在满足基础功能需求的条件下加强控制力度，避免出现不合理的设计变更问题，进行价值工程分析，减少无效工作。

（2）采购阶段成本控制的重点。一是采购阶段与设计、施工阶段做到合理衔接，需要重点关注材料与设备的价格与质量，满足业主方对品牌和质量的要求，还需考虑物资采购供应与项目生产进度同步，统筹采购成本与仓储成本以及资金成本。二是注重招投标管控，加强对市场行情的掌握。确保招投标能够合理筛选最佳的材料供应商和专业分包单位。针对供货商进行询价与竞价，在确保 EPC 工程质量与数量以及指定品牌等符合标准的前提下，对其他因素进行综合考量，包括运输成本、交货批次和时间等。三是有序采购，加强合同履约管理，做好现金流管理。采购环节要做到采购节奏同项目施工进度同步，减少过早或过迟采购导致的资金占用或材料短缺，增加资金占用成本或影响正常工期。做好采购合同管理和现金流管理，做好合同履约，提高资金使用效率，降低采购成本和资金使用成本。

（3）施工阶段成本控制的重点。一是合理安排施工组织计划，注重安全、质量、进度管控。对施工组织计划做到详尽的梳理，优化施工方案，做好合同交底，同时从安全、质量与进度管理层面入手，确保项目能够在理想条件下进行控制，减少出现意外消耗的可能性。二是降低材料损耗率，提高机械设备使用率。加强对材料消耗的管控，降低材料利用的损耗率。机械设备的进场时间、设备的合理分布与调配，熟练机械设备操作人员的安排，对施工的高效开展起着积极的推进作用。三是做好动态成本费用控制分析，及时纠偏。对每阶段项目各项成本费用的执行情况进行及时统计整理，并进行分析，总结各期各类成本投入与项目实际产出是否合理、实际消耗与定额消耗的偏差。

案例：EPC 项目成本超支的全过程分析

某 EPC 项目包括：工业泵房、生产车间、机修车间和配套用房。对该 EPC 工程项目进行成本分析。该项目成本主要包括项目管理费用、材料设备成本、建安成本、设计成本四个部分组成。设计成本主要由土建设计、电气设计、工艺设计、自控系统设计等其他设计组成。材料和设备成本主要包括建筑材料、设备购置及配件材料。建筑安装成本主要由土建费用和安装费用加上措施费用组成。项目管理费用则是在项目执行过程当中发生的管理费用，其中包括了办公费用、人员工资、差旅交通、税金等其他费用。工程目标总成本合计9862万元，实际成本10260万元，工程完工后实际成本比目标成本超支578万元，占比5.86％。其中设计费节约8万元，设备采购超支221万元，建安费用超支365万元。分析成本超支的原因如下：

（1）设计变更增加的成本

产生费用的设计变更35次，因变更产生的费用占超出费用的62％。项目实施过程中，被动变更次数较多，增加费用最大。因对发包人的理解和合同约定不清带来的变更产生了争议，发包人不认可的属于承包方自行承担的费用占了20％左右。

（2）采购过程增加的成本

采购过程中，因采购部门未及时与设计部门沟通设备型号变更后的具体型号，未及时与商家进行沟通，急需供货的时候，要求供应商更换型号时，供应商同意更换，但是报价高于市场价，导致采购费用增加；因施工现场实际情况调整材料型号，供应商报价均等于或高于市场价，导致费用增加；因采购人员工作问题，导致设备零件漏采或超采，导致增加成本。

（3）施工过程增加的成本

施工过程中，因采购物资延期或设计变更原因导致进度延迟时，后续加大投入人力、物资赶工期，导致各种签证增多，分包费用增加。因分包进度较快，投入材料和设备量较大，需要增加管理力量，设备厂家匆忙供货，经常返工整改，增加费用。应结合现场实际，避免施工风险、增加措施费用保障安全等，增加很多成本。

针对成本超支的原因进一步分析成本控制过程中出现的问题发现：

（1）设计变更多。原因之一是设计方案本身出现了很多问题。设备参数不清甚至出现了许多设计错误。原因之二是设计部门和采购部门、施工部门没有在设计阶段有效沟通，采购部门、施工部门没有在项目设计阶段介入项目。设计部门按照传统设计模式，只顾设计各专业之间的沟通，设计部门缺少与各部门信息沟通，造成设计图纸质量控制不佳而增加后期成本，成本意识较弱没有考虑到施工和采购的需求。优化设计需要较为精准的信息才能更好实施，没有其他部门的技术沟通很难有各方都满意的方案。设计人员不主动与各部门沟通，导致设计阶段的管控工作与现场实际分离。在项目施工前没有进行充分的项目交底后即开始进入施工，而是在采购和施工过程中发现了问题，再返回去找设计部门解决问题，属于问题发生后的被动解决，甚至施工完的内容需要进行拆除修改，对工期和费用的影响均较大。

（2）采购成本超支多。原因之一是采购部门仍然按照传统施工模式采购。在设计阶段以后开始工作，未积极与各部门沟通，造成设备与材料的目标成本与实际成本差别太大，有些材料设备预算价格严重低于市场价，对以后成本控制又增加不必要的成本，价格波动或工程量增加承担风险较大。未及时与设计部门沟通协调，提前解决物资紧缺、面临涨价等问题，在项目实施过程中遇到这些问题，影响项目进度和成本，导致增加不必要的成本。未主动积极考虑采购物资的运输、存储、进场时间等协调问题，导致成本增加。没有向设计部门询问清楚，导致采购的量偏差，造成实际采购成本高于目标成本。原因之二是采购单价低，最终结算价格高。采购人员对于设备采购的价格很难确定，经常选择报价最低的供应商继续进行价格洽谈，大型设备价格压得比较低，后期质量与服务严重下降，施工当中各种配件价格很高，运行过程中需要增加各种费用，最终结算价格超出预期，与供应商合作产生矛盾。实施过程中采购部门未实时跟踪，计划采购费用远低于实际采购价格。设计阶段未邀请供应商参与，采购选择设备材料时对供应商大幅度压价，合同实施过程中出现问题，供应商会非常不配合产生额外费用。

（3）施工阶段成本超支。原因之一是项目部未及时掌握成本情况。施工进度经常由于一些原因造成延误或提前，施工方案在大多数工程中基本上都会有调整，这些调整对材料采购、设备采购、安全管理等方面造成较大影响，期间的材料储存费用、材料价格波动、供货时间的变化可能会增加施工成本。原因之二是分包管理不当。现场管理者不够重视过程成本管控，督促分包单位加速赶工，导致增加不必要的签证与索赔。资源（人材机）协调不平衡，特别是分包管理方面问题造成结算价远超合同价。原因之三是施工管理模式问题。施工过程中许多调整都是通过管理者向下传递，大多通过会议讨论研究，一般项目开例会一周只有一次，很难把所有参与方组织在一起经常讨论研究解决方案，缺少多部门的沟通。施工过程是计划的实施也是对计划的改善，施工人员只顾设计图纸的实施，技术人员有较好的方案不主动提出，导致工程量增多实施时间较长。施工人员未加强对现场的管理，现场材料、设备、安全都会对成本造成影响。

问题与案例解析 4：EPC 合同中承发包人的风险应如何合理分担？

建设单位和工程总承包单位应当加强风险管理，合理分担风险。建设单位承担的风险主要包括：

（1）主要工程材料、设备、人工价格与招标时基期价相比，波动幅度超过合同约定幅度的部分；

（2）因国家法律法规政策变化引起的合同价格的变化；

（3）不可预见的地质条件造成的工程费用和工期的变化；

（4）因建设单位原因产生的工程费用和工期的变化；

（5）不可抗力造成的工程费用和工期的变化。

具体风险分担内容由双方在合同中约定。鼓励建设单位和工程总承包单位运用保险手段增强防范风险能力。

对于 EPC 工程风险承担，从设计、建造，开工日期起，到签发全部工程的试运行证书为止，承包方对工程负全部责任。承包方风险从设计、施工开始发生，施工过程中，承包方遇到设计、施工方式对其原定方案所涉财产受损，承包方应当及时通知业主，进行变更签证予以修正，否则该项费用承包方应自行承担。承包方应当根据自身专业优势保障和保护业主免受损失，由于承包人关于工程设计、施工或者运营、维修原因导致或者造成的损失，承包人承担。业主承担的风险：业主负责设计或者业主要求的设计失误、错误、缺陷或遗漏造成的损失。

EPC 合同谈判和签订阶段对承包商和业主来说至关重要，合同中的约定和规定将成为日后解决双方争议、提供索赔依据的最高准则。双方谈判期间，形成的澄清说明、备忘录等能够表达意思表示的文件可以视为合同补充内容。故 EPC 合同的总承包方对工程建设项目的设计、采购、施工、试运行等实行全过程的承包，对工程质量、安全、费用和进度负责。

案例：未按招标文件要求完成工程量不能调整固定合同价款

能源公司（发包人）与电建公司（承包人）签订 EPC 合同。合同协议书第 1 条约定：合同协议书与中标通知书、投标函及投标函附录、专用合同条款、通用合同条款、发包人要求、价格清单、承包人建议、其他合同文件一起构成合同文件。第 2 条约定：上述文件相互补充和解释，如有不明确或不一致之处，以合同约定次序在先者为准。签约合同价为 3260 万元。协议对工程质量符合的标准和要求做了说明，并对承包人和发包人的承诺进行了明确。协议还对合同的附件逐项进行了列明。合同签订后，顺利施工并竣工，后试运行并投产。《工程验收鉴定书》，载明：经运行和测试，现运行情况正常，各项性能指标均达到国家标准和设计要求，工程质量总评为优良级，即日移交运行单位使用。电建公司主张应以双方签订的承包合同为依据，按照合同确定的固定总价 3260 万元结算工程价款。能源公司认为，双方的签约合同价为 3260 万元，因实际施工过程中，电建公司未按招标文件要求完成工程量，应核减工程量价款 327 万元。诉至法院。

一审法院审理后认为，本案争议的焦点之一是 EPC 项目固定合同价款能否核减的问题。

首先，双方签订的 EPC 合同是双方的共同意思表示，不违反法律、行政法规的强制性规定，应为合法、有效的合同，双方应依合同约定全面履行各自的义务。该合同专用条款第 17.1 约定："本工程采用固定总价合同承包，合同中规定应由承包人承担的为完成本合同工程的所有费用及维护期间的一切费用都已包含在签约合同中，且该签约合同价包括承包商为履行本合同规定的全部责任和义务而承担的风险费、保函费用、不可预见费等全部费用。除非合同中另有约定，该签约合同价在合同执行期间不会因物价变动、通货膨胀及政策性调整等因素的影响而作任何调整。"专用条款第 15.1 条约定"本工程采用固定总价承包，除第 15.3.2 专用条款调整条件外，结算时合同价格不作任何调整。"依据上述合同约定，双方签订的合同价为固定总价即 3260 万元。

其次，关于能源公司要求核减工程量价款 327 万元的问题。能源公司认为，电建公司未按中标文件及合同确定的范围全面施工，要求扣减工程量价款。合同通用条款第 17.1 条第（3）项规定："价格清单列出的任何数量仅为估算的工作量，不得将其视为要求承包人实施的工程的实际或准确的工作。在价格清单中列出的任何工作量和价格数额仅限用于变更和支付的参考资料，而不能用于其他目的。"同时，电建公司的投标文件中在价格清单部分 1.1 写明："价格清单列出的任何数量，不视为要求承包人实施的工程的实际或准确的工作量。在价格清单中列出的任何工作量和价格数据应仅限于合同约定的变更和支付的参考资料，而不能用于其他目的。"综上，能源公司要求核减工程量价款 327 万元的抗辩理由缺乏事实依据，不能成立。

二审法院审理后认为：关于该 EPC 项目固定合同价款能否核减的问题给出了以下理由：

（1）工程价款为可调整的合同价还是固定价款。能源公司上诉称双方签订的 EPC 合同中第一部分合同协议书中约定为签约合同价，并在第二部分通用条款中对签约合同价作了说明，认为本案合同签约价只是包括暂列金额、暂估价在内金额，是可调整的合同价款。经查，EPC 合同第三部分专用条款第 17.1 条约定："本工程采用固定总价合同承包，合同中规定应由承包人承担的为完成本合同工程的所有费用及维护期间的一切费用都已包含在签约合同中，且该签约合同价包括承包商为履行本合同规定的全部责任和义务而承担的风险费、保函费用、不可预见费等全部费用。除非合同中另有约定，该签约合同价在合同执行期间不会因物价变动、通货膨胀及政策性调整等因素的影响而作任何调整。"通用条款第 1.4 条合同文件的优先顺序约定："组成合同的各项文件应互相解释，互为说明。除专用条款另有约定外，解释合同文件的优先顺序如下……"从该条约定可以看出，专用条款优先于组成案涉合同的各项文件，包括合同协议书及通用条款。结合专用条款第 15.6 约定："本工程按通用合同条款第 15.6B 执行；本项目不设暂估价"，案涉合同价为固定价总价即 32600568 元。能源公司认为合同价款为可调整的合同价款的理由不能成立。

（2）能源公司主张案涉工程应核减工程价款的问题。能源公司提供的竣工图及监理资料，证明在实际施工过程中，电建公司未按要求完成工程量，应核减工程价款 3271282.62 元。而电建公司提供的《输变电工程验收鉴定书》经建设单位、运行单位、监理单位、总承包单位、设计单位及施工单位盖章确认。说明该工程在验收中未出现因承包人原因造成整改项目，能源公司也未提出该工程出现未全面履行合义务或履行合同有质量缺陷问题，并认为该工程施工质量优良，作出表扬与奖励的意见。能源公司提交的竣工图不能体现工程竣工验收细节，监理资料显示案涉工程体系运行及检查情况为正常，工程质量符合要求，监理单位的工作总结中对工程的评价为良好、合格，不能证明电建公司有违约行为，故能源公司主张对未完成工程款项应予扣减的理由不能成立。

该案例改编自参考文献 [67]。

问题与案例解析 5：EPC 合同中的设计变更是否可以调整合同价款？

《建设项目工程总承包合同（示范文本）》GF—2020—0216 第 14.1 条规定了合同价格形式：

（1）除专用合同条件中另有约定外，本合同为总价合同，除根据变更与调整，以及合同中其他相关增减金额的约定进行调整外，合同价格不做调整。

（2）除专用合同条件另有约定外：①工程款的支付应以合同协议书约定的签约合同价格为基础，按照合同约定进行调整；②承包人应支付根据法律规定或合同约定应由其支付的各项税费，除法律变化引起的调整约定外，合同价格不应因任何这些税费进行调整；③价格清单列出的任何数量仅为估算的工作量，不得将其视为要求承包人实施的工程的实际或准确的工作量。在价格清单中列出的任何工作量和价格数据应仅限用于变更和支付的参考资料，而不能用于其他目的。

（3）合同约定工程的某部分按照实际完成的工程量进行支付的，应按照专用合同条件的约定进行计量和估价，并据此调整合同价格。

EPC 合同施工过程中，设计方案是否进行变更以及如何进行变更，属于承包人责任范围内的内容，如果原设计方案无法满足施工要求而发生设计变更，由此而增加的费用，一般由承包人自行承担，而如属于业主方功能需求或者范围有变化，经业主方同意且需经合同明确约定，方可进行合同价的调整。需要根据具体内容逐一进行判断。

案例：合同外的项目应调整 EPC 合同价格

矿业公司对煤气站工程进行公开招标，化工公司中标，《中标通知书》载明的中标金额为 34401.73 万元。双方签订 EPC《商务合同》和《技术协议》，双方对合同价款约定为 33500 万元。《商务合同》关于工程承包范围第 2.2.1 条约定：该工程为交钥匙工程，承包人的工程内容详见招标文件技术部分及签订的技术协议。第 2.2.1.2 条约定：属于发包人要承担的范围，承包人必须单独列出，如未列出，均属承包人范围。第 2.2.1.3 条约定：如现场发包人提出变更，或本协议没有明确的事项，双方现场协商解决，牵涉到商务因素可以签订补充协议。第 5.4.2 条约定：如发包人需要对项目范围进行增减，价格变动执行"分项报价表"。如需在本合同工程承包范围及内容之外额外补充的，由双方协商确定补充合同价款。

后进行施工，竣工验收试车合格后签署《工程移交证书》。化工公司取得《交（竣）工验收证书》。现该工程已经竣工并交付矿业公司投入生产使用。化工公司向矿业公司提交《结算书》，矿业公司对化工公司的《结算书》未予确认，产生纠纷，诉至法院。其中对下面增加的内容有异议。化工公司主张煤气站工程施工过程中，增加了以下八项工程属于合同外内容，应增加合同外费用：干煤棚增加 A-C 轴、变配电楼增加一层、新增围墙、三七灰土换填、雨排水管线向南改为向西、排洪沟堤护坡、完成考核后增加的运行维护费用、项目实施增加费用。矿业公司对化工公司主张的增加工程不予认可，认为案涉工程为交钥匙工程，不存在增加工程，而且合同约定为固定价款，即使有增加的工程，也不应增加工程价款。

省高院一审审理后认为：化工公司主张的八项合同外增加费用能否支持的问题需要逐项分析认定。

第（1）项：干煤棚增加 A-C 轴。该工程是否为合同外工程双方分歧较大。化工公司在《第五次澄清说明》中提到"按业主要求，要扩大干煤棚面积，再增加一个重型干煤棚，费用为 600 万元。我司承诺自我消化此费用"。《商务合同》与《技术协议》对干煤棚有具体的面积和尺寸，监理审批的施工组织设计与《技术协议》对应，化工公司以《第六次澄清说明》将轻型干煤棚从 30m 宽缩减为 15m 后，组织建造过程中增加的 A-C 轴属于合同外工程缺乏依据。

第（2）项：变配电楼增加一层。《商务合同》与《技术协议》签订时变配电楼有具体的面积和尺寸，同时监理审批的施工组织设计也显示局部三层，建筑面积和技术协议对应。矿业公司主张《第四次澄清说明》中将变配电楼和综合楼合并设计，但合同签订后的变配电楼设计图纸未将原来综合楼和变配电楼所包含的功能考虑进去，矿业公司提出设计缺陷后，化工公司才将变配电楼增加一层。化工公司出具的投标文件《技术标书》有"变配电所"三层，综合楼两层。从《第四次澄清说明》来看，化工公司将两项工程合并设计。合并后的功能确有增加，双方所签技术协议对增加的功能没有明确，故该项增加的工程为合同外工程较为合理。

第（3）项：新增围墙。双方签订的《技术协议》及附件对围墙均没有明确，增建的围墙增加厂区和外界的隔离功能，该项工程认定合同外工程较为合理。

第（4）项：三七灰土换填。《商务合同》和《技术协议》的价格构成中没有三七灰土回填的费用。化工公司在报价时，矿业公司未将地勘报告交给化工公司，化工公司对地质情况无法预估，而甲方工作范围有"场地拆迁、平整、地勘等"，故双方对三七灰土回填增加的工程量没有约定又协商不成的情况下，对该工程量增加按合同外计算较为合理。

第（5）项：雨排水管线向南改为向西。《商务合同》和《技术协议》订立时有雨排水的施工工程。在施工过程中改变走向，化工公司主张增加的费用属于合同外工程价款。雨排水改向是总承包单位在施工过程中针对雨水排放和工程特点，属于外网施工过程中涉及的深化和优化，该设计修改不属于合同外增加的工程。

第（6）项：排洪沟堤护坡。排水沟属于原有地貌，排洪沟处于厂区边缘，双方在协议中对排水沟边缘的处理没有约定，化工公司在毛石堆砌的基础上改用植草砖硬化。双方在往来函件及几次的《澄清说明》中对此均没有提及，化工公司主张该项系合同外工程缺乏依据。

第（7）项：完成考核后增加的运行维护费用。化工认为在其申请整套设备启动运行并催告后，矿业公司仍未启动试运行，在完工移交后进行的设备维护义务不再属于其合同范围，相关运行维护费用应另行支付。法院认为因《技术协议》有承包方负责现场指导服务运行3个月的描述，化工公司主张维保费属于合同外增加费用不能成立。

第（8）项：项目实施增加费用。化工公司主张通过对比原投标文件及《商务合同》附件、《技术协议》供货范围及服务范围，新增加的设备、材料建筑安装工程费等属于项目实施增加的费用，要求矿业公司另行支付。EPC项目将设计、采购、施工等内容通过交钥匙合同一并交给承包方。在这种EPC模式中，业主与承包方签订工程总承包合同把建设项目的设计、采购、施工等工作全部委托给承包方负责组织实施，业主只负责整体的目标管理和控制。设计、采购和施工是承包方统一策划、组织、指挥、协调和全过程控制。在此情况下，业主介入实施的程度较低，总承包商运用其管理经验对项目建设中的相关零星设备和材料进行适当调整，也是EPC项目建设过程中边施工、边设计、边改进的常见现象。对于项目实施过程中需要重大调整和改进的工程项目，承包方按照合同约定可以启动索赔或者追加项目费用。对于本案请求的这些项目增加费用，化工公司没有提供案涉项目在施工过程中双方经常采用的《澄清说明》《联系函》《备忘录》《设计变更单》等书面文件予以确认。《商务合同》也约定在合同有效期内，本合同工程承包范围及内容不发生变化时，合同总价不变。该设备及材料增加后，没有证据证明将项目功能明显超越原合同约定的功能。故化工公司主张的增加项目属于合同外工程项目不予支持。

最高人民法院经审理后认为：

关于化工公司主张第（5）～（8）项价款均应确认为合同外增加费用。本院认为：一审判决已经从合同的约定、设计方案、工程完成的实际情况等方面，对该四项工程不应确认为合同外增加费用的理由进行了详细分析。化工公司针对此上诉，也未提出新的事实和理由。本院同意一审所做的分析和认定，化工公司针对该项的上诉理由不能成立。

关于矿业公司主张第（1）～（4）项工程不能认定为合同外增项。本院分析如下：矿业公司主张合同约定为固定价款，即使有增加的工程，也不应增加工程价款。本院认为，虽然《商务合同》中约定了"投标报价为固定总价合同"，但针对的应为承包范围内的情形，如果工程范围有增加，根据《商务合同》第一部分合同协议书第5.4.2条约定"如发包人需要对项目范围进行增减，价格变动执行'分项报价表'"，根据已经查明的事实，一审判定为合同外增项工程的第（1）～（4）项工程，均满足合同未约定、甲方要求或认可、功能确有增加等条件，一审判决对该几项工程应确认为合同外工程的理由进行了详细分析。矿业公司针对此上诉，也未提出新的事实和理由。本院同意一审所作的分析和认定。

该案例改编自参考文献［68］。

问题与案例解析6：EPC项目合同解除后的价款如何认定？

《建设项目工程总承包合同（示范文本）》GF—2020—0216通用条款第16.1.3条中规定：

因承包人原因导致合同解除的，则合同当事人应在合同解除后28天内完成估价、付款和清算，并按以下约定执行：

（1）合同解除后，按相关规定商定或确定承包人实际完成工作对应的合同价款，以及承包人已提供的材料、工程设备、施工设备和临时工程等的价值；

（2）合同解除后，承包人应支付的违约金；

（3）合同解除后，因解除合同给发包人造成的损失；

（4）合同解除后，承包人应按照发包人的指示完成现场的清理和撤离；

（5）发包人和承包人应在合同解除后进行清算，出具最终结清付款证书，结清全部款项。

因承包人违约解除合同的，发包人有权暂停对承包人的付款，查清各项付款和已扣款项，发包人和承包人未能就合同解除后的清算和款项支付达成一致的，按照争议解决的约定处理。

《建设项目工程总承包合同（示范文本）》GF—2020—0216通用条款第16.2.3条因发包人违约解除合同后的付款中规定：

承包人按照本款约定解除合同的，发包人应在解除合同后28天内支付下列款项，并退还履约担保：

（1）合同解除前所完成工作的价款；

（2）承包人为工程施工订购并已付款的材料、工程设备和其他物品的价款；发包人付款后，该材料、工程设备和其他物品归发包人所有；

（3）承包人为完成工程所发生的，而发包人未支付的金额；

（4）承包人撤离施工现场以及遣散承包人人员的款项；

（5）按照合同约定在合同解除前应支付的违约金；

（6）按照合同约定应当支付给承包人的其他款项；

（7）按照合同约定应返还的质量保证金；

（8）因解除合同给承包人造成的损失。

承包人应妥善做好已完工程和与工程有关的已购材料、工程设备的保护和移交工作，并将施工设备和人员撤出施工现场，发包人应为承包人撤出提供必要条件。

《建设项目工程总承包合同（示范文本）》GF—2020—0216通用条款第16.3.1条结算中规定：合同解除后，由发包人或由承包人解除合同的结算及结算后的付款约定仍然有效，直至解除合同的结算工作结清。

案例：政府规划调整导致合同解除的价款认定

建筑公司、设计公司组成联合体中标了商务大厦的EPC招标项目，并与招标人城投集团签订了《EPC总承包合同》，约定：合同金额（暂定）：签约合同暂定总价115000万元。其中：暂定勘察费 1680600 元、设计费 22319400 元、建安工程费含酒店装修费用 112600 万元。本项目资金占用年息为 5％。最终结算价格以审计单位的审定为准。专用条款第 14.5 条结算款约定"14.5.1 本项目工程结算款由工程勘察费、设计费、建安工程费三部分构成。（1）工程勘察费，本工程勘察费最终以实际工程量×综合单价计算。（2）工程设计费，最终结算总价款＝以审计审定的建安工程费为计算基数，按照《工程勘察设计收费管理规定》（计价格〔2002〕10 号）计算乘以 65％收取。（3）建安工程费：①严格执行该省计价依据（建标〔2013〕918 号文）、《建设工程工程量清单计价规范》GB 50500—2013 及配套文件，工程结算时工程量按照审定的竣工图及相关资料据实结算。经发包人委托的造价咨询单位审核后，并经审计审定确认。其中材料结算价格按照双方认可的各期价格加权算术平均计取，其他费用按相关规定执行。②主要材料价格执行当期市建设工程定额《价格指导》如《价格指导》中没有的材料，参考当期省建设工程造价管理协会《价格信息》，《价格指导》及《价格信息》均没有的材料以发包人、造价咨询单位、监理单位及承包人共同市场询价确定。"专用条款第 18.2 条合同终止规定："18.2.2 无论因何种原因导致本合同提前终止或解除的，合同结算价款均以政府审计部门或发包人委托的第三方审计单位的审定为准。只有在承包人按照发包人要求及时退场后，才予结算。否则，如承包人未能按发包人要求及时退场造成的损失由承包人负责。18.2.3 由于非发包人、承包人原因（政府政策、政府原因、土地原因等）造成项目无法实施或工期延误的，发包人按照发包人委托的第三方审计单位审定的承包人实际完成合格工作量向承包人支付结算金额，除此以外发包人无需承担其他责任。"

《EPC 总承包合同》签订后，建筑公司、设计公司即开始履行。项目受征地拆迁、地表附着物迁移及项目设计规划方案多次变化影响，项目推进速度极其缓慢，项目进行一年半后，因进展缓慢，政府部门终止了该商务中心项目的建设。对于已完成部分的相关费用产生争议纠纷，诉至法院。

法院审理后认为：本案争议焦点是：（1）设计公司主张的勘察设计费及资金占用费、逾期付款违约金、诉讼保全保险手续费应否支持；（2）建筑公司主张的工程款以及资金占用费、工程进度款逾期付款违约金、工程结算款逾期付款违约金应否支持；（3）建筑公司主张赔偿逾期可得利益损失应否支持。

（一）关于设计公司主张的勘察设计费及资金占用费、逾期付款违约金及诉讼保全保险手续费应否支持的问题。合同签订后设计公司进行了初步设计，建筑公司在施工准备阶段的建安工程仅完成了试桩、部分土方开挖和临建设施施工等内容，项目工程无施工图纸亦未进入正式开工的阶段。《EPC 总承包合同》专用条款第 18.2.2 条约定"无论因何种原因导致本合同提前终止或解除的，合同结算价款均以政府审计部门或发包人委托的第三方审计单位的审定为准"。在双方对合同条款约定充分理解的基础上，城投集团申请对建筑公司、设计公司完成的工程量委托第三方进行鉴定，建筑公司、设计公司同意进行鉴定。原审法院遂委托 A 造价公司对本案进行鉴定。出具了《工程造价鉴定意见书》。法院认定《工程造价鉴定意见书》作为该案的结算依据。根据《工程造价鉴定意见书》的鉴定结果，商务中心建设项目规划设计费为 10666363.90 元，设计公司主张 22713658.30 元的依据不足，对超过《工程造价鉴定意见书》的部分不予支持。

关于资金占用费、逾期付款违约金及诉讼保全保险手续费应否支持的问题。设计公司主张的资金占用费以 20 万元商业策划费为基数计算无合同依据，不予支持；勘察设计费的计算以建安工程费为计算依据，而本案的建安工程无施工图纸且未实际施工，设计费的支付时间节点未到，勘察设计费的确认也是通过诉讼中的司法鉴定才予以确认的，因此不存在逾期付款的情形，该项诉讼请求不予支持；诉讼保全保险手续费属于设计公司申请诉讼保全为实现债权的支出费用，双方的合同没有约定该费用应由城投集团承担，该项诉讼请求亦不予支持。

（二）关于建筑公司主张的工程款 19508385.70 元以及资金占用费、工程进度款逾期付款违约金、工程结算款逾期付款违约金应否支持的问题。

《工程造价鉴定意见书》确认商务中心建设项目建安费用为 19691175.28 元，其中建设项目 12026868.30 元，临建及临时设施工程 7481517.44 元，停工损失 182789.58 元，扣除停工损失即为建筑公司主张的工程款 19508385.70 元，对建筑公司的该项主张予以支持。

关于资金占用费、工程进度款逾期付款违约金、工程结算款逾期付款违约金应否支持的问题。建筑公司根据《EPC 总承包合同》通用条款第 14.9.1 条"因发包人的原因未能按 14.8.3 条约定的时间向承包人支付工程进度款的，从此后的第 15 天开始，以中国人民银行颁布的同期同类贷款利率向承包人支付延期付款的利息，作为延期付款的违约金额"的约定，计算了资金占用费及逾期付款违约金。根据《EPC 总承包合同》专用条款 14.4.2 条约定"建安工程按月进度进行支付，要求承包人于当月 20 日前上报工程量"，该约定是针对合同进入实质履行后承包人按月上报工程量进行计量审定当月应支付的工程款。本案中，建筑公司的施工内容仅为施工前的准备，因此，建筑公司按照合同通用条款约定的方法计算的资金占用费、逾期付款违约金均为单方计算且与本案事实不符，对建筑公司的该部分请求不予支持。

此外，由于政府对项目规划的调整导致案涉合同无法继续履行，合同解除并非发包人、承包人的原因，根据《EPC 总承包合同》专用条款第 18.2.3 条"由于非发包人、承包人原因（政府政策、政府原因、土地原因等）造成项目无法实施或工期延误的，发包人按照发包人委托的第三方审计单位审定的承包人实际完成合格工作量向承包人支付结算金额，除此以外发包人无需承担其他责任"的约定，设计公司、施工公司要求城投集团承担资金占用费、逾期付款违约金等的理由不成立，不予支持。

（三）主张赔偿逾期可得利益损失 3820815.98 元应否支持的问题。

《民法典》第五百七十七条规定："当事人一方不履行合同义务或者履行合同义务不符合约定，应当承担继续履行、采取补救措施或者赔偿损失等违约责任"本案中，城投集团不存在违约行为，且建筑公司对其损失未举证证明，其主张的逾期可得利益损失为单方计算亦无依据。建筑公司依据上述法律规定主张城投集团应当赔偿可得利益损失 3820815.98 元的请求，不予支持。

该案例改编自参考文献［69］。

案例六：装配式建筑工程造价控制案例

案例目的： 了解装配式建筑的造价组成、造价控制内容、方法和控制难点等。

案例内容： 选取某政府投资的经济适用房项目，同一小区户型相同的两栋住宅楼分别采用了装配式和整体现浇的建造方式，分析两种方式在建造流程、建造方式上的异同点，主要对两种不同建造方式的造价组成内容和造价的控制方法、要点等进行对比分析，重点找出装配式建筑造价控制的难点和有效解决措施。

案例背景： 选取两幢设计完全相同的住宅楼单体建筑作为研究对象，1号楼采用装配式钢筋混凝土框架剪力墙结构，建筑面积约15264m²，地上33层，地下2层，采用预制剪力墙、预制叠合楼板、预制凸窗、预制空调板、预制楼梯、预制轻质条板、预制成品烟道。标准层住宅层高2.9m，标准层建筑面积为420.36m²，建筑总高度为95.7m。结构类型为剪力墙结构，楼板采用叠合板，下层采用预制混凝土板70mm后，上层的现浇板厚70mm，公区管线较多位置采用70mm＋90mm、70mm＋100mm叠合板，阳台采用70mm＋60mm叠合板方案；楼梯板采用厚度为150mm的预制双跑楼梯板，其他混凝土构件均为现浇方式。外墙采用200mm厚加气混凝土砌块，内墙采用100/200mm厚ALC蒸压加气混凝土板，该工程装配率约为18％。

2号楼采用钢筋混凝土框架剪力墙现浇结构，与1号楼户型一致，建筑面积相同，约15264m²，地上33层，地下2层，内外墙均采用加气混凝土砌块。

问题与案例解析1：案例项目中装配式建筑相比传统建筑的建安造价有何不同？

装配式建筑是采用标准化设计方法，通过工厂大规模生产预制部品并在工厂内预先装配完成，运至施工现场进行机械化装配，整个建造流程是通过信息化指导、创新的技术和管理模式以及建筑供应链中各利益相关者的密切合作来完成的，以此来提供具有高质量的、能够满足大量需求的和符合可持续发展的建筑。

装配式建筑包括装配式混凝土建筑、装配式钢结构建筑和装配式木结构建筑。它不仅是一种建筑形式，更是一种新型的生产建造方式。装配式混凝土结构以预制混凝土构件为主，主要包括：预制外墙、预制梁、预制柱、预制剪力墙、预制楼板、预制楼梯、预制露台等。这些构件的装配方法一般是在施工现场通过钢筋锚固后浇混凝土进行连接，其钢筋连接方式主要有套筒灌浆连接、焊接、机械连接及预留孔洞搭接连接等。

装配式建筑的优点体现在：最大化质量控制、更有效资源利用率、改善减少废物、改善健康和安全性能、更紧密的集成供应链以及更大的规模经济、减少作业时间、更少人员的参与使得现场活动变得更加简单、节约工人现场的施工时间。改进产品质量普遍认为作为建筑工业化的主要优势。装配式作为一种制造方法被推广是为了提高质量和效率，减少湿作业以及建筑垃圾。环境可持续性被认为是装配式建筑的主要推动力，好的工业化解决方案应生产高性能产品，使用新颖的材料和设计。装配式建筑的建造方式被认为是通过减少现场施工时间、低危险性暴露、现场作业和现场人员减少来降低现场风险。

装配式建筑的缺点体现在：建造成本高是影响装配式建筑发展的最主要因素。预制构件生产厂家数量少、规模小，且专业化、标准化程度较低，无法大批量生产。缺少具有专业技能的管理人员与技术工人，工人操作不熟练导致生产效率低。使各构件之间更牢固连接的技术难度大，提高建筑物的整体稳定性、抗震性是装配式建筑面临的技术难题。相关设计及验收的规范、标准还不完善。

装配式建筑的建造流程分为四个阶段，即设计阶段、生产阶段、运输阶段、安装阶段。设计阶段完成技术策划设计、方案设计、初步设计、施工图设计及构件加工图深化设计五部分内容。生产阶段是预制构件在工厂内生产加工是装配式建筑的核心内容之一，也是与传统现浇建筑的本质区别。部品部件按照图纸，在预制工厂内的自动化生产线上由机械设备进行加工制造。运输阶段需要考虑构件的尺寸选择合适的运输工具及运输路线提高运输效率。安装阶段需要按照构件安装顺序做好施工组织设计，减少二次搬运。处理好各构件之间的连接节点，提高建筑物的稳定性。

案例：1 号楼与 2 号楼的分部分项工程造价对比

（1）ALC 墙板与加气混凝土砌块造价指标对比

以标准层为例，1 号楼内墙全部采用 ALC 墙板代替了传统建筑的蒸压砂加气混凝土砌块，工程量为 48.83m³，综合单价为 1224.37 元/m³，其中材料费为 600 元/m³。2 号楼采用蒸压砂加气混凝土砌块工程量为 39.26m³，综合单价为 460.21 元/m³，标准层建筑面积为 420.36m²，两者造价指标差值为（48.83×1224.37－39.26×460.21）/420.36＝99.24 元/m²，也即 ALC 墙板较蒸压砂加气混凝土砌块的造价指标要高出 99.24 元/m²。ALC 墙板墙板宽度一般为 600mm，长度为 1.8～6.0m 不等，厚度为 50～300mm 不等，体积更大，需要直接在现场拼接。不需要设置二次结构的混凝土构件如腰梁、构造柱、门边柱等，门窗洞口也不需要设置混凝土过梁，这些二次结构的造价约为 42.38 元/m²。实际两者造价指标差值为 99.24－42.38＝56.86 元/m²。

（2）叠合板与现浇板造价指标对比

叠合板造价包括成品构件、场地吊装费用、现浇部分的混凝土及钢筋、叠合板带混凝土及其模板和钢筋。1 号楼标准层中叠合板造价分析见表 2-6-1 所示。2 号为 130mm 厚的现浇板造价分析见表 2-6-2 所示。两者造价指标差值为 310.26－257.29＝52.97 元/m²，即装配式建筑中叠合板较传统建中现浇板造价指标高 52.97 元/m²。

叠合板造价分析　　　　　　　　　　　　　　　表 2-6-1

名称	单位	工程量	全费用单价（元）	合价（元）
预制叠合板构件	m³	22.2	3900	86580
现浇上部板混凝土	m³	29.4	750	22050
板间板带混凝土	m³	1.58	750	1185
板带模板	m²	25.36	60	1521.6
钢筋	kg	2936.1	6.5	19084.7
合计				130421.3
平方米造价				310.26

现浇楼板造价分析   表 2-6-2

名称	单位	工程量	全费用单价（元）	合价（元）
板混凝土	m³	52.6	750	39450
板模板	m²	380.36	60	22821.6
板钢筋	kg	7059.2	6.5	45884.8
合计				108156.4
平方米造价				257.29

（3）预制楼梯与现浇楼梯造价指标对比

预制混凝土楼梯造价包括成品构件、现场吊装、现场安装费用，传统建筑中现浇楼梯费用则为混凝土、模板、钢筋的费用之和，指标对比仍以案例工程的标准层为研究单位，相关工程量及指标对比见表 2-6-3。两者造价指标差值为 40.91－20.62＝20.29 元/m²，即装配式建筑中预制楼梯较传统建筑中现浇楼梯造价指标高 20.29 元/m²。

预制楼梯与现浇楼梯工程量及造价指标对比   表 2-6-3

名称	单位	工程量	全费用单价（元）	合价（元）	平方米造价（元）
1 号楼预制混凝土楼梯构件	m³	3.51	4900	17199	40.91
2 号楼现浇楼梯混凝土	m²	14.38	230	3307.4	20.62
2 号楼现浇楼梯模板	m²	14.38	210	3019.8	
2 号楼现浇楼梯钢筋	kg	360.2	6.5	2341.3	

问题与案例解析 2：案例项目中装配式建筑全生命周期成本组成有哪些？

装配式建筑的全寿命周期成本是指项目从前期策划、设计、生产运输、工程建设实施、运营维护以及后期拆除回收利用阶段的全部费用总和。即可以分成如下四个部分：

（1）决策设计阶段成本，包含项目的可行性研究与项目咨询、项目的立项、项目的勘察设计以及项目前期准备的费用等。

（2）建造施工阶段成本，包括预制构件生产费、运输费、安装费等，从工程开工到竣工验收的全过程施工成本。

（3）使用维护阶段成本，包括项目在投入使用前的准备费用，以及在项目正常使用阶段由于能源消耗所产生的费用，还有维护维修设备等所产生的费用。

（4）报废拆除阶段成本，包括项目在使用寿命结束后进行拆除报废所产生的拆除费用等。

全生命周期成本＝（设计成本）＋（构件生产成本＋构件运输成本＋装配式施工成本）＋（物业管理成本＋能耗成本＋维护维修成本）＋拆除成本

案例：1 号楼和 2 号楼两个项目的建安成本对比

1 号楼和 2 号楼两个项目的建安成本对比见表 2-6-4 和表 2-6-5。

单方造价指标组成对比（元/m²）　　　　表 2-6-4

造价组成	1号楼装配式	2号楼传统现浇
建筑工程	2485	2078
装饰装修	1151	994
给水排水	150	159
消防	87	150
采暖	139	144
通风	15	49
电气	226	383
总造价	4252	3957

建筑工程部分的分部工程造价对比（元/m²）　　　　表 2-6-5

造价组成	1号楼装配式	2号楼传统现浇
基础工程	43.71	490.81
打桩工程	216.27	89.35
主体工程	1385.13	729.62
屋面工程	49.36	35.43
措施工程	750.22	720.93
其他工程	40.31	11.86
建筑工程造价合计	2485	2078

由表 2-6-4 可知：装配式造价比现浇结构的建安成本高出 $4252-3957=295$ 元/m²。建筑主体工程占比最大，并且主要指标差异在主体工程部分。由表 2-6-5 可知：装配式建筑在基础工程中投入的成本明显减少，但主体构件工程的安装成本大大增加。装配式建筑主体构件造价高主要是预制构件的生产及吊装造价偏高。生产成本偏高是由于目前国内没有实现大批量预制构件的产量规模化生产，各种费用摊销在低产量的构件上；吊装造价偏高是由于预制构件增加了套筒注浆、清缝打胶、支撑加固、构件吊装等工艺。另外，现场堆放预制构件需要专用的钢桁架，要求施工现场一定面积的场地专门存放预制构件，所以，装配式建筑的预制构件现场存放费用也是相较传统建筑的一个增项费用。

问题与案例解析 3：案例项目如何进行装配式建筑增量成本效益分析？

成本效益分析，又叫费用效益分析，是一种通过比较项目的全部成本和效益来评估项目价值的方法。成本效益分析方法主要应用在判断项目的可行性方面，并且成本效益分析方法具有操作简便、易于理解、准确可靠等特点，因此这种方法被广大的学者和经济学家应用。为了使得评价工作更加全面详细，在对投资项目进行成本效益分析时，既要考察项目本身的可行性，还要考虑项目所处周围环境的状况。

装配式建筑全生命周期增量成本指的是：装配式建筑与传统现浇方式建筑全寿命周期各阶段所产生的成本差额。

增量成本计算，以传统现浇方式的建筑在全寿命周期中产生的成本为参考值，计算装配式建筑在全寿命周期产生的增量成本。对于全寿命周期各阶段产生的成本，当装配式建筑的生产成本大于传统建造生产模式生产成本时，此时的增量成本大于零，增量成本为正增长；当装配式建筑的生产成本小于传统建造生产模式生产成本时，此时的增量成本小于零，增量成本为负增长。

现阶段水平下，装配式建筑产生的增量成本是由于生产方式变化而导致的总成本的变化量，等于装配式建造下的总成本减去现浇建造下的总成本。装配式建筑增加总成本，相当于全寿命周期在每个阶段的增量成本之和。

（1）设计阶段增量成本

传统现浇建筑的设计模式主要是面向现场施工，设计阶段与生产、施工、建设等单位的协调配合工作较少。而装配式建筑则将施工阶段的问题提前至设计阶段，将设计模式由面向现场施工转变为面向工厂加工和现场施工的新模式，与各单位之间实现分工与合作。目前我国装配式建筑的设计成本较传统现浇建筑有所增加，设计费增量为 $15\sim20$ 元/m^2。

（2）生产阶段增量成本

装配式建筑相比传统现浇建筑增加了预制构件的生产阶段。装配式建筑领域的工人及管理人员相对匮乏，从事预制构件生产技术熟练的工人数量较少且缺乏经验，造成了实际的人工费偏高。由于现行的装配式建筑结构设计还未实现标准化与模块化，预制构件的配筋仍是以现浇式构件为基础，需在节点处设立连接钢筋，相关数据统计显示，预制构件比现浇式构件增加了 30％以上的钢筋用量。预制构件工厂需采用专业的加工机械，因此耗费了过多的机械购置费、定期保养费以及折旧费。

（3）运输阶段增量成本分析

构件运输距离远、构件损耗率高。在构件运输过程中，运输道路路况差、缺乏针对性的构件装载方案、装运放置不合理、构件尺寸体积大、规格型号多等因素，在降低运输效率的同时，还会使得构件成品在运输途中因受力不均发生碰撞、损坏的现象，增加额外成本。

（4）施工安装阶段成本分析

装配式构件放置仓储成本。预制构件在生产厂家养护完毕后运输到施工现场，需要有专门的场地对成品进行存放与养护，在这期间还要有专人负责管理，带来人工成本和仓储场地建设成本增加。通过专业的吊装机械设备和施工技术工人相互协作来完成预制构件的组装，需采用大型吊装机械，导致租赁成本的增加。还需考虑固定构件设置临时支撑、劳动保护费及安全设施费等。

（5）运营维护阶段增量成本分析

预制构件一般采用集保温、承重、防水等功能于一体的制造模式，单位面积内传热耗热量小，即装配式建筑的能耗费用相比于现浇式建筑更低。装配式建筑在运维阶段，可以通过局部更换构件，充分提高建筑的使用率，降低其经营成本，从而降低全寿命周期成本。

（6）拆除阶段增量成本分析

对于建筑项目的拆除费用而言，现浇式建筑的构件拆除费用每平方约为 40 元，而装配式混凝土建筑构件是在工厂里生产的，与现浇式建筑相比存在质量好、可拆除回收利用等优势，其拆除费用每平方米约为 20 元。

装配式建筑的增量效益一般是指装配式建筑相比同规模现浇建筑在建造和后期使用过程中产生的效益，如建造过程中节省的材料费、节约的工期以及使用过程中消费者少交的物业费、开发商维修费用的节省等。装配式建筑的效益可以分为经济效益、环境效益和其他效益。

经济效益是指工程项目从项目构思到项目建成投入使用直至工程寿命终结全过程所发生的一切可降低资金耗费的货币总额，包括建造阶段经济效益和运营阶段经济效益。建造阶段经济效益是指建筑产品在建造过程中各种费用的降低，包括各种施工能耗成本、材料成本和组织管理成本等。运营阶段经济效益是指运营阶段各种费用的降低，包括建筑能耗、维修成本、运营成本的降低。

环境效益是指工程项目在全寿命周期内对环境的潜在和显在的有利影响，指工程建设对于环境的影响正面性，工程项目的实施有利于污染物排放的减少，或降低对环境的损耗。构件的生产易于控制，污染物排放可以得到极大的控制，降低了装配式建筑对环境的损耗，节省了全社会的环境成本。

社会效益是指装配式建筑部品部件的生产在工厂进行，减少了大量的现场人工作业，提高了劳动生产率，有利于生产工人整体素质的提升，促进社会进步。增加了构件生产和流通环节，有效带动上下游产业的发展，建筑制造产业链正在逐步形成，促进建筑产业经济发展。对施工过程的精细化管理，提高了建筑安全性、节能性、适用性，在使用过程中还能有效地节约资源能源，有利于社会的可持续发展。

案例：1号楼装配式建筑全寿命周期成本效益分析

按照全寿命周期的增量成本和增量效益的构成，选择测算指标，计算增量效益与增量成本的比值。

（1）增量成本

增量成本的内容包括设计增量成本，施工建造阶段的构件生产增量成本、构件运输增量成本、装配式施工增量成本，使用维护阶段的能耗增量成本、维修维护增量成本，报废拆除阶段报废拆除增量成本等。

设计增量成本。从该项目的投标报价中看到，深化设计费用包含在预制构件主材费用里，根据资料统计数据和项目地区的平均数据来源，深化设计费用和施工模拟费用是 21 元/m^2。

根据本案例问题 2 可知，1 号楼比 2 号楼整体建安成本高 295 元/m^2，下面进行细化的分析。

构件生产增量成本。该项目构件生产成本包含在材料综合单价中，根据企业提供的投标报价资料，预制构件主材费用平均 2990 元/m^2，根据构件厂生产构件的费用占该项目材料费的 60% 测算，即 1794 元/m^2，同比 2 号楼现浇建筑每平方米主材的综合单价约 1670 元/m^2，得出每平方米构件生产增量成本为 124 元/m^2。

构件运输增量成本。该项目构件运输运距为 60km，预制构件混凝土含量按 0.35 计，装配率 100%，若按每立方构件每公里 3 元运输费考虑，则运输增量成本为：$3 \times 60 \times 0.35 \times 100\% = 63$ 元/m^2。

装配式施工成本。该项目投标报价的预制构件施工费用 1373700 元以及建筑面积 15264m^2，单位面积施工增量成本为 90 元/m^2。

在构件返厂维修、不合格构件重新制作等其他方面的增量成本在本项目中约 18 元/m^2。

运营增量成本。在使用过程中产生的能耗成本，其能耗费用所涵盖的内容基本相同，都是由水、电、暖以及燃气使用费用组成。对于能耗的增量成本由于需要按建筑使用寿命50年期来算，则需要考虑使用寿命期间资金的时间价值。根据相关数据，能耗成本比现浇模式下减少190元/m^2。

维修维护增量成本。项目按照使用年限50年计算，装配式混凝土结构住宅养护费用大约为120元/(次·m^2)，养护周期为15年，而传统现浇混凝土住宅的养护周期为10年，每次养护费用大约160元/(次·m^2)，由于支付周期不一样，利用资金等值进行换算，转化到现值进行比较，维修维护成本比传统现浇建筑减少70元/m^2。

报废拆除增量成本。经资料显示，预制装配式建筑拆除比传统现浇建筑增加约80元/m^2。

增量成本合计＝21＋124＋63＋90＋18－190－70＋80＝136元/m^2

（2）增量效益

政策补贴增量效益。该项目得到政府补贴增量效益80元/m^2政策补贴。

工期增量效益。缩短的工期约40天，建造阶段增量效益30元/m^2。

节约产生的增量效益。该项目节约用电、用水、材料、节能产生的增量效益为210元/m^2。

环境增量效益。环境增量效益的研究主要集中在碳排放的增量分析，根据装配式建筑全寿命周期碳排放数据进行该项目测算，CO_2减排增量效益1.5元/m^2。

增量效益合计＝80＋30＋210＋1.5＝321.5元/m^2

（3）成本效益分析

根据成本效益理论，成本效益比值＝增量效益/增量成本＝321.5/136＝2.36。该比值＞1，装配式建筑的增量效益较明显，对装配式建造方式进行选择时可以提供较好的依据。

问题与案例解析4：案例项目中装配式建筑的工程造价影响因素有哪些？

装配式建筑各建造阶段影响造价的因素如下：

（1）决策阶段

装配率、装配等级。根据《装配式建筑评价标准》GB/T 51129—2017，装配式建筑的装配率为60%～75%，评为A级；装配率为76%～90%，评为AA级；装配率在91%以上，评为AAA级。建设单位在可研及决策阶段需结合经济效益、社会效益等明确装配式建筑须达到的等级、装配率要求。

发承包模式选择。建设单位选择的发承包模式决定了建设工程施工组织方式，由于传统现浇建筑与设计的交互没有装配式建筑多，因此设计与施工分开对建设成本的影响不是很大，而装配式建筑在设计阶段就需考虑施工组织上的各项工序衔接等细节，需一体化思维，而传统设计院工作思考往往只停留在设计层面，施工环节经验不丰富或完全不予考虑。在此背景下装配式建筑的设计与施工分开发包，则不利于成本管控。因此在发承包模式选择时，装配式建筑更适用于EPC总承包模式。

（2）设计阶段

户型标准化设计。以装配式住宅为例，在满足装配率评价标准的前提下，实现住宅产品的户型标准化，再实现构件标准化，通过提高预制构件的标准化，减少预制构件种类，进而减少构件厂开模量、提高模具周转使用效率，即可有效降低预制构件的生产成本。同时设计标准化也能在一定程度提高现场工效、节省人工、缩短工期，最终降低综合成本。

构件标准化设计。建筑预制构件的生产基础是模具的制作，预制构件种类越多，模具种类也越多，所以尽量减少预制构件的种类，增加同种预制构件的数量，增加模具使用次数，可减少预制构件生产模具的费用投入。合理的构件标准化直接影响后期采购和施工，关系到整个项目的盈利与经济性。

（3）生产运输阶段

预制构件模具的准确性。在装配式建筑中，每一个预制构件的生产均需要集合多方面信息，其模具的外形尺寸、内部预埋件位置要求较高，一旦出现较大误差需要开展大规模的整改工作，甚至需要重新订制预制构件，导致成本大幅增加。为了控制模具设计成本，在设计阶段生产商即应当积极介入预制构件设计，根据自身的生产经验对预制构件的设计提出意见，在满足技术要求的前提下尽量减少预制构件的种类和设计复杂性，降低模具设计成本。

预制构件存放和运输。在预制构件的存放管理方面，生产商应定期与施工现场沟通，明确各种类型预制构件需求数量和顺序，并以此为基础对预制构件进行存放管理方便后续的吊装和装载。预制构件的装载和运输需要注意易损部位的保护，避免长途运输导致预制构件损坏，此外，各种类型的预制构件应搭配装载，提升满载率降低运输成本。

（4）施工阶段

施工组织与构件吊装。装配式构件的吊装效率影响措施费中的二次搬运费、脚手架费、垂直运输费、大型机械安拆费等，因此优化运输方式和提升吊装效率可大大降低装配式建筑工程成本。装配式建筑现场施工塔式起重机的布置及选型，应综合考虑预制构件卸车点、构件堆场位置、构件质量、塔式起重机吊重、构件分布、塔式起重机附着位置等因素，若塔式起重机选型和布置不合理，往往会产生不必要的二次转运，降低吊装效率。

案例：1号楼装配楼建筑造价控制流程

对1号楼全过程的成本分析，确定设计阶段是成本控制最为重要的一个阶段，虽然设计支出只占所有成本中很小的一部分，但是总成本的70%～80%都是由设计阶段决定。在设计阶段需要对各类构件的使用情况进行分类梳理，进行相关结构的二次深化设计，通过对预制构件的拼装进行合理的模拟，从而进一步降低安装时的冲突风险。在项目的招投标阶段就需要对本项目的各个阶段及关键环节进行梳理，对不同设计方案下预制构件生产与加工难易程度进行选择，同时对相关成本进行测算，保证实际成本支出在目标成本的可控范围内。

（1）设计阶段成本控制的措施

设置合理的预制率和装配率。在项目装配率合理的范围内才能更好地保证构件拆分的合理性，在设计院前期调研规划的阶段就要"高标准、严要求"，对比不同设计方案下预制构件生产和加工难易程度同时相关成本进行测算，保证成本在目标成本的可控范围内。

优化设计并进行合理拆分。为了减少现行项目的施工难点，对不同类型的构件进行合理归类拆分，尽量在标准层施工中减少"异种模具"的使用数量，在标准层中实现常规构件的量产。设计阶段重点关注项目的全过程协调能力以及集约化经营能力，同时考虑提升资源的整合能力、提升工程设计进度的同时保障施工质量满足该项目投资方的成本内控要求。

（2）生产阶段成本控制的措施

优化生产制作工序。在生产阶段，构件生产厂家通过流水生产线制作的装配式预制构件可以提高生产的积极性及产品的质量。对技术人员和施工人员进行相关的培训，培训的内容包括构件的特点及施工流程，保证构件出品的合格率。

降低模具生产成本。采用工厂标准化生产的方式减少构件生产的种类，也就是统一使用模具的种类，加大模数模具的重复使用率，降低模具成本。

（3）运输阶段成本控制的措施

选择合理的装载方案。针对本项目预制构件的相关特点，预制构件在运输中应该与构件厂沟通采用半挂车或者平板拖车，运输中背靠枕木，避免运输过程中产生的二次磕碰。在进行构件运输时，要注意成品构件的重量、形状，提前铺排计划从而确定合理的装载方案，根据构件的实际运载量选择合理的运输方式，有助于降低成本。

运输路线的合理选择。关注特殊时段的市区准入及道路的设计规划等要求，为保证构件在运输过程的合理可靠性，运输之前预制构件厂家及时与施工现场进行交圈，对运输的相关路线、运输的具体方案及构件运输需求计划及时进行铺排。

（4）安装阶段成本控制的措施

加强项目整体的生产与施工协调。项目定期召开由建设方、设计单位、施工单位参加的生产协调会议，实现信息资源的有效互通，减少因为后期签证、变更的数量而导致的额外成本的增加。项目的施工过程中通过提前制定的施工节点及目标成本，对项目的施工阶段成本进行下一步的优化和控制。

优化构件连接方式。通过对墙柱节点、梁板节点、主次梁相交节点的提前铺排优化，在实际安装过程中通过循环多次调节预制构件的位置以满足水平和垂直要求，节点位置的施工需要经过监理验收通过后方可进行下一步施工，从而控制构件的相应安装成本。

问题与案例解析 5：案例项目 BIM 技术是如何应用的？

BMI 技术指的是建筑信息模型技术，其指的是以建设工程项目所需要的各种数据、信息为基础，并由此建立起相关的建筑模型，之后再利用数字信息仿真技术模拟出建筑物所包含的确凿信息。BIM 技术的多维模型指的是在三维构件的数据上，叠加时间可以研究项目的施工进度安排、精益化施工、项目进程优化等方面；叠加造价技术可以在项目的整个生命周期内实现预算的实时性和可操控性。多维模型还能满足耗能模拟及分析、舒适度模拟及分析、绿色建筑节能模拟分析及可持续化分析等方面等需求。

BIM 技术在装配式建筑施工管理中主要应用于协同设计、施工场地管理、成本管理以及可视化技术交底等。

装配式建筑的协同设计应从建筑设计、生产建造、运营维护等建筑全生命周期进行考虑。装配实践中应进行建筑、结构、机电设备、室内装修一体化的设计，应充分考虑装配式建筑的设计流程特点及项目的技术经济条件，利用信息化技术手段，实现各专业间的协同配合，保证室内装修、建筑结构、机电设备及管线生产形成的有机结合的完整系统，实现装配式建筑的各项技术要求。

施工场地管理是在施工前，将 BIM 技术同计算机技术结合起来，进而模拟施工场地的布置，并具体到主要的施工机械的施工过程，该技术的运用能够有效的帮助实际建设环节中的场地布置和建设管理，继而避免了在场地布置过程中的二次搬运，并最终提高了建设的效率。

成本控制主要采用的是以 BIM 技术为基础的 5D 动态成本管理。在实际的运用中，主要是通过对施工现场进行相关的模拟，继而推测施工现场的材料堆放、工程进度以及相关的建设资金的投入是否合理。通过这种技术模拟能够在施工环节开始之前就对实际施工过程中存在的问题进行相关的评估，进而能在最大限度上优化相关的资源配置，并对相关的资金运用都作出适时地安排，从而加强了对于成本的控制。

可视化技术交底的实现主要也是在施工之前，利用 BIM 技术进行相关技术的模拟化展示各种施工环节中的工艺，尤其是对那些还不为人所熟知的新技术或者是较为复杂的技术进行全尺寸的三维展示。该技术的合理应用能够有效减少因相关工作人员的主观因素而造成的错误，继而使得在实际的建设环节中，能够最大程度地推动相关建设技术的合理运用，继而推动相关建设的合理、高效地发展。

案例：1 号楼全过程 BIM 信息化运用

1 号楼的设计系统采用的是由中国建筑科学研究院自主知识产权开发的专业化 PK-PM-BIM 系统。在此项目中，各个专业基于 PKPM-BIM 系统内的各专业平台完成各专业的模型的创建。建筑、结构、机电以及施工专业将各自的模型信息集成到一个 BIM 模型中。利用智能化拼装、参数化构件库、精确算量等技术完成装配式住宅设计。项目各专业团队成为高度协调的整体，在项目设计过程中，随时发现并及时解决专业内及专业间问题，确保模型数据协调一致。在项目初期，创建协同项目，并设置各专业参与人员及权限。各专业须协调配合，尽可能满足其他专业对本专业的协同要求。在工作过程中，各专业通过上传模型到服务器，从而实现专业间协同目的。

在全专业施工图基本完成后，装配式设计专业获取全专业模型进行相关装配式设计。本项目装配式范围为 1～33 层，在拆分过程中，依据 BIM 模型，利用软件自动拆分功能，在保证构件模数化基础上，提高构件标准化应用，从而降低模具数量，达到降低成本目标。同时对于标准构件，存储到构件库中，以便于其他项目复用。

在现场安装构件过程中，常出现构件由于构件、钢筋碰撞问题导致构件无法正常安装。在设计阶段进行钢筋碰撞检查十分必要。基于 BIM 设计，设计阶段已形成钢筋实体排布，通过软件进行检查并调整，可大量减少现场钢筋碰撞问题。

在 1 号楼的施工准备阶段及设计深化后，应用 BIM 技术进行管理，以构件为参数建立 BIM 模型，参数的修改反映到模型上，其他相关联部分都会自动修改，将预制构件参数及信息与预制构件生产工厂共享，缩短预制构件生产的准备时间，从而提高效率，同时也可更好地保障工程质量。利用 BIM 技术还可在施工前对装配式建筑项目进行模拟施工，及时发现复杂施工过程及现场布置可能出现的问题，有效避免二次返工带来的造价损失。

BIM 技术贯穿了 PC 深化设计、生产、建造环节，利用 BIM 技术，基于 Synchro Professional 将进度计划导入，并与各道施工工序模型进行关联，对施工方案进行可视化模拟，通过施工模拟预先判定施工过程中的重难点，优化施工工序。

案例七：PPP 项目投融资管理及招投标案例

案例目的： 了解 PPP 项目投融资模式的组成、管理方式、风险防范措施及招投标方式。

案例内容： PPP 项目具有参与方多、投资规模大、合作期限长、交易结构复杂、合同体系庞大等特点。选取不同的 PPP 项目，从项目自身的特点和投融资方式梳理可能发生的投融资管理与风险问题以及针对性的解决措施等。

问题与案例解析 1：PPP 项目的投融资模式和影响因素有哪些？

PPP 模式是 Public-Private Partnership 的缩写，直译为"公私合作"或"公私伙伴关系"，指公共部门通过与私营部门建立伙伴关系以更高效地提供公共产品或服务的一种交付模式。在我国，PPP 模式一般指政府和社会资本合作。该模式鼓励私营企业、民营资本与政府进行合作，参与公共基础设施的建设，让非公共部门所掌握的资源参与提供公共产品和服务，从而实现合作各方达到比预期单独行动更为有利的结果。

PPP 明确双方是合作伙伴关系，不是传统的甲方和乙方的关系。这个是 PPP 区别于其他项目融资模式的关键点。这种伙伴关系是基于实现公共需求目的关系型契约形式，非单纯商业利益关系。这就要求双方的关系是长期的，而且双方的责权有明确制度进行规范的。

消费者与产品提供者之间根据权利义务的比例以及资金给付比例、时间节点，决定了运作的模式，而 PPP 模式的项目，需要政府通过公权力推进项目，比如公路项目的征地拆迁等，前期资金匮乏，需要产品提供者自筹或融资，即产品提供者还应具备一定的筹资融资能力，这种模式适用于产品还不够成熟，风险需要共担，政府购买力不足的情况，比如高速公路项目。但是无论何种模式，其实都是围绕资金给付情况、风险承担比例以及双方权责参与度的情况。

PPP 模式的在具体运作时，按照其运作周期以及运营过程中的具体运作不同，可以划分为三类：第一类，使用者付费。政府不具有维护和管理职能，而是将这些职能转交给私人机构，因此私人机构具有特许经营权。第二类，可行性缺口补助。政府会给予企业部分补贴，来提升双方合作周期内的投资回报，以调动企业的积极性。第三类，纯公益性。政府补贴是企业的主要收入来源。

PPP 模式不是一种固定的模式，而是包含了多种形式。世界银行将 PPP 模式定义为外包类、特许经营类和私有化类三种。常见的 PPP 模式为：

（1）建造-运营-移交（BOT）。企业等私营部门为了实现 PPP 项目的盈利，而获得了政府授权，该授权主要包括融资阶段、管理阶段以及设计阶段。实际上，这种授权并不是永久的，项目结束之后需要将这些活动授权转交给政府。最终的实际运营者是政府部门，公司股东部分资产负债无需计入此次项目的各个阶段，其主要特点是有限追索，这使得企业的融资能力得到了增强。

（2）建造-拥有-运营-移交（BOOT）。BOOT 模式下，政府授予了企业特定经营权，同时将所有权进行转移，在项目即将完成时，双方会进行项目移交。特点是：其回报率较高，资金能够更好地满足管理要求，开展过程中的资金流动性更加严格。

（3）建造-拥有-运营（BOO）。企业是主要的投资方，负责建设以及运营等各个环节的工作，并且未来的市场推广也离不开企业的参与，产品所有权能够有效得到体现，政府的授权使得企业能够对各种软硬件设备具有使用权，这种模式下使用权具有长期性。

（4）转让-运营-移交（TOT）。民营资本和政府资本之间的融合能够更好地运作，在这种模式下，经历了两次移交，对公共设施管理以及维护而言难度较大，政府的权利较大，这从本质上来看是一种融资模式，对政府基础设施优化具有重要意义。

（5）建造-移交（BT）。消费者（政府）基本使用公权力推进项目的实施，可以由产品提供者（社会资本方）全部完成，且建设完成后，消费者可以一次性回购，类似于普通消费者先体验后消费，这种模式比较适用于产品比较成熟，政府购买力较强的情况，比如棚户区改造、经济适用房、水利建设等。

（6）作业外包。外包模式是为了保证政府在经营PPP项目时更多地关注其服务水平，将与自身业务无关地进行外包。对承包方进行全面审核，只有选择符合要求的承包商进行承包，才可以使得项目工程开展满足需求。

PPP项目的投融资的影响因素包括：

（1）PPP项目的制度环境

制度环境主要体现在制度质量、政府治理、地方政府能力、政治制度四方面。制度质量越高，私人部门对PPP项目的参与程度和投资情况越好，私人投资的政策保障程度越高，投资效果的可预期性越强，私人参与PPP项目投资的意愿越强。政府治理水平对私人参与基础设施PPP项目的投资意愿产生显著影响，政府治理主要表现在政府公信力和道德风险，政府治理的改善会增加私人部门对基础设施PPP项目的投资信心。地方政府能力（政府财政能力、政府组织能力）是影响PPP项目落地的关键因素之一，政府能力的提高有助于提升PPP项目的落地速度，增加PPP项目的投资。拥有良好的制度环境有利于吸引更多的PPP项目投资。

（2）PPP项目的市场环境

市场因素主要包括市场化程度、宏观经济稳定性、市场开放程度、市场规模大小。市场化程度高的地区金融、劳动力、产权等生产要素发育程度高，有利于形成集聚效应，加快技术进步和区域创新，降低企业生产成本，增加PPP项目的投资。宏观经济稳定性越高，有利于提高经济竞争力和公共部门经济决策的可信性，降低私人资本参与PPP项目的金融风险。市场开放程度反映了市场要素自由流动，私人资本灵活交易的难易程度。市场规模体现了潜在的市场消费能力，市场消费能力的高低会影响私人投资PPP项目的收益水平。

（3）PPP项目的外部融资渠道

外部融资渠道如世界银行、亚洲开发银行、亚洲基础设施投资银行对提高PPP项目的投资具有显著的积极作用。金融体系是否健全对PPP项目能否取得最终成功有着重要影响。非营利性的国际金融机构能够帮助发展中国家完善金融市场，为政府和社会资本双方合约的达成提供资金支持，多边金融机构能够设计合理的金融创新产品，提升专业技术和知识水平，并开发营利性项目，提高金融市场的深度、流动性和有效性，推动金融一体化的建设进程、营造良好的金融环境，有利于基础设施 PPP 项目获得更多私人投资。

（4）PPP 项目特征的影响因素

PPP 项目特征主要体现在项目风险和利益分担机制、项目周期、项目运营者能力等诸多方面。由于 PPP 项目涉及多方主体，各主体间的利益诉求也均不相同，在项目周期的各个阶段面临诸多风险，只有识别风险因素并建立风险分担机制，签署合同、协议，明确各主体间的责任与权利，才能提前控制、规避风险，保障私人资本参与 PPP 项目的合法权益。PPP 项目周期对私人投资有重要影响，PPP 项目一般周期较长，导致私人投资的成本短期内难以收回，不利于提高 PPP 项目的投资水平。运营者能力较强有助于进一步完善 PPP 项目设计，降低 PPP 项目的运营成本，对 PPP 项目的投资有着积极作用。

案例：地铁 PPP 项目的融资模式

某地铁项目可研估算总额为 347 亿元。PPP 融资模式的参与方包括地方政府、社会资本方、PPP 项目公司、金融机构等。

（1）资本结构。地铁项目的总投资额为 347 亿元。项目资本金 69.4 亿元，占总投资额的 20%，其中轨道集团作为政府方代表出资 20.82 亿元（占股比例为 30%），电建公司作为社会资本方出资 47.07 亿元（占股比例为 70%）。债务资金（银团贷款）占总投资额的 80%，来源于中国农业银行牵头的融资银团。

（2）运作模式。PPP 项目的融资模式分为前补偿和后补偿模式，该地铁项目采用的是后补偿融资模式，政府在运营期对项目进行补偿。轨道集团代表政府方与社会资本方电建公司共同成立 PPP 项目公司，由 PPP 项目公司进行具体的资金筹集活动以及项目的建设和运营，在特许经营期结束后将项目移交给政府或者有关机构。负责授予 PPP 项目公司一定期限的特许经营权的具体部门是该市建委，市财政局负责提供可行性缺口补贴，市政府有关职能部门负责对 PPP 项目进行监督和管理。此外，市政府还会提供相关扶持性政策来推动 PPP 项目的进程。

（3）回报机制。该地铁项目采取的是"使用者付费＋可行性缺口补贴"的回报机制。资本回报来源包括：

客运收入。项目公司在客运收入处于−50% 至 0% 的变化范围内自负盈亏，当实际客运收入超过预测客运收入时，政府将享有超额部分的分成权益，剩余客运收入全部归 PPP 项目公司所有，若实际客运收入低于预测客运收入的 50%，差额收入部分将由政府予以专项补偿。

非客运收入。项目公司可借助广告、物业开发及租赁业务等增加收入，以填补投资成本。特许经营合同对非客运收入的基准值作出了约定，对于超过基准值的非客运收入，政府将和 PPP 项目公司按比例分成，其余超额非客运收入属于 PPP 项目公司。另外，对于非客运收入未达基准值的情况，由 PPP 项目公司自行承担。

财政补贴。由于该地铁项目途经多个区域，能提升沿线地区的土地及商业价值，还能带来就业增加等延伸效益，因此成都市政府采取多级财政共担方式对项目进行财政补贴。在本项目中，市级政府和地铁沿线郊县政府按照区域内运营里程共同分担财政补贴支出。本项目采取的具体财政补贴模式是车公里计价模式，该模式基于列车运营公里指标来测算政府应当给予 PPP 项目公司的补贴数额。

激励收入。PPP 项目公司在达到政府相应标准时，成都市政府会对其给予一定奖励，由市财政局发放奖励资金，这一部分奖励收入成为PPP项目公司的浮动收入。

项目融资成功的原因包括：

政府职能转变到位。市政府精简了本PPP项目的审批流程，针对本项目成立了专门的审批组，将部分审批工作用行政备案替代之前的行政审批，从而降低了项目时间成本，提高了项目效率，对潜在社会资本投资者有一定吸引力。政府通过为项目增信降低了PPP项目公司的融资难度，政府信用也保障了投资者的收益，进一步降低了引入社会资本的难度，使得更容易筹集到项目所需资金。

采购方式合理规范。PPP项目的采购方式是公开招标，即竞争性招标。在公开招标的条件下，各投标者凭借自身实力争取和政府方签订合约。政府方经过综合考虑，选择了电建公司作为合作对象，其在轨道交通领域的建设和运营方面经验充足，投资实力强劲。政府通过规范的采购方式引入中国电建不仅减轻了政府财政压力，降低了项目整体风险。

财政补贴机制科学有效。在项目的实际回报率低于预期时，及时给予社会资本方合理的可行性缺口补助，从而提升社会资本方的积极性。

该案例改编自参考文献[70]。

问题与案例解析2：PPP项目投融资决策方法如何应用？

投资决策是指投资人对投资对象进行调查、分析、论证后做出最终判断的行为活动。投资决策按照层次不同分为宏观投资决策和微观投资决策。从国民经济角度出发，对影响经济发展全局的投资规模、投资政策等内容做出决策的过程是宏观投资决策。微观投资决策也称项目投资决策，是对拟建工程项目的建设时间、规模、经济可行性等问题的分析论证和抉择。

项目投资决策构成要素。项目投资决策是指投资决策主体对决策客体投资备选项目在调查、分析、评估的基础上，按照成熟的决策程序机制准则，遵循科学的决策方法，决定是否参与备选项目投资的决策活动。项目投资决策主要包括七个基本要素，分别是决策主体、决策客体、决策程序、决策方法、决策机制、决策准则及决策结果。

项目投资决策理论一般包括：

（1）静态评价理论。静态财务分析法是投资项目财务评价体系不考虑资金时间价值，直接用投资项目形成的现金流进行计算的各项指标，静态投资决策指标主要有总投资收益率、投资回收期（静态）、资本金净利润率等。

（2）动态评价理论。动态指标是指投资项目形成的现金流按照时间价值进行折算的基础上进行计算的各项指标，包括内部收益率、净现值、投资回收期（动态）。

（3）实物期权理论。实物期权理论是金融期权理论在实物投资领域发展衍化而来的产物。实物期权理论认为项目的价值由两部分组成，一部分是项目资产当前的使用价值，另一部分是资产未来投资所产生的机会价值，而机会价值亦是资产期权的潜在价值。不同投资项目在未来将存在不确定，而传统净现值理论更关注使用价值产生的经济效益，未考虑资产未来投资所产生的机会价值，造成使用传统理论评估项目将会低估了项目的真正价值。实物期权赋予投资者支付一定费用获得决定未来是否投资及何时投资的权利，即投资者对项目投资的选择权。项目投资的不确定性越大，投资风险越大，投资者对项目选择权投资的价值也越大，实物期权价值越大。

（4）期权博弈理论。期权博弈理论是最新发展的项目投资决策理论，该理论认为项目投资价值由三大部分组成，首先取决于项目未来收入的现金流；其次取决于实物期权的价值；最后取决于竞争者之间的交互博弈作用。三者共同对项目投资价值的影响。

案例：PPP 项目投资决策方法应用

某市政务中心由政府和社会资本方 A 公司采用 PPP 模式合作建设。建筑房屋主要是采用前期向外界进行融资和招揽，投资之后通过投标和竞标的方式由承包商承包建筑项目，该 PPP 项目总共运营 13 年，其中建筑项目建设三年之后，有十年的运营期，期满后该项目就会被移交给政府。此 PPP 项目总共获得的投资有 118036 万元，其中花费在建设房产上的费用有 88776 万元，其余的费用被用于工程建设的其他支出，包括获得工程建设用地的 6212 万元，使用材料花费 5059 万元，以及从外部获得融资支付的利息费用共 5594 万元。该项目采用由外部企业承包建筑的方式，主要是由政府拨款购买建筑服务，在该项目运作初期政府会预付 20% 的款项之后，按照建筑项目的进度支付剩余的款项。

投资决策评价指标选用了常用的内部收益率。计算公式如下：

$$\sum_{t=0}^{n}(CI-CO)_t(1+i_c)^{-t}=0$$

其中：CI 为经济收入流入量；CO 为经济收入流出量；当内部收益率大于基准收益率时，说明该 PPP 项目获得的收益已经可以达到投资者的预期，说明该项目的运作是可行的；当内部收益效率小于基准收益率时，说明该 PPP 项目获得的收益没有达到投资者的预期，说明该项目的运作是不可行的。

项目收入预测：公共服务部门入驻租金。本市政府的各个部门迁入政务中心之后需要缴纳相应的租金。企业入驻租金。吸引了各种外来企业在其平台的入驻。开辟了规划展览的部分和宣传中心，包括企业未来的战略布局和已经入驻企业的介绍。其他商业运营收入。如对停车场进行收费等。

项目支出。PPP 项目起步阶段获得的资金投入有一大部分是长期借款融资，有十年的偿还期限。假设银行取得运营收入之后再进行还款，并且每年需要偿还相等的本金和利息。

评价指标计算时，收入主要包括运营获得的收入、起步阶段获得的投资等；支出主要包括缴纳的增值税及附加、缴纳的企业所得税、偿还贷款本金和贷款利益、运营支出成本等。

基准收益率是指将未来有限期内预期收益折算成现值的比率，表征资产在一段时期内的收益水平，体现了投资者对投资收益的期望、对投资风险的态度，在应用净现值法进行投资决策时，准确确定基准收益率尤为重要。因此，基准收益率的选取既要考虑行业内投资者投资资金的机会成本和风险报酬，又要参考同类项目可获得的无风险收益率。基准收益率的选择主要参考行业平均投资收益率和既有项目合理利润率两个指标。

通过综合测算，政务中心 PPP 项目获得的内部收益利率大于其基准收益率，是值得社会资本方投资的。

问题与案例解析 3：PPP 项目应采用何种采购方式？

《政府采购法》第二十六条规定：政府采购采用以下方式：（一）公开招标；（二）邀请招标；（三）竞争性谈判；（四）单一来源采购；（五）询价；（六）国务院政府采购监督管理部门认定的其他采购方式。公开招标应作为政府采购的主要采购方式。

《政府采购法实施条例》第二十五条规定：政府采购工程依法不进行招标的，应当依照政府采购法和本条例规定的竞争性谈判或者单一来源采购方式采购。

2014 年 12 月 31 日，财政部印发了《政府采购竞争性磋商采购方式管理暂行办法》（财库〔2014〕214 号）、《政府和社会资本合作项目政府采购管理办法》（财库〔2014〕215 号）。其旨在深化政府采购制度改革，适应推进政府购买服务、推广政府和社会资本合作（PPP）模式、规范 PPP 项目政府采购行为等工作需要。依法认定了竞争性磋商采购方式。竞争性磋商采购方式，是指采购人、政府采购代理机构通过组建竞争性磋商小组与符合条件的供应商就采购货物、工程和服务事宜进行磋商，供应商按照磋商文件的要求提交响应文件和报价，采购人从磋商小组评审后提出的候选供应商名单中确定成交供应商的采购方式。核心内容是"先明确采购需求、后竞争报价"的两阶段采购模式，倡导"物有所值"的价值目标。

PPP 项目属于政府采购，实践中更多的是采用非招标方式的"竞争性磋商"，关于竞争性磋商方式的内容详见本书第一篇的"问题 1-8"。

案例：属于依法必须招标项目而未履行招标投标程序签订的 PPP 合同无效

2010 年 2 月，县政府与投资公司签订《BT 合同》约定采取投资建设-回购（BT）方式实施某市政基础设施项目建设，投资公司投资建设工程，县政府回购工程偿还投资公司投资及相关收益。主要约定：2.2 投资人的主要义务：在遵循本合同规定之前提下，投资人应（1）在建设期内自行承担费用和风险，负责进行项目的投融资、设计、勘察、建设和移交；（2）将项目的所有权利、所有权和权益移交给回购人或其指定机构。2.4 建设期：除非依据本合同第 2.5 条延长建设期或第 12 条终止合同，建设期自项目具备开工建设条件之日（含）起至工程项目完工日前一日（含）止，预期的建设期为 12 个月。后投资公司设立的 A 公司成立。县政府与投资公司签订《BT 合同补充合同》，约定投资人由投资公司变更为 A 公司，并享有和承担《BT 合同》中投资人的权利和义务。后因发生纠纷，诉至法院，双方争议的主要问题之一是关于《BT 合同》及相关《BT 合同补充合同》的效力问题。

A 公司认为：法院将本案定性为建设工程施工合同纠纷，引用招标投标法和最高人民法院司法解释相关规定认定案涉《BT 合同》《BT 合同补充合同》为无效合同，是错误的。2012 年 12 月 24 日，《财政部、发展改革委、人民银行、银监会关于制止地方政府违法违规融资行为的通知》（财预〔2012〕463 号）规定，切实规范地方政府以回购方式举借政府性债务行为，除法律和国务院另有规定外，地方各级政府及所属机关事业单位、社会团体等不得以委托单位建设并承担逐年回购（BT）责任等方式举借政府性债务。对符合法律或国务院规定可以举借政府性债务的公共租赁住房、公路等项目，确需采取代建制建设并由财政性资金逐年回购（BT）的，必须根据项目建设规划、偿债能力等，合理确定建设规模，落实分年资金偿还计划。地方政府将工程施工承包利润、经营收益、投资收益捆绑，将政府融资活动调整为特许经营项目采购并以此吸引具有施工资质、管理能力的企业参与政府融资活动。为解决工程发包、采购工程中的招标程序要求，《招标投标法实施条例》第九条第三项规定，已通过招标方式选定的特许经营项目投资人依法能够自行建设、生产或者提供的，可以不进行招标。国家发展和改革委员会印发《传统基础设施领域实施政府和社会资本合作项目工作导则》的通知（发改投资〔2016〕2231 号）第十三条规定，社会资本方遴选，依法通过公开招标、邀请招标、两阶段招标、竞争性谈判等方式，公平择优选择具有相应投资能力、管理经验、专业水平、融资实力以及信用状况良好的社会资本方作为合作伙伴。其中拟由社会资本方自行承担工程项目勘察、设计、施工、监理以及与工程建设有关的重要设备、材料等采购的，必须按照招标投标法的规定，通过招标方式选择社会资本方。财政部《关于在公共服务领域深入推进政府和社会资本合作工作的通知》（财金〔2016〕90号）第九条规定，各级财政部门要联合有关部门，加强项目前期立项程序与PPP模式操作流程的优化与衔接，进一步减少行政审批环节。对于涉及工程建设、设备采购或服务外包的PPP项目，已经依据政府采购法选定社会资本合作方的，合作方依法能够自行建设、生产或者提供服务的，按照招标投标法实施条例第九条规定，合作方可以不再进行招标。案涉项目的BT建设模式，项目收益中不包含工程施工承包利润、经营收益、投资收益，既不是必须招标的工程，也不属特许经营项目，本质上属于政府融资行为。案涉项目《BT合同》签署前，招标投标法和政府采购法等对政府融资的招标程序没有规定，投资市场竞争程度不充分，无法按照招标投标法和政府采购法规定的竞争形式开展。投资公司和A公司不仅不具备施工承包资质，签约目的也不是赢取施工利润，而是收取投资收益。A公司开展项目的发包环节没有自己开展施工活动，在工程款取费标准或价格环节没有赢取差价，更没有在一定期限内运营收取收益。案涉《BT合同》应当按照有效处理。

经一审和二审法院审理后认为：《招标投标法》第三条第一款第一项规定，在中华人民共和国境内进行下列工程建设项目包括项目的勘察、设计、施工、监理以及与工程建设有关的重要设备、材料等的采购，必须进行招标：（一）大型基础设施、公用事业等关系社会公共利益、公众安全的项目；……。《司法解释（一）》中规定，建设工程必须进行招标而未招标或者中标无效的建设工程施工合同，应当认定无效。案涉市政基础设施工程属于县政府投资建设的大型市政基础设施项目，工程关系社会公共利益及公众安全。工程建设虽然采取BT模式实施，但不改变其大型市政基础设施的工程性质，原审法院由此认定案涉工程属于上述法律规定必须进行招标的建设工程项目，并无不当。在涉及使用国有资金进行大型市政基础工程建设的情况下，即便存在相关市场竞争不够充分的情形，也须采取与工程项目建设相适应的缔约机制或履行相应的监管程序，否则难以保障项目建设正当合规的程序要求。A公司以签订时社会认知不足、政策规范缺乏、市场竞争不充分为由主张案涉工程项目不属必须招标的范围，理据不足。案涉《BT合同》及补充合同约定先由投资公司或A公司投资建设，工程建设完成后再由政府回购，项目建设资金最终来源于政府财政资金。《BT合同》虽有政府借以实现融资的目的，但仅此既不足以改变案涉工程作为大型市政基础设施项目的性质，也不构成免于履行招标程序的充分理由。A公司以案涉《BT合同》及补充合同约定内容属于政府融资行为为由主张认定合同无效错误，缺乏充分的事实和法律依据。

该案例改编自参考文献［71］。

问题与案例解析4：PPP项目施工能否由竞争性磋商采购中选的社会资本直接承包？

《招标投标法》第六十六条规定："涉及国家安全、国家秘密、抢险救灾或者属于利用扶贫资金实行以工代赈、需要使用农民工等特殊情况，不适宜进行招标的项目，按照国家有关规定可以不进行招标。"

《招投标法实施条例》第九条规定："除招标投标法第六十六条规定的可以不进行招标的特殊情况外，有下列情形之一的，可以不进行招标：（一）需要采用不可替代的专利或者专有技术；（二）采购人依法能够自行建设、生产或者提供；（三）已通过招标方式选定的特许经营项目投资人依法能够自行建设、生产或者提供；（四）需要向原中标人采购工程、货物或者服务，否则将影响施工或者功能配套要求；（五）国家规定的其他特殊情形。"

根据前述《招标投标法》《招标投标法实施条例》的规定，仅在下列七种严格条件下，通过竞争性磋商方式成交的社会资本，方可直接承包 PPP 项目的建筑工程。首要条件是社会资本均必须具备相应的合法有效资质。

（1）该 PPP 项目中的建筑工程涉及国家安全，由该 PPP 项目的项目法人，直接发包给竞争性磋商方式成交的社会资本。该社会资本必须同时具备承包涉及国家安全建筑工程的相应条件。

（2）该 PPP 项目中的建筑工程涉及国家秘密，且竞争性磋商方式成交的社会资本具备承包涉及国家秘密建筑工程的相应条件。

（3）该 PPP 项目中的建筑工程涉及抢险救灾。

（4）该 PPP 项目中的建筑工程需要采用不可替代的专利，且该专利属于竞争性磋商方式成交的社会资本所有。

（5）该 PPP 项目中的建筑工程需要采用不可替代的专有技术，且该专有技术属于竞争性磋商方式成交的社会资本所有。

（6）该 PPP 项目中的建筑工程属于特许经营项目投资人依法能够自行建设、生产或者提供。

（7）竞争性磋商方式成交的社会资本，在 PPP 项目的项目法人招标发包建筑工程时又同时中标，且新增加的建筑工程需要向中标的社会资本采购工程、货物或者服务，否则将影响施工或者功能配套要求的情形下，才可直接发包该新增加的建筑工程给竞争性磋商方式成交的社会资本。

（8）国家规定的其他特殊情形。

如何理解"（三）已通过招标方式选定的特许经营项目投资人依法能够自行建设、生产或者提供"？

这里的"特许经营项目"是指政府将公共基础设施和公用事业的特许经营权出让给投资人并签订特许经营协议，由其组建项目公司负责投资、建设、经营的项目。适用本条规定需要满足两个条件：一是特许经营项目的投资人是通过招标选择确定的。政府采用招标竞争方式选择了项目的投资人，中标的项目投资人组建项目公司法人，并按照与政府签订项目特许经营协议负责项目的融资、建设、特许经营。二是特许经营项目的投资人（而非投资人组建的项目法人）依法能够自行建设、生产和提供。自行建设既可能是采购人为了自己使用，也可能是提供给他人使用。特许经营项目的投资人可以是法人、联合体，也可以是其他经济组织和个人。其中，联合体投资的某个成员只要具备相应资格能力，不论其投资比例大小，经联合体各成员同意，就可以由该成员自行承担建设、生产或提供。

不招标的这种方式仅适用于《招投标法实施条例》的这一条款，且应符合上面说的这两个条件，如果不具备，则应按照《招标投标法》的相关规定进行招标。

案例：已采用竞争性磋商方式确定投资人后应采用招标方式确定施工方

某市大型农副产品综合批发市场工程，属民生工程，工程匡算的暂定价为 2.6 亿元，根据施工合同的约定，资金来源属于发包方 PPP 模式社会融资，其采用的是竞争性磋商的采购方式。A 集团公司是采购人，通过竞争性磋商方式确定 B 公司为合作方，签订《合资合作协议》，约定：项目建成后，A 集团公司负责项目的运营管理，B 公司不参与项目的运营管理。项目公司如有收益，双方按在项目公司中的持股比例进行利润分配。B 公司的投资本金的年投资回报率为 5.7%，建安工程费下浮率为 5%，项目合作期限 6 年 80 天，其中建设期 80 天，运营期 6 年（2190 天）。后 A 公司和 B 公司合资成立 C 项目公司。C 项目公司作为发包人与承包人建筑集团 D 公司签订《建设工程施工合同》。后 A、B、C、D 四家单位签订《四方协议》：C 项目公司为建设方，D 公司系项目施工方，B 公司、D 公司是 A 公司按 PPP 模式招标的联合体中标人，协议同时就涉案工程垫付资金、工程进度款等事宜作了约定。后因工程款结算问题发生纠纷，D 公司向省高院提起诉讼。

省高院在审理过程中首先对 C、D 公司签订的《建设工程施工合同》的效力问题进行了认定。该工程是大型农副产品综合批发市场工程，属民生工程，工程匡算的暂定价为 2.6 亿元，根据施工合同的约定，资金来源属于发包方 PPP 模式社会融资，其采用的是竞争性磋商的采购方式。根据《招标投标法》第三条的规定，在中华人民共和国境内进行下列工程建设项目包括项目的勘察、设计、施工、监理以及与工程建设有关的重要设备、材料等的采购，必须进行招标：（一）大型基础设施、公用事业等关系社会公共利益、公众安全的项目；（二）全部或者部分使用国有资金投资或者国家融资的项目；（三）使用国际组织或者外国政府贷款、援助资金的项目。涉案工程属于民生工程，关系社会公共利益，项目匡算造价为 2.6 亿元，属于必须进行招投标的项目，应当受《招标投标法》的规制。依据《司法解释（一）》的规定，建设工程施工合同必须进行招标而未招标或者中标无效的，应当认定无效。故 C 公司与 D 公司签订的《建设工程施工合同》因违反了法律的效力性、强行性规定而无效。

该案例改编自参考文献［72］。

问题与案例解析 5：PPP 项目的投融资风险管理应如何进行？

PPP 项目风险一般包括下面的内容：

（1）收益不足的风险。一般在公路建设或者其他重大道路交通工程中，容易发生这种在营运后实际收益达不到建设项目投资预测收益的情形。而这些风险在其可行性研究报告中的分析，由于往往是为达到项目可行性研究目标而向后导出的数据分析，所以在投资预测与评估过程中往往具有较大的不确定性，容易造成收益上的不足。

（2）收费变更的风险。一般在公共服务领域，许多 PPP 项目在初期运营阶段因为制定的收费价格不科学、调整制度不灵活或者政策有变动等产生的收费变更。

（3）政府部门的风险。一般包括政府部门的信用保证、政府违约、税收调整等变化引起的影响，容易造成社会融资方资源损失或者资本亏损等结果。

（4）决策失误中的风险。一般指的是在 PPP 项目建设运营阶段，由于管理能力欠缺和经验不足，使得项目运营程序不规范、预期效果不理想等。这些类型一般在公共商品供应的应用领域体现更为突出。

（5）政策法规变化后的风险。这类风险通常出现在大型城市建设中，项目正常建设与经营状况的亏损，严重情况下会造成工程项目直接中断。主要是参与方之间在供应市场、服务费等方面的协议合同条件，受政策变化的影响。

（6）项目审批延迟的风险。主要由于地方政府的建设批准过程比较繁琐、周期长，个别建设项目内容比如规模或者土地性质等在批准之后就很难进行调整，因此形成了不利于建设项目正常运作的经营风险。

（7）建设项目独特性的风险。指的是在已建和在建工程项目的邻近地区建设了相似工程项目时，新建建设项目将会没有项目的排他性或者唯一性，届时就存在预期收益降低，甚至是影响正常运行。

（8）公众不支持的风险。主要是指在建和建成工程，引起群众不满，从而反对工程施工或运作所引起的风险，这些风险容易发生在与市民利益有关的建设项目上，像老城区改建项目、环保性质的建设项目等。

案例：PPP项目中风险管理不善带来私营企业撤资

某跨海大桥，大桥的长度为35.67km，在世界跨海大桥长度比较中位居第三。桥梁车道采用六车道公路设计，计划车速为每小时100km。前期预算需建设费用118亿元。采用PPP融资模式开发建设，2003年11月开工，2008年5月正式通车。市县两级政府是大桥项目的发起人，给项目提供资金。共同组建了大桥项目公司，两家公司的出资比例为9：1。该大桥的设计使用寿命为100年，政府部门授予跨海大桥项目公司特许经营期限为30年，待特许经营协议期限届满之后，大桥的所有权将无偿移交给政府部门。

大桥工程预算资金为118亿元，其中大桥项目公司出资48亿元，大桥项目公司的股东A集团公司与B控股有限公司投入的资金占资本金总额的49.75%，跨海大桥项目公司另外50.25%资本金，由C集团公司、D集团公司等17家民营企业组建的5个投资公司出资填补。剩余70亿元的资金缺口，采用银行贷款的方式解决。其中，国家开发银行为项目提供贷款40亿元，工商银行提供20亿元，中国银行和上海浦发银行各提供5亿元。

大桥项目公司的股权结构并不稳定，一直处于频繁变动的状态。陆续有民营企业转让股份。大桥实际建设中支出高达200多亿人民币，超出预算的69.5%。从大桥的建设过程来看，五次提高投资额、不断遭遇技术难题等问题都让民间投资商对该项目充满了担忧，因此一些民营企业就选择撤股，有的退出，是由于早期桥梁建设的技术、效率与市场经济评估缺乏论证依据，也有政府和民营企业的特许协议以及相关合同不规范的原因。至2014年，仅有15%的股份由民营企业持有。民营企业中最高的持股比例也仅为2.6%，最低甚至只有0.13%。

由于各种风险带来的原因如下：

（1）政治与法律风险。PPP项目投入运营之后，倘若政府部门的市政规划发生改变，新建或改建一些与原项目类似的项目，势必会与原项目形成激烈的竞争关系，原项目的预测收益将会大打折扣。在跨海大桥动工建设还不到两年时间，当地政府部门为了促进经济快速腾飞，又规划建设另一大桥，该大桥距离该跨海大桥仅50km左右，分走了很多客流量。随后，附近又一大桥和通道也开始建设运营，通行费均比该跨海大桥便宜。政府最初承诺的收益率也是几经变更，使得民营企业最初所预想的高额投资收益无法实现。特许协议中没有对应的政治风险补偿措施，不得不无奈撤出。

（2）建设风险。由于大桥要在海上作业面临着诸多技术难关，并且建设过程中各种原材料的价格也在不断上涨。因此在项目建设过程中曾连续五次增资，从最初 2002 年 64 亿元逐步增加到 2007 年 118 亿元。正是由于数次的增资，使得部分私营企业因无法承受不断的投资，无奈只得选择提前撤出。由于部分私企提前退场，政府部门需要重新寻找合作企业，因此工程施工的进度也曾一度被耽误。

（3）运营风险。大桥在兴建之初，由于预测该项目未来经济回报颇丰，市政府承诺不要财政补贴，过桥费则是投资人收回投资的唯一来源。可研报告中经测算，大桥项目预计 14.2 年就可以收回项目投资的资本金。包含建设期，该项目能实现 12.58% 的投资回报率。但该大桥在正式投入运营之后，实际的车流量远低于预测的车流量，该项目盈利较少甚至难以收回投资金额。由于签订特许协议时没有对后期可能出现运营风险作出合理的安排，该大桥的实际车流量又连年不及预期，项目公司不能得到政府的经济补偿，致使参与投资的私企损失惨重。

该案例改编自参考文献 [73]。

案例八：建筑加固改造工程造价编制案例

案例目的：了解建筑加固改造项目的造价确定方法。

案例内容：建筑加固改造市场巨大的需求带来对加固工程合理计价的新要求。不同于新建工程的造价影响因素，通过文献分析和项目调研，总结加固工程造价的关键影响因素，包括不同的设计方案、复杂的加固施工现场环境、多步骤的加固施工工艺流程、关键加固工艺生产要素消耗、主要加固材料的价格、施工项目加固量的大小，以及加固企业的技术能力和管理水平等，并按照设计、招投标、施工等不同建设阶段针对性提出科学合理控制建筑加固工程造价的对策和建议。

问题与案例解析1：建筑物加固改造的原因有哪些？

（1）勘察原因

在地质勘察时，若不能准确反映地基土、地下水的真实情况，如勘察布点过稀、钻孔深度不够等，则有可能会造成建筑物施工中、竣工后出现地基沉降等。

案例：2014年9月贵州某商住楼在施工过程中，业主方发现施工单位未严格按照技术交底要求进行施工，也不断出现与地勘报告不吻合的地质情况，成孔过程中发现部分桩孔孔壁坍塌，浇筑混凝土过程中发现部分桩孔混凝土流失严重，甚至整桩下沉等异常情况。为此，业主方安排原地勘单位对已施工桩进行钻芯检查、对其他桩位进行补充勘察，2014年底完成现场补勘工作，在此期间发现已施工桩多数存在质量问题，主要为桩底持力层不满足设计要求，同时发现桩底（含未施工桩）存在大量溶洞、溶槽。在此期间，业主方委托第三方检测单位进场钻芯检测，检测结果是其中11根基桩桩底持力层存在软弱夹层或溶洞，不满足设计要求，原因是明显的地质勘察失误。

（2）设计原因

常见的设计错误有设计概念错误和设计计算错误两类。设计概念错误如在拱结构的两端未设计抵抗水平推力的构件；按桁架设计计算的构件，荷载没有作用在节点而作用在节间；受力分析概念不清，结构内力计算错误等。设计计算错误如计算时漏算或少算作用于结构上的荷载；计算公式的运用不符合该公式的条件，或者计算参数的选用有误、结构方案和总体布置方案的不合理，影响建筑的安全使用性能，设计承载力计算结果有误，或设计模型考虑不周时，都会降低建筑的安全性和可靠性等。另外还有如对工程地质、水文地质和地基情况了解不全，地基承载力估计过高等。

另外，设计人员在设计时，虽尽量考虑了各种可能影响建筑结构安全和使用的众多因素，但在竣工使用后，每个结构实际上都有自己的特性，也有可能会发生原先的设计构思与实际发生的使用情况不一致。或者不能排除结构本身由于先天不足而出现的各种缺陷。

案例：2018年6月媒体报道武汉市某小区的多位业主反映，刚收房一个月，地下车库里的柱子有的顶端错位，有的顶端钢筋弯曲，有的开裂。同时，车库里有积水，有的地方还漏水，天花板成了"花脸"。该地区建筑管理站发布的专家查看现场后的初步意见称主楼和地下室结构安全可靠，主要问题是原设计单位没有考虑抗浮设计，导致地下室局部上浮，有柱子开裂，地面漏水较多，对使用功能造成影响。

（3）施工造成的缺陷

房屋结构的缺陷还有很多源于施工质量的隐患。造成这类隐患的原因包括施工队伍素质低、违规使用不合格材料、施工水平低下以及施工过程层层分包转包带来的管理不到位问题。可能表现为：施工质量低劣；如混凝土强度等级低于设计要求，钢筋混凝土结构构件有蜂窝、孔洞、露筋等缺陷，钢筋力学性能不符合设计要求；或砌体砌筑方法不当，造成通缝，空心砌块不按设计要求灌注混凝土芯柱；或钢结构的焊接质量或焊缝高度达不到设计要求；混凝土的材料来源、配比、施工与养护不当等对混凝土自身及混凝土产品的安全性带来的问题等。

案例：2018年4月，天津市城乡建设委员会对天津某楼盘存在的质量问题进行处理情况通报：该项目个别楼栋存在混凝土强度不符合设计要求的质量问题。项目开发商决定，将该项目全部完成的18栋住宅主体建筑拆除重建。2018年7月，济南某楼盘的部分楼房曾因质量问题被冠以"胶带楼房"之名，其中四栋楼因混凝土强度不达标导致部分楼层的楼板、墙壁等出现严重裂缝，开发商原本想加固处理，但遭到业主反对，后开发商决定拆除重建。

（4）使用不当

由于缺乏对建筑物正确的管理、检查、鉴定、维修、保护和加固的常识所造成的对建筑物管理和使用不当等原因，也会导致不少建筑物出现不应有的早衰。如建筑物使用过程中，未经鉴定、验算或加固任意变更使用用途导致使用荷载大大超载，装修时增加荷载，增设设备等；未经相关单位鉴定或加固即拆除承重构件，造成周围或上部构件承载力不足等；如未经核算就在原有建筑物上加层或对其进行改造，造成原有结构承载力不足，或随意拆除承重墙或墙上开洞等。

案例：2016年3月，某大厦顶楼在施工过程中发生坍塌。因屋面增设楼顶花园造成九层部分屋面网架超载引起整体坍塌，整个屋面结构及上部荷载全部坠落于九层楼板，加固时需要对坍塌部位九层楼板、梁、柱及原屋面局部女儿墙进行加固处理，并恢复原屋面网架结构。

（5）改变用途

建筑物的用途发生改变的实质内容是其荷载发生了变化，如果是将荷载由小变大，则在改用之前需要进行结构加固。

案例：某写字楼中部分房间改为档案室，普通沿街商铺改为银行，工厂车间改为超市商场，或综合性商场中部分楼层改为影剧院等。在此类项目进行功能改变时，均需要进行主体的加固检测、鉴定，然后根据鉴定意见来确定是否进行加固设计和施工。

（6）使用环境恶化

建筑物的缺陷还来自恶劣的使用环境，如高温、重载、腐蚀、粉尘、疲劳、潮湿等，在恶劣环境下长期使用，使得材料的性能恶化；在长期的外部及使用环境条件下，结构材料每时每刻都可能受到侵蚀，导致材料状况的恶化，如结构长期受到高温、振动、酸、碱、盐、杂散电流等不利因素作用，引起结构构件的腐蚀性和损伤等，或在生物作用下如微生物、细菌使木材逐渐腐朽等。建筑物维护不当、材料分化、酸雨或周围恶劣的环境是引起结构缺陷和损伤的主要因素，极端情况下可能会完全丧失相应的功能。如果不及时对存在使用隐患的建筑物进行处理，可能会引起不良后果。

案例：某钢铁厂的主控楼原来设计的是彩钢板屋面，由于钢厂的环境腐蚀严重，每两年需要更换屋面一次，影响了主控楼的使用，后通过加固设计改为钢筋混凝土屋面并增加防腐蚀措施来解决此问题。

（7）结构的耐久性

建筑结构随着服役时间的增长，受到气候条件、物理化学作用、环境侵蚀等外界因素的影响，结构的性能可能发生退化，结构受到损伤，甚至遭到破坏。一般而言，工程材料自身的特性和施工质量是决定结构耐久性的内因，而工程结构所处的环境条件和防护措施则是影响其耐久性的外因，建筑施工过程使用的材料也会随着时间的推移而老化。

案例：某国际会展中心因使用年限长，屋顶上外露的很多钢构件出现油漆脱落、内部钢屋架的个别支座出现损坏、很多螺栓松动、个别钢杆件被弯曲等，为了消除安全隐患，委托了专业鉴定机构进行了检测、鉴定并出具到了鉴定意见，随后进行了加固设计和施工。

（8）国家规范、设计标准和要求的变化

随着国家和社会的发展科学技术日趋成熟，社会财富增加，对住房安全的研究也在不断更新。在建筑方案规划前期，不断改变优化标准和方向，在原有建筑的基础上完善要求，确保工程质量的安全可靠性。通过多次修订《建筑抗震设计规范》GB 50011 等规范，对我国建筑业的发展有一定的促进作用。当前国内需求增长十分迅速，按照旧的标准设计的结构已经无法满足未来的需求。对于不满足现行规范的建筑物在进行改造利用时需要进行加固。

案例：某办公建筑拟改为医疗用综合楼项目，该建筑属于 A 类建筑，抗震设防烈度为 7 度，比原建筑的抗震等级提高，且原建筑抗震构造措施不满足规范要求，为提高结构地震作用下的整体抗震能力，对该建筑进行整体的抗震加固。

（9）地震等灾难性事故原因

我国的地震活动具有分布广，震源浅、强度大，强震的重演周期长的特点，容易在现实生活中忽视地震灾害的威胁。我国自 1974 年发布第一本《工业与民用建筑抗震设计规范》TJ 11—74，此前建造的大量房屋未考虑抗震设防，并且由于技术和经济方面的原因，我国早期的抗震设防标准低，造成了现存的一批老旧房屋抗震能力低下，亟待进行加固。抗震加固新技术日新月异，传统加固技术不断改进，基础隔震、消能减震技术得到更广泛应用，同时新的加固技术不断涌现，如高延性混凝土、附加子结构、自复位摇摆墙加固技术，并且这些新技术逐步实现工厂预制、现场安装，向绿色、环保方向发展。

案例：某大学委托鉴定机构对已使用 40 年的教学楼进行抗震鉴定。校舍的后续使用年限为 30 年，经过耐久性鉴定可继续使用，但需要进行抗震加固。设计单位根据抗震鉴定结果经综合分析后，分别采用了房屋整体加固、区段加固和构件加固的方法来加强校舍的整体性，改善构件的受力状况，达到了抗震规范的要求。

（10）综合缺陷

设计缺陷加上施工缺陷还有违规改造等其他因素，综合后可能会对建筑本身带来致命影响。

案例：材料不合格加上施工不按照规范要求同样可能产生重大质量缺陷。根据官方媒体通报，2019 年 5 月，湖南某住建局在现场检查过程中对某小区 C10 栋部分混凝土构件质量存疑。通过多家检测单位的多轮检测，鉴定该 C10 栋 12 层以上部分混凝土构件强度未达设计要求，还有另一小区 13 栋 21～25 层部分混凝土构件强度未达设计要求，该两栋楼使用的混凝土均为同一混凝土供应商。处理方案为未达到强度部分拆除重建，仅 C10 栋的拆除面积将近 11000m^2，13 栋的总拆除面积将近 5000m^2。通过专家组对混凝土生产企业和项目现场构件取样试验调查分析，造成混凝土强度不满足设计要求的主要原因是：混凝土原材料进厂无检验，混凝土强度出厂无检测，混凝土用砂为多品种砂混合而成，混合砂的计量比例无控制；施工单位违反国家标准，超时浇筑，随意加水，增大混凝土的水胶比，直接导致混凝土强度降低。

（11）需要对古建筑、历史性建筑进行进一步维护、保护

历史建筑能反映历史风貌和地方时代印记，建筑本身承载了诸多当地的生存、奋斗和发展、变迁历程，具有一定的保护价值。《中华人民共和国文物保护法》要求，古文化遗址、古墓葬、古建筑、石窟寺、石刻、壁画、近代现代重要史迹和代表性建筑等不可移动文物，根据它们的历史、艺术、科学价值，可以分别确定为全国重点文物保护单位，省级文物保护单位，市、县级文物保护单位。由于历史建筑大多年代久远，整体性差，抗震性差，因此历史建筑的保护工作，不仅仅局限于建筑学和城市规划等方面的研究，更需要结构工程师提出安全可靠、坚固耐久和抗震性能好的修复加固方案。

案例：位于济南市历下区历山路的原天主教方济圣母传教修女会院是近现代重要史迹及代表性建筑，大约建成于 1893 年，总建筑面积 1700m^2，总重 2600t，为三层砖木结构，是济南市人民政府于 2013 年确定的济南市第四批文物保护单位。由于新建房地产规划，需要将其进行移位，十辆大型液压平板拖车一齐开动，从原址向东平移 50m，然后旋转 20°继续向北平移 26m 到达新址。

问题与案例解析 2：设计阶段建筑加固改造工程造价的影响因素有哪些？

为获得加固改造项目造价的影响因素，本研究主要采用实地调研和技术人员访谈的方法。项目案例来源于依托某大学工程鉴定加固研究院下属的加固施工公司，按照不同建筑物的本体类型、加固方法、加固体量、涵盖典型的加固方法等原则，选取 30 个混凝土加固改造项目、20 个砖混结构抗震加固改造项目、3 个建筑物整体移位项目及 2 个建筑物纠倾项目作为研究案例，加固内容包括混凝土加大截面、粘钢包钢加固、碳纤维加固、增设抗震圈梁构造柱、拖车和轨道平移、地基纠偏等。通过技术人员访谈、施工现场调查、分析比较造价差异等方法，同时参考已有的数据文献，定性分析出可能会对加固工程造价产生影响的主要因素，并精炼出小型案例。

（1）加固设计方案

加固设计方案不仅影响工程造价，还会影响项目决策。例如，对某病害建筑是进行加固改造还是拆除重建，又或者某影响市政道路规划的普通建筑是选择拆除后另择地而建，还是选择建筑物整体移位方案，经济比选往往是一个重要的决策参考指标。加固方案设计的一般原则是安全可靠、经济合理，建筑物加固方案宜与房屋的维修改造相结合，加固方法的选择还应尽量便于施工的可行性，并尽量减少对原建筑物正常使用功能的影响。对建筑整体性加固和对某单一构件加固的方法有很多，需要结合原建筑物的实际情况制订技术上可行、经济上合理的设计方案。

形成加固设计方案优化比选机制。设计方案对项目造价有决定性影响，在项目设计阶段，对加固改造的设计方案进行优化比选尤其必要。作为在该阶段造价控制的主体，建设方应首先具备设计方案比选或优化意识，建立经济、技术、环境、社会等方面的评价指标和评价体系，应用价值工程、成本—效益等量化方法对方案进行优选。

案例：某学校实训楼进行加层设计方案比选，提出了直接加固方法、增设支撑加固方法和增设阻尼器加固方法三种加固方案，对原有结构二层需要加固的框架柱比例分别为100％、30％、0。可以看出，如果采用直接加固法，全部二层的柱子均要加固，造价高，工期长。经过经济性及可靠性对比分析，最终选择了增设阻尼器的加固方案。

案例：百年建筑修女楼的设计有传统轨道平移和拖车平移等两种平移方案，通过经济、环境、工期等方面的综合效益分析后选定了拖车平移。拖车移位相比轨道移位节约造价约15％，节约工期3个月，同时节约了后期对传统轨道模式下临时基础和室内外下轨道钢筋混凝土结构的拆除费用，减少了大量建筑垃圾的处理费用，带来了绿色环保的环境效益。

（2）原建筑物现场环境的影响

加固方法的设计应综合考虑施工可行性和现场环境。施工现场受场地限制，有些加固方法不具备可施工性或施工成本过高，需要考虑现场环境的影响因素综合选用合适的加固方法和加固材料。

案例：某制药车间增加楼面荷载时，验算后初步设计为该层框架柱、梁需要加大截面，但制药车间内是一个整体的生产设备系统，梁不具备加大截面的现场施工空间，只能改为其他的加固方法。

（3）加固材料的性能

主要加固材料的选用应综合考虑质量要求和后期施工。几种加固材料均满足质量要求的前提下，有时需要根据现场实际施工环境选用成本高但施工便捷的材料。

案例：某加固项目仅在高层房屋屋顶增设水箱的钢筋混凝土基础，工程量很小，如果采用普通的混凝土浇筑，后期施工时把少量的混凝土运到几十米高的屋顶上难度较大，可改用成本高但能够在屋顶上直接加水搅拌的高强自密实灌浆料来替代混凝土。

问题与案例解析3：招投标阶段建筑加固改造工程造价的影响因素有哪些？

（1）招标工程量清单编制的准确性

清单中项目特征的内容描述应全面、准确。因加固工程施工工序和新建工程差别较大，目前还没有专门的加固改造工程的工程量清单计量规范，在应用工程量清单计价方式进行招投标时，通常是借用新建工程的相关规定。尤其应注意的是，编制的加固工程量清单项目特征应能全面体现该分部分项工程的所有施工内容，准确反映各个工序可能影响价格的所有因素。如编制碳纤维粘贴项目清单时，应在项目特征中明确是单层的碳纤维粘贴面积还是加固构件的加固面积。加固工程的项目特征描述必须全面、准确，避免给报价方带来困扰，以及因组价内容不一致而带来的较大报价差异。

案例：以混凝土柱子包角钢为例。完整的柱包角钢施工工艺流程共包括七步：第一步，把柱子包角钢混凝土面充分打磨至密实的新界面，对原柱面不平整或有缺陷的地方需要进行修补，柱子的角部需要打磨成圆弧状；第二步，角钢与混凝土接触面进行充分打磨；第三步，用专用夹具把角钢安装到柱子的角部，并间隔一定距离放置垫片，留出钢骨架与加固构件之间的缝隙；第四步，焊接缀板和角钢，包括角钢需要破坏楼板伸入上一层，等施工完后再修补楼板；第五步，压力注胶；第六步，静置养护；第七步，对加固后的表面钢构件进行防腐防火处理或在表面分层涂抹加设抗裂网的防护砂浆。在编制工程量清单时，可以把施工流程中所有的工作内容显示在项目特征描述中，让报价方清楚此清单项在组价时应该考虑的内容。

（2）最高投标限价编制的合理性

最高投标报价编制应包括施工工艺流程内容的多项组成费用。某种加固方法往往包含多个步骤，计价时需要根据不同的整体施工流程，综合考虑可能发生的加固流程内容，争取不漏项。前述的柱包角钢子目的每一个步骤都会产生相应的费用，而目前的计价定额往往难以把施工内容全部包含在一个定额中，所以在计价时需要充分了解加固关键施工的工艺流程，在组价时包含全部分项工作内容的费用。

案例：最高投标报价编制应充分考虑实际施工时的可行的、科学的施工方案发生的费用。某政府投资的市区内河道清淤及边坡加固工程，采用了工程量清单计价方式，招标控制价设置了 880 万元，招标控制价组成中提供了详细的分部分项工程量清单及报价表，某施工单位在规定的时间和地点购买了此招标文件，针对工程量清单进行了初步报价，结果发现该施工单位若要完成招标范围内的全部工程其成本价为 1420 万元，不加利润规费和税金的价格已远远超过了该招标控制价，通过逐项对比招标控制价和投标报价的分部分项工程及措施项目的报价发现，该招标控制价的组价内容只是考虑了常规的施工方法和套用了该市的消耗量定额，没有针对该工程具体的复杂的施工环境进行充分考虑，由此产生的组价是一个不符合现实的价格，该施工单位把河道环境实地考察并结合切实可行的施工方案的内容向招标方在规定的时间内提出了需要答疑的内容，但是招标方坚持招标控制价没有问题，该施工单位遂放弃了该项目的投标。

（3）影响施工企业投标报价的关键因素包括：

1）关键加固工艺的生产要素消耗。目前，影响加固工程计价的一个重要因素还存在于对专项加固工艺的人材机消耗量中。人材机消耗受施工环境、工人操作水平、加固构件本体状况等因素影响较大。

案例：粘钢加固是混凝土结构加固的常用方法，采用胶粘剂将薄钢板粘贴于原构件的混凝土表面。该加固方法施工工序较多，本例仅选择主要材料-粘钢胶的消耗量进行测定分析。部分加固定额中粘钢胶消耗量见表 2-8-1。

部分加固定额中粘钢胶消耗量 表 2-8-1

来源	定额号	项目名称	粘钢胶消耗量（kg/m²）
《房屋建筑加固工程消耗量定额》TY 01-01（04）—2018	3-114～3-117	直接法结构粘钢（钢板厚度≤5mm～≤20mm）	4.968
《四川省建设工程工程量清单计价定额》（2015 年）	HC0142～HC0145	直接法结构粘钢（钢板厚度≤5mm～≤20mm）	8.28
《北京市房屋修缮工程计价依据——土建工程预算定额（2012）》	5-76～5-78	梁粘贴钢板加固-梁面单层（钢板厚 3～5mm）	7.447

来源	定额号	项目名称	粘钢胶消耗量（kg/m²）
《海南省房屋修缮与抗震加固综合定额（2015）》	5-65～5-66	钢板粘贴加固（宽度≤100mm～＞100mm）	9.266～9.09
《重庆市房屋修缮工程计价定额（2018）》	JF0013～JF0015	梁粘贴钢板-单层钢板厚3mm-梁面	7.445
《福建省房屋建筑加固工程预算定额》FJYD—202—2020	C3035-03037	粘贴钢板-手工涂胶（钢板厚度≤25mm）	9.936

从表 2-8-1 中可以看出，粘钢胶的消耗量差距较大，最大能够达到约 5kg/m²，按照普通国产粘钢胶的价格约为 30 元/kg 计算，这项材料费会相差约 150 元/m²。对于厚钢板，需要采用灌注胶，灌注胶的价格更高，差距会进一步加大。粘钢胶的消耗量大小与加固构件本身的平整度、倾斜度存在很大的关系，还与施工单位对粘钢工艺的质量把控有关，这些都直接影响了粘钢胶的用量。再如，对于粘贴碳纤维布的用胶量，《房屋建筑加固工程消耗量定额》TY01—01（04）—2018 中粘贴单层的总用胶量（包括底胶、找平胶、粘贴胶）达到了 2.7kg/m²，而 2012 年的《北京市房屋修缮工程计价依据—土建工程预算定额》中给出的总用胶量仅 1.1kg/m²。可以看出，在报价中如果参考某一定额，无法完整真实地反映加固施工企业在该子目上的生产要素消耗水平。

2）主要加固材料的选用

加固改造常用的材料除普通的混凝土、钢筋、模板，还有专门的加固材料，如植筋胶、粘钢胶、灌注胶、高强免振捣自密实灌浆料、碳纤维布等，这些材料的价格与其技术指标、品牌、质量、采购量等关系较大。目前市场上各种加固材料的市场价格差别较大，产品质量也参差不齐，这些主要加固材料的价格在很大程度上影响加固项目费用。需特别注意的是，加固材料的性能直接影响后续的加固质量，如植筋胶、结构粘钢胶的耐久性问题。

案例：某进口品牌碳纤维（300g/m²）的长期合作单位的供货价为 135 元/m²，同样参数的国产另一品牌碳纤维的供货价为 95 元/m²，某省配套房屋建筑加固工程消耗量定额的价目表中给出的同参数碳纤维的材料单价仅为 50 元/m²。选用何种材料对加固子目的报价影响较大。

3）工程量的大小

工程量的大小对单价影响较大，有很多工程的加固方法包含多项内容，如梁粘钢、梁加大截面、板面加后浇层、板开洞等，但加固量都较小，加固部位相对分散，人工、机械的场内挪移和加固位置的定位等带来的降效较多，管理成本较高，单价中其分摊占用的进退场费、材料二次倒运、搬运费用相对较大，无法形成规模施工带来的经济效益。

案例：某加固改造项目的板底部位仅新增加一架梁，其混凝土、模板、钢筋、脚手架等施工费用无法完全按照新建工程的新加梁子目来考虑其人机的消耗量，需要综合考虑人工、机械的进出场费用、管理费用等。

4）企业定额

企业定额能够如实反映加固施工企业在关键加固工艺上的生产要素消耗、整体施工能力和管理水平。

案例：以粘钢胶消耗用量的报价为例，无论是参考全国的定额还是省份的定额，人材机的消耗量都无法真实反映本企业真实的生产要素消耗水平、施工技术水平和管理水平。对于有实力的加固施工企业而言，应加快形成自己的企业定额，才能在激烈的市场竞争中形成合理利润的报价。企业定额编制需要大量生产要素消耗数据予以支撑，应建立专门的机制用于对已完工工程数据的收集、整理和分析应用，对于常见加固项目还应及时制订动态调整方案，分析新工艺、新材料的使用对造价的影响。

问题与案例解析 4：施工阶段建筑加固改造工程造价的影响因素有哪些？

施工阶段建筑加固改造工程造价的关键影响因素包括：

（1）施工现场环境

加固改造工程是对已建成建筑某些部分的修缮、加固或改造，现场施工环境会直接影响工程费用。

案例：对某个正在运行的生产车间进行加固施工时，既不能影响正常生产，还要保证施工安全；对某个正在营业的商场进行改造加固时，因日间营业的需要，所有施工只能在夜间进行，导致进出场、安保、防护费用大幅增加；某项目是高层建筑的屋顶加固，材料的二次倒运、垂直运输费用增加较多；一些改造项目位于装修好的楼房内或正在使用的办公场所内，不但要保证正常的办公环境不受干扰，还要对已有建筑室内装饰部分做好完整的防护；还有的改造项目处在狭小、受限的施工区域内，人工、机械的效率大幅下降。可以看出，即使是同一种加固方法、同样的施工内容，在不同的施工环境中价格相差也会很大。

（2）技术能力

针对建筑物的平移、旋转、顶升、迫降、地基纠倾、结构改造、加固补强等内容需要进行特殊工艺施工，且对施工技术、过程监测等要求较高。

案例：建筑物平移施工时对下轨道平整度的要求、在建筑物切割分离时的整体变形监测、整个移位过程的变形监测、是否平移同步的控制等，对平移中的滑动或滚动装置可能还会用到某些专利技术；又如，地基纠倾因受地下地质条件的复杂性和不完全信息的影响，存在不可逆性，增加了巨大的技术风险。有实力的或拥有专用技术、专利的加固施工企业会在此类市场中占据较大市场份额，对风险的承受能力、预防费用、专利技术使用费等应在报价中体现。

（3）管理水平

《建筑业企业资质标准》中对特种专业资质并不分等级，目前的加固公司较多，加固市场的竞争也较为激烈，在投标竞价时有些价格并不能完全反映每个公司真正的管理水平和技术能力，多数加固公司规模相对较小，除依托科研院校的一些加固公司可能具备较强的技术研发力量、技术专利，很多加固公司可能还不具备规范的质量安全管理体系，人员少、流动性大，但往往竞价时报出较低的价格，这也在一定程度上造成了市场的不规范。另外，大公司的管理成本相对较高，也在一定程度上影响了加固项目的报价。

案例：某加固施工企业在日常工地管理中尤其重视现场管理。为了降低施工现场的管理成本，每个项目施工前先做好施工设备和人员的统筹规划，做好施工材料的管理工作，确保文明施工，避免违法违规行为，随时更新施工过程中出现的设计变更、施工签证等情况，对于现场收方的工程项目，收集好收方部位的文字、图片等资料，在施工图上做好部位及内容的修订，并及时审核工程造价的增减变化，注重签证过程的规范性，便于施工过程中造价和成本的约束控制。

（4）人员成本管控的意识

从合同管理到施工现场管理，从项目的质量、工期控制到造价控制，每项工作及负责人员都应逐步形成强烈的成本管控意识，施工企业的技术能力、现场管理水平都会直接引起成本的变化。

案例：某加固施工企业在施工项目管理时注重加强对管理团队、劳务队伍的监督，通过管理团队的岗位职责与义务细则进行高效地管理公司人员，建设项目初期，对劳务公司进行综合测评，选择专业能力和诚信水平较高的单位，提高人力投资的稳定性。制定了详细的目标成本管理职责和管理制度，对现场人员、材料等的管理细化责任到人。把"精细化"成本管理理论和做法贯彻到每个项目的施工活动中，将成本管理细分至施工活动的各个环节，让所有的项目参与者领会并切实在工程中实际应用"精细化"成本管理方法，减少不必要的开支，提升管理人员的能力和水平。

（5）对加固施工现场的整体管控

相对于新建工程，很多项目可能会出现图纸未明确显示但可能会发生的费用。例如，加固设计图纸中一般不会明确画出影响加固施工的楼地面、吊顶、墙柱面装饰、墙体、门窗、暖气片、管道等的拆除及恢复，但实际施工时可能会发生这些费用。

案例：某项目在外加电梯的工程中，基坑的位置恰巧是地下电缆的进楼位置，需要电力部门进行专业挪移后才能进行施工。由此可见，针对类似内容，如果不进行现场勘察，往往会在实际报价时漏掉这部分费用，需要根据实际发生的内容对比投标清单进行费用追加。

（6）施工方案的科学性、合理性和可行性

施工方案对质量、造价、工期的影响均较大，尤其在一些施工难度较大的加固工程中。如竖向承重构件混凝土剪力墙、柱进行静力拆除时，施工方案中必须有详细可行的卸荷支撑措施、混凝土切割顺序、吊装防护措施等，有时需要经评审后才能进行施工。

案例：某地下室内增设抗浮锚杆加固时，钢管长度是 6.5m，地下室层高仅 2.8m，无法直接施工整根钢管，施工方案需根据现场实际情况考虑钢管截断及焊接、常规钻孔机械无法施工等的解决措施。

（7）材料选购及施工机械的统筹调配

加固专用的主要材料，如植筋胶、结构粘钢胶、灌注胶、碳纤维布、高强灌浆料等，应注意设计对技术参数的要求，材料的质量直接影响加固构件的耐久性，应进行合理的市场询价，优先选用优质品牌产品。有些材料工程用量较小、涉及规格较多，施工机械的使用期限较短，施工企业需要综合多个加固项目统一采购材料以降低采购成本、统一调配机械提高机械利用效率，形成规范的材料、机械使用计划申请和材料、机械统筹采购及调配的信息化、科学化、规范化管理。

案例：某加固施工企业制定了施工物、料的控制管理制度。具体如下：

（1）全面、详细、深入地比对和分析施工物、料的市场价格。在安全可靠的前提下，选择性价比最高的物、料投入到结构加固项目的施工过程中，根据体量大小签订供货合同，缩减物料成本开支；尽量选择品牌口碑实力俱佳的供应商。

（2）合理采购施工材料和物资。设专岗管控监督施工过程中物资的消耗量，对施工各工序的材料用量做统筹安排，并计算实际用量和消耗量，对比投标估算阶段的理论工程量，确保成本控制管理在可控范围内，分析经济效益空间。

（3）分析机械设备的使用情况。分析购买和租赁的对比价值，把控机械台班的经济性和适用性。尽量与具有较强的专业技能、诚信良好的机械设备公司建立稳定合作关系，利用他们在市场中的专业性和服务性来降低机械设备采购和使用的造价成本。

问题与案例解析 5：加固设计方案应如何进行造价比选？

与新建项目相比，加固改造既有建筑节约了有限的土地资源，对既有建筑周边环境影响较小，也避免了拆除建筑带来的大量建筑垃圾；从经济角度也可以带来造价的节省，也大大地缩短了施工周期。结构抗震加固方法可分为直接加固法和间接加固法，直接加固法主要有加大截面、外包型钢、粘贴钢板及粘贴纤维复合材等加固方法，间接加固法主要有改变结构体系、隔震及消能减震等加固方法。直接加固法一般针对结构构件进行加固，用以提高局部构件的承载力，解决构件承载力不足的问题；间接加固法是从提高结构的整体抗震性能出发，采取有效的加固措施，提高整体结构的抗震性能，或采取减震的措施降低地震作用对结构的影响，满足包括规则性、强度、刚度、延性以及多道设防等各项要求。采取什么样的加固方法，应视具体的工程特点，应根据项目的检测鉴定的结果进行针对性的考虑，综合各个因素采取合适的加固方法进行加固。

案例：设计方案造价比选

某设备间基础需要进行加固，设计单位出具了两个方案，先从造价的角度进行方案选择。

方案一：钢管灌注桩加固，机械成孔，压力注浆，分两次高低压注浆，桩身主体钢管 D194 壁厚 8mm，Q235B，M30 水泥砂浆，水泥采用 42.5R 普通硅酸盐水泥。桩承台采用 C40 混凝土浇筑，抗渗等级为 P6。承台下均设置 100mm 厚 C20 素混凝土垫层。

方案二：原基础加固，周边每侧加大 400mm，向上加大 600mm，新旧混凝土结合面凿毛并刷界面剂。原地基注浆，注浆管为 D25 钢管，壁厚 2.5mm，水泥采用 42.5R 普通硅酸盐水泥，注浆孔机械成孔，注浆深度为 6m，成孔直径 90mm，成孔后放入注浆管，注浆管加工成花管，注浆材料为纯水泥浆。

两个方案的概算比较见表 2-8-2。

基础加固方案造价对比　　　　　　　　　　　　　　　　表 2-8-2

序号	内容	单位	工程量	单价（元）	合价（元）
	基础方案一				
1	钢管灌注桩（钻孔、高低压注浆、钢管、入岩增加等）	m	960	900	864000
2	桩承台基础（含钢筋、混凝土、模板、垫层及模板）	m³	95	2500	237500
3	基础破地面、开挖、回填、垃圾外运、地面垫层恢复	项	1	180000	180000
	小计				1281500

续表

序号	内容	单位	工程量	单价（元）	合价（元）
	基础方案二				
1	基础加固（含钢筋、混凝土、模板、垫层及模板、植筋）	m³	68	3800	28400
2	地基注浆加固	m³	3650	180	648000
3	基础破地面、开挖、回填、垃圾外运、地面垫层恢复	项	1	120000	120000
	小计				1026400

由表 2-8-2 可知，方案二的造价低。以上仅根据方案的做法进行了比较，实际选择方案时，还应充分考虑现场实际施工环境、施工难度、原有房间内的设备对加固方案的影响等内容。

问题与案例解析 6：混凝土构件加大截面项目应如何计量与计价？

混凝土构件加大截面，工程计量的内容一般包括：

（1）拆除影响加固施工的墙体、管道及恢复。如加固梁加大截面时梁下的墙体或门窗会有一定的影响，需要拆除影响的墙体，拆除部分的墙体需满足加固梁工作面的要求，加固梁施工完成后，应再恢复墙体，并恢复墙体上的装饰面层做法，如果影响到了门窗，还需要考虑门窗的拆除及恢复等的费用。如果有影响加固施工的吊顶也需要拆除，还有一些板底的管道等也可能影响施工。

（2）剔除梁面装饰层、抹灰层等。如梁加大截面是需要在结构层外面加大，原梁上的装饰面层、抹灰层等建筑做法，需要首先剔除掉，露出结构面，清理干净，以便进行下一步的新旧混凝土结合面的处理。

（3）新旧混凝土结合面凿毛并刷界面剂。新旧混凝土结合面需按照规范和图纸设计的要求进行充分凿毛，并涂刷结合界面剂。

（4）混凝土或高强免振捣水泥基灌浆料。梁的截面加大宽度一般在 100～200mm 左右，普通混凝土无法振捣，设计图纸中通常会对加固构件采用免振捣的高强灌浆料代替混凝土。

（5）钢筋、模板、植筋、脚手架等费用。加固梁的模板、施工脚手架等常规费用。

（6）地面破除及挖土、垃圾外运。对于基础、框架柱加大截面的基础部分、剪力墙加大截面的基础部分时，还需考虑原有地面装饰面层破除、地面垫层破除、基础挖土方、垃圾清理集中堆放后外运等的费用。

（7）回填、垫层及面层恢复。基础加固施工完成后，还应考虑基坑回填、地面垫层恢复、地面面层恢复，如果是外围基础，还可能需要恢复室外散水等的费用。

案例：混凝土框架梁的梁底加大截面的计量与计价

某加固梁详图、剖面图如图 2-8-1 和图 2-8-2 所示。层高 5.4m，加大截面材料采用高强免振捣灌浆料，原梁尺寸为 350mm×800mm，梁底加大 100mm，植筋胶采用 A 级胶，主筋和箍筋均采用单面焊接 10d，原箍筋间距加密区 100mm，梁端加密区范围为（1.5×梁高），非加密区间距 200mm，新增外箍筋与原梁箍筋剔槽焊接，原梁外有抹灰层，新旧混凝土结合面需要充分凿毛并涂刷界面剂一道。其他内容见图示。

该加大截面加固梁的相关工程量应计算哪些内容？应如何编制其工程量清单和"梁加大截面"了目的综合单价分析表。

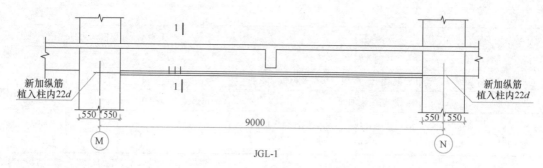

JGL-1

图 2-8-1 梁底加大截面详图

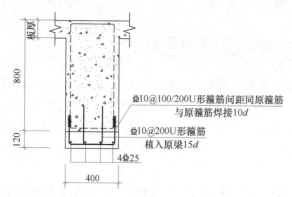

图 2-8-2 1-1 梁底加大截面剖面图

（1）工程量计算

计算时需注意：

1）梁的截面加大是需要在结构层外面加大，需要首先剔除掉原梁上的装饰面层、抹灰层等建筑做法，露出结构面并清理干净。对于梁四面或三面加大截面时还可能需要考虑占用的楼面、吊顶、梁顶等的装饰做法的拆除及恢复。

2）新旧混凝土界面处理应符合规范要求，加固改造施工中必须做好对新旧混凝土结合面的处理，新旧混凝土结合面一般需要充分凿毛（凹凸深度 6～8mm），浇筑混凝土前，混凝土结合面冲洗干净，涂一层混凝土界面剂，应在界面剂凝固前浇筑混凝土，以保证连接面的质量及可靠性。

3）梁底主筋两侧均需要植入原柱中，植筋深度为 22d，无论加固梁净长是否超过钢筋定尺长度，这里都要产生一个钢筋的接头，一般也是采用焊接的方式。

4）梁底加大截面的外侧大箍筋需加工成 U 形箍，首先需要剔除原梁箍筋外侧的保护层，清理干净后与新箍筋单面焊接，然后外表面恢复，每根箍筋均会发生两次焊接施工和剔槽恢复。根据原梁的宽度，在中部还有小的 U 形箍，该 U 形箍按设计要求两头植入原梁内 15d。

5）由于梁底部加大截面，一般情况下普通混凝土无法浇筑振捣，设计采用了免振捣高强度灌浆料。

6）植入柱的钢筋长度和钢筋单面焊接 10d 的长度并入钢筋主筋工程量计算。

7）脚手架高度暂按算至原梁底，长度按加固梁的净长度。

梁底加大截面工程量计算见表 2-8-3。

梁底加大截面工程量计算表　　　　　　　　　　　　　　　　表 2-8-3

序号	计算内容	工程量计算式	单位	计算结果
1	原梁抹灰层剔除	$0.4 \times (9-0.55 \times 2) + 0.4 \times 0.12 \times 2$	m²	3.26
2	新旧混凝土结合面凿毛并刷界面剂	$0.4 \times (9-0.55 \times 2) + 0.4 \times 0.12 \times 2$	m²	3.26

续表

序号	计算内容	工程量计算式	单位	计算结果
3	加固梁灌浆料	$0.4 \times 0.12 \times (9 - 0.55 \times 2)$	m³	0.38
4	加固梁模板	$(0.4 + 2 \times 0.12) \times (9 - 0.55 \times 2)$	m²	5.06
5	加固梁脚手架	$(5.4 - 0.8) \times (9 - 0.55 \times 2)$	m²	36.34
6	Φ25 钢筋	$3.85 \times 4 \times (9 - 0.55 \times 2 + 10 \times 0.025 + 22 \times 2 \times 0.025)$	kg	142.45
7	Φ25 钢筋焊接	4	个	4
8	Φ25 钢筋植筋 22d	4×2	个	8
9	Φ10 箍筋	$0.617 \times (0.4 + 0.12 \times 2 + 2 \times 10 \times 0.01) \times ((1.5 \times 0.8 - 0.05)/0.1 \times 2 + (9 - 1.5 \times 0.8 \times 2)/0.2 + 1) + 0.617 \times (0.2 + 0.12 \times 2 + 2 \times 0.01 \times 15) \times ((9 - 0.55 \times 2 - 0.05 \times 2)/0.2 + 1)$	kg	47.81
10	Φ10 箍筋剔槽恢复	$2 \times ((1.5 \times 0.8 - 0.05)/0.1 \times 2 + (9 - 1.5 \times 0.8 \times 2)/0.2 + 1)$	个	114
11	Φ10 钢筋焊接	$2 \times ((1.5 \times 0.8 - 0.05)/0.1 \times 2 + (9 - 1.5 \times 0.8 \times 2)/0.2 + 1)$	个	114
12	Φ10 钢筋植筋 15d	$2 \times ((9 - 0.55 \times 2 - 0.05 \times 2)/0.2 + 1)$	个	80

（2）综合单价编制

报价编制时，按人工单价为 130 元/工日，采用高强免振捣自密实灌浆料的单价为 4200 元/m³，塑料薄膜的单价为 2.4 元/m²，土工布的单价为 7.2 元/m²，水的单价为 6.6 元/m³，电的单价为 1.2 元/(kW·h)。管理费和利润分别按人工费的 30%和 15%计取，以上价格均为除税价格，按一般计税法编制该加固内容的工程量清单，参考全国的《房屋建筑加固工程消耗量定额》TY01-01（04）—2018 中的消耗量定额"3-94"进行报价，见表 2-8-4，工程内容包括：混凝土的浇筑、振捣、养护。根据此定额对梁加大截面子目的综合单价进行组价分析。

房屋建筑加固工程消耗量定额　单位：10m³　　　　　　表 2-8-4

定额编号		3-94
项目		梁截面加大（梁下加固）
名称	单位	消耗量
人工	合计工日	工日	28.816
材料	预拌混凝土 C30	m³	10.300
	预拌水泥砂浆	m³	—
	塑料薄膜	m²	33.353
	土工布	m²	3.326
	水	m³	3.192
	电	kW·h	5.656
	其他材料费用	%	0.450

编制报价时价格参考了某一时点的市场价格。根据题目给定的价格，计算的"梁加大截面"子目的综合单价分析表见表 2-8-5。套用定额"3-94 梁截面加大（梁下加固）"，10m³ 的费用为：

人工费＝130×28.816＝3746.08 元

材料费＝(10.3×4200＋33.353×2.4＋3.326×7.2＋3.192×6.6＋5.656×1.2)×(1＋0.45％)＝43587.11 元

机械费＝0 元

管理费＝3746.08×30％＝1123.82 元

利润＝3746.08×15％＝561.91 元

定额工程量＝清单工程量＝0.38m³

综合单价分析表中的数量＝定额工程量/清单工程量/定额单位＝0.38/0.38/10＝0.1

梁加大截面子目的综合单价分析表　　　　　　　　　　　　　　表 2-8-5

项目编码	010503002001	项目名称	梁加大截面	计量单位	m³	工程量	0.38

清单综合单价组成明细

定额编号	定额名称	定额单位	数量	单价（元）				合价（元）			
				人工费	材料费	施工机具使用费	管理费和利润	人工费	材料费	施工机具使用费	管理费和利润
3-94	梁截面加大（梁下加固）	10m³	0.1	3746.08	43587.11	0	1685.74	374.61	4358.71	0	168.57
人工单价		小计						374.61	4358.71	0	168.57
130 元/工日		未计价材料（元）						0			
清单项目综合单价（元/m³）								4901.89			

材料费明细	主要材料名称、规格、型号	单位	数量	单价（元）	合价（元）	暂估单价（元）	暂估合价（元）
	高强免振捣自密实灌浆料	m³	1.03	4200	4326		
	其他材料费（元）				32.71		
	材料费小计（元）				4358.71		

问题与案例解析 7：钢筋网水泥砂浆面层加固砖墙应如何计量与计价？

《房屋建筑加固工程消耗量定额》TY01-01（04）—2018 中墙加固的计算规则：

（1）水泥砂浆加固墙面按加固墙面面积计算，不扣除面积≤0.3m² 孔洞所占面积，附墙柱侧面和洞口、空圈侧壁并入工程量内计算。

（2）现浇构件钢筋按设计图示钢筋长度乘以单位理论质量计算。钢筋工程中措施钢筋按设计图纸规定及施工规范要求计算，按品种、规格执行相应项目，采用其他材料时另行计算。钢筋搭接长度按设计图示及规范要求计算，设计图示及规范要求未标明搭接长度的，不另计算搭接长度。钢筋的搭接（接头）数量应按设计图示及规范要求计算，设计图示及规范要求未标明的，按以下规定计算：Φ10 以内的钢筋按每 12m 计算一个钢筋搭接接头；Φ10 以上的钢筋按每 9m 计算一个钢筋搭接接头。设计图示及规范要求钢筋接头采用机械连接或焊接时，按数量计算，不再计算该处的钢筋搭接长度。直径 25mm 以上的钢筋连接按机械连接考虑。铺钢丝网、钢丝绳网片按其外边尺寸以"m²"计算。

（3）结构植钢筋按数量计算，植入钢筋按外露和植入部分之和长度乘以单位理论质量计算。

（4）外脚手架、里脚手架均按搭设长度乘以搭设高度以"m²"计算，不扣除门窗洞口及穿过建筑物的管道等所占的面积。砌筑工程高度在3.6m以内者按里脚手架计算，高度在3.6m以上者，按外脚手架计算。

（5）砖砌体加固卸载支撑按卸载部位以"处"计。

案例：抹水泥砂浆墙面加固的计量与计价

某学校2层宿舍楼，砖混结构，部分墙体采用单面钢筋网水泥砂浆加固，首层层高3.9m，2层层高为3.6m，预制板厚120mm，内外墙厚度均为240mm。基础加固做法、面层加固平面图及详图如图2-8-3～图2-8-6所示，水平分布筋的尽端锚入新增组合柱内。组合柱内扩150mm。钢筋外保护层15mm。原墙面有抹灰和涂料面层。原地面为瓷砖面层。加固后不恢复楼地面、墙面的装饰做法。

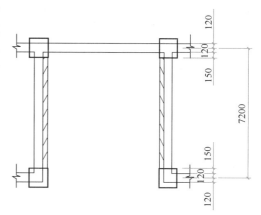

图2-8-3　钢筋网水泥砂浆面层的平面图

该项目相应的加固工程量应计算哪些内容？应如何编制"抹水泥砂浆加固墙面"的综合单价。

（1）工程量计算。

工程量计算如表2-8-6所示。计算时需注意：

需要首先剔除加固墙面的建筑做法；原外墙和内墙的建筑做法一般会不同，应分开列出工程量。还应考虑一部分影响加固施工的暖气片、吊顶、管道、门窗等的拆除（本题未考虑，实际工程应根据现场勘查据实计算）。

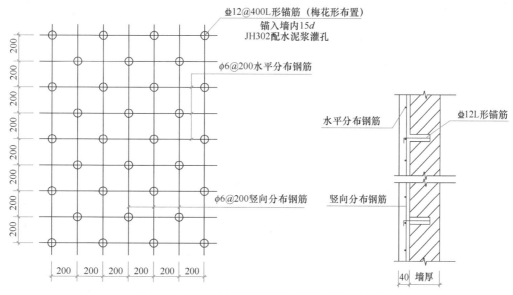

图2-8-4　钢筋网水泥砂浆面层的平面图及示意图

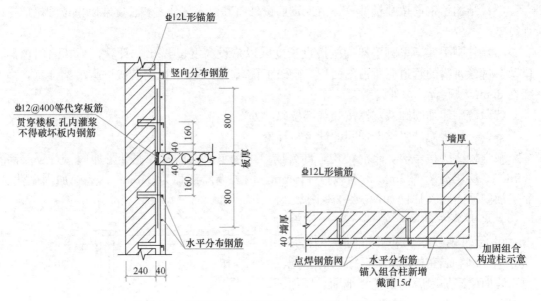

图 2-8-5 钢筋网水泥砂浆面层的转角处、楼板处做法

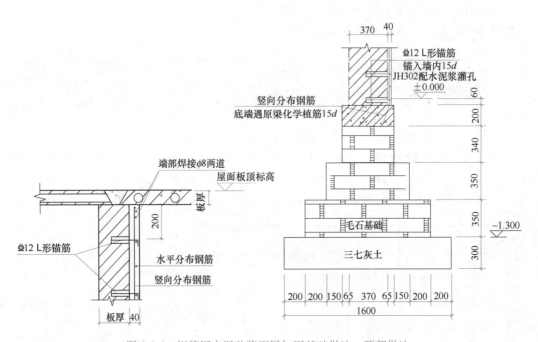

图 2-8-6 钢筋网水泥砂浆面层加固基础做法、顶部做法

水泥砂浆面层加固的竖向钢筋在楼层处断开，但根据设计要求需要设置贯穿楼板的等代钢筋。水泥砂浆面层加固一般无需进行基础加固，在地面下设置素混凝土灌填。墙体锚筋的计算应注意，单面墙体加固，锚筋无需贯穿墙体，按设计要求锚入墙体一定深度即可。双面加固墙体时，锚筋需贯穿墙体。计算时应注意：焊接均按单面搭接焊 10d 计算；水平分布筋，两端锚入新加组合柱内；L 形锚筋按梅花形布置；瓷砖面层及结合层破除按 30mm 厚度计算；墙面的水泥砂浆涂抹时需要分层涂抹并分层压实，按墙面的加固面积计算。

钢筋网砂浆面层加固工程量计算表　　　　表 2-8-6

序号	计算内容	工程量计算式	单位	计算结果
1	原内墙面剔除涂料及抹灰层并清理干净	$(3.9+0.06-0.12)\times(7.2-0.24-0.15\times2)+(3.6-0.12)\times(7.2-0.24-0.15\times2)$	m²	48.75
2	内墙面抹灰 40mm 厚	$(3.9+0.06-0.12)\times(7.2-0.24-0.15\times2)+(3.6-0.12)\times(7.2-0.24-0.15\times2)$	m²	48.75
3	内墙脚手架	$(3.9+0.06-0.12)\times(7.2-0.24-0.15\times2)+(3.6-0.12)\times(7.2-0.24-0.15\times2)$	m²	48.75
4	Φ6 钢筋砌体加固钢筋网	$0.26\times(0.06+3.9+15\times0.006)\times((7.2-0.24-0.15\times2-0.05\times2)/0.2+1)+0.26\times(7.2-0.24-0.15\times2+15\times2\times0.006)\times((3.9+0.06-0.12-0.05\times2)/0.2+1)+0.26\times3.6\times((7.2-0.24-0.15\times2-0.05\times2)/0.2+1)+0.26\times(7.2-0.24-0.15\times2+15\times2\times0.006)\times((3.6-0.12-0.05\times2)/0.2+1)$	kg	134.10
5	Φ6 钢筋植筋 $15d$	$((7.2-0.24-0.15\times2-0.05\times2)/0.2+1)$	根	34
6	Φ12 锚筋	$0.888\times(0.2+0.1)\times((7.2-0.24-0.15\times2-0.05\times2)/0.2+1)\times((3.9+0.06-0.12-0.05\times2)/0.4+1)+0.888\times(0.2+0.1)\times((7.2-0.24-0.15\times2-0.05\times2)/0.2+1)\times((3.6-0.12-0.05\times2)/0.4+1)$	kg	178.29
7	Φ12 锚筋锚入墙内 $15d$	$((7.2-0.24-0.15\times2-0.05\times2)/0.2+1)\times((3.9+0.06-0.12-0.05\times2)/0.4+1)+((7.2-0.24-0.15\times2-0.05\times2)/0.2+1)\times((3.6-0.12-0.05\times2)/0.4+1)$	根	669
8	Φ12 等代穿板筋	$0.888\times((7.2-0.24-0.15\times2-0.05\times2)/0.4+1)\times(0.8+0.12+0.8)$	kg	26.58
9	Φ12 钢筋贯穿楼板灌浆	$(7.2-0.24-0.15\times2-0.05\times2)/0.4+1$	根	18
10	基础破地面瓷砖面层及结合层	$(7.2-0.24-0.15\times2)\times0.2$	m²	1.33
11	Φ8 钢筋	$0.395\times2\times(7.2-0.24-0.15\times2+15\times2\times0.008)$	kg	5.45

（2）综合单价编制

报价编制时，按人工单价为 130 元/工日，干混抹灰砂浆的单价为 435 元/m³，素水泥浆的单价为 660 元/m³，水的单价为 6.6 元/m³，电的单价为 1.2 元/kW·h，干混砂浆罐式搅拌机台班单价为 240 元/台班。管理费和利润分别按人工费的 30% 和 15% 计取，以上价格均为除税价格，按照《房屋建筑加固工程消耗量定额》TY01-01（04）—2018 中的消耗量进行组价，见表 2-8-7，工作内容包括：调、运砂浆，剔除砖墙灰缝至 5～10mm，清理基层，分层抹砂浆，养护。按一般计税法编制该加固内容的工程量清单，对"抹水泥砂浆加固墙面"子目的综合单价进行组价分析。

编制报价时，价格参考了某一时点的市场价格。应用定额时应注意：定额 2-28、2-29

定额项目未包括钻孔、堵孔、锚固钢筋、对拉钢筋、钢筋（丝）网制作安装。已包括刷（喷）素水泥浆，如涂刷界面剂应将水泥砂浆换为界面结合剂，定额人工、机械不做调整。钢筋需要单独套用相应钢筋定额。

房屋建筑加固工程消耗量定额　单位：10m²　　　　表 2-8-7

定额编号			2-28	2-29	2-30
项目			抹水泥砂浆加固墙面		
			厚35mm	厚25mm	厚每增减5mm
			有钢筋（钢丝网）	无钢筋（钢丝网）	
名称		单位	消耗量		
人工	合计工日	工日	2.400	2.200	0.240
材料	干混抹灰砂浆	m³	0.400	0.300	0.055
	素水泥浆	m³	0.010	0.010	—
	水	m³	0.125	0.095	0.017
	其他材料费	%	2.000	2.000	2.000
机械	干混砂浆罐式搅拌机	台班	0.044	0.033	0.006

根据题目给定的价格，计算的"抹水泥砂浆加固墙面"子目的综合单价。每 10m² 的抹水泥砂浆加固墙面 35mm 厚费用为：

人工费＝130×2.4＝312 元

材料费＝(0.4×435＋0.01×660＋0.125×6.6)×(1＋2％)＝185.05 元

机械费＝0.044×240＝10.56 元

管理费＝312×30％＝93.6 元

利润＝312×15％＝46.8 元

合计＝312＋185.05＋10.56＋93.6＋46.8＝648.01 元/10m²

每 10m² 的抹水泥砂浆加固墙面增加 5mm 厚费用为：

人工费＝130×0.24＝31.2 元

材料费＝(0.055×435＋0.017×6.6)×(1＋2％)＝24.52 元

机械费＝0.006×240＝1.44 元

管理费＝31.2×30％＝9.36 元

利润＝31.2×15％＝4.68 元

合计＝31.2＋24.52＋1.44＋9.36＋4.68＝71.2 元/10m²

定额工程量＝清单工程量＝48.75m³

定额工程量/清单工程量/定额单位＝48.75/48.75/10＝0.1

抹水泥砂浆加固墙面 40mm 厚的综合单价＝(648.01＋71.2)×0.1＝71.92 元/m²

案例九：建设工程施工合同纠纷典型案例

案例目的：理解在合同无效、黑白合同、多份合同情况下造价纠纷的解决依据、造价纠纷的起因和风险规避。

案例内容：通过选取最高人民法院的公报案例或法院发布的典型性指导案例，针对建设工程施工合同中常见的造价纠纷进行具体问题分析，主要解决计价依据、计量标准方面的问题，从施工合同的效力、工期、质量等不同方面找出对造价控制带来的影响。

问题与案例解析1：多份施工合同均无效且无法确定实际履行的合同时，应如何确定工程价款的结算方式？

基本案情：9月28日，A投资公司、B建筑公司、C设计单位及D监理单位对某依法必须招标的工程项目施工图纸进行了四方会审。在履行招投标程序之前，A建筑公司已经完成了案涉工程部分楼栋的定位测量、基础放线、基础垫层等施工内容。12月1日，经履行招投标程序，A投资公司确定B建筑公司为中标人，并向B建筑公司发出中标通知书，A投资公司招标文件载明合同价款采用固定总价方式。12月8日，双方当事人签订《施工合同》。12月28日，双方当事人签订《补充协议》，约定该《补充协议》是对施工合同的有关补充条款进行的明确，作为主合同附件，与主合同具有同等法律效力，其中第四条约定，结算方式改为可调单价合同。B建筑公司所承建的工程全部竣工验收合格后，B建筑公司向A投资公司上报了完整的结算报告，A投资公司已签收。

因工程款及利息等问题产生纠纷，B建筑公司认为应该按《补充协议》结算，因为根据合同文件的优先解释顺序，后签订的文件的效力优于先签订文件的效力，诉至一审法院。A建筑公司向一审法院提交案涉工程造价鉴定申请，鉴于双方对于以哪份合同作为计算工程价款的依据存在重大分歧，A投资公司主张按《施工合同》约定的固定总价计价方式结算工程款，B建筑公司主张按《补充协议》约定的可调价计价方式结算工程款，因此一审法院委托鉴定机构按照双方主张分别以两份合同为依据进行审计。造价咨询公司最终审计结果为：按照备案合同即固定总价合同，鉴定工程总造价为117323856.47元；按照补充协议即可调价合同，鉴定工程总造价为150465810.58元。该鉴定结论经过双方当事人多次质询、修正，符合法律规定，可以作为认定事实的依据。

一审法院审理后认为，本案的焦点问题之一是A投资公司欠付工程款数额和利息应如何计算。

首先，双方当事人先后签订的两份施工合同均无效。双方12月8日签订的《施工合同》虽系经过招投标程序签订，但在履行招投标程序确定B建筑公司为施工单位之前，四方单位已经对案涉工程施工图纸会审，且已完成部分施工内容，即存在未招先定等违反《招标投标法》禁止性规定的行为，因此该《施工合同》应认定为无效。而双方12月28日签订的《补充协议》系未通过招投标程序签订，且对施工合同中约定的工程价款进行了实质性变更，违反了《招投标法》的规定，依法也应认定为无效。

其次，本案中的两份施工合同签署时间仅间隔二十天，从时间上无法判断实际履行的是哪份合同，双方当事人对于实际履行哪份合同也无明确约定，两份合同内容比如甲方分包、材料认质认价等在合同履行过程中也均有所体现，且两份合同均为无效合同就意味着法律对两份合同均给予了否定性评价，无效的合同效力等级相同，不涉及哪份合同更优先的问题。因此综合考虑本案情况，由各方当事人按过错程度分担因合同无效所造成的损失。本案中该损失即为两份合同之间的差价 33141954.11 元（150465810.58 元－117323856.47 元）。A 投资公司作为发包人是依法组织进行招投标的主体，对于未依法招投标应负有主要责任，B 建筑公司作为具有特级资质的专业施工单位，对于招投标法等法律相关规定也应熟知，因此对于未依法招投标导致合同无效也具有过错，综合分析本案情况以按 6∶4 分担损失较为恰当，因此总工程款数额应认定为 137209028.94 元（117323856.47 元＋33141954.11 元×60%）。至于利息问题，A 投资公司在施工过程中并无拖欠工程进度款情形，在 A 建筑公司报送结算文件后又多次与其核对工程量，从上述事实看 A 投资公司并无拖欠工程款的主观恶意，双方对工程欠款发生争议的根本原因在于对以哪份合同作为结算工程款依据发生重大分歧，而双方对于签订两份无效合同并由此导致争议的发生均有过错，因此欠付工程款利息以自 B 建筑公司起诉之日起算为宜，按中国人民银行同期同类贷款利率计息。

最高院认为，围绕当事人上诉请求、事实理由与答辩意见，本案争议焦点之一为原判认定 A 投资公司支付 B 建筑公司工程欠款数额及利息是否正确。

第一，关于案涉工程价款的结算依据。一审法院认定案涉工程招标存在未招先定等违反《招标投标法》禁止性规定的行为，《施工合同》无效并无不当。

第二，当事人双方 12 月 28 日签订的《补充协议》系未通过招投标程序签订，且对施工合同中约定的工程价款等实质性内容进行变更，一审法院认为《补充协议》为无效合同并无不当。

第三，《施工合同》《补充协议》均因违反法律、行政法规的强制性规定而无效，无效的合同效力等级相同，不涉及哪份合同更优先的问题。

建设工程施工合同的特殊之处在于，合同的履行过程，是承包人将劳动及建筑材料物化到建设工程的过程，在合同被确认无效后，只能按照折价补偿的方式予以返还。当事人主张参照合同约定支付工程价款，案涉《施工合同》与《补充协议》分别约定不同结算方式，应首先确定当事人真实合意并实际履行的合同。

结合本案《施工合同》与《补充协议》，从签订时间而言，《施工合同》落款时间为 12 月 8 日，《补充协议》落款时间为 12 月 28 日，签署时间仅仅相隔二十天。从约定施工范围而言，实际施工范围与两份合同约定并非完全一致。从约定结算价款而言，《施工合同》约定固定价，《补充协议》约定可调价，《补充协议》并约定价格调整、工程材料由甲方认质认价。综上分析，当事人提交的证据难以证明其主张所依据的事实，一审判决认为当事人对于实际履行合同并无明确约定，无法判断实际履行合同并无不当。

在无法确定双方当事人真实合意并实际履行的合同时，应当结合缔约过错、已完工程质量、利益平衡等因素，由各方当事人按过错程度分担因合同无效造成的损失。一审法院认定本案中无法确定真实合意履行的两份合同之间的差价作为损失，基于 A 投资公司作为依法组织进行招投标的发包方，B 建筑公司作为对于招投标法等法律相关规定也应熟知的具有特级资质的专业施工单位的过错，结合本工程竣工验收合格的事实，由 A 投资公司与 B 建筑公司按 6：4 比例分担损失并无不当。B 建筑公司上诉主张应依《补充协议》结算工程价款，事实依据和法律依据不足，不予支持。

关于案涉工程价款利息。最高院认为，根据《司法解释（一）》第二十七条规定，利息从应付工程价款之日开始计付。当事人对付款时间没有约定或者约定不明的，下列时间视为应付款时间：（一）建设工程已实际交付的，为交付之日；（二）建设工程没有交付的，为提交竣工结算文件之日；（三）建设工程未交付，工程价款也未结算的，为当事人起诉之日。案涉工程于竣工验收合格并交付使用，案涉两份合同均被认定无效，一方面合同约定的工程价款给付时间无法参照合同约定适用，另一方面发包人支付工程欠款利息性质为法定孳息，建设工程竣工验收合格交付发包人后，其已实际控制，有条件对诉争建设工程行使占有、使用、收益权利，故从工程竣工验收合格交付之日计付工程价款利息符合当事人利益平衡。B 建筑公司公司主张从交付之日起按照中国人民银行同期贷款利率支付工程款利息，最高院予以支持。

裁判要旨：当事人就同一建设工程另行订立的多份合同实质性内容不一致的且均被认定位无效时，无效的合同效力等级相同，不涉及哪份合同更优先的问题。一般应参照符合当事人真实意思表示并实际履行的合同作为工程价款结算依据；在无法确定实际履行合同时，可以根据两份争议合同之间的差价，结合工程质量、当事人过错、诚实信用原则等予以合理分配。

该案例改编自参考文献［74］。

问题与案例解析 2：未能如约履行致使合同解除的，能否改变合同中约定的价款结算方式？

基本案情：置业公司与建筑公司签订《施工合同》约定：工程采用建筑面积包干固定单价 1860 元/m²，单价一次性包干，按现行建筑面积计算规范计算建筑面积进行结算。工程主体结构验收后，建筑公司发出《通知》，要求置业公司于 6 月 23 日前支付拖欠的进度款 1225.14 万元工程款，否则将停止施工。6 月 25 日，置业公司发出《通知》称：建筑公司不按约履行合同，拖延工程进度，不按图施工，施工力量薄弱，严重违约，导致工程延误，给置业公司造成了巨大经济损失，要求解除合同，并要求建筑公司接到通知的一日内撤场、拆除临舍。之后，双方解除合同，建筑公司撤场。

此案争议的焦点在于：一是案涉合同履行过程中哪一方存在违约行为；二是案涉合同工程价款如何确定；三是违约责任后果如何确定。

最高人民法院在查明事实后认为：置业公司单方解除合同且未按照约定时间支付相应工程款，属于对合同义务的严重违反，构成了根本违约。

对于应当采取的计价方法，首先，根据双方签订的《施工合同》约定，合同价款采用按约定建筑面积量价合一计取固定总价，作为承包人的建筑公司，其实现合同目的、获取利益的前提是完成全部工程。因此，此案的计价方式，贯彻了工程地下部分、结构施工和安装、装修三个阶段，即三个形象进度的综合平衡的报价原则。其次，我国当前建筑市场行业普遍存在着地下部分和结构施工薄利或者亏本的现实，这是由于钢筋、水泥、混凝土等主要建筑材料价格相对较高且大多包死，施工风险和难度较高，承包人需配以技术、安全措施费用才能保质保量完成等所致；而安装、装修施工是在结构工程已完之后进行，风险和成本相对较低，因此，安装、装修工程大多可以获取相对较高的利润。本案中，建筑公司将包括地下部分、结构施工和安装装修在内的土建和安装工程全部承揽，其一次性包干的承包单价是针对整个工程作出的。如果建筑公司单独承包土建工程，其报价一般要高于整体报价中所包含的土建报价。作为发包方的置业公司单方违约解除了合同，如果仍以合同约定的 1860 元/m² 作为已完工程价款的计价单价，则对建筑公司明显不公平。再次，合同解除时，建筑公司施工面积已经达到了双方审定的图纸设计的结构工程面积，但整个工程的安装、装修工程尚未施工，建筑公司无法完成与施工面积相对应的全部工程量。此时，如果仍以合同约定的总价款确定本案工程价款，则对置业公司明显不公平，这也印证了双方当事人约定的工程价款计价方法已无法适用。最后，根据此案的实际，确定案涉工程价款，只能通过工程造价鉴定部门进行鉴定的方式进行。

通过鉴定方式确定工程价款，司法实践中大致有三种方法：一是以合同约定总价与全部工程预算总价的比值作为下浮比例，再以该比例乘以已完工程预算价格进行计价；二是已完施工工期与全部应完施工工期的比值作为计价系数，再以该系数乘以合同约定总价进行计价；三是依据政府部门发布的定额进行计价。建筑公司履行此合同中不存在违约行为，不应当承担违约责任；置业公司构成违约；应当依法承担相应的违约责任。鉴于工程的实际情况，法院采用了以政府部门发布的预算定额价结算此案已完工工程价款。

裁判要旨：对于约定了固定价款的建设工程施工合同，双方如未能如约履行，致使合同解除的，在确定争议合同的工程价款时，既不能简单地依据政府部门发布的定额计算工程价款，也不宜直接以合同约定的总价与全部工程预算总价的比值作为下浮比例，再以该比例乘以已完工程预算价格的方式计算工程价款，而应当综合考虑案件的实际履行情况，并特别注重双方当事人的过错程度和司法判决的价值取向等因素来确定。

该案例改编自参考文献 ［75］。

问题与案例解析 3：实际施工人在何种情况下能够突破合同相对性向发包人主张权利？

基本案情：A 公司为县实验中学教学楼的承建单位，A 公司中标后将该项目转包给李某施工，李某为该工程的实际施工人。县人民法院对桂某诉李某民间借贷纠纷案作出判决，判令李某偿还桂某借款 170 万元本金及相关利息。后经桂某申请，县法院裁定冻结李某 220 万元银行存款，或者查封、扣押其等值财产。根据桂某提供的执行线索，该院先后向 A 公司及实验中学发出执行裁定书、协助执行通知书，要求 A 公司及实验中学协助扣留、提取李某在该项目的工程款收入 220 万元。A 公司提起执行异议之诉，请求立即停止对实验中学应付 A 公司工程款 220 万元的强制执行，并确认该工程款属于 A 公司所有。另查明：实验中学就案涉工程尚欠付工程款 1298093.55 元。

法院经审理认为，李某是案涉工程的实际施工人。依照《司法解释（一）》第四十条的规定，实验中学作为发包人应在欠付工程款范围内对李某承担工程款的给付责任，故实验中学尚欠的 1298093.55 元工程款应属李某所有。遂判决驳回 A 公司的诉讼请求。

A 公司不服，提起上诉。

中级人民法院经审理认为，李某作为 A 公司承建案涉工程的实际施工人，应当依据其与 A 公司相关合同约定结算其应得工程款，实验中学所欠付工程款并不当然属于李某的到期债权。A 公司作为案涉工程的施工单位，依法对实验中学欠付工程款享有排除他人强制执行的民事权益。遂判决撤销了一审判决。

桂某提出再审申请。

省高级人民法院经审查认为，《司法解释（一）》第四十条虽然赋予实际施工人直接向发包人主张欠付工程价款的权利，在实体上突破了合同相对性，但该合同相对性的突破是以肯定各自之间的合同相对性为基础的、有条件的突破。在 A 公司是否尚欠李某工程款以及实际欠款数额均不明确的情况下，应当停止对实验中学应付 A 公司工程款 220 万元的强制执行。遂驳回了桂某的再审申请。

在审判实践中，实际施工人据此起诉发包人时应当举证证明与其具有合同关系的缔约人存在丧失履约能力、下落不明，或者怠于向发包人主张工程款债权的情形。发包人在欠付工程价款范围内对实际施工人承担付款责任的前提是，各方当事人已经依据各合同相对方之间的合同完成了结算且均存在欠付款项。该合同相对性的突破是以肯定各自之间的合同相对性为基础的、有条件的突破，而非桂某所主张的"完全突破了合同相对性原则"。具体到本案，桂某请求直接自实验中学扣划工程款，不仅要证明该校就案涉工程尚有欠付工程款，还要证明李某就其所施工工程与 A 公司的结算情况。因 A 公司主张双方尚有材料费、人工费未结算完毕，李某亦在本案中放弃答辩，故 A 公司是否尚欠李某工程款以及实际欠款数额均不明确，二审法院认定实验中学所欠付工程款并不当然归属李某，有事实和法律依据。

裁判要旨：发包人在欠付工程价款范围内对实际施工人承担付款责任的前提是，各方当事人已经依据合同相对方之间的合同完成了结算且均存在欠付款项。该合同相对性的突破是以肯定各自之间的合同相对性为基础的、有条件的突破。

该案例改编自参考文献［76］。

问题与案例解析 4：超出诉讼时效的地基基础质量问题由谁来承担责任？

基本案情：纺织公司与建筑公司签订《建筑安装工程承包合同》。工程竣工验收后将涉案工程交付纺织公司使用。在使用过程中，纺织公司发现其车间的水磨石地面出现了沉陷、裂缝的现象，便委托该市建筑工程质量监督站进行房屋安全鉴定。工程质量监督站出具《房屋安全鉴定报告》中认定涉案工程不能满足使用要求，建议将安放设备的地面进行加固。审理过程中，法院依法委托 A 公司就涉案工程是否存在地面下沉等质量问题、质量问题的成因以及该质量问题是否属于地基基础或主体结构进行质量鉴定。A 公司出具司法鉴定意见书，认定：该建筑物部分区间内存在不同程度的地面沉降现象；依据现场勘验，该建筑物由于已使用十多年，回填土深度较深，地面变形主要是由于回填土变形所致；该质量问题属于地基基础的地基部分。

法院经审理认为，《建筑法》第六十条规定，建筑物在合理使用寿命内，必须确保地基基础工程和主体结构的质量。《建设工程质量管理条例》第四十条规定，在正常使用条件下，房屋建筑工程的最低保修期限为：（一）地基基础工程和主体结构工程，为设计文件规定的该工程的合理使用年限。因涉案工程已经完工且交付纺织公司使用，且办理了工程竣工验收备案，至纺织公司起诉又过了十多年之久，则确定本案建筑工程是否存在地基基础工程或主体结构工程的质量问题成为关键。A 公司出具的司法鉴定意见书，认定涉案建筑物部分区间内存在不同程度的地面沉降现象及地面变形主要是由于回填土变形所致，并明确该质量问题属于地基基础的地基部分。对该司法鉴定意见书，各方当事人均未提交书面异议。鉴于涉案发生沉降的地面工程属于地基基础工程，在其合理使用年限范围内建筑公司均应承担保修责任，故对其认为本案已经超出诉讼时效的主张，不予支持。判决建筑公司赔偿纺织公司车间地面沉降修复费用并承担鉴定费。

裁判要旨：建设工程的质量安全直接关系着人民群众的重大生命与财产安全，法律对各类建设工程的质量标准都作了强制规定，并设定了明确的质量保修期。其中，对于最为核心的地基基础工程和主体结构工程在合理使用寿命内，必须确保工程质量，也就是说施工企业对该部分工程质量要"终身负责"，如果建筑物在合理使用年限内出现质量缺陷，施工企业就必须承担相应责任，不能因为竣工验收时合格就免责，也不会因为诉讼时效的问题免责。

该案例改编自参考文献［77］。

问题与案例解析 5：因发包人原因引起的停工损失，是否全部由发包人承担责任？

基本案情：理工学院与六建公司就成教楼项目建设签订了《施工合同》。六建公司将工程分包给建安公司，签订《分包合同》，六建公司作为施工管理者，承担管理义务。建安公司作为以六建公司理工项目部的名义到理工学院工地进行施工。后因现浇楼板出现裂缝，监理单位发出停工整改通知书，六建公司下发停工、撤场通知书，建安公司停止施工。之后查明，楼板出现裂缝是因理工学院提供的地质报告有误造成的。该工程停工到诉前，为分析裂缝原因及专家论证和确定责任用了近两年时间。此案争议的焦点在于停工损失的分配与计算问题。

最高人民法院在查明事实后认为：在成教楼工程停工后，建安公司与六建公司就停工撤场还是复工问题一直存在争议。对此，各方当事人应当本着诚实信用的原则加以协商处理，暂时难以达成一致的，发包方对于停工、撤场应当有明确的意见，并应承担合理的停工损失；承包方、分包方也不应盲目等待而放任停工损失的扩大，而应当采取适当措施如及时将有关停工事宜告知有关各方、自行做好人员和机械的撤离等，以减少自身的损失。而本案中，成教楼工程停工后，理工学院作为工程的发包方没有就停工、撤场以及是否复工作出明确的指令，六建公司对工程是否还由建安公司继续施工等问题的解决组织协调不力，并且没有采取有效措施避免建安公司的停工损失，理工学院和六建公司对此应承担一定责任。与此同时，建安公司也未积极采取适当措施要求理工学院和六建公司明确停工时间以及是否需要撤出全部人员和机械，而是盲目等待近两年时间，从而放任了停工损失的扩大。因此，虽然成教楼工程实际处于停工状态近两年，但对于计算停工损失的停工时间则应当综合案件事实加以合理确定，二审判决及再审判决综合各方当事人的责任大小和有关政府文件的规定，将建安公司的停工时间计算为 6 个月，较为合理。

最高法院最终判决：本案停工损失由建设单位理工学院（70％）、工程管理单位六建公司（20％）和施工单位建安公司（10％）共同承担。停工时间最终认定为 6 个月，而非自然持续的约两年的时间。

裁判要旨：因发包人提供错误的地质报告致使建设工程停工，当事人对停工时间未作约定或未达成协议的，承包人不应盲目等待而放任停工状态的持续以及停工损失的扩大。对于计算由此导致的停工损失所依据的停工时间的确定，也不能简单地以停工状态的自然持续时间为准，而是应根据案件事实综合确定一定的合理期间作为停工时间。

该案例改编自参考文献［78］。

问题与案例解析 6：建筑施工企业为职工办理的意外伤害保险的受益人是劳动者本人或近亲属还是施工企业？

基本案情：A 公司将其承包的办公楼、车间建设工程分包给黄某，范某为木工受雇于黄某，后范某在工地受到工伤后未及时就医，三天后就医路上摔倒，后死亡。原告范父等人认为，范某与黄某之间存在雇佣关系，雇员在从事雇佣活动中因安全事故死亡，雇主应承担赔偿责任，A公司明知黄某没有相应资质，将工程进行发包，依法应承担连带责任，原告为维护自身合法权益，依据法律规定，特诉至法院，请求依法赔偿医疗费、死亡赔偿金等各项费用。

该市一审法院经查明后认为：公民的生命健康权受法律保护。根据法律规定，个人之间形成劳务关系，提供劳务一方因劳务自己受到损害的，根据双方各自的过错承担相应的责任，本案争议焦点为各方当事人在本次事故中过错问题。根据《中华人民共和国侵权责任法》相关规定，死者范某在提供劳务中受伤，应当由接受劳务方与提供劳务者根据双方各自过错承担责任。故范某对本起事故的发生自身存在过错；被告黄某作为接受劳务的一方，对范某在提供劳务过程中所遭受的损害亦应当承担相应的赔偿责任。被告A公司将案涉木工劳务发包给不具备相应施工资质的黄某，对现场疏于管理，未能提供安全的施工环境，对本起事故的发生存在过错，因此A公司亦应承担相应的赔偿责任。一审法院综合各方过错程度，酌定由黄某负担损失中的50%，A公司负担损失中的20%，其余损失由范父等人自行负担。

其中关于损失的认定。从支付给范父等人的赔偿款中扣除了A公司为范某投保团体意外伤害保险而获赔的保险金10万元。

范父等人不服一审判决，向市中级人民法院提起上诉称：上诉人获赔的10万元团体意外伤害保险金不应当扣除，根据《保险法》第四十六条规定，被保险人遭受人身损害后，可以获得两种不同性质的赔偿。

二审法院审理后认为：争议焦点包括以下两条：一是被上诉人A公司与被上诉人黄某是否应当承担连带赔偿责任；二是案涉10万元意外伤害保险金是否应当在A公司、黄某的赔偿数额中予以扣除。

关于争议焦点一，被上诉人A公司应当与被上诉人黄某承担连带赔偿责任。《最高人民法院关于审理人身损害赔偿案件适用法律若干问题的解释》第十一条第二款规定，雇员在从事雇佣活动中因安全生产事故遭受人身损害，发包人、分包人知道或者应当知道接受发包或者分包业务的雇主没有相应资质或者安全生产条件的，应当与雇主承担连带赔偿责任。被上诉人A公司将工程分包给不具备施工资质的被上诉人黄某，受害人范某在施工过程中受伤后死亡，对该人身损害，A公司应当与实际施工人黄某承担连带赔偿责任。

关于争议焦点二，被上诉人A公司、黄某无权主张在赔偿款中扣除10万元意外伤害保险金。首先，《建筑法》第四十八条规定，建筑施工企业应当依法为职工参加工伤保险缴纳工伤保险费。鼓励企业为从事危险作业的职工办理意外伤害保险，支付保险费。即为职工缴纳工伤保险系建筑施工企业的法定义务，而为从事危险工作的职工办理意外伤害保险为倡导性规定，不具有强制性。法律鼓励施工企业为从事危险工作的职工办理意外伤害保险的目的在于为职工提供更多的保障，但并不免除施工企业为职工缴纳工伤保险的法定义务，如施工企业可以通过为职工办理意外伤害保险获赔的保险金抵销其对员工的赔偿责任，则相当于施工企业可以通过为职工办理意外伤害保险而免除缴纳工伤保险的法定义务，显然与该条的立法目的相违背。

其次，从意外伤害险的属性分析。团体意外伤害保险并非雇主责任险，该人身保险的受益人一般为被保险人或其指定的人。《保险法》第三十九条规定，人身保险的受益人由被保险人或者投保人指定。投保人指定受益人时须经被保险人同意。投保人为与其有劳动关系的劳动者投保人身保险，不得指定被保险人及其近亲属以外的人为受益人。该条的立法本意在于，雇主和劳动者通常处于不平等状态，雇主在为劳动者投保意外伤害险时，可能会利用自身的强势地位将受益人指定为雇主，该行为势必损害处于弱势地位的劳动者合法权益，故该条明确雇主为劳动者投保人身保险时，受益人只能是被保险人及其近亲属。如施工单位或雇主为员工投保意外伤害险后可以直接在赔偿款中扣除该保险金，施工单位或雇主即成为实质意义上的受益人，有违本条立法本旨。本案中，被上诉人 A 公司作为投保人为范某购买团体意外险，该人身保险的受益人为范某，范某死亡后，其继承人有权继承该意外伤害保险金。即便 A 公司为范某投保意外伤害险的主观目的在于减轻自己的赔偿责任，但意外伤害险系人身险而非责任财产险，A 公司或被上诉人黄某如要减轻用工风险，应当依法为范某缴纳工伤保险或购买雇主责任险，而非通过办理团体人身意外伤害险的方式替代强制性保险的投保义务。

最后，意外伤害保险的被保险人有权获得双重赔偿。《保险法》第四十六条规定，被保险人因第三者的行为而发生死亡、伤残或者疾病等保险事故的，保险人向被保险人或者受益人给付保险金后，不享有向第三者追偿的权利，但被保险人或者受益人仍有权向第三者请求赔偿。根据该条规定，由于被保险人的生命、健康遭到损害，其损失无法用金钱衡量或弥补，被保险人或受益人可获得双重赔偿，此时不适用财产保险中的损失填补原则。本案中，范某在为被上诉人黄某提供劳务的过程中受伤后死亡，其继承人有权依据意外伤害保险向保险公司主张保险金，也有权请求范某的雇主黄某承担雇主赔偿责任。但保险公司给付保险金后，不享有向雇主黄某的追偿权。换言之，人身意外伤害保险金和人身损害死亡赔偿金均归属于范某的继承人所有，投保人 A 公司不享有任何权益，雇主黄某更无权主张从赔偿款中扣除 10 万元的意外伤害保险金。

裁判要旨：根据《建筑法》第四十八条规定，为职工参加工伤保险缴纳工伤保险费系建筑施工企业必须履行的法定义务，为从事危险作业的职工办理意外伤害保险并支付保险费系倡导性要求。建筑施工企业已为从事危险工作的职工办理意外伤害保险的，并不因此免除企业为职工缴纳工伤保险费的法定义务。根据《中华人民共和国保险法》第三十九条规定，投保人为与其有劳动关系的劳动者投保人身保险，不得指定被保险人及其近亲属以外的人为受益人。建筑施工企业作为投保人为劳动者投保团体意外伤害险，该保险的受益人只能是劳动者或其近亲属。劳动者在工作中发生人身伤亡事故，建筑施工企业或实际施工人以投保人身份主张在赔偿款中扣除意外伤害保险金，变相成为该保险受益人的，有违立法目的，依法不予支持。

该案例改编自参考文献［79］。

问题与案例解析 7：**如何在合同中未明确约定采用仲裁方式解决合同纠纷，但一方当事人提出仲裁申请，另一方未提出异议并实际参加的，还能否就同一合同争议向法院起诉？**

基本案情：2002 年 11 月 8 日，A 公司与 B 公司签订合作合同，2009 年 11 月 26 日，B 公司依据合作合同第十二条"对本合同各条款的执行与解释所引起的争执，合作双方应尽量通过友好协商解决，如争议调解不成，可提交当地仲裁机构仲裁或辖区人民法院诉讼"约定向厦门仲裁委员会申请仲裁。2009年12月1日，A公司收到厦门仲裁委员会受理通知及相关材料，对厦门仲裁委员会受理本案及仲裁庭组成均没有异议，双方参加了仲裁审理活动，直至2018年10月30日仲裁委作出裁决书。根据《仲裁法》第二十条第二款及《最高人民法院关于适用〈中华人民共和国仲裁法〉若干问题的解释》第七条规定，当事人上述行为表明双方对合作中产生的纠纷已经选择通过仲裁解决。

A公司不服裁决，向一审法院提出诉讼，一审法院就A公司的撤销仲裁申请作出驳回裁定。

一审法院认为：首先，双方已经选择通过仲裁方式解决合同纠纷。本案A公司所提起的诉讼（包括增加的诉讼请求）仍是基于双方在履行2002年11月8日签订的合作合同中所产生的纠纷，根据《仲裁法》第九条"仲裁实行一裁终局的制度。裁决作出后，当事人就同一纠纷再申请仲裁或向人民法院起诉的，仲裁委员会或者人民法院不予受理"，故A公司对已经仲裁的争议不能再向法院提起民事诉讼；对于合作中新产生的争议仍应按既选的仲裁方式解决。裁定：驳回A公司的起诉。

A公司不服一审法院的民事裁定，向省高院提出上诉，省高院维持原裁定，A公司遂向最高人民法院提起上诉。A公司上诉请求：撤销一审裁定，指令一审法院继续审理本案。主要事实和理由是：一、案涉纠纷系A公司首次向司法机关提出相关主张，未经司法机关处理，一审法院对此不予受理错误。二、在双方未约定由仲裁机构仲裁的情况下，A公司就合作合同项下其他纠纷可通过诉讼方式解决争议。其一是根据《最高人民法院关于适用〈中华人民共和国仲裁法〉若干问题的解释》第七条之规定，合作合同第十二条关于约定仲裁的条款没有法律效力，应视为双方未达成提交仲裁的合意。其二是A公司参加仲裁，仅视为其同意通过仲裁方式解决仲裁案件中请求和反请求部分涉及的内容，并不能推定其同意通过仲裁方式解决案涉合同项下的其他纠纷，除非双方有新的仲裁协议或其他明确的意思表示。其三是争议解决条款是当事人依据意思自治原则选择争议解决方式的约定，在没有禁止性规定的情况下，应最大程度上尊重当事人的意思自治。一审法院以"双方已经选择通过仲裁方式解决合同纠纷"为由，认定对于合作中新产生的争议仍应按既选的仲裁方式解决错误，二审法院应予纠正。

最高人民法院认为：《最高人民法院关于适用〈中华人民共和国仲裁法〉若干问题的解释》第七条规定："当事人约定争议可以向仲裁机构申请仲裁也可以向人民法院起诉的，仲裁协议无效。但一方向仲裁机构申请仲裁，另一方未在仲裁法第二十条第二款规定期间内提出异议的除外。"《仲裁法》第二十条第二款规定："当事人对仲裁协议的效力有异议，应当在仲裁庭首次开庭前提出。"本案A公司与B公司签订的合作合同第十二条约定："对本合同各条款的执行与解释所引起的争执，合作双方应尽量通过友好协商解决，如争议调解不成，可提交当地仲裁机构仲裁或辖区人民法院诉讼。"2009年11月26日，B公司依据该合同约定向厦门仲裁委员会申请仲裁，A公司收到厦门仲裁委员会受理通知及相关材料，未对以仲裁方式解决纠纷以及仲裁机构提出异议，全程参与仲裁活动，直至2018年10月30日厦门仲裁委员会作出裁决书。B公司、A公司的行为符合上述法律、司法解释规定的情形，案涉合作合同第十二条关于仲裁协议的约定对双方具有法律约束力。依据《中华人民共和国仲裁法》第五条及《最高人民法院关于适用〈中华人民共和国民事诉讼法〉的解释》第二百一十五条的规定，双方就案涉合作合同产生的纠纷均应通过仲裁的方式解决，不能向人民法院提起诉讼。一审法院裁定驳回 A 公司起诉，并无不当。A 公司关于参加仲裁仅视为其同意通过仲裁方式解决仲裁案件中请求和反请求部分涉及的内容，并不能推定其同意通过仲裁方式解决案涉合作合同项下其他纠纷的主张不能成立，本院不予支持。综上，A 公司的上诉请求不能成立，驳回上诉，维持原裁定。

裁判要旨：当事人在合同中约定，双方发生与合同有关的争议，既可以向人民法院起诉，也可以向仲裁机构申请仲裁的，当事人关于仲裁的约定无效。但发生纠纷后，一方当事人向仲裁机构申请仲裁，另一方未提出异议并实际参加仲裁的，应视为双方就通过仲裁方式解决争议达成了合意。其后双方就同一合同有关争议又向人民法院起诉的，人民法院不予受理；已经受理的，应裁定驳回起诉。

该案例改编自参考文献［80］。

问题与案例解析 8：承包人建设工程价款优先受偿权的范围如何确定？

基本案情：交通公司获得了某段高速公路建设经营权。中铁公司经过招投标，与交通公司签订高速公路路基工程施工《合同协议书》。中铁公司按合同约定进行施工，但未在合同约定的工期内完工，工期进行一半时，已延误近一年。后由该省交通运输厅收回该段高速公路建设经营权，交由高速公司作为项目新业主负责建设和经营。高速公司作为项目新业主，承担复工进场新施工单位的组织协调责任，项目原业主交通公司承担原施工单位及处理此前项目债权债务的责任。

后发生争议，中铁公司诉至法院，争议包括其中之一是交通公司应否赔偿中铁公司停窝工损失，如应赔偿，则赔偿的数额是多少的问题？其中之二是中铁公司主张对案涉工程项目享有优先受偿权的请求能否成立？

一审诉讼期间，一审法院根据中铁公司的申请，依法委托 A 公司就中铁公司所主张的停窝工损失是否存在及如存在则具体数额为多少进行了鉴定。一审诉讼中，中铁公司为证明其主张，向一审法院提交了施工期间现场监理人员王某签署的每日停工、窝工人员机械统计表及每月停工人员、机械费用统计表，每日停工、窝工人员机械统计表载明的停窝工原因为资金不到位、取土场问题未解决。A 公司出具《停窝工损失费用工程造价鉴定报告》，结论为：根据现有资料，停窝工损失费为：（1）3 月至 10 月第一次停工期间停窝工损失费：确定部分造价为 678661.54 元，不确定部分造价为 692833.87 元。（2）11 月至 12 月第二次停工期间停窝工损失费，根据现有的证据资料不能计算具体金额。

后经二审法院审理查明：交通公司与中铁公司所签订的《协议书》约定，合同专用条款、合同通用条款、技术规范专用条款、投标书及投标书附录等作为协议书的组成部分，各文件互相补充。

（1）关于 3 月至 10 月期间的第一次停窝工损失问题。根据合同通用条款第 53 条约定，如果承包人根据合同条款中任何条款提出任何附加支付的索赔时，其应该在该索赔事件首次发生的 28 天之内将其索赔意向书提交监理工程师，并抄送业主；监理工程师在与业主和承包人协商后，确定承包人有权得到的全部或部分索赔款额。停窝工期间的确定部分造价为 678661.54 元，经查明，是指既有现场监理人员签字确认的每日停窝工情况具体统计表，也有现场监理人员签字确认的每月停窝工情况统计表，这说明对于这部分损失，中铁公司已经按照索赔程序提出了索赔，且该索赔已经经过监理签字予以确认，故中铁公司的该索赔符合上述合同通用条款第 53 条的约定，一审法院判决交通公司赔偿中铁公司此部分确定款项的损失，并无不当，应予维持。

至于交通公司上诉主张，在上述索赔材料上签字的王某非其监理人员，无权确定索赔事项的理由，经查明，王某系案涉期间的现场监理人员；而合同通用条款第 53.5 款明确约定，监理具有确定索赔的权利，因此，在交通公司无证据证明上述索赔依据上的监理"王某"的签证系虚假的情况下，一审法院判决交通公司赔偿中铁公司上述经过监理王某签证认可的可确定部分停窝工损失 678661.54 元，并无不当。

对于停工期间人员、机械设备停窝工费用不确定部分的造价 692833.87 元，经查明，该部分诉请款项是指：6 月份的统计表中，只有 6 月 1 日至 6 日的明细，没有其他天数的明细；7 月和 8 月，只有现场监理人员签字确认的每月停窝工情况统计表，没有现场监理人员签字确认的每日停窝工情况统计表。上述事实表明，该不确定部分停窝工损失款项虽然有每月的总统计表，但没有与此总统计表一一对应的每日索赔签证统计表，这同案涉工程针对确定部分停窝工损失的通常做法不符，一审法院未支持中铁公司针对该不确定部分停窝工损失的诉请，并无不当。

（2）关于 11 月至 12 月期间的第二次停窝工损失问题。经查，对此部分损失，中铁公司亦自认，其并未依据合同约定提出过索赔，因此，在中铁公司未依据合同通用条款第 53 条约定履行索赔程序的情况下，根据该条的进一步约定，中铁公司无权获得该部分诉请款项的赔偿，而其在本案中主张由法院酌定交通公司赔偿该停窝工损失 40 万元，无事实及法律依据，应予驳回。

（3）关于中铁公司主张对案涉工程项目享有优先受偿权的请求是否成立问题。根据《最高人民法院关于建设工程价款优先受偿权问题的批复》第三条规定："建筑工程价款包括承包人为建设工程应当支付的工作人员报酬、材料款等实际支出的费用，不包括承包人因发包人违约所造成的损失"，能够行使建设工程价款优先受偿权的权利范围不包括因发包人违约导致的损失。而从前述中铁公司在本案中被支持的诉请款项来看，包括因交通公司违约给其造成的停窝工损失，均不属于建设工程价款优先受偿权的权利行使范围，故一审法院未予支持中铁公司主张对案涉工程项目享有优先受偿权的请求，并无不当。中铁公司主张对案涉工程项目享有优先受偿权的该项上诉请求，无事实及法律依据，应予驳回。

裁判要旨：最高人民法院《关于建设工程价款优先受偿权问题的批复》第三条规定："建筑工程价款包括承包人为建设工程应当支付的工作人员报酬、材料款等实际支出的费用，不包括承包人因发包人违约所造成的损失"。《司法解释（一）》第四十条规定："承包人建设工程价款优先受偿的范围依照国务院有关行政主管部门关于建设工程价款范围的规定确定。承包人就逾期支付建设工程价款的利息、违约金、损害赔偿金等主张优先受偿的，人民法院不予支持。"发包人违约造成的停窝工损失，不属于建设工程价款优先受偿权的权利行使范围。

该案例改编自参考文献［81］。

案例十：建设工程造价司法鉴定案例

案例目的：了解造价司法鉴定的流程、鉴定范围和鉴定事项的确定等。

案例内容：由于建设工程的专业性和复杂性，人民法院或仲裁机构往往需要借助工程造价专业人员和相关机构，对待证事实的专门性问题进行鉴别和判断，并出具工程造价鉴定意见来辅助委托人对待证事实进行认定。本案例综合了法院已做出终审判决的不同的工程造价司法鉴定案例，用于阐明工程造价鉴定事项及鉴定范围权属的确定、对工程价款的调整、对工程量的确定、对鉴定材料的质证和法院对鉴定意见的采纳依据等内容。

案例背景：建筑公司作为承包人是原告，某化工厂作为发包人是被告，招标内容是完成生产厂房主楼及附属用房的施工，采用公开招标方式，招标文件约定："由招标人提供工程量清单，投标人以工程量清单及图纸为基础填报相应的单价并计算合价。本工程采用单价合同，工程量按实结算，单价按中标单价执行。可调材料项目的单价按合同约定的调整方法执行"。建筑公司向发包人发出的投标函载明："我方接受招标中的合同条款。我们所递交的投标文件已充分考虑了各种外部因素对报价的影响，我们完全同意招标文件的投标截止时间，完全同意招标文件的规定"。经开标、评标确定该建筑公司为中标人，发包人向其发出中标通知书，并签订了工程施工合同。工程顺利实施并竣工，经竣工验收质量合格。

在工程结算过程中，对于工程价款调整、签证等内容产生了分歧，双方无法协调达成一致，建筑公司遂诉至法院。诉讼过程中，一审法院应被告申请，对涉案工程造价进行司法鉴定，并通过随机摇号方式确定了鉴定机构 A 公司。

双方的争议点主要在以下内容：

（1）委托范围

双方对工程的质量、工期、安全、材料调价以及后期质量保修、维护等均作出了专门的约定。完工后双方当事人因结算价格产生争议诉之法院，法院委托 A 公司对该工程全部造价进行鉴定，经综合分析，双方争议主要点对于竣工结算中双方已核对签字认可的工程量没有争议，争议主要是材料价差的调整方式、某些子项的综合单价、个别签证的效力等。

在鉴定过程中，发包人提出因委托的是全部工程造价，需要重新核对结算工程量。承包人不同意。法院在了解情况后，修改了委托范围，重新明确了仅对争议部分进行委托。已经过签字认可的结算工程数量不再进行重新核对。

（2）材料价款调整

招标文件的"投标人须知"中规定可调价材料的价格调整：当施工当期该市《工程造价信息》公布的"××月建筑材料市场价格"中的信息价，与投标时工程量清单《可调价材料及基准价格表》中基准价相比，涨幅超过基准价的 3％或跌幅超过基准价的 3％时，由招标人核价，并调整超过 3％的部分。具体调整方法如下：

材料调增后单价＝投标时所报材料单价＋（施工当期该地区信息价－投标基准价

×103％）

材料调减后单价＝投标时所报材料单价－（投标基准价×97％－施工当期该地区信息价）

在施工过程中，该省建设厅造价管理部门下发了《规范建设工程造价风险分担行为的规定》（以下简称"60号文"），里面规定了材料风险的调整方法，按下式结算可调价材料价格：

材料调增后单价＝投标时所报材料单价＋（施工当期地区信息价－投标时所报材料单价×103％）

材料调减后单价＝投标时所报材料单价－（投标时所报材料单价×97％－施工当期公布的信息价）

施工方认为：双方在《建设工程施工合同》专用条款中明确约定"因法律、行政法规和国家有关政策性变化影响合同价款的，按相关规定执行"，"60号文"属于合同中约定"国家有关政策性变化"。材料价款应按照"60号文"中给出的材料单价调整方法进行结算调整，这部分内容涉及工程价款调增约900万元。

发包人认为：对于"60号文"的适用，该省专门出台了如何适用"60号文"进行了规定，如果施工期间价格波动超过幅度的，按照合同的约定执行，没有合同约定的，按照该文件的调整方法执行。该文件是指导性文件，不属于"国家有关政策性变化"。只是双方没有合同约定或者约定不明的时候才参照适用。所以材料价款调整应按合同约定执行；如果承包人认为国家政策有变需要调整的，需要按照合同约定在该"60号文"发布后14天之内启动申请调整价款的程序，但是承包人也没有按规定时间提出。

（3）工程报价

发承包双方对两项工程量计算产生的争议。招标时的分部分项工程量清单见表2-10-1，投标时的投标报价见表2-10-2，结算时的报价见表2-10-3。

招标时的分部分项工程和单价措施项目清单与计价表　　　　　　表2-10-1

序号	项目编码	项目名称	项目特征	计量单位	工程量	金额（元）		
						综合单价	合价	其中：暂估价
1	010904001001	楼地面卷材防水	1. 卷材品种、规格、种类：高聚物改性沥青防水4mm厚 2. 防水层数：1层 3. 反边高度：300mm高	m²	5735			
2	011001001001	屋面保温隔热	1. 保温隔热材料品种、规格、厚度：干铺挤塑聚苯板100mm 2. 基层处理综合考虑	m²	8850			

投标时的分部分项工程和单价措施项目清单与计价表　　　　表 2-10-2

| 序号 | 项目编码 | 项目名称 | 项目特征 | 计量单位 | 工程量 | 金额（元） | | |
						综合单价	合价	其中：暂估价
1	010904001001	楼地面卷材防水	1. 卷材品种、规格、种类：高聚物改性沥青防水4mm厚 2. 防水层数：1层 3. 反边高度：300mm高	m²	5135	68	349180	
2	011001001001	屋面保温隔热	1. 保温隔热材料品种、规格、厚度：干铺挤塑聚苯板 100mm 2. 基层处理综合考虑	m²	8350	95	793250	

结算时报送的分部分项工程和单价措施项目清单与计价表　　　　表 2-10-3

| 序号 | 项目编码 | 项目名称 | 项目特征 | 计量单位 | 工程量 | 金额（元） | | |
						综合单价	合价	其中：暂估价
1	010904001001	楼地面卷材防水	1. 卷材品种、规格、种类：高聚物改性沥青防水4mm厚 2. 防水层数：1层 3. 反边高度：300mm高	m²	5438	68	369784	
2	011001001001	屋面保温隔热	1. 保温隔热材料品种、规格、厚度：干铺挤塑聚苯板 100mm 2. 基层处理综合考虑	m²	8921	95	847400	

　　通过表 2-10-1 和表 2-10-2 对比可以看出，投标人在投标时擅自改动了清单工程量，未严格按照《建设工程工程量清单计价规范》进行投标报价造成的。根据计价规范规定"投标人必须按招标工程量清单填报价格。项目编码、项目名称、项目特征、计量单位、工程量必须与招标工程量一致。"本条属于强制性条文，投标人投标时必须执行。

　　该项目在招投标阶段评标过程中的清标环节应当予以否决，作无效标处理。但在评标环节未发现此问题，并发放中标通知书、签订了施工合同，施工合同具有法律效应，施工质量合格的情况下，应当予以结算。

　　发包人认为：投标人擅自减少工程量清单数量和隐性报价，属于恶意竞争骗取中标，其擅自减少的工程量应不予以结算，且所有中标综合单价均不作为结算依据。

　　承包人认为：投标是要约，中标通知书是承诺，既然接受其作为中标人，就应该按投标文件进行结算，要求按照招标文件及施工合同的约定，工程量按实结算，单价按中标单价执行。

（4）双方的其他争议事项如下：

A项：对于某项吊顶天棚的综合单价，发包人委托的审核结算的原造价咨询公司认为此项单价高于正常市场价格约30%，在造价审核时下调了该项目的单价至正常市场价格。承包人认为不应该下调，应按当时的中标单价结算。

B项：厂区道路的做法发生设计变更，由于摊铺面积不变，摊铺、碾压数量及质量未变，申请人投入的机械设备和人工均未减少，经双方当事人协商，对此设计变更引起的增加工程款签证确认增加工程款计190900元。但发包人委托的审核结算的原造价咨询公司在审核过程中以此签证本身不合理为由不予确认计量。承包人认为该项设计变更带来费用增加且签证资料齐全真实有效，应直接认可该签证的效力。

C项：某一个附属厂房屋面结构原设计图纸为钢结构屋面，施工过程中变更为预应力钢筋混凝土梁结构，原、被告双方对该预应力梁的变更及施工事实均无异议，但发包人不认可承包人提供的屋面预应力梁深化设计图纸，同时承包人也没有提供其他证据资料。

D项：有一份工程签证单，仅有工程监理单位的签字，但没有其单位盖章，也没有发包人现场代表的签字和盖章，发包人不予认可此项内容。对这一情况，鉴定人首先提请委托法院予以确认，但法院未能给予明确。

E项：工程联系中建设单位明确要求"附属用房内的耕植土、弹簧土、浮土无需清除，施工单位直接进行上部工序施工，这样造成片石垫层厚度增加。片石铺装后测量标高为6.72m，压实后标高为6.41m，为满足室内地坪设计标高要求，现场确定用碎石将片石高度垫至设计标高"。

F项：在对某项施工过程中临时挡土墙工程鉴定中，鉴定人发现：设计图纸挡土墙顶标高为11.6m，施工时出具变更单，但变更单对此处标高未予以明确，在鉴定人组织核对该项工程量时，承包人主张变更实际标高为10.8m，发包人认为变更后实际施工标高为6.46m，双方主张观点不一致，且现场已无法测量。对此情况，鉴定机构先提请委托法院予以确认，但法院尚无法确认。

G项：由于建设单位原因带来了窝工，施工单位计算的人工、机械设备窝工费用发包人不予认可。建设单位认为，工程窝工期间较长，施工单位可以将其设备做退场处理，并且其窝工计算的数据不真实。施工方提供了当时施工时即提交了关于窝工费用的索赔申请，但发包人仅回复计算不合理，未给予具体意见。

问题与案例解析1：案例项目中对于委托范围的变更，法院的做法是否正确？

法院修改委托鉴定范围的做法正确。《民事证据规定》第三十二条第三款中规定，人民法院在确定鉴定机构后应当出具委托书，委托书中应当载明鉴定事项、鉴定范围、鉴定目的和鉴定期限。委托书由法院制作，其内容也由法院确定，鉴定机构和鉴定人员不得擅自扩大鉴定的事项、范围和目的等内容。

《司法解释（一）》第三十一条规定，当事人对部分案件事实有争议的，仅对有争议的事实进行鉴定，但争议事实范围不能确定，或者双方当事人请求对全部事实鉴定的除外。

更改委托鉴定范围将重点放在有争议部分，厘清争议问题所在，明确当事人双方争议焦点和分歧，合理确定是否对有关联的原合同整体或原合同部分工程一起来做造价鉴定。无论是当事人一方或者双方提出，或者法院依职权启动，法院都要明确造价鉴定范围、能不通过鉴定即可结算工程价款的，则不作鉴定；必须通过鉴定才能结算工程价款的，则尽可能减少鉴定次数；必须通过鉴定才能确定工程价款数额的，则尽可能缩小鉴定范围。

问题与案例解析 2：案例项目中应该按合同约定还是政府文件规定调整材料单价？

由于当事人双方对施工期间材料价格调整没有达成一致意见，双方的主要争议点是按合同约定调整还是按 60 号文调整。这种情况下鉴定人无权自行确定应依据哪一方当事人的意见出具报价，正确的做法是，根据双方的意见分别出具相应的报价。

鉴定人根据双方的意见进行造价计算：

（1）依据发包人的理解，材料单价应按合同约定调整。

以螺纹 20 的钢筋价格为例：投标时所报材料单价为 3000 元/t，工程量清单《可调价材料及基准价格表》中基准价是 3500 元/t，施工当期成都市《工程造价信息》公布的价格为 4000 元/t。

材料单价调增后的价格＝投标时所报材料单价＋（施工当期该地区信息价
$$－投标基准价×103\%）$$
$$＝3000＋（4000－3500×103\%）＝3395 元/t$$

按照这样的调整方法，包括其他可调材料单价合计调整价款约 300 万。

（2）依据承包人的理解，材料单价应按 60 号文调整。

以螺纹直径 20 的钢筋价格为例：

材料调增后单价＝投标时所报材料单价＋（施工当期该地区信息价
$$－投标时所报材料单价×103\%）$$
$$材料单价调增后的价格＝3000＋（4000－3000×103\%）＝3910 元/t$$

按照这样的调整方法，包括其他可调材料单价合计调整价款约 900 万元。

法院审理后认为：本案的焦点问题是所涉工程项目的结算是否应当按 60 号文对可调价材料部分价款进行调整。

《建设工程工程量清单计价规范》GB 50500—2013 中规定，"若施工期内市场价格波动超出一定幅度时，应按合同约定调整工程价款；合同没有约定或约定不明确的，应按省级或行业建设主管部门或其授权的工程造价管理机构的规定调整"。

60 号文是政府相关部门发布的有关工程造价的规定，属于指导性文件，而不是强制性规范，其规定的内容可以理解为广义上的"国家有关政策"，但均蕴含着尊重当事人意思自治的内容，优先适用当事人的约定，只有合同没有约定或约定不明确时，才适用相关规定。

在工程招投标过程中，当事人对招投标的风险都应该有预估，应当严格按照招投标合同的约定履行，不能以较低的价格中标后，随意以市场、政策变化为由进行调整，否则，必将损害国家招投标的秩序。

法院应不予支持承包人的诉讼请求，判决按合同约定执行材料价款的调整。

问题与案例解析 3：案例项目中的报价错误在结算中应该如何调整？

该报价错误发生的直接原因是因为在项目招标阶段的评标环节未能发现投标人改变招标工程量清单，而在结算阶段留下问题。

在这种情况下，直接按照中标单价执行不符合公平的原则，在投标总价不变时，因工程量擅自减少，其单价比正常中标单价偏高。

鉴定人应阐明原因，分不同情况给出解决方案供法院参考。此项的依据是《建设工程工程量清单计价规范》GB 50500—2013 中第 6.2.7 条的规定："招标工程量清单与计价表中列明的所有需要填写的单价和合价的项目，投标人均应填写且只允许有一个报价。未填写单价和合价的项目，视为此项费用已包含在已标价工程量清单中其他项目的单价和合价之中。竣工结算时，此项目不得重新组价予以调整。"鉴定人给出了两个处理方案。

方案一：在保持工程投标总价不变的前提下，修正所有分部分项工程量清单的中标综合单价及合价，即将应由中标人承担的少报工程量部分的费用均分摊到中标综合单价及合价中，降低原工程量清单中所有中标综合单价。

方案二：在保持工程投标总价不变的前提下，仅修正此两项的综合单价，将应由中标人承担的少报工程量部分的费用均分摊到相应子目的中标综合单价中。

该两项子目的结算工程量按实结算，发承包双方对结算工程量无异议。鉴定人根据上述两个方案分别对结算的综合单价进行了调整并计算了结算总价。

法院在这种情况下，不应支持承包人再按合同约定的中标单价结算请求，而应在方案一和方案二中选择一种。

问题与案例解析 4：案例项目中造价鉴定人员对于争议内容应如何出具鉴定意见？

造价鉴定人员对于 A、B、C、D、E、F、G 这七项争议部分的内容需根据具体情况出具不同类型的鉴定意见。

《建设工程造价鉴定规范》GB/T 51262—2017 中对鉴定意见给出了三种，可同时包括确定性意见、推断性意见或供选择性意见。当鉴定项目或鉴定事项内容事实清楚，证据充分，应作出确定性意见。当鉴定项目或鉴定事项内容客观，事实较清楚，但证据不够充分，应作出推断性意见。当鉴定项目合同约定矛盾或鉴定事项中部分内容证据矛盾，委托人暂不明确要求鉴定人分别鉴定的，可分别按照不同的合同约定或证据，作出选择性意见，由委托人判断使用。

（1）鉴定人对 A 项、B 项内容可以出具确定性意见

单价合同的本质是单价在合同约定的风险范围内不做变动，按中标的单价计算工程价款。审核人不能随意变动中标单价。投标人报出的投标单价是当事人经过利害权衡、竞价磋商等博弈方式所达成的特定的交易价格，而不是某一合同交易客体的市场平均价格或公允价格。在工程合同造价纠纷案件中，经常会遇到当事人在合同或者签证中的特别的约定，有的约定是明显高于或低于平均价格标准或市场价格的。根据民法典的自愿和诚实信用原则，只要当事人的约定不违反国家法律和行政法规的强制性规定，即只要与法无悖，不管双方签订的合同或具体条款是否合理，审核人均无权自行选择鉴定依据或否定当事人之间有效的合同或补充协议的约定内容。对 A 项内容按中标单价结算，并认可 B 项签证的效力。

（2）鉴定人对 C 项、D 项内容可以出具推断性鉴定意见

鉴定人对 C 项争议内容通过资料与现场勘察，屋面预应力钢筋混凝土梁实际施工已经完成，即该事项的变更事实清楚，只是一方当事人对施工图纸不予认可，又不能提供其

他施工图纸，应予以鉴定，但该鉴定事项不宜作出确定性鉴定意见，可以作出推断性鉴定意见，由法院判断使用，并单列予以说明，作出的推断性鉴定意见如下：屋面预应力梁，因事实较清楚、证据不够充分，故作出推断性鉴定意见，由委托人根据情况决定是否采用。预应力梁推断性鉴定意见造价金额为 2010000 元。

对于 D 项争议内容，鉴定人经研究认为：如果不予鉴定，可能会产生鉴定事项不全，后期再做补充鉴定的情况；因证据真实性需要法院判定，还无法作出确定性鉴定意见。鉴定人决定将签证涉及的价款作出推断性鉴定意见，单独列出，并予以说明，由委托人根据情况决定是否采用。作出的推断性鉴定意见为："签证部分造价为 87000 元，现予以单列，由委托人根据情况决定是否采用"。《司法解释（一）》第二十条规定，当事人对工程量有争议的，按照施工过程中形成的签证等书面文件确认。承包人能够证明发包人同意其施工，但未能提供签证文件证明工程量发生的，可以按照当事人提供的其他证据确认实际发生的工程量。

（3）鉴定人对 E 项、F 项内容可以出具选择性鉴定意见

E 项争议内容对内容属于表述不规范或不明确的签证，鉴定人首先让双方当事人先协商确定。如协商不成，无法给出单一的确定性鉴定意见，鉴定人对此项内容可以作出三种结果，一是按片石厚度增加 31cm 计算；二是按不增加厚度计算；三是按增加 31cm 计算再减去原报价中包含碎石的压实部分费用。

对于 F 项争议内容，鉴定机构人认为：如果按两个标高中任一标高作出鉴定，都可能会被指"以鉴代审"，因此决定按发承包双方主张的不同标高作出选择性鉴定意见如下："因原被告双方对挡土墙的变更后标高主张不一致，现有证据无法确定此标高数值，决定分别作出鉴定意见，由委托人根据情况采用。该项临时挡土墙工程选择性鉴定意见：标高 6.46m 的造价金额为 36660 元；标高 10.8m 的造价金额为 69888 元。"

（4）鉴定人对于 G 项内容可以出具无法确定部分项目的造价鉴定意见

对于 G 项争议内容，由于建设单位在收到施工单位递交的窝工损失费用清单后没有按合同约定的时间及时给予回复，且该索赔事项发生之时至诉讼时已有三年多时间，已无法对索赔报告中所涉及的具体窝工人员数量、机械设备数量等具体数据进行核实、查证。根据索赔报告显示的窝工天数和每天的费用计算出窝工损失为 70200 元。此项索赔事项的相关费用目前无法作出明确结论，请法院根据有关法律来决定。

问题与案例解析 5：应如何厘清司法审判权与造价鉴定权的关系？

需要厘清司法审判权与造价鉴定权的关系边界。工程造价鉴定中审判权的行使范围包括：

（1）鉴定范围的确定权属于司法审判权

确定鉴定范围。实际中鉴定对象的具体内容根据人民法院或仲裁机构的委托书内容确定，原则上倡导节约当事人费用、缩短案件审理时间及提高诉讼效率的原则，具体根据案件的实际情况确定。

（2）鉴定依据的确定权属于司法审判权

确定计价依据。当事人对建设工程的计价标准或者计价方法有约定的，按照约定结算工程价款因设计变更导致建设工程的工程量或者质量标准发生变化，当事人对该部分工程价款不能协商一致的，可以参照签订建设工程施工合同时当地建设行政主管部门发布的计

价方法或者计价标准结算工程价款。按照当事人约定的计价标准或者计价办法，还是依据当地建设行政主管部门发布的计价方法或者计价标准结算工程价款，应该由法院来决定。

（3）鉴定过程中对合同理解争议的确定权属于司法审判权

合同双方当事人约定了计量计价的方式，但对于约定的内容有两种或多种解释的，此时可以按《民法典》第一百四十二条的规定执行，有相对人的意思表示的解释，应当按照所使用的词句，结合相关条款、行为的性质和目的、习惯以及诚信原则，确定意思表示的含义。无相对人的意思表示的解释，不能完全拘泥于所使用的词句，而应当结合相关条款、行为的性质和目的、习惯以及诚信原则，确定行为人的真实意思。

（4）鉴定资料的确定权属于司法审判权

确定鉴定资料。造价鉴定资料是造价鉴定的基础和依据，直接影响鉴定意见的客观性、真实性，属于证据范畴，对于鉴定资料的真实性、合法性和关联性及鉴定资料的范围，应该通过质证程序，并由法官最终决定。鉴定机构认为应该补充相关资料的，应出具补充资料意见，由法院向当事人提出重新补充资料的时限，当事人应在规定的时限内向法院提交相应的资料，并由法院组织质证，再由法院转交鉴定机构。

（5）争议的确定权属于司法审判权

解决鉴定中的争议。当事人之间以及当事人与鉴定机构及鉴定人之间，可能会为鉴定机构及鉴定人的资质及回避要求、延期或补充提交鉴定资料、是否应当补充鉴定、工程资料相互矛盾、因合同对某事项没有约定或者约定不明确、对合同效力认定、对合同无效后的计价依据、对某些问题的举证等发生争议，这些问题都涉及法律适用问题，需要法院行使审判权予以解决。

工程造价鉴定中鉴定权的行使范围包括：

（1）提取鉴定资料中的工程量和价格信息。

工程量和各种要素价格信息一般散落在各种鉴定资料中，是专业性很强的工作，应由鉴定机构承担。

（2）计算工程造价。

计价依据由法院确定，鉴定机构依据确定的计价标准或计价方法具体计算工程造价。

（3）计算损失数额对于损失是否应予赔偿，由法院决定。

但是损失的具体数额，应当由鉴定机构提供鉴定意见。

（4）现场勘验。

现场勘验是造价鉴定的一种方法和手段，不涉及法律适用和处理合同争议等问题，不是审判权处理的范围，应由鉴定机构根据需要自行决定。

问题与案例解析 6：工程造价鉴定应注意哪些问题？

根据住房和城乡建设部颁布的《建设工程造价鉴定规范》GB/T 51262—2017 第2.0.1 条，工程造价鉴定，指鉴定机构接受人民法院或仲裁机构委托，在诉讼或仲裁案件中，鉴定人运用工程造价方面的科学技术和专业知识，对工程造价争议中涉及的专门性问题进行鉴别、判断并提供鉴定意见的活动。在工程造价鉴定过程中应注意：

（1）严格规范工程造价司法鉴定程序

工程造价司法鉴定程序一旦存在问题，导致程序不规范，必然会对司法鉴定的公正性产生不利影响。而程序一定是不可缺少的环节，或者可以理解为程序是一种可以达到维护实体公正的行之有效的约束机制，起到十分重要的作用。针对这一问题，可以通过建筑工程造价司法鉴定管理使各项程序更加专业化、规范化，比如可以制定科学的司法鉴定的发展路线，立足于实际情况设置合理的准入条件、制定科学的机构资质分类模式等措施，达到有效的监督指导作用，使工程造价司法鉴定程序更加合理有效。

（2）避免"以鉴代裁"或"以鉴代审"

在鉴定过程中由于当事人提供的证据不完善或项目案件本身的复杂性，或现有证据有矛盾难以作出准确判断，致使难以作出确定性判断时，鉴定人应注意避免自行确认合同或造价条款是否有效。合同或造价条款是否有效及效力高低应由法官进行裁量，并不属于鉴定人可以自行确认的范畴，即不属于专业问题，由于造价事项鉴定意见对于法官认定案情有极大的影响，鉴定人在鉴定过程中应严格遵守司法权与鉴定权的规定，即法律问题归属委托人，专业问题归属鉴定人。工程造价司法鉴定中要避免"以鉴代裁"的关键，一是鉴定人只对经过法庭进行质证、委托人确认了效力的证据事项，出具确定性鉴定意见；二是鉴定人对存在相互矛盾的证据以及证据存在异议的鉴定事项要正确处理，根据具体情况作出非确定性鉴定意见（选择性鉴定意见或推断性鉴定意见），单列并予以说明，由委托人判断使用；三是对未经法庭质证的鉴定材料，鉴定人不得自行决定作为鉴定证据使用，对特殊的鉴定事项只作出事项说明，不作出鉴定意见。

（3）鉴定意见书出具应规范

鉴定意见书是鉴定人对案件中的专门性问题进行鉴别和判断后，出具的记录鉴定人专业判断意见的文书。鉴定意见书通常包括：封面、鉴定人声明、基本情况、案情摘要、鉴定主要过程、鉴定意见、落款及附件等部分。鉴定意见书出具常存在两类问题，一是格式不规范。二是内容不齐全。本案例鉴定意见以报告书的形式出具，封面上没有工程名称、鉴定意见编号及出具的年月日等内容，并且没有盖鉴定机构公章。报告缺少鉴定声明、案情摘要及鉴定过程等内容，基本情况没有描述鉴定委托相关内容、附件缺少现场勘验报告、调查笔录及相关照片等。落款处仅有鉴定人盖执业印章，没有签名，3名鉴定人员其中有两名是造价员，仅有1名是造价工程师，不符合国家行业主管部门规定的"从事工程造价司法鉴定的人员，必须具备注册造价工程师执业资格"规定。

（4）严格审核鉴定依据

由于建设工程一般都具有投资规模大、建设周期长、技术要求复杂、涉及面广等特点，而鉴定所需的资料数量多、内容杂，鉴定人在开展鉴定工作前，应列明鉴定所需要的资料清单，提请人民法院要求当事人限期提交。鉴定资料经质证后，由鉴定人结合现场勘验情况再做进一步审核。对资料不完整或仅凭现有资料无法作出准确鉴定结果的情况，若双方当事人不能达成一致意见，鉴定人员应及时提请人民法院作出裁定-是直接依据施工图来鉴定，还是先委托第三方专业机构作出相关勘验结果后再进行造价鉴定。

《中华人民共和国民事诉讼法》第六十三条规定，证据必须真实，才能作为认定事实的依据。《最高人民法院关于民事诉讼证据的若干规定》（法释〔2019〕19号）第三十四条规定，人民法院应当组织当事人对鉴定材料进行质证。未经质证的材料，不得作为鉴定的依据。按照证据规则的规定，鉴定材料属于证据的范畴，应该进行质证，未经质证的材料不能作为证据使用。

（5）涉及工程造价的鉴定意见同样须经质证认定后方能作为证据

《司法解释（一）》第三十四条中规定：人民法院应当组织当事人对鉴定意见进行质证。鉴定人将当事人有争议且未经质证的材料作为鉴定依据的，人民法院应当组织当事人就该部分材料进行质证。经质证认为不能作为鉴定依据的，根据该材料作出的鉴定意见不得作为认定案件事实的依据。

参 考 文 献

[1] 王艳艳，黄伟典. 工程招投标与合同管理[M]. 4 版. 北京：中国建筑工业出版社，2023.

[2] 国家发展和改革委员会法规司，国务院法制办公室财金司，监察部执法监察司. 中华人民共和国招投标法实施条例释义[M]. 北京：中国计划出版社，2012.

[3] 财政部国库司，财政部政府采购管理办公室，财政部条法司，国务院法制办公室财金司.《中华人民共和国政府采购法实施条例》释义[M]. 北京：中国财政经济出版社，2015.

[4] 最高人民法院民事审判第一庭. 最高人民法院新建设工程施工合同司法解释（一）理解与适用[M]. 北京：人民法院出版社，2021.

[5] 王艳艳，周广强. 房屋建筑加固工程计量与计价[M]. 北京：中国建筑工业出版社，2022.

[6] 江必新，张甲天. 中华人民共和国民法典学习读本合同卷[M]. 北京：人民法院出版社，2021.

[7] 栗魁. 建设工程招标投标法律实务精要[M]. 北京：知识产权出版社，2020.

[8] 张广兄. 建设工程合同纠纷诉讼实务与案例精解[M]. 北京：法律出版社，2020.

[9] 王勇. 建设工程施工合同纠纷实务解析[M]. 北京：法律出版社，2019.

[10] 张庆，赵倩. 建设工程分包合同"背靠背"条款的规范适用[J]. 法治博览，2021(12)：77-79.

[11] 司伟. 如何理解招标投标法所称的"低于成本"[N]. 建筑时报，2016-6-9(003).

[12] 白如银. 投标人与招标代理机构串通的中标无效——对一起串通投标构成不正当竞争的分析[J]. 招标与投标，2016(8)：28-29.

[13] 陈鹏. 评标专家不能随意否决投标文件的合法性[J]. 中国招标，2017(37)：40-41.

[14] 李善宝，王春，刘德成. 施工合同与招标文件风险范围不一致问题研究——以海南文昌某公寓楼工程为例[J]. 建筑经济，2018，39(11)：66-69.

[15] 吴磊，陈琪. 非实际施工人不能突破合同相对性原则主张权利——江苏徐州铜山法院判决曹某诉江苏建筑公司、胡某劳动争议纠纷案[N]. 人民法院报，2018-5-31(006).

[16] 郝利，金冲. 联合体成员单独外签中标项目分包合同其他成员是否承担连带责任[J]. 招标采购管理，2022(3)：64-65.

[17] 程建宁. 招标文件中违反法律法规的规定无效[J]. 中国招标，2021(12)：70-71.

[18] 周月萍，周兰萍. PPP 项目合规监管刻不容缓——一个施工合同被认定无效案件引发的思考[J]. 建筑，2020(24)：50-55.

[19] 宋志红，张建欣. 浅析 EPC 合同文件的常见问题和解决建议[J]. 招标采购管理，2022(12)：53-55.

[20] 王宁."一带一路"国家基础设施 PPP 项目投资影响因素研究[D]. 大连：大连理工大学，2022.

[21] 何凯红，祁玉婷，张伟. 装配式建筑工程造价影响因素及管控要点研究[J]. 施工技术，2022，51(22)：25-30.

[22] 张艺媛，钟春玲. 装配式建筑增量成本影响因素研究[J]. 吉林建筑大学学报，2022，39(1)：61-66.

[23] 徐勇戈，武彦波. 装配式建筑的增量成本分摊研究[J]. 会计之友. 2019，(15)：11-16.

[24] 赵亮，李思贤，滕俊杰. 装配式建筑全寿命周期增量成本影响因素及控制对策[J]. 建筑经济，2022，43(11)：98-104.

[25] 李祺. 装配式建筑造价指标分析及控制措施研究——以天津市在建工程项目为例[J]. 工程建设与

设计，2021(3)：168-170.

[26] 邱林．基于案例分析的装配式建筑与传统建筑造价对比研究[J]．工程经济，2019，29(7)：12-16.

[27] 曹园．装配式建筑全寿命周期成本效益研究[D]．合肥：安徽建筑大学，2020.

[28] 陈润生．项目发包阶段的造价风险控制对策[J]．建筑经济，2020，41(10)：42-45.

[29] 蒋朝敬．工程签证中常见问题及应对措施[J]．中国高新科技．2021(17)：117-118.

[30] 时英纳．基于竣工结算的工程施工阶段风险防范[J]．住宅与房地产．2018(10)：16-17.

[31] 张珍兰．招标工程量清单编制中导致竣工结算争议的典型问题及解决措施[J]．建筑经济，2021，42(9)：53-56.

[32] 唐久林．装配式混凝土建筑建设全过程增量成本分析[J]．建筑经济，2022，43(7)：156-160.

[33] 赵亮，李思贤，滕俊杰．装配式建筑全寿命周期增量成本影响因素及控制对策[J]．建筑经济，2022，43(11)：98-104.

[34] 李祺．装配式建筑造价指标分析及控制措施研究——以天津市在建工程项目为例[J]．工程建设与设计，2021(6)：168-170.

[35] 邱林．基于案例分析的装配式建筑与传统建筑造价对比研究[J]．工程经济，2019，29(7)：12-16.

[36] 王艳艳，齐丽君，杜春雷．建筑加固工程造价的影响因素及对策[J]．项目管理技术，2023，21(3)：108-113.

[37] 许婣．房屋建筑加固工程施工全过程成本控制及动态管理[J]．四川建材，2021，47(3)：217-218.

[38] 李金升中标社会资本的子公司可否直接承包PPP项目的建筑工程？[J]．招标与投标，2017(8)：19-21.

[39] 孙婷．青岛中院公布建设工程合同纠纷十大典型案例[N]．建筑时报，2017-4-24(004).

[40] 徐新河，鲁轲．招标文件将已被取消的资质许可作为投标人资格条件时如何处理[J]．招标投标管理，2019(1)：66-67.

[41] 灵台县财政局．《灵台县农业农村2021年人居环境整治项目（设备采购）投诉处理决定书》[EB/OL]．甘肃政府采购网，2022.4.

[42] 梁晋．以法定代表人名义能否提交投标保证金[J]．中国招标，2016(25)：38-39.

[43] 最高人民法院(2021)最高法民终1112号．溧阳全润建设工程有限公司、天津空港二手车交易市场有限公司建设工程施工合同纠纷民事二审民事判决书[EB/OL]．中国裁判文书网．2021.

[44] 代福勇．于投标文件偏差处理引起投诉的案例分析[J]．招标采购管理．2022(12)：61-62.

[45] 郑辰之．从三则案例浅析投标文件签署方式和法律效力[J]．招标采购管理．2021(10)：63-64.

[46] 浙江省发展和改革委员会．浙江省发展和改革委员会行政处罚决定书（浙发改法字〔2022〕5号）[EB/OL]．浙江省发展和改革委员会网，2022.

[47] 孙逊，白如银．不交履约保证金的代价[J]．中国招标，2016(4)：33-34.

[48] 江苏省高级人民法院(2019)苏行终723号．湖北华博阳光电机有限公司与江苏省水利厅、江苏省人民政府行政复议二审行政判决书[EB/OL]．中国裁判文书网，2019.

[49] 安徽省高级人民法院(2020)皖民终21号．安徽蚌埠建筑安装工程集团有限公司、蚌埠冠宜置业有限公司建设工程施工合同纠纷二审民事判决书[EB/OL]．中国裁判文书网，2020.

[50] 河南省三门峡市中级人民法院(2014)三民终字第199号．陕西建工安装集团有限公司与赵宇鹏建设工程施工合同纠纷一案二审民事判决书[EB/OL]．中国裁判文书网，2014.

[51] 王长军，张琳涛．约定超过结算金额3%工程质量保证金的效力[J]．人民司法，2020(23)：72-76.

[52] 吴磊，陈琪．非实际施工人不能突破合同相对性原则主张权利-江苏徐州铜山法院判决曹坤诉江苏东兴公司、卞玉心劳动争议纠纷案[N]．人民法院报，2018-5-31(006).

[53] 山东省高级人民法院(2014)鲁民一终字第550号．石化胜利建设工程有限公司与潍坊三陆置业有

限公司、杨洋等建设工程施工合同纠纷二审民事判决书[EB/OL]. 中国裁判文书网 .2014.

[54] 最高人民法院(2022)最高法民终 118 号 . 甘肃第一建设集团有限责任公司、靖远昌泰源房地产有限公司建设工程施工合同纠纷民事二审民事判决书[EB/OL]. 中国裁判文书网, 2022.

[55] 最高人民法院(2022)最高法民再 114 号 . 重庆建工工业有限公司、重庆通耀交通装备有限公司建设工程施工合同纠纷民事再审民事判决书[EB/OL]. 中国裁判文书网, 2022.

[56] 山东省高级人民法院民事判决书(2020)鲁民终 2572 号 . 山东省倪氏房地产开发有限公司、威海建设集团股份有限公司、文登利丰建设管理有限公司等建设工程施工合同纠纷二审民事判决书[EB/OL]. 中国裁判文书网, 2020.

[57] 苏杭 . WH 产业园项目投资决策阶段风险管理研究[D]. 大连：东北财经大学, 2022.

[58] 丁于 . 项目前期投资决策和设计阶段的工程造价控制问题及建议[J]. 房地产世界, 2022(19)：95-97.

[59] 最高人民法院(2021)最高法民终 613 号 . 南部县美好家园房地产开发有限公司、重庆覃家岗建设(集团)有限公司建设工程施工合同纠纷民事二审民事判决书[EB/OL]. 中国裁判文书网, 2021.

[60] 韩扉 . 中国建筑西南设计研究院有限公司全过程工程咨询实践分享[J]. 建筑设计管理 .2019(9)：34-37.

[61] 郭建森 . 以"投资管控"为核心的全过程工程咨询-承德市奥体中心项目全过程工程咨询案例分析[J]. 项目管理评论, 2019, 26(9)：72-77.

[62] 徐慧 . 某中学全过程工程咨询服务项目案例剖析[J]. 居舍, 2021(2)：5-6.

[63] 汪开平, 宋鹤明 . 监理牵头的全过程工程咨询案例解析[J]. 建设监理, 2019(1)：9-11.

[64] 尹贻林, 解文雯, 杨先贺等 . 建设项目全过程工程咨询收费机制研究[J]. 项目管理技术, 2019, 17(11)：7-11.

[65] 最高人民法院(2020)最高法民终 115 号 . 江西长荣建设集团有限公司、江西余干高新技术产业园区管理委员会建设工程施工合同纠纷二审民事判决书[EB/OL]. 中国裁判文书网, 2020.

[66] 徐贤 . 从五则案例浅析 EPC 招标模式下发包人要求的重要性[J]. 招标采购管理, 2022(6)：59-62.

[67] 甘肃省高级人民法院(2021)甘民终 232 号 . 敦煌市清洁能源开发有限责任公司、中国能源建设集团天津电力建设有限公司建设工程施工合同纠纷民事二审民事判决书[EB/OL]. 中国裁判文书网, 2021.

[68] 最高人民法院(2021)最高法民终 450 号 . 新煤化工设计院(上海)有限公司、中铝矿业有限公司等建设工程合同纠纷民事二审民事判决书[EB/OL]. 中国裁判文书网, 2021.

[69] 最高人民法院(2021)最高法民终 948 号 . 宜良县金汇国有资产经营有限责任公司、中铁十局集团有限公司等建设工程施工合同纠纷民事二审民事判决书[EB/OL]. 中国裁判文书网, 2021.

[70] 符楠 . 成都地铁 18 号线 PPP 融资模式案例分析[D]. 保定：河北金融学院, 2022.

[71] 最高人民法院(2021)最高法民终 517 号 . 河南浙商城建投资股份有限公司、通许县人民政府建设工程施工合同纠纷民事二审民事判决书[EB/OL]. 中国裁判文书网, 2021.

[72] 周月萍, 周兰萍 . PPP 项目合规监管刻不容缓——一个施工合同被认定无效案件引发的思考[J]. 建筑, 2020(24)：50-55.

[73] 李成祥, 李庆瑞 . PPP 融资模式下的问题及对策研究——以杭州湾跨海大桥为例[J]. 经济研究导刊, 2019, 387(1)：81-84.

[74] 最高人民法院公报 . 江苏省第一建筑安装集团股份有限公司与唐山市昌隆房地产开发有限公司建设工程施工合同纠纷案[R]. 2018.6.

[75] 青海最高人民法院公报 . 青海方升建筑安装工程有限公司与青海隆豪置业有限公司建设工程施工合同纠纷案[R]. 2015, 12.

［76］ 孔蓉．实际施工人突破合同相对性向发包人主张权利仍应以各自合同的相对性为基础—安徽高院裁定丰磊公司诉桂丙胜执行异议之诉案［N］．人民法院报，2018-12-6(006).

［77］ 泰安市中级人民法院．泰安中院发布建设工程合同纠纷典型案例［EB/OL］．泰安市中级人民法院网，2014.4.

［78］ 最高人民法院公报．河南省偃师市鑫龙建安工程有限公司与洛阳理工学院、河南第六建筑工程公司索赔及工程欠款纠纷案［R］.2013.1.

［79］ 最高人民法院公报．范仲兴、俞兰萍、高娟诉上海祥龙虞吉建设发展有限公司、黄正兵提供劳务者受害责任纠纷案［R］.2021.10.

［80］ 最高人民法院公报．明发集团有限公司与宝龙集团发展有限公司等合同纠纷案［R］.2022.2.

［81］ 最高人民法院民事判决书(2014)民一终字第 56 号．中铁二十二局集团第四工程有限公司与安徽瑞讯交通开发有限公司、安徽省高速公路控股集团有限公司建设工程施工合同纠纷二审民事判决书［EB/OL］．中国裁判文书网，2014.